21世纪高等学校计算机专业
核心课程规划教材

编译原理及实践教程

（第3版）

◎ 黄贤英 王柯柯 曹琼 魏星 编著

清华大学出版社
北京

内 容 简 介

本书主要讲述设计和构造编译程序的一般原理、基本设计方法和主要实现技术,以高级语言程序编译的 6 个主要阶段——词法分析、语法分析、语义分析、中间代码生成、代码优化和目标代码生成为线索,阐述了各阶段的主要功能、原理、设计技术和实现方法。

本书适合作为工程实践型、应用型本科院校计算机相关专业的教材,也适合作为工程技术人员的参考书。

本书封面贴有清华大学出版社防伪标签,无标签者不得销售。

版权所有,侵权必究。举报:010-62782989,beiqinquan@tup.tsinghua.edu.cn。

图书在版编目(CIP)数据

编译原理及实践教程/黄贤英等编著. —3 版. —北京:清华大学出版社,2019(2024.8重印)
(21 世纪高等学校计算机专业核心课程规划教材)
ISBN 978-7-302-52007-8

Ⅰ. ①编… Ⅱ. ①黄… Ⅲ. ①编译程序-程序设计-高等学校-教材 Ⅳ. ①TP314

中国版本图书馆 CIP 数据核字(2018)第 297271 号

责任编辑:付弘宇 张爱华
封面设计:刘 键
责任校对:时翠兰
责任印制:丛怀宇

出版发行:清华大学出版社
  网 址:https://www.tup.com.cn,https://www.wqxuetang.com
  地 址:北京清华大学学研大厦 A 座   邮 编:100084
  社 总 机:010-83470000   邮 购:010-62786544
  投稿与读者服务:010-62776969,c-service@tup.tsinghua.edu.cn
  质量反馈:010-62772015,zhiliang@tup.tsinghua.edu.cn
  课件下载:https://www.tup.com.cn,010-83470236
印 装 者:北京嘉实印刷有限公司
经 销:全国新华书店
开 本:185mm×260mm 印 张:20.25   字 数:493 千字
版 次:2008 年 2 月第 1 版 2019 年 4 月第 3 版 印 次:2024 年 8 月第13次印刷
印 数:48401~50400
定 价:59.00 元

产品编号:080239-02

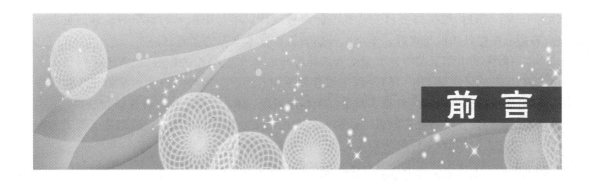

前　言

编译程序在计算机科学与技术的发展历史中发挥着巨大作用,是计算机系统的核心支撑软件。编译原理蕴含着计算机学科中解决问题的思路、形式化问题和解决问题的方法,对应用软件和系统软件的设计和开发有一定的启发和指导作用。构造编译程序所涉及的方法和技术在软件工程、语言转换等许多领域中有广泛的应用。

本书主要讲述设计和构造编译程序的一般原理、基本方法和主要实现技术,贯穿高级语言、系统环境、体系结构和目标代码,体现了从软件到硬件的整机概念。以高级语言程序编译的6个主要阶段——词法分析、语法分析、语义分析、中间代码生成、代码优化和目标代码生成为线索,阐述了各阶段的主要功能、原理、设计技术和实现方法。

为适应新工科建设的需要,本书的修订基于OBE的理念,将编译的基本理论与具体实现技术有机地结合起来,既注重理论的完整性,又将理论融于具体实例中。书中的实例具有连贯性,力求让读者建立一个完整的编译系统的模型,加深对程序设计语言的理解,掌握常用的编译技术和方法,构建一个具有一定规模的完整的编译程序,为今后从事应用软件和系统软件的开发打下一定的理论和实践基础。

本书第3版延续了前两个版本的风格和主体内容,与前两个版本衔接得比较好;同时对一些章节进行了适当的充实、删减和重新组织,力求在各主要知识点之间达到较为合理的均衡,使读者对编译程序的构造方法和实现技术能从整体上全面地掌握。第3版修改的内容主要有:

(1) 由于C语言的广泛使用,本书选用的源语言改为C语言的子集。

(2) 在第1章中增加了对高级语言的认识。在后面的章节中逐步对源语言进行分析,以便读者在了解编译方法的基础上,从高级语言的使用者过渡到高级语言的实现者和设计者。

(3) 增加了语义分析的内容及方法,使编译程序的结构更清晰。

(4) 细化了目标代码生成。目标代码选用Intel 80x86汇编代码,降低学习的难度;生成的汇编代码能直接通过常见汇编器(masm)汇编成可执行文件,直观看到运行结果,加深对整个编译过程的理解。

(5) 函数是C语言的精髓,本书增加了函数的声明、定义和调用的编译过程,并以实例展示了C语言函数的详细执行过程及内存的变化,使读者对程序的运行环境有更透彻的认识,加深对计算机系统的理解。

本书主要面向以工程实践、应用为主的本科院校,建议理论学时为32~40学时,实验学时为 16～24 学时,根据需要可安排专门的课程设计。本书中加 ＊ 的章节为较难的可选内容,教师可根据具体情况选择。本书也可作为工程技术人员的参考书。

本书参考和引用了国内外大量优秀编译教材和著作中的相关内容,也参考了网络上的相关内容,在此谨向原书作(译)者深表敬意和感谢;感谢中国科学技术大学物理学院张智浩同学,他根据本书内容完整地实现了一个编译程序,验证了本书的所有算法和思想;同时感谢刘恒洋老师在本书配套的教学辅助系统的可视化方面所做的工作;感谢重庆理工大学研究生阳安志、刘野和刘广峰等对本书提出的宝贵意见和建议。

本书获得了重庆理工大学教材出版基金的资助。使用本书第 1 版、第 2 版的院校的教师和学生也为本书的改版提出了宝贵意见和建议,在此也表示衷心的感谢。

由于作者水平有限,书中难免存在疏漏之处,恳请广大读者批评指正。

本书的配套课件和源代码等资源可以从清华大学出版社网站(www.tup.com.cn)下载,如果遇到资源下载与使用的问题,请联系本书的编辑,邮箱为 404905510@qq.com。

编　者

2018 年 12 月

目 录

## 第1章

编译概述

程序设计语言是人向计算机发送命令、描述计算过程的符号。程序设计语言有很多,计算机只能执行用机器语言编写的程序,用高级语言编写的程序不能直接在计算机上执行,要想执行它,需要通过相应的翻译程序(Translator)将其翻译为机器语言程序。编译程序就是这样一种翻译程序,它是现代计算机系统的基本组成部分,也是用户最关心的工具。编写编译程序所涉及的一些原理、技术和方法是计算机工作者所必须具备的基本知识,在计算机相关的各个领域中都有广泛的应用,学习它具有非常重要的意义。

本章首先介绍编译程序的基本概念及与之相关的一些工具,然后介绍编译的过程、编译程序的结构、编译阶段的组合以及编译程序的构造方法,了解高级语言的构成,最后简单介绍编译程序的发展及编译技术的应用。

1.1　程序设计语言及翻译程序

计算机的运行依赖于程序设计语言,因为计算机上运行的所有程序都是用某种程序设计语言编写的。只有机器语言书写的程序可以直接在计算机上执行,其他语言编写的程序必须翻译为机器语言程序才能执行。完成翻译任务的程序称为翻译程序。翻译程序的出现并不是偶然的,它的出现来源于人们编程解决实际问题的需求。本节将展示计算机上的程序设计语言及其翻译程序大家族,也将介绍高级语言的不同运行方式。

1.1.1　程序设计语言的发展

计算机是用来协助人们解决问题的工具。针对预定的任务,首先需要告诉计算机"做什么""怎么做",计算机才能自动处理,对给定的问题求解。为此,人们需要将有关信息告诉计算机,同时也需要计算机将计算的结果告诉人们。这样,人与计算机之间就要进行交流。正如人与人之间用语言进行交流一样,人们设计出词汇量少、语法简单、语义明确的程序设计语言(Programming Language)来实现人和计算机之间的交流。同时程序设计语言也是人与人之间的技术交流工具,在许多大型软件开发及软件维护中,程序员也需要读懂他人写的程序代码。

每当出现一种新的计算机,就随之产生一种该机器能理解并能直接执行的程序设计语言,这就是机器语言(Machine Language)。早期,人们直接用机器语言编写程序,机器语言是用二进制代码书写的、计算机能直接识别的机器指令的集合,CPU 可以直接执行,如"将 2 放到一个存储单元"的机器代码为"11000111 00000110 00000000 00000000 00000000 00000010"。用机器语言编程不直观,易出错,对硬件依赖性大,不同的 CPU 能执行的机器语言不同，可移植性差；用机器语言编写程序费时、乏味，开发难度大；程序员必须受过一定的训练，熟悉计算机硬件，这在很大程度上限制了计算机的推广及应用。

随着计算机技术的发展，当需要用计算机解决的问题规模逐渐增大时，编程的工作量自然会变得非常繁重。为了提高程序的可读性和可写性，人们将机器语言符号化，以助记符的形式表示指令和地址，这就是汇编语言（Assembly Language），如"将2放到一个存储单元"的汇编代码为"MOV X, 2"。用汇编语言编写程序比用机器语言编写程序快很多，且更容易理解，但汇编语言必须翻译为机器语言才能在计算机上执行。这就需要有一个程序能够将汇编语言程序翻译为机器语言程序，这个翻译程序称为汇编程序（Assembler），又称汇编器。程序员只需要写出汇编代码，然后交给汇编器，就可以生成在计算机上可执行的机器语言程序。汇编器的出现把人们从烦琐的二进制代码中解放出来。虽然此时可以利用计算机处理一些更复杂的问题，然而汇编语言与机器语言是一一对应的，仍然依赖于机器，与人类的思维相差甚远，不易阅读和理解，程序设计的效率很低。

为了解决这些问题，1954—1957年，John Backus等人参照数学语言设计了第一个描述算法的语言（即FORTRAN语言），随后相继出现了许多语言，如ALGOL 60、C和Pascal等面向过程的语言，以及后来出现的面向问题的语言（如SQL）与面向对象的语言（如C++和Java）等。由于机器语言和汇编语言都是与机器有关的语言，通常称为低级语言（Low Level Language），将其他与机器无关的程序设计语言称为高级语言（High Level Language）。高级语言的出现缩短了人类思维和计算机语言之间的差距，编写高级语言程序类似于定义数学公式或书写自然语言，与机器无关，如"将2放到一个存储单元"用C语言书写就是"x=2"，便于理解和学习。

用高级语言编程效率很高，但高级语言程序不能直接在计算机上执行，需要一个程序将高级语言（如C语言或Java、Pascal等）程序翻译为对应的低级语言（如汇编语言或机器语言）程序，这个翻译程序称为编译程序（Compiler），又称编译器。高级语言编译程序的出现使人们能够更容易地使用计算机，编程时不必考虑与机器有关的烦琐细节，使程序员独立于计算机硬件。

1.1.2　翻译程序大家族

实际上，除了需要将高级语言程序翻译为低级语言程序外，有时候为了完成工作的需要，同一种机器上的不同语言和不同种机器上的相同或不同语言书写的程序之间都可能需要进行相互翻译，这种能把一种语言（源语言，Source Language）书写的程序（源程序，Source Program）翻译为另一种语言（目标语言，Target Language）书写的程序（目标程序，Target Program）的程序统称为翻译程序。一般来说，翻译前后的程序在逻辑上是等价的。

程序设计语言很多，每种程序设计语言编写的程序在执行前，都必须翻译为机器语言程序。为了更充分地认识翻译程序，将程序设计语言按照离计算机硬件的远近分成三个层次：高级语言层、汇编语言层和机器语言层。各层次语言及其翻译程序之间的关系如图1.1所示。图1.1中方框表示不同的语言，椭圆框和平行四边形都表示翻译程序，二者的不同点在于翻译结果将在不同的计算机上运行。所有这些翻译程序构成了计算机语言翻译程序的大家族。

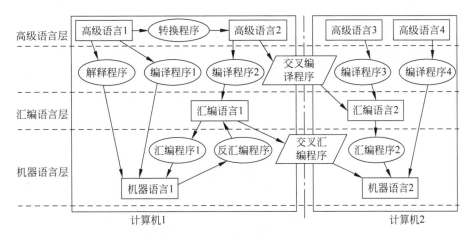

图 1.1 语言层次和翻译程序大家族

能将一种高级语言程序翻译为另一种高级语言程序的程序称为转换程序(Converter)。

从图 1.1 中可以看出,高级语言编译程序有两种翻译方式:直接翻译为机器语言程序和先翻译为汇编语言程序再翻译为机器语言程序。除了编译程序可以把高级语言程序翻译为机器语言程序外,在实际应用中,还有一种解释程序(Interpreter,又称解释器),它也能将高级语言程序翻译为机器语言程序再执行,但并不保存翻译结果。编译程序和解释程序的差别在 1.1.3 节中介绍。

汇编程序将汇编语言程序翻译为机器语言程序,反汇编程序(Disassembler)把机器语言程序逆向翻译为汇编语言程序。

假定图 1.1 中的计算机 1 和计算机 2 是指体系结构完全不同的两种计算机,如计算机 1 是基于 Intel 架构的计算机,计算机 2 是基于 MIPS 架构的计算机,两者的指令系统完全不同。交叉编译程序(Cross Compiler)能把一种计算机上的高级语言程序翻译为另一种计算机上的汇编语言或机器语言程序,交叉汇编程序(Cross Assembler)能把一种计算机上的汇编语言程序翻译为另一种计算机上的机器语言程序。如 keil 编译器能把 C 语言代码交叉编译为 51 单片机、ARM 等多个硬件平台上的机器代码。

1.1.3 高级语言的运行方式

从图 1.1 中可以看出,高级语言程序的运行有两种方式:一种称为编译方式,利用编译程序将高级语言程序翻译为机器语言程序,然后再运行这个机器语言程序;另一种方式称为解释方式,利用解释程序直接读取高级语言程序中的每个语句,翻译并直接执行。例如,Ruby 和 Perl 都是解释执行的。也就是说,通过编译运行的方式,编译和运行是两个阶段;通过解释运行的方式,翻译和运行是交叉进行的,一边读取源程序的语句,一边翻译,一边执行。图 1.2 所示是高级语言编译方式和解释方式的比较,具体如下。

(1)编译程序是源程序的一个转换系统,解释程序是源程序的一个执行系统。也就是说,解释程序的工作结果是源程序的执行结果,而编译程序的工作结果是等价于源程序的某机器语言程序。

(2)编译程序先把全部源程序翻译为目标程序,该目标程序可以反复执行;解释程序对源程序逐句地翻译执行,目标代码只能执行一次,若需要重新执行,则必须重新解释源程

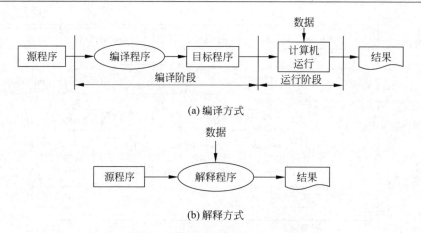

(a) 编译方式

(b) 解释方式

图 1.2　高级语言编译方式与解释方式执行的比较

序。编译过程类似于笔译,笔译后的结果可以反复阅读,而解释过程则类似于口译,别人说一句就译一句,翻译的结果没有保存下来。

(3) 解释程序比编译程序更加通用。解释程序一般是用高级语言编写的,能够在绝大多数类型的计算机上运行,编译程序生成的目标代码只能在特定类型的计算机上运行。现在很多脚本语言都是解释执行的。

(4) 通过编译运行,源程序和数据是在不同的时间进行处理的;通过解释运行,源程序和数据是同时处理的。

(5) 编译方式比解释方式执行快得多,因为编译方式在程序运行阶段就不需要再分析了。而解释器的错误诊断效果通常比编译器更好,因为它逐条语句地执行源程序。

其实,每种语言的执行方式可以不止一种,例如 C 语言程序一般通过编译方式来执行,也可以用解释器来解释执行;Ruby 语言程序一般通过解释方式来执行,也可以通过编译方式翻译为机器语言后再执行。也就是说,编程语言的执行方式是可以自由选择的。但是由于每种语言的特点不同,可以选择更适合它的执行方式,例如,当执行速度作为最重要的因素来考虑时就要使用编译方式,用编译方式比解释方式执行快得多,有时要快 10 倍以上;有静态类型检查、要求有更高可靠性的语言通常使用编译方式;相反,没有静态类型检查、对灵活性要求较高的语言可以采用解释方式执行。静态类型检查是指在程序执行前需要对函数的返回值、变量的类型、数组下标的范围、参数的类型等进行检查的方式;动态类型检查是指在程序执行过程中随时进行类型检查的方式。为了可移植性和效率,Java 语言采取了一种折中的执行方式:编译+解释。Java 语言自己定义了一种虚拟机代码 Bytecode,Java 程序首先通过编译方式翻译为 Bytecode,然后通过 Java 解释器解释执行 Bytecode,如图 1.3 所示。

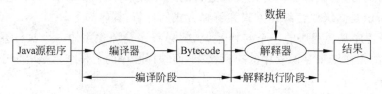

图 1.3　Java 的"编译+解释"执行方式

本书重点介绍编译程序及其相关原理、方法和技术,关于解释程序不做深入探讨。许多编译程序的构造与实现技术也同样适用于解释程序。

虽然编译程序的总体功能是实现高级语言到汇编语言(或机器语言)的翻译,但在实际应用中,根据用途和侧重点的不同,编译程序还可进一步分类为:专门用于帮助程序开发和调试的编译程序,称为诊断编译程序(Diagnostic Compiler);着重于提高目标代码效率的编译程序,称为优化编译程序(Optimizing Compiler)。运行编译程序的计算机称为宿主机(Host),运行编译程序所产生的目标代码的计算机称为目标机(Target)。如果不需要重写编译程序中与机器无关的部分就能改变目标机,则称该编译程序为可变目标编译程序(Retargetable Compiler)。

在图 1.1 中,编译程序实现从高级语言到机器语言的翻译有两种方案:一种是将高级语言程序直接翻译为机器语言程序;另一种是翻译为汇编语言程序,再使用已有的汇编器将汇编语言程序翻译为机器语言程序。本书后续介绍的编译程序使用第二种方案,将高级语言程序翻译为汇编语言程序,因为汇编语言程序可以很容易地通过汇编程序转换为机器语言程序。多数商业化编译程序也采用这种方式。

1.2　编　译　系　统

编译程序能够将高级语言程序翻译为汇编语言程序,进而翻译为机器语言程序。然而,如果只有编译程序,对用户来说,要执行一个高级语言程序还是不够的,这就需要有相关联的一系列程序和它一起工作,构成编译系统。高级语言编译系统是计算机系统软件最重要的组成部分之一。本节主要介绍高级语言程序编译的流程,并用实际例子介绍高级语言程序如何一步一步地转换为可执行程序。

1.2.1　高级语言编译流程

还记得自己编写第一个 C 语言程序“hello world!”的情景吗? 当在开发环境中输入程序 1.1 所示的程序 hello.c 后,当时老师告诉你 C 语言代码只有经过“编译”(Compile),才能在计算机中正确执行,让你单击一下“编译”和“运行”按钮,映入眼帘的那行字符串令你欣喜若狂!

```
//程序 1.1:hello.c
# include < stdio.h >
int main()
{
    printf("hello world! ");
    return 0;
}
```

后来你也多次重复着这一动作,计算机都能为你输出你希望的答案或者提示错误信息。然而你可能一直很疑惑,也很好奇:“编译”这个按钮背后都发生了什么? 它是如何将 C 语言程序转换为计算机上的可执行程序的呢? 其实这个过程很复杂,计算机在幕后要做一系列的工作,大致要经过 4 个阶段:预处理、编译、汇编和链接。它首先对 C 语言的源程序进行预处理,将其中的宏和预处理命令展开转换为标准 C 语言程序,然后进行编译,生成汇编语言程序,再经过汇编程序汇编生成二进制目标代码,最后对目标代码进行链接,此时需要将相关的库函数和外部程序一起链接,生成可执行的机器代码,如图1.4所示。下面对这4个阶段进行简要说明。

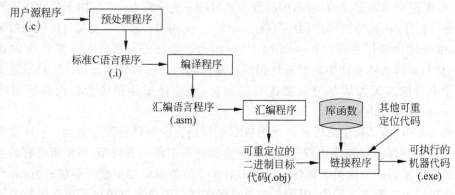

图1.4　C语言编译过程

1. 预处理

C语言的预处理程序(Preprocessor)首先要对用户源程序中的宏定义和文件包含等进行处理。如在用户编写C语言源程序时使用了宏定义♯define max (a＞b)?a:b,在预处理时需要由预处理程序将宏展开,凡是在源程序中遇到 max 的地方,全部用(a＞b)?a:b 代替;如果在C语言源程序中使用文件包含语句♯include＜stdio.h＞,在预处理时,就将文件stdio.h中的内容插入到此处来替换此语句。有些预处理程序还能够处理语言功能的扩充,用更先进的控制结构和数据结构来增强原来语言的功能。当源程序中使用了该结构,预处理程序就把它转换为该语言编译程序能够识别的形式,加入到源程序中。有些预处理程序还可以将用户源程序的多个模块合并连接在一起。C语言预处理的结果是标准的C语言程序。很多时候把预处理合并到编译中。如在 VC++ 6.0 中,通过预处理后,将.c的源程序变为了.i的文本文件。

2. 编译

标准的C语言程序由编译程序翻译为对应于某个计算机上的汇编语言程序。汇编语言是和机器语言一一对应的易于阅读的文本形式的语言。编译的结果是某种机器上汇编语言书写的程序。如在 VC++ 6.0 中,编译这一步将.i的文本文件生成了.cod 的文本文件,这就是汇编代码。有的编译器生成以.s 或.asm 为扩展名的文件。

3. 汇编

汇编语言程序需要由汇编程序翻译为二进制的目标代码(机器语言描述的程序)。大多数编译器生成的目标代码是扩展名为.obj 的二进制文件。

当然,也有些编译程序不生成汇编代码,直接生成二进制目标代码,直接传给链接程序;还有些编译程序直接生成可执行代码。

4. 链接

目标文件本身还不能直接运行。链接程序(Linker)把目标文件转换为最终可以运行的程序。待链接的目标文件可以是多个,它们可以是分别通过编译或汇编得到的,也可以是系统提供的库文件,如程序1.1在链接时需要将包含 printf 的库文件的内容链接进来。链接过程中需要修改重定位的地址,修改其中的指令和数据,以便后面的内容放在内存中适当的地方,最终形成可执行文件。如 VC++ 6.0 编译器链接后生成的文件是扩展名为.exe 的可执行文件。

通过链接生成的不一定都是可执行程序,也可以是程序库文件。

这里实际上涉及两个编译的概念:第一个是广义的编译,是指将 C 语言程序转换为机器语言程序的整个过程,它实际包含了上述至少 4 个阶段,即指的是编译系统,下面讲的通过编译方式执行,指的也是广义的编译;第二个编译是指上面 4 个阶段中的编译阶段,称为狭义的编译,仅仅指将 C 语言程序翻译为汇编语言程序的过程。本书后面介绍的编译程序主要是指狭义的编译概念。

高级语言程序经过预处理、编译、汇编、链接 4 个阶段后翻译为机器代码,生成可执行文件。但在这一过程中,预处理程序主要是处理宏定义、文件包含等信息,可以将预处理的工作简单地理解为源代码的文本替换,因为预处理的结果还是源语言,它没有实现翻译;编译程序将高级语言代码翻译为汇编语言代码,汇编程序将汇编语言代码翻译为机器语言代码,编译和汇编二者本质上差不多,都需要对源语言和目标语言进行理解,实现从源语言到目标语言的翻译,但由于编译阶段已经分析了源程序的正确性,产生的汇编代码都是合法的汇编指令,因此汇编过程比编译过程简单得多。所以在整个翻译过程中,编译是核心。本书重点介绍"编译"这个阶段中涉及的相关原理、技术和方法。

预处理程序、编译程序、汇编程序、链接程序统称为语言处理程序。在对源程序进行处理的过程中,还有两个非常有用的工具程序:调试程序(Debugger)和优化程序(Optimizer)。调试是软件维护与错误修正的一个最重要、最直接,也是必不可少的一种机制。调试程序是自从计算机诞生伊始就始终伴随着程序员的一个挚友。起初的调试程序都是基于硬件直接实现的,直到计算机行业有了比较大的发展之后,商业化的软件调试程序才与程序员见面。优化程序在编译过程中能使程序在时间和空间方面得到最优的性能。目前,这些程序以及其他一些工具,如编辑器,往往都集成在一个集成开发环境中,人们不一定能看到上述每一个过程。细心的读者会发现,这些过程在集成开发环境中常常以菜单或按钮的方式来实现。命令行的 GCC 是以各种选项的方式来实现各个阶段。

1.2.2 高级语言编译实例

用高级语言编写程序简单方便,写好的高级语言程序需要使用编译系统将其翻译为可执行的机器语言程序才能执行。因此在用某种高级语言编写程序前,至少要在该计算机上配置一个该语言的编译系统,有些机器上甚至为某种高级语言配置了几个不同性能的编译系统,以实现用户的不同需求。如 C 语言,我们可能在计算机上配置了 VC++ 6.0、VS 2016、kDevelop、Code Blocks、Tiny C Compiler 等不同的编译系统。

为了更好地理解高级语言编译程序,下面以 C 语言程序 hello.c(如程序 1.1 所示)在 VC++ 6.0 和 GCC 中进行编译、生成可执行文件的过程为例,来了解主流的 C 语言编译系统的工作过程。

1. VC++ 6.0 中高级语言处理实例

首先,在 VC++ 6.0 的编辑器中输入源程序,如图 1.5 所示。

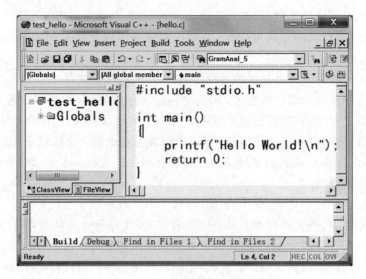

图 1.5　VC++ 6.0 中的输入源程序界面

VC++ 6.0 是一个集成开发环境,通过菜单选项进行操作。在菜单栏上有一个 Build 菜单,该菜单就是对源程序进行处理的菜单,如图 1.6 所示。

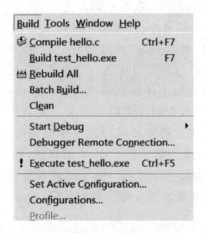

图 1.6　VC++ 6.0 中的 Build 菜单

Compile 菜单项就是对源程序直接进行编译,单击后会在状态栏中出现如图 1.7 所示的状态显示,表明已经对源程序 hello.c 进行了编译。

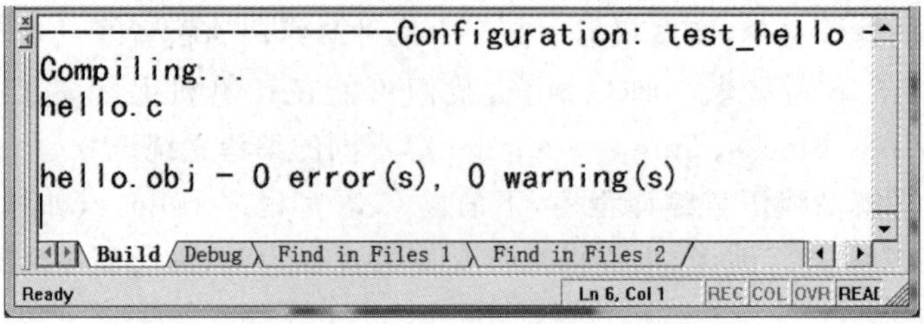

图 1.7　VC++ 6.0 中对 hello.c 进行编译的状态显示

此时会发现在工程文件夹下增加了一个文件夹 debug,里面多了一些文件,其中有一个是 hello. obj,这就是得到的二进制的目标文件,说明在 VC++ 6.0 中编译其实集成了前面介绍的预处理、编译和汇编 3 个阶段的功能。这 3 个阶段不能完全直观体现,看不到预处理和编译的过程和结果。

看起来预处理和编译过程没有显示,但系统还是有这个过程的,只是进行了集成,其实集成化的图形开发环境的每个菜单项也是通过执行一个具体的命令实现的。可以修改菜单项对应的参数来查看每一步的结果。在 VC++ 6.0 中选择 Project→Settings 菜单,弹出设置界面,选择 C/C++选项卡,在 Project Options 框中添加/P 命令即可,如图 1.8 所示。

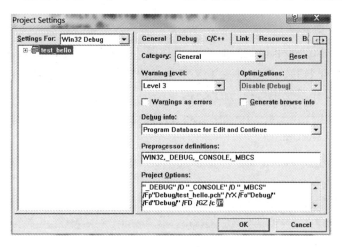

图 1.8   VC++ 6.0 中编译选项设置界面

现在再对 hello. c 进行编译会发现,和 hello. c 在同一个文件夹下,多出一个文件 hello. i,打开这个文件,其中的内容如下,我们会发现它仍然是一个文本文件,只是将原来第一行的♯include < stdio. h>进行了替换,后面的内容没有变化。

```
# line 1 "d:\\test_hello\\hello.c"
# line 1 "c:\\program files\\microsoft visual studio\\vc98\\include\\stdio. h"
# pragma once
# line 18 "c:\\program files\\microsoft visual studio\\vc98\\include\\stdio. h"
# line 25 "c:\\program files\\microsoft visual studio\\vc98\\include\\stdio. h"
…
# line 2 "d:\\test_hello\\hello.c"
int main()
{
    printf("Hello World!\n");
    return 0;
}
```

也可以通过设置来查看生成的汇编代码。选择 Project→Settings 菜单,弹出如图 1.8 所示的界面,选择 C/C++选项卡,在 Category 下拉菜单中选择 Listing Files,然后在下面的 Listing file type 栏中选择 Assembly with Machine Code。重新编译后,在/debug 文件夹下可以看到多出一个 hello. cod 文件,这是生成的汇编语言程序。查看该文件内容如下:

```
...
; File D:\test_hello\hello.c
...
; Line 5
  00018 68 00 00 00 00   push   OFFSET
FLAT:??_C@_00@FEEI@Hello?5World? $ CB?6? $ AA@ ; 'string'
  0001d e8 00 00 00 00 call _printf
  00022 83 c4 04    add esp, 4
; Line 6
  00025 33 c0        xor eax, eax
...
```

然后重新选择 Build→Build 菜单,会出现如图 1.9 所示的状态显示,表明这个阶段对刚才生成的文件进行了链接。在文件夹下又多了几个文件,其中一个是 test_hello.exe,这个就是在 Windows 操作系统中可执行的文件。

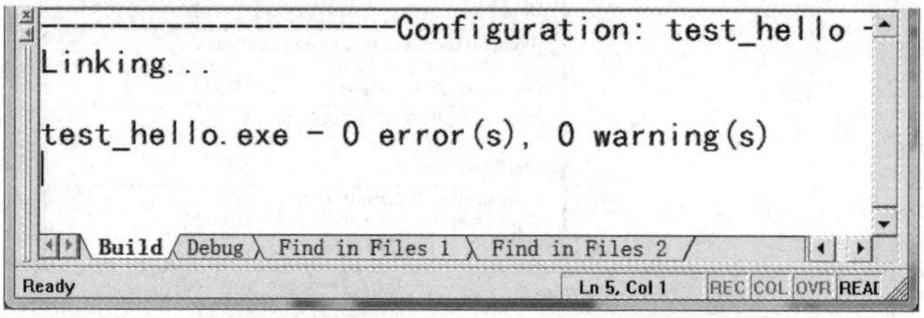

图 1.9　VC++ 6.0 中先 Compile 然后 Build 的状态显示

如果前期没有 Compile,也可以在源文件编辑好后直接选择 Build 菜单项,这时的状态显示如图 1.10 所示。表明 Build 集成了前述 4 个阶段的功能,如果单独进行了 Compile,Build 就只完成链接过程。

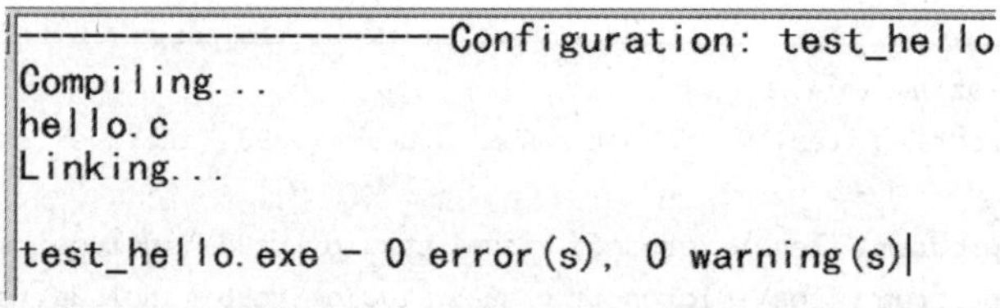

图 1.10　VC++ 6.0 中直接 Build 的状态显示

2. GCC 中高级语言处理实例

仍然以程序 1.1 的 hello.c 为例,来看看 Linux 下使用 gcc 命令编译的过程。

在 Linux 命令行,输入如下命令可以将 hello.c 编译并静态链接为可执行文件 hello。

```
$ gcc hello.c – o hello – static
```

如果希望看到 gcc 命令的工作流程,可以在上述命令后再加上选项-verbose,执行后得到如下输出:

```
$ cc1 – quiet hello.c – o hello.s
$ as – hello.o hello.s
```

```
$ collect2 - static - o hello \
    crt1. o crti. o crtbeginT. o hello. o \
    -- start - group libgcc. a libgcc_eh. a libc. a - end - group \
    ctrend. o crtn. o
```

从这个输出信息来看,gcc 背后使用了 ccl、as、collect2 共 3 个命令。ccl 是 gcc 的编译器,将源文件 hello. c 编译为 hello. s;as 是 gcc 的汇编器,将 hello. s 汇编为 hello. o 目标文件;collect2 是链接器,它是对链接命令 ld 的封装。静态链接时,gcc 将 hello. o 目标文件和 C 语言的运行时库(CRT)内的 5 个重要的目标文件 crtl. o、crti. o、crtbeginT. o、ctrend. o、crtn. o 以及 3 个静态库 libgcc. a、libgcc_eh. a、libc. a 一起链接成可执行文件 hello。

其实 ccl 在对源文件进行编译之前,还有一个预处理过程,主要是处理宏定义和文件包含等信息的,可以使用-E 选项让 gcc 单独执行预处理。

```
$ gcc - E hello. c - o hello. i
```

从 hello. i 文件中可以看到,预处理器已经将 stdio. h 中的文件内容复制到原来 ♯include < stdio. h>的位置了,因此可以简单地将预处理器的工作理解为源代码的文本替换。

其实上述使用 gcc 进行处理的过程可以单独使用不同的选项来单步处理。具体可以分解为如下几步。

第一步:预处理。使用命令: $ gcc - E hello. c - o hello. i

第二步:编译。使用命令: $ gcc - S hello. i - o hello. s

第三步:汇编。使用命令: $ gcc - c hello. s - o hello. o

第四步:链接。使用命令: $ gcc hello. o - o hello

在第四步的链接中,默认使用动态链接,如果要进行静态链接,需要加上-static。下面简单介绍一下动态链接和静态链接的差别。

3. 动态链接和静态链接

当需要解决的问题越来越多、越来越复杂时,程序中就会出现大量的重复代码,这就需要使用代码复用技术来减少人们的重复劳动。于是人们就将一些通用功能的公共代码提取出来打包成库文件,以便其他人编程的时候不必再编写这部分公共代码而直接复用。

这样,当编写的程序中使用了一部分库文件中的代码(函数等),在最终生成可执行代码时还是需要将库文件中那部分代码拼装进来才能完整运行。这就是链接器的功能。但是这种拼装并不是简单地将其组合在一起就行了,由于文件的模块化分割,文件间的符号可能会相互引用,链接器必须处理这些引用关系,重新计算符号的引用地址等。链接器能自动把不同的文件模块准确无误地拼接起来,使得代码的复用成为可能。

图 1.11(a)称为静态链接方式,把公用库内的代码合并到可执行文件内部,使得可执行文件的体积变得庞大。静态链接方式的不足之处在于:①会导致可执行文件版本难以控制,如果库文件更新了,可执行文件得不到及时更新;②如果有多个程序调用相同的公用库函数,在运行时这些公用库函数的代码在内存中将有多份副本,占用了多余的内存空间。

为了解决上述问题,现代编译系统都引入了动态链接方式,如图 1.11(b)所示。动态链接不会把公用库内的代码合并到可执行文件内,而仅仅记录动态链接库的路径信息。它允许程序运行前才加载所需的动态链接库,如果该动态链接库已加载到内存,则不需要重复加载。有些动态链接还允许将动态链接库的加载延迟到程序执行库函数调用的那一刻。这样不仅节约磁盘和内存空间，还有利于可执行文件版本的更新。动态链接方式的缺点是：运行时加载会增加程序执行的时间开销；如果动态链接库的版本错误则可能会导致程序无法执行。

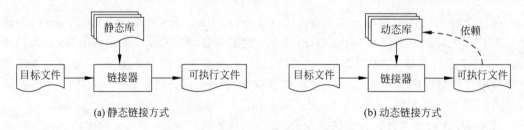

(a) 静态链接方式　　　　　　　　　　　　　(b) 动态链接方式

图 1.11　程序库的两种链接方式

1.3　编译过程和编译程序的结构

编译程序完成从高级语言程序到汇编语言程序的翻译工作，这是一个复杂的过程。整个工作过程需要分阶段完成，每个阶段完成不同的任务，各个阶段进行的操作在逻辑上是紧密相关的，每个阶段的工作都通过相应的程序来完成。编译程序就是由完成这些功能的全部程序组成的。

1.3.1　编译过程概述

为了便于研究和学习，根据各个阶段的复杂程度、理论基础和实现方法的不同，通常将编译程序的工作过程划分为词法分析、语法分析、语义分析、目标代码生成 4 个阶段；如果编译器支持优化，还需要中间代码生成和代码优化 2 个阶段，如图 1.12 所示。这是一种普遍的划分方法。图中的目标程序指的是汇编语言程序。

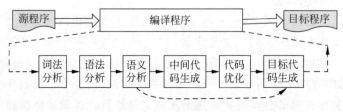

图 1.12　编译的各个阶段

下面用程序 1.2 的 C 语言程序来简要介绍编译程序如何将其翻译为汇编语言程序，以及源程序在编译的各个阶段被转换后的形式及各个阶段的任务。其中，源程序是文本形式，即以字符串形式存在的 C 语言源程序；目标程序是以文本形式存在的 Intel 80x86 汇编语言程序。

```
//程序 1.2:一个 C 语言的源程序
int main() /* this is an example */
{
    int area, length = 3, width = 2;
    area = 5 + length * width + length * width;
}
```

1. 词法分析

编译程序工作之前,需要将用高级语言书写的源程序作为输入,此处的源程序是 C 语言程序。词法分析的任务是:从左到右扫描输入的源程序,检查词法错误,识别出正确的单词,并输出单词的内部表示形式,称为单词记号。正确的单词包括高级语言中合法的标识符、关键字、常数、运算符以及逗号、分号等界符。

每种高级语言都规定了允许使用的字符集,如字母 A～Z,a～z,数字 0～9,以及符号 ＋、－、＊、/等。高级语言的单词都是由定义在该语言的字符集上的符号构成的,单词是语言中有意义的最小单位,有的单词由一个符号组成,如＋、－、＊、/等;有的单词由两个或多个符号组成,如<＝、>＝、if 等。

在多数程序设计语言中,单词一般分为 5 类:关键字(如 int、if、for、while 等)、标识符、常数、运算符(如＋、－、＊、/等)和界符(如标点符号、括号、注释符号等)。

例如,对程序 1.2 进行词法分析,首先扫描源程序,去掉源程序中的空白符号和注释;其次识别出程序中出现的各个单词;然后根据单词的类型,将单词转换为单词记号输出,如表 1.1 所示。为便于区分,用 id1、id2 和 id3 来表示 area、length 和 width 3 个标识符的内部形式,用 int1 表示常数 5 的内部形式,则上述输入串 area＝5＋length＊width＋length＊width 经过词法分析后输出为 id1＝int1＋id2＊id3＋id2＊id3。

表 1.1　程序 1.2 中的单词

序　号	类　型	单　词	内部表示	序　号	类　型	单　词	内部表示
1	关键字	int	\$ int	16	界　符	;	;
2	标识符	main	id0	17	标识符	area	id1
3	界符	(	(	18	运算符	＝	＝
4	界符	)	)	19	常数	5	int1
5	界符	{	{	20	运算符	＋	＋
6	关键字	int	\$ int	21	标识符	length	id2
7	标识符	area	id1	22	运算符	＊	＊
8	界符	,	,	23	标识符	width	id3
9	标识符	length	id2	24	运算符	＋	＋
10	运算符	＝	＝	25	标识符	length	id2
11	常量	3	int2	26	运算符	＊	＊
12	界符	,	,	27	标识符	width	id3
13	标识符	width	id3	28	界符	;	;
14	运算符	＝	＝	29	界符	}	}
15	常量	2	int3				

2. 语法分析

语法分析是在词法分析的基础上将单词组成各类语法单位,如表达式、语句、程序等,通过分析确定整个输入串是否具有语法上正确的程序结构,如果不是,则给出语法错误,并尽可能地继续检查。

语法分析依据语言的语法规则进行分析,把单词记号按层次分组,以形成语法单位。语言的语法规则通常由递归规则来定义。如赋值语句和表达式的语法定义规则如下。

(1) 标识符=表达式。

(2) 任何标识符是表达式。

(3) 任何常数是表达式。

(4) 若表达式1和表达式2都是表达式,则表达式1+表达式2、表达式1*表达式2都是表达式,即表达式的运算也是表达式。

这里规则(2)和(3)是非递归的基本规则,规则(4)是把运算符+和*作用于其他表达式来定义表达式的递归规则。规则(1)是用表达式来定义赋值语句的规则。这些规则定义了源程序的书写形式,即定义了符合哪种要求的源程序才是结构正确的。

语法分析的输入是词法分析输出的单词记号,输出不再是线性的符号串。语法分析过程可以用一棵树(通常也称为语法分析树,简称语法树,Syntax Tree)来表示。语法树是一棵倒立的树,其根在上,枝叶在下,根结点由开始符号标记。树的每一个内部结点(包括根)和其孩子结点的关系满足上面给出的某一个语法定义规则。如当第一阶段的词法分析的输出串为id1=int1+id2*id3+id2*id3,经语法分析器读入后,根据赋值语句和表达式的递归定义规则进行分析后可以确定它是一个赋值语句,建立了如图1.13所示的语法树。

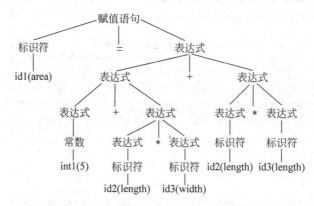

图 1.13　单词串 id1＝int1＋id2 * id3＋id2 * id3 的语法树

这种用递归方式来表示语法结构构成的规则称为上下文无关文法。从图1.13中可以看出,所有的单词记号都出现在树的叶子结点上,它们在语法分析中称为终结符;所有的非叶子结点都是对一串单词记号的抽象概括,称为非终结符,每个非终结符都是一个独立的语法单位。如果一个源程序没有错误,分析过程就可以形成一棵完整的语法树,它是由一系列语法单位按照定义的规则生成的。如果源程序有语法错误,就不能形成一棵树。

3. 语义分析

在语义分析前,首先需要对源程序中各种符号的必要信息进行收集,如变量的类型、作用域、初值等,并将这些信息填入符号表中。符号表是记录符号信息的数据结构,它记录与源程序中的符号相关的所有编译信息。源程序中的符号主要有两种存在形式:变量和函数。变量是数据的符号化形式,函数是代码的符号化形式。进一步的语义分析需要根据符号检查变量使用的合法性,代码生成需要根据符号产生正确的地址。因此,符号信息的准确和完整是进行语义分析和代码生成的依据。

对于变量符号,需要在符号表中记录变量的名称、类型、作用域和初值,区分变量的声明和定义的形式。如果变量是局部变量,还需要记录变量在运行时栈中的相对位置。如程序 1.2 中的变量声明 int area,length＝3,width＝2;填写的符号表如表 1.2 所示。作用域说明该变量起作用的程序块,程序 1.2 比较简单,所有变量的作用域都是在 main() 函数块中,假定为/1。

表 1.2 程序 1.2 对应的符号表

符号表入口	名　　称	作 用 域	类　　型	值	地　　址
1	area	/1	int		
2	length	/1	int	3	
3	width	/1	int	2	

对于函数符号,需要在符号表中记录函数的名称、返回类型、参数个数、参数类型、参数列表,以及函数内定义的所有局部变量等。如程序 1.2 所示的函数定义需要记录函数名为 main、返回类型为 int,参数列表为""。该函数的局部变量除了内部定义的 area、length、width 以外,还隐含形式参数。

由于存在局部变量,符号表必须考虑代码作用域的变化。函数内的局部变量在函数外是不可见的,因此在代码分析的过程中,符号表需要根据作用域的变化动态维护变量的可见性。

语义分析还包括对程序进行静态语义检查,使用语法树和符号表中的信息来检查源程序是否和语言定义的语义一致。上面介绍的语法分析只关心程序语言语法形式的正确性,它不会考虑"被赋值的变量是已经声明了的标识符吗?"这样的问题。但是在程序中必须考虑。例如,不允许使用一个未声明的变量,不允许函数实参列表和形参列表不一致,不允许 continue 语句出现在循环语句之外,对无法默认转换类型的赋值也不允许,等等。这些问题需要专门的语义分析来完成。静态语义检查将进行下述问题的检查。

(1)变量和函数使用前是否定义。

(2)变量赋值的类型是否兼容。

(3)数组维数是否相同,数组下标是否越界。

(4)return 语句返回的类型和函数返回值的类型是否兼容。

(5)break、continue 语句的使用是否合适。

(6)函数调用时参数列表是否兼容。

4. 目标代码生成

从概念上讲,如果对源程序经过前三个阶段的词法分析、语法分析和语义分析没有错误的话,可以直接生成目标代码。目标代码生成是编译的最后一个阶段,它的任务是根据识别的语法单位翻译出目标机的指令,这里是 Intel 80x86 的汇编指令。为了生成目标代码,需要对程序中使用的每个变量指定存储单元,并把每条可执行语句翻译为等价的汇编指令。这一阶段的工作依赖于机器的硬件系统结构和机器指令的含义。工作较复杂,涉及硬件系统功能部件的运用、机器指令的选择、各种数据类型变量的存储空间分配以及寄存器的分配和调度。

程序 1.2 的赋值语句生成的 Intel 80x86 汇编指令如表 1.3 所示。

表 1.3　赋值语句 id1＝int1＋id2＊id3＋id2＊id3 对应的汇编代码

汇 编 指 令	功　　能
(1) mov AX, id2 (2) mov BX, id3 (3) mul BX (4) mov tmp1,AX	实现 id2＊id3,保存到 tmp1 中
(5) mov AX, int1 (6) add AX, tmp1 (7) mov tmp2,AX	实现 int1＋id2＊id3,保存到 tmp2 中
(8) mov AX, id2 (9) mov BX, id3 (10) mul BX (11) mov tmp3,AX	实现 id2＊id3,保存到 tmp3 中
(12) mov AX,tmp2 (13) add AX, tmp3 (14) mov tmp4,AX	实现 int1＋id2＊id3＋id2＊id3,保存到 tmp4 中
(15) mov AX,tmp4 (16) mov id1, AX	实现将 int1＋id2＊id3＋id2＊id3 赋值给 id1

上述指令中 AX、BX 均指寄存器,tmp1、tmp2、tmp3、tmp4 是 4 个临时存储单元。第(1)条指令将 id2 的内容送至 AX,第(2)条指令将 id3 存入 BX(这时假定乘法操作的两个运算数都放在寄存器中),第(3)条指令实现 AX 和 BX 相乘,结果放在 AX 中,由于该结果以后要使用,而 AX 在下一条指令中还要使用,因此第(4)条指令将 AX 的值放到 tmp1 中。

第(5)条指令将整数 5 读入 AX 中,第(6)条指令将 5 和刚才保存的值 tmp1(id2＊id3)相加,第(7)条指令将结果保存到 tmp2 中。保存起来也是由于该结果以后要使用,而 AX 在下一条指令中还要使用。

第(8)条指令再将 id2 读入 AX 中,第(9)条指令将 id3 存入 BX,第(10)条指令实现 AX 和 BX 相乘,第(11)条指令将相乘的结果保存到 tmp3 中。

第(12)条指令将 tmp2 读入 AX 中,第(13)条指令将 tmp2 和 tmp3 相加,第(14)条指令将结果保存到 tmp4 中。

第(15)条指令又将 tmp4 读入 AX 中,第(16)条指令将 AX 的值存储到 id1 中。

总共用 16 条指令实现了程序 1.2 中的赋值语句的功能。

这种由程序的语法结构驱动进行代码生成的方法称为语法制导的翻译(Syntax-directed Translation,SDT)。这种方式的翻译中,需要对语法树中的每个非终结符(即语法单位,语法树的内部结点)都进行翻译生成相应的目标代码。一般来说,代码生成需要根据语言的语法规则,对下述语法单位进行翻译。

(1) 表达式。

(2) 赋值语句。

(3) if、for、while、do…while 等语句。

(4) 复合语句。

(5) 函数定义与调用。

（6）其他一些语法结构。

经过前述 4 个阶段,就可以将高级语言翻译为需要的目标代码,那是否编译的工作就做完了呢? 细心的读者会发现,上面的目标代码很冗余,如 id2 * id3 就计算了两次;代码第(14)和(15)行其实是无用的,先将 AX 的值保存到 tmp4 中,然后又将 tmp4 的值读入 AX 中,但是在语法树中根据语法单位翻译,就必须将一个语法单位翻译完保存起来,再进行另一个语法单位的翻译,这就无法避免上述代码的冗余。

现代编译器一般都包含有优化功能。优化器可以提高代码生成的质量,但会使代码生成过程复杂。如果需要优化,还需要先生成中间代码(Intermediate Code),然后针对中间代码进行优化,最后再将中间代码翻译为目标代码。下面逐一进行介绍。

5. 中间代码生成

现代编译器为了实现优化功能,需要设计一种中间代码,它是一种含义明确、便于处理的记号系统。中间代码的设计没有固定的标准,一般由编译器设计者自己决定,但其设计通常独立于具体硬件,可以看成是一种抽象机器的指令,其与现有计算机的指令系统非常相似,很容易转换成特定计算机的机器指令。多数编译程序采用四元式形式的中间代码,其形式为:

(运算符,运算对象 1,运算对象 2,结果)

这种中间代码的特点是:每条四元式中只有一个运算符,使用临时变量保存运算结果。

由于中间代码的存在,语法制导的翻译就不再是 Intel 80x86 汇编形式的目标代码,而是中间代码。当对上述赋值语句 id1＝int1＋id2 * id3＋id2 * id3 进行分析后,生成的中间代码序列如表 1.4 所示。表中的 T1、T2、T3 和 T4 是编译期间引进的临时工作变量。其中的每一条中间代码都对应于实现表 1.3 中的一个功能。

表 1.4　赋值语句 id1＝int1＋id2 * id3＋id2 * id3 对应的中间代码

序　　号	四　元　式	序　　号	四　元　式
1	(* , id2, id3, T1)	4	(＋, T2, T3, T4)
2	(＋, int1, T1, T2)	5	(＝, T4, , id1)
3	(* , id2, id3, T3)		

有了中间代码,就可以用一个程序直接将中间代码翻译为 Intel 80x86 汇编指令代码。如果不进行优化,表 1.4 的中间代码翻译的结果就是表 1.3 中的汇编代码。

6. 代码优化

代码优化就是对产生的中间代码进行等价变换,以产生高质量的目标代码。优化的目的主要是提高运行速度,节省存储空间。优化主要有两类:一类是与机器有关的优化,主要涉及如何分配寄存器、如何选择指令,这类优化是在生成目标代码时进行的;另一类优化与机器无关,主要是对中间代码的优化,这类优化主要有局部优化、循环优化和全局优化等。

例如,对于表 1.4 的中间代码,在代码优化阶段,编译程序会发现两次计算 id2 * id3,且中间并没有对 id2 和 id3 修改过,这样就可以省掉第 2 次的计算,而直接使用第 1 次计算的结果。同时因为第 5 个四元式仅仅把 T4 赋值给 id1,也可以被省掉。经优化后可变换为表 1.5 所示的四元式,仅用了 3 条四元式就完成了和表 1.4 所示的代码相同的功能。

18

表 1.5　赋值语句 id1＝int1＋id2 * id3＋id2 * id3 对应的优化后的中间代码

序　号	四　元　式
1	（ * ，id2，id3，T1）
2	（＋，int1，T1，T2）
3	（＋，T2，T1，id1）

将优化后的代码翻译为 Intel 80x86 汇编指令代码,如表 1.6 所示。

表 1.6　赋值语句 id1＝int1＋id2 * id3＋id2 * id3 对应的优化后的汇编代码

汇　编　指　令	功　　能
（1）mov AX，id2 （2）mul AX，id3 （3）mov BX，AX	实现 id2 * id3,保存到 tmp1 中 对应（ * ，id2，id3，T1）
（4）add AX，int1	实现 int1＋id2 * id3,保存到 tmp2 中 对应（＋，int1，T1，T2）
（5）add AX,BX （6）mov id1，AX	实现将 int1＋id2 * id3＋id2 * id3 赋值给 id1 对应（＋，T2，T1，id1）

事实上,并非所有的编译程序都分成这 6 个阶段,有些编译程序不生成中间代码,而是直接生成目标代码,有些编译程序不进行代码优化,有些编译程序将某些阶段进行了组合。

1.3.2　编译程序的结构

1.3.1 节将编译过程划分为 6 个阶段,这是按照编译过程中各个阶段的特性进行的一种动态划分,这 6 个阶段的功能可按照其任务用 6 个模块来完成,分别称为词法分析器、语法分析器、语义分析器、中间代码生成器、优化器和目标代码生成器。

词法分析器(Scanner,又称扫描器)的功能是读入源程序,进行词法分析,输出单词记号。

语法分析器(Parser,又称解析器)的功能是对单词记号串进行语法分析,识别出各类语法单位,最终判断输入串是否构成语法上正确的程序。

语义分析器(Semantic Analyzer)的功能是将各种符号的必要信息填入符号表,并按照语义规则对语法分析器识别出的语法单位进行静态语义检查。

中间代码生成器(Intermediate Code Generator)的功能是将语法分析器识别出的各个语法单位翻译成一定形式的中间代码。

代码优化器(Optimizer)的功能是对生成的中间代码进行优化处理。

目标代码生成器(Target Code Generator)的功能是把中间代码或优化后的中间代码翻译为目标代码。如果没有优化器,目标代码生成器也可以从识别出的语法单位直接生成目标代码。

此外,一个完整的编译程序还必须包括错误处理程序和表格管理程序两部分。

一个编译程序不仅能对书写正确的程序进行翻译,而且应对出现在源程序中的错误进行处理,向用户提供更多更准确的与错误有关的信息,以便用户查找和改正错误。编译过程的每一个阶段都可能检测出错误,大多数错误在前 3 个阶段检测出来。源程序中的错误通常包括如下几种类型。

（1）字符错误：源程序中出现了非法字符。这类错误一般在词法分析中一起检测。

（2）词法错误：主要是指不符合单词构成规则的错误，如单词拼写错误等。

（3）语法错误：指源程序中不符合语法规则的错误，如算术表达式中括号不匹配、缺少运算对象、缺少";"等。

（4）语义错误：指源程序中不符合语义规则的错误，如运算量的类型不相容、实参和形参不匹配等。这些错误一般在语义分析时被检测出来。

（5）逻辑错误：指程序本身逻辑上有问题，如无穷的递归调用。

一个好的编译程序应能最大限度地发现源程序中的各种错误，准确地指出错误的性质和发生错误的位置，并能将错误所造成的影响限制在尽可能小的范围内，使得源程序的其余部分能继续被编译下去，以便进一步发现其他可能的错误。同时错误处理功能不应该明显影响对正确程序的处理效率。

编译程序在工作过程中需要维护一系列的表格，以登记源程序的各类信息和编译各阶段的进展情况。合理地设计和使用表格对构造编译程序非常重要。编译过程中最重要的表格是符号表，用来登记源程序中出现的每个符号以及它们的各种属性。具体内容详见第 4 章。

一个典型的编译程序的结构如图 1.14 所示。词法分析是实现编译器的基础；语法分析是实现编译器的关键，它可以分析出源程序的语法结构是否正确；语义分析是对源程序正确性的最后一次检查，只有源程序语义上没有问题，才能进行正确的翻译。符号表在语义分析阶段建立，将在后续几个阶段中使用，并填入新的属性值。本书将按照这个顺序来讨论编译程序各个阶段涉及的基本理论、实现方法和技术。

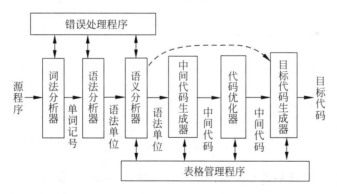

图 1.14 编译程序的结构

1.3.3 编译阶段的组合

按照编译程序各个阶段的执行过程和所完成的任务，有时将编译过程的各个阶段组合为编译前端（Front End）和后端（Back End）。编译前端包括词法分析、语法分析、语义分析和中间代码生成，以及部分代码优化工作，是对源程序进行分析的过程。它主要与源语言有关，与目标机无关，主要根据源语言的定义静态分析源程序的结构，以检查是否符合语言的规定，确定源程序所表示的对象和规定的操作，并以某种中间形式表示出来。编译后端包括部分代码优化和目标代码生成,是对分析过程的综合,与源语言无关,依赖于中间语言和目标机,主要是根据分析的结果构造出目标程序。编译模型可以进一步抽象成如图 1.15 所示的模型。

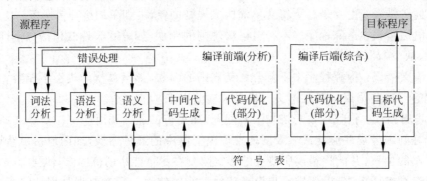

图 1.15　编译阶段的组合

这样就可以取某一编译程序的前端,配上不同的后端,构成同一源语言在不同机器上的编译程序;用不同的前端,配上一个共同的后端,就可以为同一机器生成几种语言的编译程序,如图 1.16 所示。如果出现一种新的语言,只要构造一个新的前端,将该前端与已存在的后端整合,即可构成新语言在各种机器上的编译程序;对一种新机器,只需构造一个新的后端,与已存在的前端整合,即可构成所有语言在新机器上的编译程序。这样就大大简化了编译程序的构造工作。

如在 Java 语言环境里,为了使编译后的程序能从一个平台移植到另一个平台执行,Java 定义了一种虚拟机代码(中间代码)——Bytecode。只要实际使用的操作平台上实现了执行 Bytecode 的 Java 解释器,这个操作平台就可以执行各种 Java 程序。这就是 Java 语言的操作平台无关性。

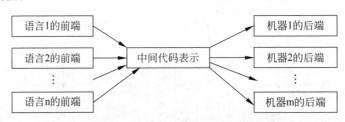

图 1.16　为 n 种语言 m 种机器构造编译程序

编译的 6 个阶段和前后端都是从逻辑上划分的,在具体实现时,受不同语言、设计要求、开发环境和内存等的限制,将编译程序组织为“遍”(Pass)。遍是指把对源程序或其等价的中间表示形式从头到尾扫描并完成规定任务的过程。每遍的结果存入外存中,作为下一遍的输入。如词法分析器对源程序进行扫描,生成单词记号串写入 token 文件;语法分析器再对 token 文件进行扫描,构造语法树,它们均可作为单独的一遍。对于多遍扫描的编译程序,第一遍的输入是用户书写的源程序,最后一遍的输出是目标语言程序。

一个阶段对应一遍的工作方式只是逻辑上的,每遍可以完成上述某个阶段的一部分、全部或几个阶段的工作。多遍编译程序的优点是结构清晰、层次分明、易于掌握,便于优化,也便于产生高效的目标代码,还便于移植和修改。如早期 ALGOL 编译程序使用的内存为 1024 字,字长 42 位,为了能基本完整地翻译 ALGOL 语言的程序,采用的是一个 9 遍的编译程序。IBM 360 的 FORTRAN Ⅳ 编译程序是一个 4 遍编译程序,第一遍完成词法和语法分析工作,第二遍完成对共用语句和等价语句的加工、四元式的生成以及存储分配等工作,第三遍完成代码优化工作,第四遍完成目标代码生成工作。

一遍扫描的编译程序的优点是可避免重复性工作,编译速度快;缺点是当发生语法和语义错误时,前面所做的工作全部作废,算法不清晰,不便于分工及优化。如果要产生的是不需要优化处理而且是某种虚拟机上的目标代码,则这种方法是完全可行的。实际上,Pascal 的 P 编译器就是这样的编译器,它产生栈式虚拟机上的目标代码。据估计,50%～70%的实际 Pascal 编译器都源自 P 编译器。详细信息请阅读相应的参考文献。

在实际编写编译器时往往是把若干阶段的工作结合起来,对应一遍,从而减少对源程序或其中间结果的扫描遍数。编译的 6 个阶段如何组合,即究竟分成几遍,参考的因素主要是源语言和目标机的特征。本书按阶段来实现编译程序,每个阶段就是一遍。

1.4　编译程序的构造方法

学习编译原理最好的方法就是亲自编写并调试一个小型的编译程序。编译程序是一个程序,实现从高级语言程序到汇编语言程序的翻译工作,那么怎样实现它呢?

要在一台机器上为某种语言构造一个编译程序,必须从下述 3 方面入手。

(1) 源语言:是编译程序处理的对象。对被编译的源语言要深刻理解其结构和含义,即该语言的词法、语法和语义规则,以及有关的约束和特点。

(2) 目标语言与目标机:是编译程序处理的结果和运行环境。对机器的硬件系统结构、操作系统的功能、汇编指令等都必须很清楚。

(3) 编译方法与工具:是生成编译程序的关键。必须准确掌握把用一种语言编写的程序翻译为用另一种语言书写的程序的方法之一。同时应考虑所使用的方法与既定的源语言和目标语言是否相符合,构造是否方便,时间、空间是否高效,以及实现的可能性和代价等诸多因素,并尽可能考虑使用先进、方便的生成工具。

从理论上讲,基本上可以用任意语言来实现一个编译程序。早期人们用机器语言或汇编语言手工编写。为了充分发挥硬件资源的效率,满足各种不同的要求,许多人目前仍然采用低级语言编写。但由于编译程序本身是一个十分复杂的系统,用低级语言编写效率较低,现在越来越多的人使用高级语言来编写,这样可以节省大量的程序设计时间,且使程序易读、易于修改和移植。为了进一步提高开发效率和质量,可以使用一些自动生成工具来支持编译器的某些部分的自动生成,如词法分析生成器 Lex 和语法分析生成器 YACC,以及能生成语法和词法分析器的生成程序 JavaCC 等。

概括起来,构造编译程序的方法有下列 5 种方式。

(1) 直接用机器语言或汇编语言编写:早期的编译程序直接用机器语言或汇编语言编写,现在考虑到效率问题,多数编译程序的核心部分仍然用汇编语言编写。

(2) 用高级语言编写编译程序:这是目前普遍采用的方法。

(3) 自编译(自扩展)方式:先对语言的核心部分构造一个小小的编译程序(可以用低级语言来实现),再以它为工具构造一个能够编译更多语言成分的较大的编译程序,如此扩展下去,实现人们所期望的整个编译程序。

(4) 用编译工具自动生成部分程序：如用 Lex(词法分析程序的自动生成器)生成词法分析程序,用 YACC(基于 LALR 分析方法的语法分析自动生成器)生成语法分析程序。

(5) 移植：同种语言的编译程序在不同类型的机器之间移植。

本书在编译程序构造部分主要介绍如何用高级语言编写编译程序,也将在词法和语法分析部分简单介绍采用自动生成器来生成编译程序的某些部分。

1.5 认识 Sample 语言

构造编译程序前,必须认识源语言的特征。一个语言涉及它的设计者、实现者和使用者,设计者是指设计该高级语言的人,实现者是指编写编译程序将该高级语言程序转换成计算机上运行的程序的人,使用者是指利用该高级语言编程的人。有了设计者和实现者,才可能有使用者。本书的读者对象都是学习过高级语言的人,并且我们假定读者都学习过 C 语言,因此我们都已经是 C 语言的使用者。本书的目标是：从语言使用者的角度来从宏观上回顾语言的总体结构和基本特征,让读者对语言的认识达到新的高度,逐步向设计者过渡；从语言实现者的角度掌握高级语言某些语法成分翻译的基本原理和方法。

Sample 语言是类 C 语言的一种自定义语言。选择 C 语言是因为 C 语言应用广泛,易于理解,一直处于编程语言使用的前列；选择实现类 C 语言的编译程序对读者进一步加深对 C 语言的理解也大有裨益。Sample 语言实现了 C 语言的基本功能,包括常量、变量、函数定义、常见的表达式、赋值语句、分支 if 语句、while、do…while、for 语句,以及函数调用与返回,删除了一些复杂的、难理解的成分,如指针和数组,这样不仅可以减少重复工作量,还能将主要精力放在编译的原理和算法的实现上。但 Sample 语言又有别于 C 语言,在内部实现了输入/输出功能,让读者清晰地了解为一种语言设计新功能的实现方式(C 语言中的输入/输出是调用单独的库函数实现的)。

1.5.1 高级语言的构成成分

一种程序设计语言是一个记号系统。如同自然语言一样,每种高级语言都由语法、语义和语用 3 个方面来定义。语法是定义程序构成的一组形式规则,用它可以形成和产生一个形式上正确的程序。语义也是一组规则的集合,用以定义程序的含义。语用主要是有关程序设计技术和语言成分的使用方法,它使语言的基本概念与语言的外界(如数学概念或计算机的对象和操作)联系起来,告诉我们该语言的使用方法。对于语言的使用者来说,只需要理解语言的语用即可；对于语言的设计者和实现者来说,必须定义和理解语言的语法和语义。

1. 语法

语法是一组规则,规定了如何构成一个正确的程序。这些规则又分为两部分：词法规则和语法规则。词法规则是指单词的构成规则,它规定了在该语言中哪些单词才是正确的单词。单词是语言中具有独立意义的最小单位。在现今的程序设计语言中,单词一般包括各种类型的常数、标识符、关键字、运算符和分界符。每一类单词都有其构词规则,如 C 语言的标识符是指以下画线或字母开头,后跟字母、数字、下画线的任意组合,只要符合这个规则,就是正确的标识符。

高级语言的语法规则规定了如何从单词形成更大的结构(即语法单位,如表达式和语句等),语法规则是语法单位的形成规则。如字符串 result＊C＋2.0 是由标识符 result 和 C、常数 2.0、运算符＊和＋构成的,result、C、2.0、＊和＋都是正确的单词,构成了一个算术表达式,称为一个语法单位。然而同样是这几个正确的单词,result＊＋C2.0 却不是正确的表达式。

语言的词法规则和语法规则定义了程序的形式结构,是判断输入字符串是否构成一个形式上正确的程序的依据。

一般程序设计语言的语法单位有表达式、语句、分程序、函数和程序等。

2. 语义

对一个语言来说,不仅要给出它的词法和语法规则,而且要定义它的单词和语法单位的含义,即语义。离开语义,语言只不过是一个字符串而已。对于编译器来说,只有理解了程序的语义,才能把它翻译为相应的目标代码。

一个程序的语义是指一组规则,用它可以定义一个程序的意义。阐明语义要比阐明语法困难得多,现在还没有一种公认的形式系统,借助它可以自动地构造出实用的编译程序。

早期用自然语言来描述语言结构的含义,这种描述是非形式的、冗长的、易于引起二义的,但它能给出一个语言的直观梗概。语义的形式描述是计算机学科的一个重要研究领域,目前已有指称语义学、操作语义学、代数语义学和公理语义学等多种描述方法。

目前大多数编译程序普遍采用的一种方法是基于属性文法的语义描述,它是一个比较接近形式化的表示方法。翻译为目标代码或中间代码的方法主要是采用基于属性文法的语法制导的翻译方法,基本思路是对语言中的每个语法单位定义其含义,我们将在第 4 章中描述每个语法单位的含义,在第 5 章中用属性文法来描述它,并将其含义表示为语义规则,构成语义子程序。当进行语法分析获取某个语法单位时,就可以调用语义子程序执行其语义,从而实现翻译。

1.5.2　程序的结构

一个程序设计语言的基本功能是描述数据和对数据进行运算。所谓程序,实质上就是对数据的描述,以及对这些数据进行运算的过程的描述。Pascal 语言的发明者沃斯 (N. Wirth)在 1976 年就以"算法＋数据结构＝程序"精辟地阐释了程序的本质。一个程序首先要描述数据结构,这是程序处理的对象;其次必须描述算法,这是对数据的处理过程。

纵观现有的高级语言,通常都是以数据类型来描述数据结构,以控制结构来描述算法。

除了提供数据的表示和运算外,程序设计语言还要定义可执行的语句,控制结构定义了语句的出现顺序。

在现今的程序设计语言中,一个程序大体上可视为如图 1.17 所示的层次结构。自上而下来看这个层次结构:最大的概念是程序,它是一个完整的执行单位。一个程序通常由若干个函数(有些语言中称为过程、子程序、分程序等)构成,它们常常含有自己的数据。每个函数由若干个语句构成。组成语句的成分包括关键字、分隔符和各种类型的表达式。表达式是描述数据运算的基本结构,它通常含有数据引用、运算符和函数调用,每个数据引用、运算符和函数都是由一个或多个单词构成的,而程序设计语言的单词是由一个或多个字符构成的字符串,是由合法的字符组合而成的,全部合法字符构成的集合称为该语言的字符集。

自下而上看,我们希望通过对下层成分的理解来掌握上层成分,从而掌握整个程序。

下面我们按照从下往上的顺序来认识和了解一个程序设计语言。

图 1.17　程序的层次结构

(1) 字符。程序中的每个字符都来源于该语言定义的字符集(又称字母表)。不同语言的字符集可能不同。用某种语言书写的程序的每个字符必须是它的字符集中的符号,不在该集合中的符号被认为是非法字符。字符集中的符号是用来组成单词的,本身不具有独立的意义。

(2) 单词。程序设计语言的单词是由字符集中的符号组成的有穷序列。但并不是任意的组合都是一个合法的单词,例如在 C 语言中,2、.、a 这些都是字符集中的符号,2.a 在 C 语言中是不合法的,因此合法的单词都遵循一定的规则,称为构词规则(或词法规则),词法规则定义了字符集中哪些符号序列是合法的单词。单词才是程序设计语言中具有独立意义的最小单位。大多数程序设计语言中的单词按类别可分为 5 类:关键字、标识符、常数、界符和运算符。每一类单词都有其构成规则,如 C 语言的标识符是指"以下画线或字母开头,后跟字母、数字、下画线的任意组合",只要符合这个规则,就是合法的标识符。一般来说,关键字、界符和运算符都是固定的,可以单独列举出来,标识符和常数按构词规则来判定。

(3) 数据引用。程序都是用来处理数据的,每一个数据引用都是对一个数据对象的使用,每一个数据对象都有一个数据类型。数据类型是数据结构的抽象表示,在传统的高级程序设计语言中,数据类型实际是对存储器中所存储的数据的抽象。在机器语言中,存储器的一个存储单元的内容是一个二进制位串。这些位串实际可能是一条机器指令、一个地址、一个整数、一个实数或一个字符串,它们在存储器中的意义直接受程序员的控制。在高级语言中,存放在存储器中的数据不再被看成是原始的无名位串,而是看成是一个整数值、一个实数值、一个字符值,即具有一定的数据类型。在这些语言中,程序员不再为存储单元中的二进制位串的意义是什么而操心,程序员可以不了解机器的细节。每种数据类型定义了数据对象的取值范围,以及对这组值进行的操作(运算)和它占用的存储空间。数据类型可以分为 3 个层次:内部类型、用户定义类型和抽象数据类型。

① 内部类型:一个程序设计语言必须提供一定的内部数据类型,并定义对这些数据的运算。不同语言有不同的内部类型。常见的内部类型有数值型数据、逻辑型数据、字符型数

据和指针类型数据。内部类型是对二进制位串的抽象,其基本形式对程序员是不可见的,即程序员不能直接访问表示一个整数的位串的某个特定位。

② 用户定义类型:有些语言提供了由内部数据类型构造复杂数据的手段,常见的定义方式有数组、记录、联合、字符串、表格、栈、队列、链表和树等。用户定义类型是用内部类型和已定义的用户定义类型作为基本表示的抽象,其基本表示形式对程序员是可见的,即程序员可以对构成它的基本成分直接进行操作,如访问数组的一个元素,获取记录的一个域。

③ 抽象数据类型:为了增强程序的可读性和可理解性,提高可维护性,降低软件设计的复杂性,许多程序设计语言提供了对抽象数据类型的支持。一个抽象数据类型包括数据对象的一个集合、作用于这些数据对象的抽象运算的集合,以及对这些类型对象的封装,即除了使用类型中所定义的运算外,用户不能对这些对象进行其他操作。如 C++和 Java 中通过类对抽象数据类型提供支持。抽象数据类型具有信息隐藏、封装和继承等特性,它们是以内部类型和用户定义类型为基本表示的更高层次的抽象,其基本表示对程序员是不可见的,隐藏了表示的细节,通过函数或方法来访问抽象数据类型。

(4) 表达式。表达式是对数据的运算,它是构成程序设计语言中语句的基本成分。表达式由运算对象(数据引用或函数调用)和运算符组成。根据运算符的不同,通常将表达式分为逻辑表达式、关系表达式、算术表达式和赋值表达式。它们是彼此相关的,运算符之间存在优先关系,运算对象存在结合性,两者共同规定了表达式中运算对象的计算次序。表达式一般定义为递归定义的规则,如算术表达式由项进行加减运算构成,项由因子进行乘除运算构成,因子可以是单个的标识符、常数、带括号的表达式以及因子取负等。

(5) 语句。语句用来实现数据处理的流程控制。不同的程序设计语言含有不同形式和功能的各种语句。语句一般可分为声明语句和可执行语句两种。大部分的程序设计语言都遵循"先定义,后使用"的原则,声明语句的功能主要是提前声明程序中使用的各种对象的属性,以便在后续程序中使用。对于编译程序来说,声明语句的作用是记录这些对象的类型、值、地址等属性,以便后续进行登记及查找,供生成目标代码时使用,本身不生成目标代码。可执行语句完成程序指定的功能,生成目标代码。多数程序设计语言中的可执行语句包括赋值语句、输入输出语句、函数调用语句、语句执行顺序控制语句(简称控制语句)和复合语句。C 语言中没有输入输出语句,而是调用函数进行输入输出,控制语句主要用来控制语句的执行顺序,一般应表示顺序、选择和循环 3 种语句控制结构。一个语句结束时紧跟一个结束符(如;),表示顺序执行下一个语句;选择结构一般用 if 语句来实现,为了提高程序的可读性和可理解性,有些语言(C 语言和 C++)还使用 switch 来实现选择结构;循环结构一般用 while、do…while、for 语句来实现。如果若干个语句依次执行,并把它们看成一个整体时,可用语句括号(C 语言中使用{},Pascal 中使用 begin…end)将它们括起来,并将其看成一个语句,这个语句称为复合语句。

(6) 函数(子程序)。函数是由一段完成相对独立功能的语句顺序构成的。在不同的语言中,对函数的定义是不同的,C 语言规定函数是独立定义的,但可以在一个函数中调用另一个函数,不能在一个函数中定义另一个函数,函数有定义和声明,函数在调用之前必须定义或者声明;在 Pascal 语言中,过程中可以再定义过程,即定义也可以嵌套。

(7) 程序。程序是语言中最大的语法单位。不同的程序设计语言中程序的构成是不一样的,C 语言的程序由多个并列定义的函数构成,其中必有一个 main()函数;Pascal 语言的程序由一个 Program 来定义,所有过程和函数都必须遵循嵌套定义和使用的原则,一个函数(或过程)嵌套在另一个函数(或过程)中定义,只能调用上层定义的函数(或过程)。

1.5.3　Sample 语言规范

下面按照上节介绍的顺序来仔细看看自定义 Sample 语言的各个构成成分。

1. 字符集

Sample 语言的字符集就是编写 Sample 语言程序能够使用的所有字符的集合。Sample 语言的字符集是由英文大写字母、小写字母、数字、下画线和空白符号,以及下述特殊符号构成的集合:＋、－、＊、/、％、＝、＞、＜、!、&、|、(、)、[、]、{、}、,、.、;、'、"、\。

2. 单词

单词是由字符集中的符号按照构词规则组成的。Sample 语言中的单词分为5类:常量、标识符、关键字、运算符和分界符。其中关键字、运算符和界符的种类是固定的,可以单独列举出来,关键字及其含义如表1.7所示,其中还有3个保留字:main、read 和 write,它们不是 Sample 的关键字,但它们有固定含义,不能用作它用;运算符用来进行各种算术、逻辑和赋值运算,如表1.8所示,运算符由优先级和结合性来决定运算对象的运算次序;界符主要是用来分隔单词的,除了运算符外,还包括左右花括号({和})、分号(;)和逗号(,),另外还包括不计入合法单词的单引号、双引号、句号、空白符号和注释,它们不能独立作为单词,但它们可以用来分隔单词。注释是用/＊和＊/括起来的任意多行字符以及用//标识的单行注释;空白符包括空格、\t、\n、\r等几个。标识符和常量是按照构词规则来构成的,标识符的规则是"以下画线或字母开头,后跟字母、数字、下画线的任意组合",只要符合这个规则,就是正确的标识符。常量又分为整型、实型、字符型和字符串。每种类型又有其构成规则。

表 1.7　Sample 语言中的关键字

关　键　字	含　　义	关　键　字	含　　义
char	声明字符型变量	continue	结束当前循环,开始下一轮循环
int	声明整型变量	do	循环语句的循环体
float	声明浮点型变量	while	循环语句的循环条件
break	跳出当前循环	if	条件语句
const	声明常量	else	条件语句否定分支(与 if 连用)
return	函数返回语句	for	一种循环语句
void	声明函数无返回值		

表 1.8　Sample 语言中的运算符

运　算　符	含　　义	优先级	结合性
( ) [ ]	前述运算符:优先级运算符;数组运算符	1	左结合
! －	单目运算符:布尔运算符,求非;算术运算符,求负	2	右结合
＊ / ％	算术运算符:乘、除、求模	3	左结合
＋ －	算术运算符:加、减	4	左结合
＜ ＜= ＞ ＞= == !=	关系运算符:小于、小于或等于、大于、大于或等于、等于、不等于	5	左结合

运　算　符	含　　　义	优先级	结合性
&&	布尔运算：与	6	左结合
‖	布尔运算：或	7	左结合
=	赋值运算符	8	右结合

3. 数据类型

Sample 语言中定义了 3 种内部数据类型：整型、字符型、实型。

4. 表达式

Sample 语言中的表达式通过运算符对运算对象进行操作。表达式分为算术表达式、关系表达式、布尔表达式和赋值表达式 4 种类型。算术运算的优先级比关系运算的优先级高，关系运算的优先级比布尔运算的优先级高。所有的运算除了！和－是单目运算外，都是双目运算。单目运算只需要一个运算对象，如!a,双目运算需要两个运算对象,如 a+b。

算术表达式是语言中对数据进行运算的最重要的表达式。算术运算符包括＋、－、＊、/、％,运算对象是指各种标识符和常量,也可以是函数调用,运算符之间服从"先乘除,后加减"的运算优先次序,服从左结合规律。

关系表达式用来判断某个条件成立或不成立,它的运算对象是算术表达式,运算符有大于(＞)、小于(＜)、大于或等于(＞＝)、小于或等于(＜＝)、等于(＝＝)和不等于(!＝)6 种。

布尔表达式用来进行布尔运算,它的运算对象是关系表达式,运算符有非(!)、与(&&)和或(‖)。

5. 语句

Sample 语言的语句从功能上分为声明语句和可执行语句两类。声明语句又分为变量声明、常量声明和函数声明。变量声明主要是提前声明程序中使用的变量的属性,如变量名、变量类型等,常量声明定义常量的值,函数声明主要是在主程序 main 前事先声明本程序中所有使用的函数的属性,如函数名、返回值类型、参数个数及类型。

为了简化编译程序的编写,我们假定 Sample 语言每个语句以分号结束。

Sample 语言的常量声明必须以 const 关键字开头,形式是：

const 类型 常量声明表;

如：

const int MAX = 10;

一种类型的一个或多个常量可以在一个常量声明语句中定义,中间用逗号分开,如

const int MAX = 10,MIN = 3;

如果要定义另一种类型的常量,必须另外用一个 const 开头并重新定义。

变量声明也可以在一行中声明多个变量,形式是：

变量类型 变量表;

如：

```
int var1,var2 = 0;
```

即多个变量之间用逗号分隔,可以在定义变量的时候赋初值。变量类型包括 int、char、float。

函数声明一次只能声明一个函数,形式是:

函数返回类型 函数名(函数声明形参列表);

函数声明形参列表可以没有,如果有的话,只能是用逗号分开的类型,如

```
char my_max(int,int);
```

声明了一个名为 my_max 的函数,可以传入两个 int 类型的参数,此处不能写变量的名字。

Sample 语言的可执行语句包括数据处理语句、控制语句和复合语句。数据处理语句包括赋值语句和函数调用语句;赋值语句的含义是把一个表达式的值计算出来并赋值给左边的变量,即赋值表达式加上一个分号,形式是:

变量 = 表达式;

如:

```
var1 = x + y;
```

Sample 语言中的输入/输出是在 Sample 语言内部实现的,使用 a＝read()读入一个数到变量 a 中,使用 write(a)将变量 a 的值打印出来,write("The Computing result is:")表示将字符串"The Computing result is:"显示出来。

Sample 语言中的函数调用可以作为一个语句使用,也可以在表达式中使用,形式是:

函数名(实参列表);

如:

```
my_max(3,4);
var2 = 3 + my_max(3,4);
```

Sample 语言中的控制语句包括 if、while、do…while 和 for 语句,在循环语句中使用的 break、continue 语句,以及在函数中使用的 return 语句。

if 语句的形式有两种:

if (表达式) 语句

或者

if (表达式) 语句 1 else 语句 2

第一个语句形式的含义是如果表达式的值为真,则执行后面的语句,否则不执行;第二个语句形式的含义是如果表达式的值为真,则执行语句 1,否则执行语句 2。

while 语句是循环执行语句的第一种形式,形式是:

while (表达式) 语句

其含义是如果表达式的结果为真,执行后面的语句,然后再对表达式进行判断,一旦表

达式结果为假,则退出。

do…while 语句是循环语句的另一种形式,形式是:

do 语句 while (表达式);

其含义是先执行语句,再执行表达式,如果表达式的结果为真,会再执行语句,一旦表达式结果为假,则退出。do…while 语句和 while 语句的区别在于 do…while 语句先执行再判断,因此语句至少会执行一次。

for 语句是一种循环执行语句的第三种形式,形式是:

for (表达式 1;表达式 2;表达式 3) 语句

其含义是先执行表达式 1,然后循环执行表达式 2,如果表达式 2 的结果为真,执行后面的语句,再执行表达式 3,否则退出。

在循环语句中可以中途退出循环,使用的语句有 break 和 continue。二者都不带参数,区别是 break 跳出循环,从循环语句后面的一条语句再开始执行。continue 语句只是结束当前循环,跳过 continue 后面的语句,继续执行下一次循环。

return 语句是一种特殊的语句,只能在函数定义中使用,可以加返回值或不加返回值。

Sample 语言中的复合语句是用{}括起来的语句序列,看成一个语句,语句之间顺序执行。

6. 函数

在 Sample 语言中,函数的设计是非常重要的,函数是将一段代码用一个函数名来代表,以实现重用。函数分为函数定义、函数声明和函数调用。函数首先要进行声明,然后要进行定义,把该函数名和这段代码对应起来,最后才能在其他地方调用它。函数的声明和调用在前面已经介绍过,此处主要介绍函数的定义。Sample 语言中的函数定义遵循 C 语言的规范,函数是独立定义的,不能嵌套在另一个函数中定义。

函数定义包括函数返回值类型、函数名和形参列表以及对应该函数的语句序列。函数定义时形参列表可以没有,如果有的话,可以有一个或多个形式参数,多个之间用逗号分开,每个参数形式是:

类型 变量名

Sample 语言的函数定义的形式是:

函数类型 标识符(函数定义形参列表) 复合语句

如,下面定义了一个合法的函数:

```
int my_max(int var1,int var2)
{
    if (var1 > var2)
            return var1;
    else
            return var2;
}
```

函数定义中可以使用 return 语句,return 可以加上返回值,也可以不加返回值,这要看函数是否定义了返回类型。

7. 程序

Sample 语言中程序是最大的概念,它定义一个程序的入口。Sample 语言规定程序必须有一个 main() 函数,它是程序的入口,规定 main() 函数不带返回类型。main() 函数后面可以跟若干个函数定义。全局声明的常量、变量和函数必须放在 main() 函数之前。因此程序的构成形式是:

声明语句 main()复合语句 函数定义

其中的声明语句就是全局声明的常量、变量和函数等,这些声明之间没有顺序之分,复合语句是在 main() 函数中需要执行的语句,函数定义是定义其他函数,可以没有函数定义,也可以有一个或多个函数定义。

1.5.4 符合 Sample 语言规范的源程序举例

程序名称:**Example. src**

```
/ * this is a sample program writing in Sample language * /
//下面程序中的 read 和 write 是 sample 语言内部实现的功能
const int MAX = 10;
int index;
int sum(int, int);
int max(int, int);
main() {
    int result1, result2, first, second;
    first = read();
    second = read();
    result1 = sum(first,second);
    result2 = max(first,second);
    write(result1);
    write(result2);
}

int sum(int sum_x, int sum_y)
{
  return sum_x + sum_y;
}
int max(int var1, int var2)
{
    if (var1 > var2)
        return var1;
    else
        return var2;
}
```

根据上述示例程序和 Sample 语言的定义规范,可以看出 Sample 语言源程序和 C 语言源程序类似,只是在 C 语言中加入了一些限制条件。其基本特征是:一个程序必须包含一个 main() 函数,在 main() 函数前可以有常量声明、变量声明和函数声明,它们之间没有顺序,main() 函数中还可以声明常量、变量,然后是顺序排列的各个语句,main() 函数之后还可以定义其他函数,main()函数或其他函数中都可以调用函数。

1.6　编译程序的发展及编译技术的应用

编译程序是随着高级语言的发展而发展起来的,经过 60 多年的发展,现已形成了系统的理论和方法,开发出了一些自动生成编译程序的工具。因此,学习编译程序及相关技术对于熟练掌握高级语言及相关计算机技术有很重要的作用,而且设计开发编译程序的软件技术和理论除了用于实现编译程序外,同样可以用于其他软件的设计开发,如主要用于一些语言处理工具的实现。

1.6.1　编译程序的发展

编译程序最早出现在 20 世纪 50 年代早期,IBM 公司的 John Backus 带领一个小组开发了 FORTRAN 语言,编写 FORTRAN 语言的编译器共用了 18 人年。与此同时 Noam Chomsky 开始了自然语言的研究,Noam Chomsky 的研究导致了根据语言文法(Grammar)的难易程度以及识别它们所需的算法来对语言分类。

接着人们花费了很大的工夫来研究编译器的自动构造,出现了词法和语法分析的自动生成工具 LEX 与 YACC。在 20 世纪 70 年代后期和 80 年代早期,大量的项目都关注于编译器其他部分的生成自动化,其中就包括代码生成自动化。

目前,编译器的发展与复杂的程序设计语言的发展结合在一起,如用于函数语言编译的 Hindley Milner 类型检查的统一算法。编译器也已成为基于窗口的交互开发环境(IDE)的一部分。随着多处理机和并行技术、并行语言的发展,将串行程序转换成并行程序的自动并行编译技术正在深入研究之中。另外,嵌入式应用的迅速增长,推动了交叉编译技术的发展。对系统芯片设计方法和关键 EDA 技术的研究也带动了 VHDL 等专用语言及其编译技术的不断深化。

1.6.2　编译技术的应用

编译器的设计技术不仅用于开发编译器,而且应用于计算机科学的其他领域。

1. 各种软件工具的开发

为了提高软件开发效率、保证质量,在软件工程中除了遵循软件开发过程的规范或标准外,还应尽量使用先进的软件开发技术和相应的软件工具。而大部分软件工具的开发常常要用到编译技术和方法,实际上编译程序本身也是一种软件开发工具。为了提高编程效率、缩短调试时间,软件工作人员研制了不少对源程序进行处理的工具,这些工具的开发不同程度地用到了编译程序各个部分的技术和方法,如下面的一些常用软件工具。

1) 语言的结构化编辑器

结构化编辑器不仅具有通常的正文编辑器的正文编辑和修改功能,而且能像编译程序那样对源程序正文进行分析,把恰当的层次结构加在程序上。如它能够检查用户的输入是否正确,能够自动提供关键字,能够检查 if…then、左右括号是否匹配等。这类产品有 Turbo-Edit、EditPlus 和 Ultraedit 等。

2）程序的格式化工具

程序的格式化工具读入源程序，并对源程序的层次结构进行分析，根据分析结果对源程序中的语句进行排版，使程序变得清晰可读。如语句的层次结构可以用缩排方式表示出来；注释可以用专门的字形、颜色来表示。

3）语言程序的调试工具

结构化编辑器只能解决语法错误的问题，而对一个已通过编译的程序来说，需进一步了解的是程序执行的结果与编程人员的意图是否一致、程序的执行是否实现了预期的算法和功能。对算法错误或程序不能反映算法的功能的检查就需要调试工具来完成。调试功能越强，实现就越复杂，它主要涉及源程序的语法分析和语义处理技术。

4）语言程序的测试工具

软件测试是保证软件质量、提高软件可靠性的途径。测试工具有两种：静态分析器和动态测试器。静态分析器对源程序进行静态分析，它对源程序进行语法分析并制定相应表格，检查变量定值与引用关系，如检查某变量未被赋值就被引用，或定值后未被引用，或多余的源代码等一些编译程序的语法分析发现不了的错误。动态测试工具是在源程序的适当位置插入某些信息，并通过测试用例记录程序运行时的实际路径，将运行结果与期望的结果进行比较分析，帮助编程人员查找问题。这种测试工具在国内已有开发，如 FORTRAN 和 C 语言的测试工具。

5）程序理解工具

程序理解工具对源程序进行分析，确定各模块之间的调用关系，记录程序数据的静态属性和结构属性，并画出控制流程图，帮助用户理解程序，这对程序的维护、阅读已有的程序有很大的帮助。

2. 程序的翻译

1）高级语言之间的转换程序

由于计算机硬件的不断更新换代，更新、更好的程序设计语言的推出为提高计算机的使用效率提供了良好的条件。然而一些已有的非常成熟的软件如何在新机器、新语言的情况下使用呢？为了减少重新编制程序所耗费的人力和时间，就需要解决如何把一种高级语言程序转换成另一种高级语言程序，乃至汇编语言程序如何转换成高级语言程序的问题。这种转换工作要对被转换的语言进行词法和语法分析，只不过生成的目标语言是另一种高级语言而已。这比实现一个完整的高级语言编译程序工作量要少些。目前已有成熟的转换系统。

2）交叉编译程序

随着嵌入式技术的发展和广泛应用，嵌入式软件开发环境所涉及的关键技术是多目标交叉编译和调试工具。这些工具希望在宿主机上为源语言交叉编译生成多个目标机上的目标程序，并能对目标机上运行的程序进行调试，如 UNIX 上的交叉编译工具 GCC、Windows 下的 keil 等。

3）硬件合成

不仅仅大部分软件是用高级语言描述的，现在大部分硬件设计也是使用高级硬件描述语言来描述的，如 Verilog 和 VHDL（Very high-speed integrated circuit Hardware Description Language，甚高速集成电路硬件描述语言）。硬件通常在寄存器传输层

(Register Transfer Level,RTL)上描述,在这一层中,变量代表寄存器,表达式代表逻辑组合。硬件合成工具把 RTL 描述自动翻译为门电路,门电路再翻译为晶体管,最后生成一个物理布局,如电子产品开发系统 Altium Designer。

　　4）数据库查询语言 SQL 解释器

　　SQL 的查询解释器看起来似乎与编译程序毫无关系,其实也使用了编译技术,它将包含有关系和布尔运算符的谓词翻译为指令,以搜索数据库中满足该谓词的记录。另外,搜索引擎的分词功能和自动翻译工具也需要用到编译原理及其实现技术。

　　3. 新型体系结构的设计

　　早期,设计计算机时首先设计计算机体系结构,编译器是在机器建造好之后再开发的。现在这种情况发生了变化。现代计算机体系结构的开发中,编译器是在处理器设计阶段就进行开发的,甚至先于处理器的设计,然后将高级语言程序通过这个编译器编译得到的代码运行在模拟器上,这些代码和模拟器上的运行结果用来评价新的体系结构的特征。因为现代计算机都要使用高级语言,决定一个计算机系统性能的不仅仅是它的 CPU 速度,还包括编译器是否能充分利用其特征。最著名的编译器影响计算机体系结构设计的例子是 RISC (Reduced Instruction Set Computer,精简指令集计算机)的发明。早期的计算机体系结构是 CISC(Complex Instruction Set Computer,复杂指令集计算机)。指令越来越复杂,寻址方式越来越多。后来利用编译器对经常使用的复杂指令进行优化,消除复杂指令之间的冗余,把复杂指令消减为多个较简单的运算,从而设计出了精简指令集。

　　因此,编译原理和技术不仅是编译程序的开发者或维护者所必须掌握的,也是一切从事软件开发和研究的计算机工作者所必须具有的专业知识。

1.6.3　为什么要学习编译原理及其构造技术

　　(1) 学习编译原理有助于深刻理解和正确使用程序设计语言。

　　在没有学习编译原理之前,读者在编写、开发程序过程中对遇到的许多问题往往是知其然而不知其所以然。例如,为什么有些语言(如 C 语言)的变量在使用前一定要先声明,而另外一些语言就可以不声明。又如,在编译过程中常常会出现这样的情况:程序中被指示语法出错的地方实际上并没有错,而真正出错的地方却又没有被指示出来。凡此种种,通过学习编译原理可以得到解决,它有助于读者深刻理解和正确使用程序设计语言。

　　(2) 学习编译原理有助于加深对整个计算机系统的理解。

　　在代码生成中,编译程序的内容涉及计算机内部的组织结构和指令系统,涉及计算机的动态存储管理;一些标准输入、输出过程的实现还涉及操作系统。因此,编译程序把计算机结构、指令系统、操作系统及计算机语言等各方面知识融会贯通。通过编译程序的学习,读者能加深对整个计算机系统的理解。

　　Pascal 语言的创始人、世界著名计算机科学家 N. Wirth 教授曾说:"要想熟练地为一些只具有简单命令语言的计算机开发建立起各种系统,如过程控制、数据处理、通信以及操作系统等,掌握编译内容是必要的前提。"

　　(3) 设计开发编译程序的软件技术同样可以用于其他软件的设计开发。

　　本书内容贯穿以软件工程提倡的"自顶向下""逐步求精"的结构化程序设计思想,即对于整体复杂的问题,把它分解为一个个相对简单的问题。这样不仅比较容易使整体复杂的问题得以解决,而且能较好地保证开发出来的程序的正确性、可靠性和可维护性。又如,在设计词法分析器时采用的状态转换图、正则表达式等技术在很多软件开发中都会使用。

(4) 编译技术的地位变得越来越重要。

随着微处理器技术的飞速发展,处理器性能在很大程度上取决于编译器的质量;编译技术成为计算机的核心技术,地位变得越来越重要。

因此,编译技术是计算机专业学生的一门重要的专业基础课程。学生通过课堂听讲、课后练习、上机实验以及课程设计,能掌握最基本的形式语言理论、编译原理和编译程序的设计开发方法和技能。它们同样可用于其他软件的设计开发。这为学生今后走入社会去承担有一定规模和复杂度的实际软件课题打下一定的基础。

1.7　本书结构

编译程序是一个复杂的大型软件,其开发过程必须遵循软件工程的原则和方法。本书采用自顶向下、逐步求精的方法来设计 Sample 语言的编译程序,图 1.18 是 Sample 语言编译程序的框架,由 6 个模块组成:词法分析模块、语法分析模块、语义分析模块、中间代码生成模块、代码优化模块和目标代码生成模块,分别完成编译程序中的词法分析、语法分析、语义分析、中间代码生成、代码优化、目标代码生成阶段的功能,每一部分可以单独作为一个程序调试运行,最后由一个总控程序来调用。为适应教和学的需要,每一部分对应于编译程序的一遍,以方便程序的编写和调试,每一遍的结果保存在磁盘文件上,作为下一遍的输入。

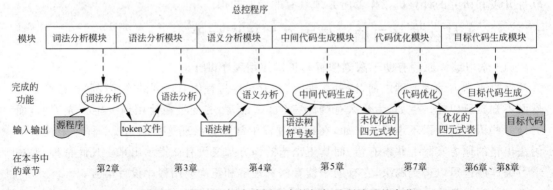

图 1.18　Sample 语言编译程序的框架及所涉及的章节

本书中第 1 章是全书的概述,主要介绍编译系统及其编译程序的结构,简单介绍高级语言的特征及本书的编译程序处理的源语言——Sample 语言的语言要素。第 2 章主要介绍词法分析的基本原理和方法,介绍 Sample 语言的词法分析程序的设计,生成 token 文件。词法分析的实现有两种方法:一种是利用高级语言编写程序实现词法分析程序;另一种是利用自动生成技术实现词法分析器。因此,第 2 章还将介绍词法分析自动生成的原理和技术。第 3 章主要介绍语法分析的基本原理和方法,语法分析有多种方法,不同的方法适用于不同的文法,以利于在不同的情况下使用不同的方法,我们也将介绍利用高级语言实现语法分析程序的方法,以及语法分析自动生成的方法和原理。第 4 章主要介绍语义分析的方法和符号表的相关技术。第 5 章主要介绍中间代码生成的基本原理和方法,介绍 Sample 语言语义分析和中间代码生成程序的设计,生成四元式形式的中间代码。第 6 章主要介绍程序运行时存储空间的组织。第 7 章主要介绍中间代码优化的基本方法。第 8 章主要介绍目标代码生成的方法、目标机的结构和指令系统,以及 Sample 语言中间代码优化和目标代码生成器的设计。为便于读者掌握本书的脉络,各章与编译程序的对应关系已在图 1.18 中标识出来。

1.8　小　　结

高级语言程序必须翻译为机器语言程序才能执行。常见的高级语言程序可以通过编译方式运行,也可以通过解释方式运行。在编译方式下程序运行主要分为编译阶段和运行阶段,编译阶段将源程序翻译为计算机上的二进制可执行文件,运行阶段将其装入内存执行,得到运行结果;在解释方式下,每读取一句源程序,就进行分析、执行,再读取下一句。

源程序的编译阶段分为四个步骤顺序进行:预处理、编译、汇编和链接,本书集中介绍编译。编译过程由词法分析、语法分析、语义分析、中间代码生成、代码优化和目标代码生成等构成。其中,中间代码生成和代码优化是为编译优化而设计的,如果不需要优化,可以直接生成目标代码。有些简单语言只是一次性编译,也不生成中间代码。高级语言的编译运行方式及编译的过程如图 1.19 所示。

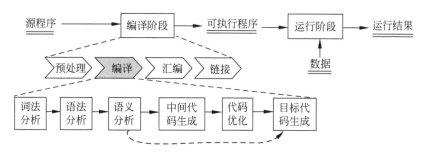

图 1.19　高级语言的编译运行方式及编译的过程

本书将逐步展示编译的过程,在理解编译过程之前,需要理解和认识编译的源语言,本书设计的源语言是 Sample 语言,它是 C 语言的一个子集。

本章还介绍了与编译相关的概念、编译程序的结构及实现方法,应重点掌握什么是编译程序、编译程序工作的基本过程及其各阶段的基本任务,熟悉编译程序的总体框架,了解编译程序的生成过程、构造工具及其相关的技术及应用。

1.9　习　　题

1. 解释下列术语。

翻译程序,编译程序,解释程序,源程序,目标程序,遍,前端,后端

2. 高级语言程序有哪两种执行方式? 阐述其主要异同点。描述编译方式执行程序的过程。

3. 在你所使用的 C 语言编译器中,观察程序 1.1 经过预处理、编译、汇编、链接四个过

程生成的中间结果。

4. 编译程序有哪些主要构成成分？各自的主要功能是什么？

5. 编译程序的构造需要掌握哪些原理和技术？编译程序构造工具的作用是什么？

6. 复习 C 语言，其字母表中有哪些符号？有哪些关键字、运算符和界符？标识符、整数和实数的构成规则是怎样的？各种语句和表达式的结构是怎样的？

7. 编译技术可应用在哪些领域？

8. 你能解释在 Java 编译器中，输入某个符号后会提示一些单词、某些单词变为不同的颜色是如何实现的吗？你能解释在 Code Blocks 中在输入{后，会自动添加}，输入 do 会自动添加 while()是为什么吗？

## 第2章

词法分析

本章开始着手构造编译程序。词法分析是编译的基础,主要分析源程序中的字符流能否构成正确的单词。执行词法分析的程序称为词法分析程序或扫描器(Scanner)。本章主要讨论词法分析程序的设计和实现技术,包括手工构造和自动生成两部分。

手工构造词法分析程序主要用状态转换图来表示单词的构成规则,根据状态转换图来进行单词的识别。

自动生成词法分析程序需要用到单词及其识别的形式化表示:正则表达式(Regular Expression)和有穷自动机(Finite Automata)。正则表达式是用来表示单词构成模式的表示方法,有穷自动机能对由正则表达式表示的字符串进行识别。本章最后讨论词法分析器的自动生成工具 Lex 的工作原理和使用方法。

2.1　词法分析概述

像自然语言书写的文章一样,高级语言源程序由一系列句子构成,句子由单词按一定的规则构成,而单词又由字符按一定的规则构成。因此,源程序实际上是由满足程序设计语言规范的字符按照一定的规则组合起来构成的一个字符串。

词法分析的主要任务是从左至右逐个字符地对源程序进行扫描,按照构词规则识别出每个单词,如果识别过程中发现错误或无法识别单词,输出有关错误信息。

识别单词的目的是为了后续阶段使用,因此为了简化后续阶段的工作,需要对每个单词(或单词类别)进行编码,这个编码称为种别码,又称 token 值。当识别出一个单词时,就将其种别码及单词自身的值一起输出,把作为字符串输入的源程序改造成单词记号串的中间形式(称为 token 串),提交给语法分析程序使用,如图 2.1 所示。

图 2.1　词法分析程序的任务

词法分析是编译程序中唯一与源程序打交道的部分,主要工作如下。

(1)扫描源程序,从源文件中读入字符流到输入缓冲区中。

(2)按构词规则识别单词,输出单词本身及其种别码。

(3)滤掉源程序中的无用成分,如注释、空格、回车换行等。这些部分只是有助于源程序的阅读,对生成代码无用。

(4)调用出错处理程序,识别并定位错误。词法错误是源程序中的常见错误,如非法字符、违反构词规则等。

词法分析程序主要有两种实现方式：手工编写高级语言程序实现和使用词法分析自动生成工具来生成词法分析程序。本章后面将分别介绍这两种实现方式。

词法分析的结果是送给语法分析器使用。但是是将词法分析作为独立的一遍执行完再执行语法分析器，还是以语法分析为核心，需要单词时再调用词法分析器。不同的设计者有不同的考虑，两者各有优势：①将词法分析作为独立的一遍，它把以字符串输入的源程序变为统一的中间形式(Token)输出到中间文件，作为语法分析程序的输入。这种实现方式结构清晰，易于理解和检查词法错误。②将词法分析程序设计成一个子程序，编译程序以语法分析为核心，每当语法分析程序需要一个单词时，就调用该子程序，每次调用时就从源程序文件中读入若干个字符，向语法分析程序返回一个单词。在后一种设计方案中，词法分析和语法分析在同一遍中，省去了中间文件，在商业化编译程序中经常使用。本书实现的Sample 语言的词法分析程序采用第一种方式，作为独立的一遍来实现。

2.2   高级语言中的单词

就像英文文章由单词构成一样，高级语言的程序也是由单词构成的。英文字符在文章中是没有含义的，只有单词才具有确定的含义。高级语言的单词是由字符集中的字符构成的，单词在程序中也具有确定的含义，但并不是任意字符按照任意组合构成的字符串都是单词。

2.2.1   单词的分类

自然语言中的单词可以根据其在句子中的作用将它们划分为动词、名词、形容词和标点符号等不同的种类。高级语言中的单词有些是固定不变的，如关键字、运算符和界符等，有些单词只给出了规则，只有符合规则的单词才被认为是合法的单词。

因此，每一种高级程序设计语言都定义了自己特定的单词集，这些单词可以按功能划分为关键字、标识符、运算符、界符和常量(常量包括整型常量、实型常量、字符型常量、字符串常量等)。

(1) 关键字。一般高级语言中的关键字是固定的，在特定语言中有固定的意义，如 int、break、while 等。C 语言的关键字和 main 都作为保留字，不允许表示其他的意义。Sample 语言中定义的关键字如表 1.7 所示，这些关键字和 main、read、write 作为保留字，不能用作其他用途。

(2) 标识符。标识符是程序设计语言中最大的一个类别，其作用是标识自己命名的各个对象，以便程序引用，可以代表变量、常量、函数、过程、类和对象的名字，如 m_circle、width 等。Sample 语言中的标识符是由字母或下画线开头，后跟若干个字母、数字和下画线的字符串。

(3) 运算符。运算符用来指明进行的运算类型，一般分为三种类型：算术运算符(如＋、－、＊、/、％等)，逻辑运算符(如!、&&、‖)和关系运算符(如＜、＞、＜＝、＞＝、＝＝、!＝)。Sample 语言中的运算符如表 1.8 所示。

(4) 界符。界符是程序设计语言中的特殊符号，类似于自然语言中的标点符号，在程序设计语言中也是有特殊用途的,主要是用来分隔单词的,可以细分为单界符(如空白符号、｛、｝、；等)和双界符(如/＊等)。Sample 语言中的界符是除了运算符之外的其他单词之间的分隔符,包括 4 个:左右花括号｛和｝、分号(;)和逗号(,),另外还包括不计入合法单词的单引号、双引号、句号、空白符号和注释,它们不能独立作为单词,但它们可以用来分隔单词。注释是用/＊和＊/括起来的任意多行字符以及用//标识的单行注释;空白符包括空格、\t、\n、\r 等。

(5) 常数。常数是程序设计语言中固定不变的值,一般又分为整型、实型、字符型和字符串型等。例如,25、3.14、This is a string 等。有些语言中还有布尔类型的常量,如 true、false。C 语言中没有布尔类型,非 0 表示 true,0 表示 false。

整型常量、实型常量、字符常量、字符串常量都是按类别给出构词规则来确定的。下面简单介绍 Sample 语言中各种类型常量的构词规则。

整型常量只能用来表示整型的值,用 int 来表示类型,Sample 语言中的整型常量分为十进制、八进制和十六进制,并有如下规定。

十进制数:以数字 1~9 开头,后跟零到多个 0~9 的数字组成的字符串;

八进制数:以数字 0 开头,后跟零到多个 0~7 的数字组成的字符串;

十六进制数:以 0x 或 0X 开头,后跟 1 到多个 0~9、a~f、A~F 的符号组成的字符串。

实型常量用来表示带有小数和指数的数值,一般用 float 来表示类型。Sample 语言中每个实型数的格式是(＋/－)A.Be(＋/－)C。其中,＋、－可以省略。A 有两种情况:第一种情况是不以 0 开头,即是一个十进制整数;第二种情况是 A 为 0,代表小于 1 的小数,如0.32 等。B 是 1 到多个 0~9 的数字。e 后可以带＋、－。C 是 1 到多个 0~9 的数字。

字符常量是由一对单引号括起来的一个或两个字符组成的,这些字符是字符集中的除单引号(')、反斜杠或换行符外的单个字符,或者是转义字符,转义字符由斜杠开始后跟一个字符:\'、\"、\n、\r、\t、\\、\0。

字符串常量是由双引号括起来的零到多个字符组成的序列,这些字符必须是字符集中除双引号(")、反斜杠或换行符外的任何字符。

程序设计语言中的关键字、运算符和界符都是确定的,一般只有几十个或上百个;而标识符和常数的个数是没有限制的,因源程序而异。

显然,一个单词究竟属于上述类别中的哪一类,需要根据一定的构词规则来识别。

2.2.2　单词的种别码

为了简化编译程序后续阶段的工作,优化编译程序的内部处理,需要对每个单词(或单词类别)给定一个种别码,又称 token 值。

种别码表示单词的种类,通常用整数编码表示。单词如何分类、如何编码,没有统一的规定,主要取决于处理上的方便。其基本原则是不同的单词能彼此区别且有唯一的表示。一般来说,一种程序设计语言的关键字、界符和运算符都是固定的,可以采用一字一种;标识符一般统归为一种;常数则按类型(整型、实型、字符型等)分种。如:Sample 语言单词的种别码如表 2.1 所示,其他语言可以类似设计单词的种别码。

表 2.1 Sample 语言单词的种别码

类　别	单　词	编　码	类　别	单　词	编　码
关键字	char	101	单词类别	实数（float）	800
	int	102	运算符	(	201
	float	103		)	202
	break	104		[	203
	const	105		]	204
	return	106		!	205
	void	107		*	206
	continue	108		/	207
	do	109		%	208
	while	110		+	209
	if	111		-	210
	else	112		<	211
	for	113		<=	212
界符	{	301		>	213
	}	302		>=	214
	;	303		==	215
	,	304		!=	216
单词类别	整数	400		&&	217
	字符	500		‖	218
	字符串	600		=	219
	标识符	700		.	220

　　词法分析程序的输出是与源程序等价的单词的中间形式（称为 token 串，或单词符号串、单词记号串）。一个单词的输出是如下的二元形式：

（种别码,单词的值）

　　根据种别码的编码方式不同,单词自身的值以多种方式给出。如果一个类别只含一个单词(如表 2.1 中的关键字、运算符和界符),则单词的种别码唯一代表了这个单词,因此单词自身的值可以不给出。若一个类别有多个单词(如表 2.1 中的单词类别),必须给出它的每个单词自身的值,自身的值可以是单词符号串本身,也可以是一个指针值,表示该单词实际存放的地址。常数自身的值也可以用常数自身的二进制值来表示。

　　单词的种别在语法分析时使用,单词的值在语义分析和中间代码生成时使用。

　　例 2.1　对于 if (r>=2.0) C=2*pi*r,经词法分析后的输出为：

```
(111,"if")
(201, "(")
(700, "r")
(214 ">=")
(800, "2.0")
(202, ")")
(700, "C")
(219, "=")
(400, "2")
```

```
(206, " * ")
(700, "pi")
(206, " * ")
(700, "r")
```

2.3　单词的识别

词法分析的主要任务就是识别源程序中的单词是否符合单词的构成规则。不同类别的单词其构词规则不同。仔细分析一下可以发现,源程序中各类单词可以通过单词的第一个字符来做初步的划分(如第一个字符是数字,那么这个单词只能是整数或者浮点数;如果第一个字符是字母,那么这个单词只可能是标识符或关键字等),然后根据每一类单词的构成规则来进行识别。对于关键字、界符和运算符这些固定的单词,可以直接进行比较来判断它是不是正确的单词。最复杂的是识别给定构词规则的单词。本节主要讨论使用状态转换图的方法来识别单词。

2.3.1　状态转换图

状态转换图是描述单词构成规则的一种很好的工具。状态转换图是一张有限方向图,由以下几部分构成。

(1) 有限个结点,结点用圆圈表示,称为状态。

(2) 状态之间用带箭头的弧线连接,称为边。

(3) 状态 s 到状态 r 的边上标记的符号表示使状态从 s 转换到 r 的输入字符或字符类;同一个状态出发的多条边上的标记不能有相同或有包含关系。

(4) 一个初态(又称开始状态)用双箭头＝>标识;初始时,状态转换图总是位于初态。

(5) 至少有一个终态(又称接受状态),用双圈表示。

例如,图 2.2 是某语言标识符的构成规则的状态转换图,其构词规则是"以字母开头,后跟若干个字母数字的任意组合"。其中,状态 0 为初态,状态 2 为终态。初始时,状态转换图总是处于 0 状态,状态 0 到状态 1 的边上标识的是"字母",表示标识符的第一个符号必须是字母;

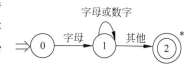

图 2.2　标识符的状态转换图

状态 1 到状态 1 的边上标识的"字母或数字",表示标识符的后续部分可以是 0 到多个字母或数字;状态 1 到状态 2 的边上标记的"其他",表示非字母数字的其他符号,如果出现了这类符号,状态转向 2,它不是标识符的一部分。

2.3.2　单词识别程序

有了状态转换图,可以很容易地识别一个符号串是否符合某个规则,或者利用状态转换图从一个符号串中识别出一个符合规则的单词。识别过程如下。

(1) 初始时,状态转换图位于初态,输入指针指向输入缓冲区的开始。

(2) 从输入缓冲区中读入一个字符,会使状态发生转换。若读入字符为 a,当前状态为 s,寻找从 s 出发的、边上标记与 a 匹配(和 a 相同或包含 a)的边,状态转向该边指向的状态;

若没有找到与 a 匹配的边，表示识别失败。

（3）当输入指针不断扫描输入缓冲区中的字符流时，状态转换图中的状态不断地发生转换，直到状态转换到接受状态。

例 2.2　假定输入缓冲区中有符号串"AB1C＋12"，用图 2.2 来描述识别标识符的过程。

用图 2.2 的状态转换图识别标识符的过程是：从初态 0 开始，读取一个字符，如果是字母，则转向状态 1，否则识别标识符失败；在状态 1，读取一个字符，若为字母或数字，则仍然处于状态 1；若读入的字符不是字母或数字时，就转向状态 2（该字符已读进）。状态 2 是接受状态，意味着已识别出一个标识符，识别过程结束。

用图 2.2 来识别标识符时读入的符号和状态的变化如表 2.2 所示。

表 2.2　对输入符号串"AB1C＋12"的识别过程

序号	输　入	输入指针的变化	状　态　变　化
1	初始时	AB1C＋12 ↑ 输入指针指向 A	状态为 0
2	读入当前字符 A	AB1C＋12 ↑ 输入指针指向 B	读入了字母，根据图 2.2，状态变为 1，识别出字符串"A"
3	读入当前字符 B	AB1C＋12 ↑ 输入指针指向 1	读入了字母，根据图 2.2，状态仍然为 1，识别出字符串"AB"
4	读入当前字符 1	AB1C＋12 ↑ 输入指针指向 C	读入了数字，根据图 2.2，状态仍然为 1，识别出字符串"AB1"
5	读入当前字符 C	AB1C＋12 ↑ 输入指针指向＋	读入了字母，根据图 2.2，状态仍然为 1，识别出字符串"AB1C"
6	读入当前字符＋	AB1C＋12 ↑ 输入指针指向 1	读入了＋，＋既不是字母，也不是数字，根据图 2.2，状态变为 2。此时表示识别出字符串"AB1C"是一个单词，很显然＋不属于这个单词
7	…		

从图 2.2 和表 2.2 可以看出，识别单词的过程就是在扫描输入符号串的过程中总是去寻找与输入符号串匹配的状态上的标记，从而识别与某个规则匹配的单词。状态转换图中的每个状态代表了在识别过程中可能出现的一种情况，也可以认为状态总结了从某个单词开始到当前指针之间的所有字符的全部信息，如在表 2.2 中，第 1 步表示开始，第 2 步表示已经看到了字符串"A"，第 3 步看到了字符串"AB"，……

从表 2.2 可以看出，执行到第 6 步，识别出已读入的符号串"AB1C"是一个标识符。但此时已将不是字母或数字的字符＋读入了，它不属于刚才识别的标识符的一部分，而是下个单词的一部分，所以输入指针必须回退一个字符，下一个单词的识别从＋开始，在终态 2 上标上星号 * 表示需要回退。

根据状态转换图,可以很方便地将这个过程写成高级语言程序,用来识别所定义的单词,该程序的代码量与图中的状态数和边数成正比。每个状态对应一段代码,如果一个状态具有出边,该状态的代码便读入一个字符。如果存在标记为该字符或包含该字符的字符类的边,控制转向这条边指向的状态所对应的代码;如果不存在这样的边,且当前状态不是接受状态,则调用 error()函数进行出错处理,然后启动下一个单词的识别。只要状态变为终态,识别程序才结束。当识别出一个单词,需要调用 GetToken()函数返回该单词的token 值。

状态转换图可以使用一个 switch…case 语句来实现,其中每个状态对应一个 case 语句段。在状态转换图中通过读入字符不断地选择下一个状态对应的代码段来执行。图 2.2 的状态转换图的类 C 语言描述的主要程序段(识别以 ch 开头的字符串是否是标识符)如下:

```
RecognizeId (char ch )
{
  char state = '0';                                    //开始状态
  while(state != '2') {
    switch(state){
    case '0': if ( isletter(ch) ) state = '1';         //是字母,转向状态1
              else error();                            //否则调用出错处理,识别其他
                                                       //的单词

              break;
    case '1': ch = GetNextChar ();                     //读取下一个输入字符
              if ( isletter(ch) || isdigit(ch) ) state = '1';   //是字母或数字,状态不变
              else state = '2';                        //其他字符,转向状态2
              break;
    }
  }
  Column -- ;                                          //回退一个符号,当前列号减 1
  return ( GetToken() );                               //返回识别的单词的 token 值
}
```

函数 GetNextChar()用来从输入缓冲区中读入下一个字符,每次调用都向前移动输入指针,返回读入的字符。

然而有些符号串的识别,不需要返回单词的 token 值,只需要跳过相应的符号即可,如出现了连续多个空白符号、发现了注释等。其识别程序和上面的 RecognizeId()函数类似,根据状态转换图中的状态来写识别程序,但不需要最后的 return(GetToken())。图 2.3 所示是出现了多个空白符号的情况,用 ws 表示空白符号,空白符号有多种形式,如空格及一些控制命令,如\f(换到下页)、\n(换到下行行首)、\r(换到本行行首)、\t(水平移动一个制表符)、\v(垂直移动一个制表符)等。

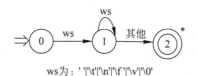

ws为: ' '|'\t'|'\n'|'\f'|'\v'|'\0'

图 2.3　空白分隔符的状态转换图

识别跳过空白符号的程序如下：

```
RecognizeWs (ch)
{
  char state = '0';                          //开始状态
  while(state != '2') {
    switch(state){
      case '0': if ( isWs(ch) ) state = '1';  //是空白符号,转向状态1
                else error();                 //否则调用出错处理,识别其他的单词
                break;
      case '1': ch = GetNextChar ();          //读取下一个输入字符
                if ( isWs(ch) ) state = '1';  //是空白符号,状态不变
                else state = '2';             //其他字符,转向状态2
                break;
    }
  }
  Column -- ;                                 //回退一个符号,当前列号减1
}
```

其中，函数 isWs(ch) 是判断符号 ch 是否是空白符号，如空格、\t、\n、\v、\f、\0 等。

2.3.3　超前搜索技术和双界符的识别

C 语言中的界符和运算符中，有些是一个符号，这种情况很容易识别，只要从输入缓冲区中读入的符号和这个单界符的符号相同就算识别出一个单词，如识别左括号（。然而，有些界符和运算符是两个或多个符号，而它们的第一个符号和某个单界符相同，这样在从输入缓冲区中读入这个字符时，就不能根据当前字符来判断是识别出了这个单界符单词，还是需要继续读入，或者已经出错了。如 C 语言中以＞开头的单词有：＞(大于)、＞＝(大于或等于)、＞＞(右移)、＞＞＝(右移赋值)四种。如果读取的当前字符是＞，此时还不能确定是否识别了单界符单词＞，需要向前看一个或两个字符才能确定是哪个单词，这种技术称为超前搜索技术。超前搜索技术是提前查看而不读取的方式，只有向前看到某个符号确定了单词或单词类别后才继续读入。如首先读取了符号＞，向前看一个符号，如果不是＝，也不是＞，说明当前读取的＞符号就是单个符号＞构成的单词；如果向前看的符号是＞，则需要读取该符号，此时仍然不能判断＞＞构成了一个单词，还需要向前看一个符号，如果不是＝，此时才能判断＞＞构成了一个双界符单词。

超前搜索技术和状态转换图其实是两种不同的单词识别方式。用状态转换图识别以＞开头的单词的方式是：在读取一个符号＞无法判断是否识别出一个单词时，需要继续读取一个或两个字符才能确定是哪个单词，只有继续读入符号，根据后续符号来判断，如果读入的某个符号和前序符号不能构成一个合法的单词，就回退该字符。在标识符的状态转换图中也使用了同样的回退技术。

图 2.4 所示是识别以＞开头的四个单词的状态转换图。初始时处于状态 0，如果读入了＞，进入状态 1；在状态 1 时如果读入了＝，进入状态 2，此时表示识别出一个单词＞＝；在状态 1 时如果读入了＞，进入状态 3，再读入一个字符，如果读入了＝，进入状态 4，识别出单词＞＞＝，否则识别出单词＞＞；在状态 1 时如果读入的字符不是＝和＞，进入状态 6，表示识别出单词＞。在状态 5 和状态 6 都多读入了一个字符，需要回退。

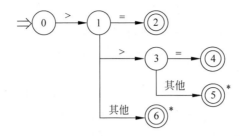

图 2.4　识别＞、＞＝、＞＞、＞＞＝四个单词的状态转换图

2.3.4　数值型常量的识别与状态转换图的合并

Sample 语言中的数值型常量分为整型常量和实型常量。整型常量遵循 C 语言规范，但不带后缀信息，如 L、U 等。整型常量(简称整型数)分为十进制、八进制和十六进制，并有以下规定。

十进制数：以数字 1～9 开头，后跟零到多个 0～9 的数字组成的字符串；

八进制数：以数字 0 开头，后跟零到多个 0～7 的数字组成的字符串；

十六进制数：以 0x 或 0X 开头，后跟 1 到多个 0～9、a～f、A～F 的符号构成的字符串。

它们的状态转换图如图 2.5(a)、(b)、(c)所示。在图 2.5(a)中，开始状态为 0，若读入数字为 1～9，进入状态 1；在状态 1，若读入数字为 0～9，仍然处于状态 1，读入其他符号，就进入状态 2，状态 2 是终态，表示识别出一个十进制整数。图 2.5(b)和图 2.5(c)分别是八进制、十六进制的状态转换图，它们的识别过程和十进制的识别过程类似。

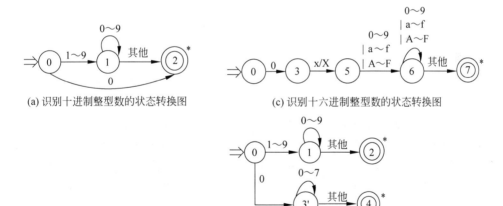

(a) 识别十进制整型数的状态转换图

(c) 识别十六进制整型数的状态转换图

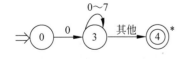

(b) 识别八进制整型数的状态转换图

(d) 识别八、十、十六进制整型数的状态转换图

图 2.5　识别整型数的状态转换图

为了从一个输入字符流中识别符合不同构词规则的单词，需要对分别画出的多个状态转换图进行合并，合并的方法如下。

（1）将多个状态转换图的开始状态合并为一个开始状态。

（2）将各个图中读取相同符号后到达的状态合并。

（3）从开始状态（或合并后的状态）出发画多条边，分别标识原来多个状态转换图从开始状态（或合并后的状态）出发的边上标识的符号（类），将相同标识的边进行合并。

（4）检查合并后的状态转换图的状态名字，修改使之互不相同。

图 2.5(d)是合并后的能识别各种整型数的状态转换图。

C 语言中除了整型数外，还有浮点数，C 语言的浮点数很复杂，需要使用超前搜索技术来识别。在 Sample 语言中，我们对 C 语言的浮点数做更严格的限制，以便于更简单地识别。假定 Sample 语言的浮点数的各个部分都是十进制表示，一个浮点数可以分为三部分。

（1）小数点前面是整数部分，有两种情况：①如果后面没有小数点就是十进制整数，以 1~9 开头、后跟 0~9 的任意多个数字；②单个的 0，如 0.02。

（2）小数部分，从小数点开始，是可选的，小数点后跟 1 到多个 0~9 的任意数字。

（3）指数部分，从 e/E 开始，也是可选的，e/E 后面跟上可选的＋/－，后跟 1 到多个 0~9 的任意数字。

如 23，23.12，23e2，12.12e12，0.2，0.2－3 等都是正确的浮点数形式，浮点数的状态转换图如图 2.6 所示。该图可以识别带指数和(或)小数的实数。

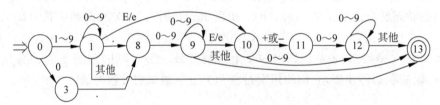

图 2.6　识别 Sample 语言实数的状态转换图

仔细观察会发现，图 2.6 中正确识别一个实数和发现了错误的终态都是状态 13（在状态 8、10、11 读入其他符号会出现错误，转向 13，为避免图中转换太多，没有画出），这样在程序退出时还需要进一步判断是识别了一个实数还是出现了错误。可以对图 2.6 进行改进，使用不同的接受状态来表示不同种类数值型常数的识别，如图 2.7 所示，用 4 个不同的终态表示可以识别 3 类数，并判断出错的情况。状态 16 是识别单词过程中出现错误的状态，是一个终态，需要进行出错处理；状态 15 是识别十进制整数的终态；状态 14 是识别带有小数但不带指数的实数的终态；状态 13 是识别带指数的实数的终态。这样进行识别不仅可靠性高，而且可以据此来确定该数的属性，以备以后的语义处理部分进行检查核对。

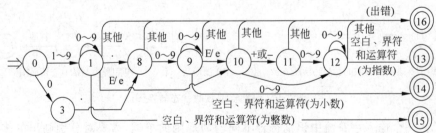

图 2.7　改进后实数的识别

同样可以根据前面介绍的状态转换图的合并方法将图 2.7 和图 2.5(d)进行合并,得到 Sample 语言中数值型常数识别的完整的状态转换图(见图 2.8),它既可以识别十进制、八进制和十六进制的整数,又可以识别浮点数。

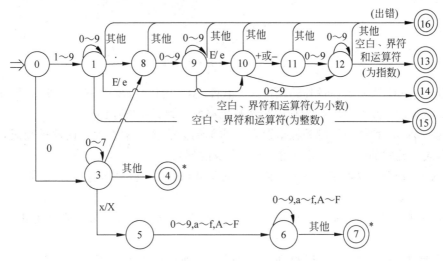

图 2.8　合并后的 Sample 语言数值型常数的识别

2.4　词法分析器的设计

本节以 Sample 语言单词的定义为例,介绍词法分析程序的手工构造方式。按软件工程"自上而下,逐步求精"的观点简要说明词法分析器的结构化分析设计方法,以帮助理解词法分析器的工作原理和设计方法。

词法分析程序的主要任务就是扫描源程序、识别单词,查找单词的 token 值,转换并输出 token 串,输出相应的错误信息。图 2.9 是词法分析程序的接口。输入是文本形式的源程序,输出是 token 文件和错误信息。其中,token 文件

图 2.9　词法分析程序的接口

是词法分析最重要的输出形式,以二元形式输出,用于存放源程序中识别出的每个单词及其种别码,供下一阶段使用。如果在编译源程序时遇到错误,还要求从屏幕、打印机或文件输出错误信息;有时要求列出源程序清单,以便查找错误,及时进行修改。

图 2.9 也是词法分析器的输入输出关系图,还是词法分析程序的顶层数据流图。按照软件工程方法,自顶向下逐层分解,可以对此进行分解。词法分析工作主要由扫描程序、识别单词、查找 token 值、插入 token 表、输出 token 串几项工作组成,其流程如图 2.10 所示。其中,"扫描程序"只执行一次,"识别单词""查找 token 值""插入 token 表"是反复执行的,直到缓冲区为空,就输出 token 串到文件中。

"扫描程序"就是将源程序从文件中读入到内存,一般是读入到一个字符串缓冲区中。一般源程序按文本方式存放,为了标识源程序中的错误位置,一般按照读入行的方式读入,当读到换行符\n 后,行计数加 1。在这里需要注意的是,回车换行在源程序(文本文件)中用

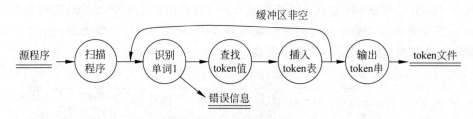

图 2.10　词法分析工作的流程

两个字符 0D0AH 来表示,而用高级语言(C 语言)读入内存后,就用一个字符 0AH 来表示,这是在用高级语言编写词法分析程序时常被忽略而导致错误的原因。

"查找 token 值"的功能就是根据识别出的单词去表 2.1 中查找单词的种别码,并对每个单词形成二元式的形式:(token 值,单词自身的值)。

"插入 token 表"按顺序将每个单词以二元形式(token 值,单词自身的值)插入到 token 表中。

"输出 token 串"的功能是当识别完所有的单词后,将 token 串输出到文件供语法分析阶段使用。

根据单词的构成规则,可以得到更详细的"识别单词 1"的流程,如图 2.11 所示。其中,每个单词从一个非空字符开始,如果从缓冲区读入的是空白字符,就要跳过,直到读到一个非空字符,就开始识别一个单词。每个椭圆表示一个操作,每个操作都可能调用错误处理函数,输出错误信息。为了定位错误,必须对源程序的行列计数。各个操作完成的功能如下。

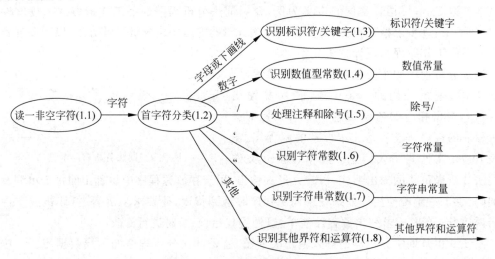

图 2.11　识别一个单词的流程

(1) 读一非空字符(1.1)。从字符串缓冲区中读取一个字符,列计数加 1,直到读取一个非空字符为止。若读入到\n,则行计数加 1,列计数置 0,若缓冲区已空,则程序结束。

(2) 首字符分类(1.2)。根据单词的构成规则,不同的单词类别首字符不同,因此可以根据单词的首字符对不同类的单词分别进行识别。

(3) 识别标识符/关键字(1.3)。根据标识符的构词规则,标识符是"以字母或下画线开头,后跟字母、数字或下画线的任意组合",关键字都是以字母开头,所以关键字是标识符的特殊情况,可以先当作一种情况来识别,状态转换图类似于图 2.2,只是在"字母"的地方变为"字母或下画线"。当读入的单词首字符是字母或下画线时,开始识别标识符或关键字,边拼写边从缓冲区读入下一个字符,列计数加 1,当读入的字符为非字母数字时,标识符识别完成,但此时已多读入一个符号,所以必须将该字符回退到缓冲区,列计数减 1。识别出来的单词是否是关键字,必须查表 2.1 进行判断。若是关键字,返回该关键字的种别码;否则识别的单词就是标识符,返回标识符的种别码。

(4) 识别数值型常数(1.4)。当读入的单词首字符是数字时,开始识别整数或实数,状态转换图如图 2.8 所示。一边读入字符一边拼写单词,列计数加 1,当遇到"."时,还要继续拼写该常数(对于实数的情况)。如果遇到 E 或 e,要识别带指数的常数;当遇到其他非数字字符时,数值常数拼写完毕,此时已多读入一个字符,需要将该字符回退到缓冲区,列计数减 1,并返回整型常数或实型常数的种别码。

(5) 处理注释和除号(1.5)。当读入的单词首字符是"/"时,开始识别注释或除号。继续读入一个符号,若是"/"则处理单行注释,直到读入到\n 结束,则删掉//及其该行之后的所有符号;若是 *,则处理多行注释,一直到读出两个连续的符号" * /"结束,删除其中所有的符号,包括/ * 和 * /,但是此时要判定其中的\n,行计数需要增加;若读入的符号不是/和 * ,则知道前一个符号"/"是除号,因此当判定是除号"/"时,已多读入一个字符,需将该字符回退到缓冲区,列计数减 1,返回除号"/"的种别码。

(6) 识别字符常数(1.6)。当读入的单词首字符是单引号时,开始读入下一个符号,列计数加 1,搜索下一个单引号,当再读到单引号时,字符常数拼写结束,单引号中正常只允许一个字符,但如果是转义字符就可能是两个字符。最后将单引号和该字符常数一起返回,并返回字符常数的种别码。

(7) 识别字符串常数(1.7)。当读入的单词首字符是双引号时,开始读入下一个符号,列计数加 1,搜索下一个双引号,当再读到双引号时,字符串常数拼写结束。最后将双引号和该字符串常数一起返回,并返回字符串常数的种别码。

(8) 识别其他界符和运算符(1.8)。若读入的单词首字符是除了/、'、"以外的其他界符或运算符,对于<、>、=、! 这 4 个符号,还须再读入一个符号看是不是"="以判别是否为双界符。若是双界符,查表返回其种别码;若不是,回退一个符号,列计数减 1,返回该单词的种别码;对于 &、| 这两个符号,还需要再读入一个符号,以判别是不是 &&、‖ 两个符号,如果是,则返回 &&、‖ 的种别码,否则就是错误符号(因为 Sample 语言中没有定义位运算,所以单个的 & 和 | 是不能识别的单词),这时需要回退一个符号,列计数减 1。

2.5　正则表达式与有穷自动机

单词是程序设计语言的基本符号,为了建立词法分析的自动生成程序,单词的构成规则需要用更加形式化的工具来描述,即正则表达式与有穷自动机。正则表达式是用数学表达式的形式来描述单词构成模式的重要表示方法,有穷自动机是状态转换图的形式化描述,可以从识别的观点来判断某个单词是否符合单词构成规则,二者在描述单词构成方面是等价的。

2.5.1　符号和符号串

一个高级语言程序能够使用的全体字符构成的集合称为字母表(Alphabet),即该语言的合法字符集,通常用 Σ 表示,是一个有穷非空集合,其中的每个元素称为一个符号。不同的语言有不同的字母表,如二进制字母表是集合{0,1},0 和 1 是二进制字母表中的符号;C 语言的字母表是由英文字母、数字和一些特殊符号构成的集合,英文字母和数字是 C 语言的字母表中的符号。ASCII、Unicode 也是字母表的典型例子。

字母表上的符号串是指由该字母表中的符号构成的有穷序列,又称为字,如 00110 是字母表{0,1}上的一个符号串,str_1 是 C 语言字母表上的一个符号串。集合 Σ 上的单个符号也可以构成符号串。

符号串 s 的长度是指出现在 s 中的符号个数,记作|s|。例如,符号串 00110 的长度为5,长度为 0 的串称为空串,它不包含任何符号,记为 ε。

字的前缀(Prefix)是指从字的开头取 0 个或多个符号得到的符号串。如有一个字 ban,那么 ε、b、ba、ban 都是字的前缀,分别表示从字 ban 的开头取 0 个、1 个、2 个、3 个符号得到的符号串。同样得到字的后缀(Suffix)是指从字的末尾取 0 个或多个符号得到的符号串。如 ε、n、an、ban 都是字 ban 的后缀,分别表示从字 ban 的末尾取 0 个、1 个、2 个、3 个符号得到的符号串。字的子串是从字中删除任意前缀或后缀后得到的符号串。字的前缀和后缀本身也是子串。

两个符号串的连接:如果 α 和 β 都是符号串,那么 α 和 β 的连接是把 β 加到 α 后面形成的符号串,写成 αβ。如,假定 α、β 分别表示符号串 01 和 110,则 αβ 表示符号串 01110,βα 表示符号串 11001。一般而言,αβ≠βα。空字是连接运算的恒等元素,即 sε=εs=s。如果把两个串的连接看成是这两个串的乘积,就可以定义串的指数运算:$s^0=ε$,当 i>0 时,$s^i=s^{i-1}s$。

2.5.2　集合的运算及语言的定义

若集合 U 中的所有元素都是字母表 Σ 上的符号串,则称 U 为 Σ 上的符号串集合,也称U 为 Σ 上的语言。如所有语法正确的 C 语言程序的集合,以及所有语法正确的英文句子的集合都是 ASCII 字符集上的符号串集合,它们都是一种语言。

Φ 表示不含任何元素的空集{}。这里要注意 ε、{}和{ε}的区别。

在词法分析中,最重要的运算是集合上的并、连接和闭包运算。设 U、V、W 是字母表 Σ上的符号串集合,即它们都是 Σ 上的语言,下面给出集合上的运算的定义。

集合 U 和 V 的并:表示为 U∪V,其中的符号串包含 U 和 V 的全部符号串,符合集合的并集的通常的含义,即

$$U∪V=\{s|s∈U \text{ 或者 } s∈V\}$$

集合 U 和 V 的连接:也称集合 U 与 V 的乘积,表示为 UV,即

$$UV=\{αβ|α∈U \text{ 并且 } β∈V\}$$

即集合 UV 是由 U 中的任一符号串与 V 中的任一符号串连接构成的符号串的集合。注意,

一般而言，$UV \neq VU$，但 $(UV)W = U(VW)$。

集合 V 的 n 次方幂：是指 V 自身的 n 次乘积，记为 $V^n = V^{n-1}V$（当 $n > 0$），规定 $V^0 = \{\varepsilon\}$。

集合 V 的闭包(Closure)：根据方幂的定义，V 的闭包表示将 V 自身连接零到多次得到的集合的并集，记为 V^*，有

$$V^* = V^0 \cup V^1 \cup V^2 \cup V^3 \cup \cdots$$

集合 V 的正闭包就是在 V 的闭包中去掉 V^0 得到的符号串的集合。V 的正闭包表示为 V^+，且有 $V^+ = VV^*$。

集合的运算如表 2.3 所示。

表 2.3　集合的运算

序　　号	运　　算	表　　示	定　　义
(1)	并	$U \cup V$	$U \cup V = \{s \mid s \in U$ 或者 $s \in V\}$
(2)	连接	UV	$UV = \{\alpha\beta \mid \alpha \in U$ 并且 $\beta \in V\}$
(3)	方幂	V^n	$V^n = V^{n-1}V$（当 $n > 0$），$V^0 = \{\varepsilon\}$
(4)	闭包	V^*	$V^* = V^0 \cup V^1 \cup V^2 \cup V^3 \cup \cdots$
(5)	正闭包	V^+	$V^+ = VV^*$

例 2.3　若 $\Sigma = \{a, b\}$，求 Σ^* 和 Σ^+。

由于 Σ 上的单个符号可以看成是长度为 1 的符号串，$\Sigma^* = \Sigma^0 \cup \Sigma^1 \cup \Sigma^2 \cup \Sigma^3 \cup \cdots = \{\varepsilon, a, b, aa, ab, ba, bb, aaa, \cdots\}$，$\Sigma^*$ 表示 Σ 上的所有符号串的全体，空字也包含在其中。

$\Sigma^+ = \{a, b, aa, bb, aaa, aab, \cdots\}$。

按照语言的定义可知，Σ^* 中的任意一个按一定规则构成的子集称为 Σ 上的一个(形式)语言，这个语言的定义和前面定义是一致的。Σ^* 中的任意一个子集中的任意一个元素肯定是 Σ 上的符号串。属于某语言的符号串称为该语言的句子。语言的这个定义并不要求其中的串一定具有某个含义。

例 2.4　令 $L = \{A, B, \cdots, Z, a, b, \cdots, z\}$，表示 L 是由大、小写字母组成的字母表，$D = \{0, 1, \cdots, 9\}$，表示 D 是由 10 个数字组成的字母表。由于单个符号可以看成是长度为 1 的符号串，所以 L 和 D 也可以分别看成是有穷的语言集。下面是用集合的运算作用于 L 和 D 所得到的 6 种新语言。

(1) $L \cup D$ 是单个字母和数字构成的集合，定义了一个新语言，是由 62 个长度为 1 的串构成的语言。

(2) LD 是所有一个字母后随一个数字的符号串的集合。

(3) L^6 是由 6 个字母构成的符号串的集合。

(4) L^* 是所有由字母构成的串(包括 ε)的集合。

(5) $L(L \cup D)^*$ 是以字母开头的所有字母数字串的集合。

(6) D^+ 是不含空串的由 1 个或多个数字构成的串的集合。

从这个例子可以看出，从基本集合出发，可以利用集合的运算定义新的语言。

那么如何形式化地描述一种语言，以更有利于计算机的处理呢？显然，如果语言是有穷的(只含有有限多个句子)，可以将句子逐一列出来表示；但是如果语言是无穷的，就不可能

将语言中的句子逐一列出来，这就必须寻求语言的有穷表示。语言的有穷表示有两种方法。

（1）用模式表示语言中句子的构成规则。这种方法将语言中的句子的构成模式用一个数学表达式来表示，满足构成模式的符号串都是语言中的句子。

（2）用识别的观点表示语言。其思想是用一个算法（称为自动机）来判断某个给定的符号串是否在某语言中：其行为相当于一个过程，当输入的符号串属于某语言时，该过程经有限次计算后就会停止并回答"是"；若这个符号串不属于该语言，该过程要么能停止并回答"不是"，要么永远继续下去。

下面分别介绍正则表达式和有穷自动机。

2.5.3　正则表达式

1．正则表达式的定义

在 Sample 语言里，标识符是"以字母或下画线开头，后跟零个或多个字母、数字或下画线组成的符号串的集合"，根据 2.5.2 节的介绍可知，如果定义 $L\_=\{A,B,\cdots,Z,a,b,\cdots,z,\_\}$，$D=\{0,1,\cdots,9\}$，则标识符集合就是用 $L\_(L\_\cup D)^*$ 表示的语言。人们常常用一个数学表达式 $letter\_(letter\_|digit)^*$ 来精确描述这个语言，其中 $letter\_$ 表示 $L\_$ 中的单个符号，$digit$ 表示 D 中的单个符号，|表示或运算，()代表用括号括起来的子表达式，* 代表对字符串求闭包。这个表达式称为正则表达式（Regular Expression）。

正则表达式也称正规式，可以描述所有通过对某个字母表上的符号串集合应用并、连接和闭包运算而得到的语言，是一种描述字符串构成模式（Pattern）的方法，可以用来检查一个字符串是否含有某种特定的子模式串。

一个正则表达式 r 所描述的符号串集合称为正规集，也称为正则表达式描述的语言，记为 L(r)。正规集中的每个字符串都具有给定模式描述的共同特征。如上面 Sample 语言中标识符的正则表达式是 $letter\_(letter\_|digit)^*$，它描述的正规集就是 Sample 语言中所有的标识符。

正则表达式一般由一些简单的正则表达式通过递归的方式构成。Σ 上的正则表达式和它表示的正规集的递归定义如下。其中，规则（1）和规则（2）提供了定义的基础，规则（3）提供了归纳步骤。设字母表为 Σ，辅助字母表 $\Sigma'=\{\varepsilon,|,\cdot,^*,(,)\}$。

（1）ϕ 是一个正则表达式，表示的正规集 $L(\phi)=\{\ \ \}$，即空集。

（2）ε 是一个正则表达式，表示的正规集 $L(\varepsilon)=\{\varepsilon\}$，即该语言只包含空串。

（3）对任何 $a\in\Sigma$，a 是 Σ 上的一个正则表达式，它所表示的正规集 $L(a)=\{a\}$。

（4）设 e_1 和 e_2 是 Σ 上的正则表达式，所表示的正规集分别为 $L(e_1)$ 和 $L(e_2)$，则：

① (e_1) 是正则表达式，它表示的正规集为 $L(e_1)$。

② $e_1|e_2$ 是正则表达式，它表示的正规集为 $L(e_1)\cup L(e_2)$。

③ $e_1\cdot e_2$ 是正则表达式，它表示的正规集为 $L(e_1)L(e_2)$。

④ e_1^* 是正则表达式，它表示的正规集为 $(L(e_1))^*$。

仅由有限次使用上述 3 步而定义的表达式才是字母表 Σ 上的正则表达式，仅由这些正则表达式所表示的集合才称为 Σ 上的正规集。其中，"|"读作"或"，"$\cdot$"读作"连接"，"*"读作"闭包"。规定它们的优先顺序为先"*"，再"$\cdot$"，最后"|"。连接符"$\cdot$"一般可省略不

写,在不致混淆时,括号也可以省去。"＊""·"和"|"都是左结合的。

例 2.5　令 Σ＝{a,b},表 2.4 定义了 Σ 上的正则表达式和相应的正规集。

表 2.4　Σ 上定义的正则表达式和相应的正规集

正则表达式	正　规　集
a	{a}
a|b	{a,b}
ab	{ab}
a*	{ε,a,aa,…}(Σ 上任意个 a 组成的串的集合)
ba*	Σ 上所有以 b 开头后跟任意多个 a 的串的集合
(a|b)(a|b)	{aa,ab,ba,bb}
(a|b)*	{ε,a,b,aa,ab,ba,…}(Σ 上任意个 a 或 b 组成的串的集合)
(a|b)*(aa|bb)(a|b)*	Σ 上所有含有两个相继的 a 或两个相继的 b 组成的串的集合

每一种程序设计语言都有它自己的字符集 Σ,该语言中的每一个单词或者是 Σ 上的单个字符,或者是 Σ 上的字符按一定方式构成的字符串。单词的构成方式就是对字符或字符串进行"·"(连接),"|"(或、并),"＊/＋"(闭包)运算构成。因此程序设计语言的单词都能用正则表达式来定义。

例 2.6　令 Σ＝{l,d},其中 l 代表字母和下画线,d 代表数字。

Σ 上的正则表达式 r＝l(l|d)* 定义的正规集为{l,ll,ld,lll,ldd,…},这是大多程序设计语言中标识符的词法规则,表示每个合法标识符都是"字母或下画线开头,后跟字母、数字、下画线的任意符号串"的模式。

例 2.7*　令 Σ＝{d,．,e,＋,－},其中 d 为 0～9 中的数字,写出 Sample 语言中无符号十进制浮点数的正则表达式。

首先 Sample 语言的浮点数分为三部分。

(1) 十进制整数,以非零开头的 1 到多位数字,或者为 0。

(2) 可选的小数部分,可以没有,可以是以．开头的 1 到多个 0～9 的数字。

(3) 可选的指数部分,可以没有,可以是以 e/E 开头带可选的＋/－后跟 1 到多个 0～9 的数字。

设 d_1 为 1～9 的数字,Sample 语言中的无符号浮点数的正则表达式表示如图 2.12 所示。

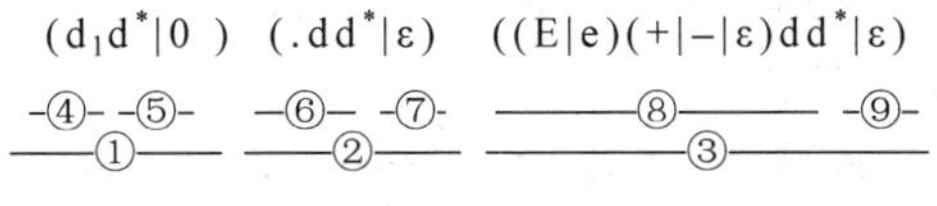

$$(d_1 d^*|0) \qquad (.dd^*|\varepsilon) \qquad ((E|e)(+|-|\varepsilon)dd^*|\varepsilon)$$

图 2.12　Sample 语言中无符号浮点数的正则表达式表示

图 2.12 中,一个浮点数由①、②、③三部分构成。

第①部分是整数部分,不能为空,有两种情况:不以 0 开始的多个数字或者是 0;图中用④和⑤来标识。

第②部分表示可选的小数部分,可选的意思是可以没有,用 ε 表示,如果有,由小数点开头的 1 到多位数字,用.dd* 来表示;图中用⑥和⑦来标识。

第③部分表示可选的指数部分,可选的意思是可以没有,用 ε 表示,如果有,由 e/E 开头,后跟上可选的＋/－,再后跟 1 到多位数字,用(E|e)(＋|－|ε)dd* 来表示;图中用⑧和⑨来标识。

若两个正则表达式所表示的正规集相同,则认为两者是等价的。两个等价的正则表达式 U 和 V 记为 U＝V。例如,b(ab)*＝(ba)*b,(a|b)*＝(a*b*)*。

设 U、V 和 W 为正则表达式,则满足以下代数规律。

(1) 交换律:U|V＝V|U

(2) 结合律:U|(V|W)＝(U|V)|W

$\qquad\qquad$ U(VW)＝(UV)W

(3) 分配律:U(V|W)＝UV|UW

$\qquad\qquad$ (U|V)W＝UW|VW

(4) εU＝Uε＝U

(5) U | U＝U

(6) U*＝U+ | ε

(7) U+ ＝ U*U＝UU*

(8) (U*)*＝U*

2. 正则定义

为了表示方便,可以对给定的正则表达式用一个名字来表示,然后再用这个名字定义新的正则表达式。设字母表为 Σ,正则定义(Regular Define)可以按如下形式来定义。

$$d_1 \rightarrow r_1$$
$$d_2 \rightarrow r_2$$
$$\vdots$$
$$d_n \rightarrow r_n$$

其中,每个 $d_i(i＝1,2,\cdots,n)$ 都是一个新的名字,它们互不相同,且不在 Σ 中。$r_i(i＝1,2,\cdots,n)$ 是在 $\Sigma \cup \{d_1,d_2,\cdots,d_{i-1}\}$ 上定义的正则表达式,即用基本符号和前面已经定义的名字表示的正则表达式。

由于限制了每个正则表达式 r_i 只能包含 Σ 中的符号和前面已经定义过的名字 $d_1 \sim d_{i-1}$,故 r_i 中的名字用它所表示的正则表达式进行替换,就可以得到定义在 Σ 上的正则表达式。

例 2.8 C 语言中标识符是以字符或下画线开头的由字母、数字和下画线组成的符号串,写出标识符的正则表达式定义。

如果引进名字 id 来表示标识符,digit 和 letter 分别是正则定义的名字,则标识符的正则表达式可以表示为 letter(letter|digit)*,具体定义过程是:

$$digit \rightarrow 0|1|\cdots\cdots|9$$
$$letter \rightarrow a|b|\cdots\cdots|z|A|B|\cdots\cdots|Z|\_$$
$$id \rightarrow letter(letter|digit)^*$$

例 2.9 用正则定义的方式来描述 Sample 语言中无符号浮点数的正则表达式。一个数如果没有小数部分和指数部分,就是一个整数;整数部分要么为 0,要么是不以 0 开头的 1 到多位数字;浮点数的小数部分和指数部分都是可选的,小数点后和 e/E 之后的数字至少有 1 位,是 0～9 的任意数字。

具体定义过程是:

zero→0

nonzero→1 | …… | 9

digit→zero | nonzero

digits→digit digit*

integerPart→nonzero digit* | zero

optionalFraction→. digits | ε

optionalExponent→((e/E)(+ | − | ε)digits) | ε

FloatNumber→integerPart　optionalFraction　optionalExponent

该定义中,首先定义了 zero 表示 0,nonzero 为非零的数字,digit 是 0～9 中的任何数字,再用 digit 来定义 digits,它包含 1 到多个 0～9 的任意数字,整数部分 integerPart 为 0,或者由 nonzero 开头后跟若干个 0～9 的数字;再用 digits 来定义 optionalFraction 和 optionalExponent。其中,optionalFraction 表示可选的小数部分,要么是空串,要么是小数点后跟 1 到多个 0～9 的任意数字;optionalExponent 表示可选的指数部分,如果不是空串,就是 e 后跟可选的＋或−,再跟 1 到多个 0～9 的任意数字。

2.5.4　有穷自动机

有穷自动机(也称有限自动机)是具有离散输入与输出的系统的一种数学模型,系统可以处于有限个状态中的任何一个,系统的当前状态概括了过去输入的有关信息,这些信息对于确定系统在以后接受了新的输入时的行为是必需的。如电梯控制系统是一个典型的有穷自动机,它并不需要记住所有以前的服务请求,只需记住现在是在第几层,运动方向是向上还是向下,还有哪些请求未完成。

有穷自动机实际上是状态转换图的形式化表示,作为一种识别装置,它能准确地识别正规集,即识别正则表达式所表示的集合。通过构造有穷自动机可以把正则表达式编译成识别器,为词法分析程序的自动构造寻找到特殊的方法和工具。

有穷自动机分为确定的有穷自动机(Deterministic Finite Automata,DFA)和不确定的有穷自动机(Nondeterministic Finite Automata,NFA)两类。确定的有穷自动机是指在一个状态下输入一个符号,状态转换到唯一的下一个状态(又称后继状态);不确定的有穷自动机是指在一个状态下输入一个符号,可能有两个或两个以上的后继状态。

1. DFA

DFA 是一个由五元组定义的数学模型:

$$M=(S,\Sigma,\delta,s_0,F)$$

其中:

(1) S 是一个有穷状态集。

(2) Σ 是一个有穷输入字母表。

(3) δ 是状态转换函数,是在 $S\times\Sigma \to S$ 上的单值部分映射,$\delta(s,a)=s'(s\in S,s'\in S,a\in\Sigma)$ 的含义是当前状态为 s,输入字母为 a 时,将转移到下一个状态 s',把 s' 称作 s 的后继状态。

（4）状态 s_0 是唯一的初始状态，简称初态，且 $s_0 \in S$。

（5）F 是接受（或终结）状态集合（可以为空），简称终态集合，$F \subseteq S$。

有穷自动机的表示有三种形式：利用给定状态转换函数的方式表示，即给出定义中的 δ；利用状态转换图的方式表示；利用状态转换表的方式表示。

有穷自动机的状态转换图表示方法是：用 S 中的状态作为状态转换图中的状态，从每个状态出发有若干条边与其他状态相连接，每条边用 Σ 上的一个输入符号来标记。整个图只有一个初始状态，若干个终结状态。初始状态冠以双箭头"⇒"，终结状态用双圈表示，若 $\delta(s_i, a) = s_j$，则从状态 s_i 到状态 s_j 画标记为 a 的边。

有穷自动机的状态转换表的表示方式是：以状态为行，输入字母为列的一张表，表中第 s_i 行与 a 列对应的表项是一个状态，即 $\delta(s_i, a) = s_j$，表示在状态 s_i，读入了输入符号 a 后转向的状态是 s_j。

例 2.10 DFA 的三种表示方法。

假定有 DFA $M = (\{0,1,2,3\}, \{a,b\}, \delta, 0, \{3\})$，$\delta$ 为：

$$\delta(0,a)=1 \quad \delta(0,b)=2$$
$$\delta(1,a)=3 \quad \delta(1,b)=2$$
$$\delta(2,a)=1 \quad \delta(2,b)=3$$
$$\delta(3,a)=3 \quad \delta(3,b)=3$$

用状态转换图来表示，如图 2.13 所示。图 2.13 中有 0、1、2、3 共四个状态，有 a、b 两个输入字母，每个状态转换用一个带箭头的边来表示，用"a,b"标记的边实际上是指分别由 a 和 b 标记的两条边。

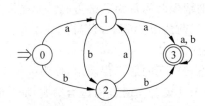

图 2.13　例 2.10 的 DFA 的状态转换图

用状态转换表来表示，如表 2.5 所示。

表 2.5　例 2.10 的 DFA 的状态转换表

状　　态	输　　入		状　　态	输　　入	
	a	b		a	b
0	1	2	2	1	3
1	3	2	3	3	3

状态转换表的优点是可以快速找到在给定状态下读入给定输入符号时的下一状态；其缺点是当状态较多、输入字母较多、多数转换为空时，会占用大量无用空间。

DFA 的特点：状态转换函数是个单值函数；从状态转换图来看，就是从任何状态出发，对于任何输入符号，最多只有一个后继状态，而且从一个状态出发的所有边上标记的字符均不同；如果在状态转换表中，每个表项最多只有一个状态。

DFA 识别某符号串 α 的过程类似于前面介绍的状态转换图,从初始状态出发,顺序读入输入符号串中的符号,状态按箭头指向顺序转移到下一个状态。

DFA 能识别某符号串 α 是指对于 Σ^* 中的符号串 α,假如从 DFA 的初始状态出发,若顺序读完 α 的全部符号后恰恰到达某个终结状态,也称为符号串 α 为该 DFA 所接受。如果 DFA 的初始状态又是终结状态,则称该 DFA 可识别空字 ε。

这样就可以很容易地确定一个 DFA 是否能识别某输入串,因为从初始状态出发最多只有一条到达某个终结状态的路径可由这个串来标记。可以用算法 2.1 来描述判断过程。

算法 2.1 DFA 模拟,判断 DFA 是否能识别一个输入符号串

输入:一个以 eof 结尾的字符串 x,一个 DFA D,D 的初始状态为 s_0,终结状态集为 F,转换函数为 δ

输出:如果 D 能识别符号串 x。输出"yes",否则输出"no"

步骤:

```
s = s₀;
c = GetNextChar ();
while(c != eof) {
    s = δ(s,c);
    c = GetNextChar ();
}
if( s 在 F 中) return "yes";
else return "no";
```

DFA 所识别的语言是指 DFA M 所能识别的符号串的全体,记为 L(M)。

例 2.10 中的 DFA M 能识别的语言是 Σ 上所有含有两个相继的 a 或两个相继的 b 的符号串。

2. NFA

NFA 也是一个五元组定义的数学模型:

$$M = (S, \Sigma, \delta, S_0, F)$$

其中:

(1) S 是一个有穷状态集。

(2) Σ 是有穷字母表,它的每个元素称为一个输入符号,所以也称 Σ 为输入字母表。

(3) δ 为状态转换函数,是 $S \times (\Sigma \cup \varepsilon)$ 到 S 的子集的一个映射,即

$$\delta: S \times (\Sigma \cup \varepsilon) \to 2^S (S 的幂集,即由 S 的所有子集组成的集合)$$

该函数中的 ε 表明,在某个状态下,不读入任何符号就可能转入另一个或多个状态,也可以将 ε 当作一个假想的输入字母。

(4) 状态集合 S_0 是非空的初始状态集合,简称初态集,$S_0 \subseteq S$。

(5) F 是接受(或终结)状态集合(可以为空),简称终态集,$F \subseteq S$。

NFA 的表示也可以用上述的三种方式来表示。

例 2.11 NFA $M = (\{S, P, Z\}, \{0, 1\}, \delta, \{S, P\}, \{Z\})$

其中:

$$\delta(S,0)=\{P\}$$
$$\delta(S,1)=\{S,Z\}$$
$$\delta(Z,0)=\{P\}$$
$$\delta(Z,1)=\{P\}$$
$$\delta(P,1)=\{Z\}$$

该 NFA 用状态转换图来表示,如图 2.14 所示。状态集合是{S, P, Z},输入字母表是{0, 1},状态 S,P 是初始状态,终结状态 Z 由双圈表示,如果 $\delta(S_i, a)=\{S_j\}$,则从 S_i 到 S_j 画一条弧,弧上的标记为 a。由于状态转换函数中 ε 的存在,在状态转换图中有可能存在某些弧上的标记为 ε。

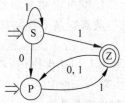

图 2.14 例 2.11 的状态转换图

用状态转换表来描述时,由于在某状态读入某个输入符号后可能转移到多个状态,同时,有可能在某状态下不需要读入任何符号(即 ε),就可以转移到另一个状态,因此表的各行对应于状态,各列对应于输入符号和 ε,表项的值是状态的集合,如表 2.6 所示。

表 2.6 例 2.11 的 NFA 状态转换表

状 态	输 入		
	0	1	ε
S	{P}	{S,Z}	{ }
P	{ }	{Z}	{ }
Z	{P}	{P}	{ }

NFA 的特点是它的不确定性,即在当前状态下读入同一个符号,可能有多个后继状态。不确定性反映在 NFA 的定义中,就是 δ 函数是一对多的;反映在状态转换图中,就是从一个状态出发可能有多于一条标记相同的弧转移到不同的后继状态;反映在转换表中,就是 M[i,a] 的值不是单一状态,而是一个状态集合。从定义可以发现,DFA 其实是 NFA 的特例。

NFA M 接受某符号串 α 是指对于 Σ^* 中的任何一个符号串 α,若存在一条从某一初始状态到某一终结状态的通路,且这条通路上的所有弧上标记的符号依序连接成的串(忽略那些标记为 ε 的弧)等于 α,也称 α 为 NFA M 所识别(或读出)。

若 M 的某些状态既是初始状态又是终结状态,或者存在一条从某个初始状态到某个终结状态的通路,该通路上所有弧上的标记均为 ε,则空字 ε 可为 M 所接受。

NFA 所识别的语言是指 NFA M 所能识别的符号串的全体,记为 L(M)。

例 2.12 有 NFA M=({0,1,2,3},{a,b},δ,0,{3}),δ 为:
$$\delta(0,a)=\{0,1\} \quad \delta(0,b)=\{0\}$$
$$\delta(1,b)=\{2\} \quad \delta(2,b)=\{3\}$$

其状态转换图如图 2.15 所示。

该 NFA M 所识别的语言 L(M) 就是用 (a|b)* abb 表示的全部符号串。

3. NFA 的确定化

根据前面的介绍,NFA 和 DFA 的区别如下。

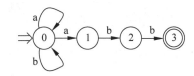

图 2.15　例 2.12 的状态转换图

（1）DFA 任何状态之间都没有 ε 转换，即没有任何状态可以不进行输入符号的匹配就直接进入下一个状态。

（2）DFA 对任何状态 s 和任何输入符号 a，最多只有一条标记为 a 的边离开 s，即状态转换函数 δ：S×Σ→S 是一个单值部分函数。

（3）DFA 的初态唯一，NFA 的初态为一集合。

两个有穷自动机的等价是指对任何两个有穷自动机 M 和 M′，如果 L(M)＝L(M′)，则称 M 与 M′ 是等价的。

形式语言与自动机理论已经证明，NFA 和 DFA 从功能上来说是等价的，即它们所识别的语言是相同的。也就是说，对于每个 NFA M，一定存在一个 DFA M′，使得 L(M)＝L(M′)。与某一 NFA 等价的 DFA 不是唯一的。

从 NFA 构造等价的 DFA 的方法很多，最常用的一种方法是子集法。构造的基本思路是：DFA 的每一个状态对应于 NFA 的一组状态，用 DFA 的一个状态去记录在 NFA 中读入一个输入符号后可能达到的状态集合。

为介绍算法，首先给出与状态集合 I 有关的几个运算。

（1）状态集合 I 的 ε-闭包表示为 ε_Closure(I)，定义为由下面两条规则构成的集合：

- 若 $q \in I$，则 $q \in$ ε_Closure(I)；
- 若 $q \in I$，设从 q 出发经任意条 ε 弧而能到达的状态为 q'，则 $q' \in$ ε_Closure(I)。

（2）状态集合 I 的 a 弧转换表示为 I_a，定义为：

$$I_a = \varepsilon\_Closure\,(move(I, a))$$

其中，move(I, a) 表示从 I 中任一状态出发经过一条 a 弧到达的状态的集合。

例 2.13　在图 2.16 中，若 $I_1 = \{1\}$，$I_2 = \{5\}$，$I_3 = \{1,2\}$，求 ε_Closure(I_1)，ε_Closure(I_2) 和 I_{3a}。

ε_Closure(I_1)＝ε_Closure(\{1\})＝\{1,2\}；ε_Closure(I_2)＝\{5,6,2\}。

当 $I_3 = \{1,2\}$ 时，move(I_3, a)＝\{5,3,4\}；I_{3a}＝ε_Closure(\{5,3,4\})＝\{2,3,4,5,6,7,8\}。

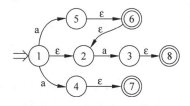

图 2.16　例 2.13 的 NFA

下面介绍使用子集法对给定的 NFA 进行确定化，转换为 DFA 的步骤。

（1）对 NFA 的状态转换图进行改造。由于 NFA 可能有多个初始状态、多个终结状态，因此增加状态 X、Y，使之成为新的唯一的初始状态和终结状态。从 X 引 ε 弧到原初始状态，从原终结状态引 ε 弧到 Y 状态。

（2）对改造后的 NFA 使用子集法进行确定化。子集法可以描述为算法 2.2。

算法 2.2 由 NFA 构造 DFA 的子集法

输入：NFA

输出：DFA

步骤：

① 对 $\Sigma = \{a_1, a_2, \cdots, a_k\}$，构造一个 $k+1$ 列的状态转换表，行为状态，列为所有输入字母表中的符号。置该表的首行首列为 ε_Closure (X)，其中 X 为初始状态。

② 若某行的第一列的状态已确定为 I，则计算第 $i+1(i=1,2,\cdots,k)$ 列的值为 $I_{a_{i+1}} =$ ε_Closure(move(I, a_{i+1}))；然后检查该行上的每个表项的状态子集，看它是否已在第一列出现过。若未出现，将其添加到表后的空行的第一列上。重复这个过程，直到表中的所有状态子集均在第一列中出现过。

③ 将每个状态子集视为一个新的状态，并重新命名，就得到了一个 DFA 的状态转换表。该状态转换表的行是 DFA 的所有状态；列是 DFA 的输入字母表，和 NFA 的输入字母表相同；DFA 的初始状态是含有原 NFA 的初始状态(即首行首列的状态)；终结状态是含有原 NFA 终结状态的所有状态。

例 2.14 将图 2.17 所示的 NFA 确定化。

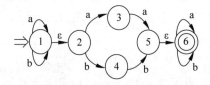

图 2.17　给定的 NFA

(1) 根据上述步骤，首先添加新的初始状态和新的终结状态 X 和 Y，如图 2.18 所示。

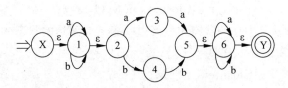

图 2.18　图 2.17 添加新的初始状态新的终结状态后的 NFA

(2) 使用算法 2.2 的子集法进行确定化。

首先，由于输入字母表 $\Sigma = \{a, b\}$，因此构造一个 3 列的状态转换表，ε_Closure(X)作为该表的首行首列的值，如表 2.7 所示，图 2.18 中的 ε_Closure(X)为 $\{X, 1, 2\}$。

表 2.7　例 2.14 中表 1

I	a	b
$\{X, 1, 2\}$		

接着求该集合的 I_a 和 I_b，填入该行对应于列 a 和列 b 的位置，如表 2.8 所示。

表 2.8　例 2.14 中表 2

I	a	b
{X,1,2}	{1,2,3}	{1,2,4}

　　然后检查该行上每个表项的值,看它是否已在第一列出现过,如果没有出现,在表后添加 1 行,将其添加到第一列,如表 2.8 中的{1,2,3}和{1,2,4}在第一列中都没有出现过,则状态转换表添加 2 行,将它们加到第一列中,如表 2.9 所示。

表 2.9　例 2.14 中表 3

I	a	b
{X,1,2}	{1,2,3}	{1,2,4}
{1,2,3}		
{1,2,4}		

　　对刚添加到第一列的每个 I,求其 I_a 和 I_b 的值,填入对应的表项中,如表 2.10 所示。

表 2.10　例 2.14 中表 4

I	a	b
{X,1,2}	{1,2,3}	{1,2,4}
{1,2,3}	{1,2,3,5,6,Y}	{1,2,4}
{1,2,4}	{1,2,3}	{1,2,4,5,6,Y}

　　重复上述检查和求 I_a、I_b 的过程,直到所有表项都在第一列中出现过,最后得到的表如表 2.11 所示。

表 2.11　例 2.14 中表 5

I	a	b
{X,1,2}	{1,2,3}	{1,2,4}
{1,2,3}	{1,2,3,5,6,Y}	{1,2,4}
{1,2,4}	{1,2,3}	{1,2,4,5,6,Y}
{1,2,3,5,6,Y}	{1,2,3,5,6,Y}	{1,2,4,6,Y}
{1,2,4,5,6,Y}	{1,2,3,6,Y}	{1,2,4,5,6,Y}
{1,2,4,6,Y}	{1,2,3,6,Y}	{1,2,4,5,6,Y}
{1,2,3,6,Y}	{1,2,3,5,6,Y}	{1,2,4,6,Y}

　　重新命名所有的状态,得到一个新的状态转换表,如表 2.12 所示。

表 2.12　例 2.14 中表 6

状　　态	a	b	状　　态	a	b
S	A	B	D	F	D
A	C	B	E	F	D
B	A	D	F	C	E
C	C	E			

这个状态转换表就是与给定的 NFA 等价的 DFA,用状态转换图表示如图 2.19 所示。

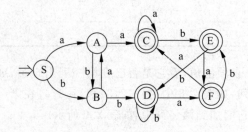

图 2.19　对图 2.17 应用子集法得到的 DFA

4. DFA 的最小化

对一个正则式表达式描述的语言,可以存在多个识别该语言的 DFA。从理论上可以证明,每一个 DFA 都可以找到一个状态数最少的 DFA 与之等价,且是唯一的(因状态名不同的同构情况除外)。本节主要介绍如何把一个 DFA 的状态数化简到最少,而不影响所识别的语言。

DFA 最小化是指寻找一个状态数最少的 DFA M',使得 $L(M) = L(M')$。

一个 DFA 称为最小化的 DFA 是指该 DFA 中没有多余状态(或无用状态),并且它的状态集中没有两个状态是相互等价的。

DFA 中的多余状态是指从初始状态出发,读入任何输入符号串都不能到达的那个状态;或者从这个状态没有通路到达终态。

两个状态 s 和 t 等价是指对于所有的输入符号 c,都有 $\delta(s,c) \equiv \delta(t,c)$($\equiv$ 表示等价),即读入相同的符号后转移到等价的状态。终态与非终态肯定不等价,因为终态读了空字 ε 后的状态还是终态,非终态读了空字 ε 后的状态不是终态。

如果两个状态 s 和 t 不等价,称 s 和 t 是可区分的。

例如,在图 2.19 中,状态 A 和 B 是可区分的,因为在状态 A 读了 b 之后转换到非终态 B;在状态 B 读了 b 之后转换到 D,B 和 D 是不等价的状态。

根据上述讨论,在有穷自动机中,两个状态 s 和 t 等价的条件有如下两个。

(1) 一致性条件——状态 s 和 t 同时为终态或非终态。

(2) 蔓延性条件——对所有输入符号,状态 s 和 t 都转换到等价的状态里。

下面介绍利用分割法来化简 DFA。分割法的基本思想是把 DFA 的状态分成一些互不相交的子集,使得每个子集中的状态都是等价的,任何两个不同子集中的状态是可区别的。最后将每个子集作为 DFA 的一个状态,得到最小化的 DFA。具体过程可以描述为算法 2.3。

算法 2.3　用分割法求最小化的 DFA

输入:DFA

输出:最小化的 DFA

步骤:

(1) 假定在一个集合中的状态都是等价的。首先将 DFA 的所有状态放在一个集合 I 中。

（2）对集合 I 进行划分$\prod_0$，将其划分为两个子集 I_0 和 I_1，I_0 是所有含有终态的集合，I_1 是所有不含终态的集合，因为终态和非终态一定是不等价的。

（3）考查每一个子集 I_0 和 I_1，若发现某子集 I_i 中的状态不等价，将其进一步进行划分 $\prod_1$，划分为两个集合 I_{i0} 和 I_{i1}。

（4）重复第（3）步，继续考查已得到的每一个子集，直到没有任何一个子集需要继续划分为止。这时 DFA 的状态被分成若干个互不相交的子集。

（5）这就得到了最小化的 DFA。由于每个子集中的状态都是等价的，就可以从每个子集中选出一个状态来代表该子集，作为最小化 DFA 的一个状态；将原来进入/离开该子集中每个状态的边改为进入/离开所选的代表状态；初态是含有原来初态的集合；终态为含有原来各终态的集合。

例 2.15 将例 2.14 结果中的 DFA 最小化。

（1）首先作初始划分，将 DFA 中的状态分为终态集和非终态集，得到 $\prod_0 = \{\{S,A,B\}, \{C,D,E,F\}\}$。

（2）考查当前划分 $\prod_0$，$\{S,A,B\}$ 在一个子集中，查看它们的状态转换：

$$\delta(S,a)=A, \delta(A,a)=C, \delta(B,a)=A$$

可以看出，当读入 a 时，$\{A\}$ 和 $\{S,B\}$ 进入了不等价的子集中，说明 $\{A\}$ 和 $\{S,B\}$ 一定不等价，由此可以将 $\{S,A,B\}$ 划分为 $\{A\}$、$\{S,B\}$。同样，根据状态转换函数可以得出，$\{C,D,E,F\}$ 在读入 a、b 后均转移到同一子集的状态中，不可区分。这次划分可以表示为：

$$\prod_1 = \{\{A\}, \{S,B\}, \{C,D,E,F\}\}$$

（3）重复步骤（2）。考查划分 $\prod_1$，$\{S,B\}$ 在一个子集中，查看其状态转换：

$$\delta(S,a)=A, \quad \delta(B,a)=A$$

因此读入 a 无法区分 S 和 B，再看读入 b 的状态转换：

$$\delta(S,b)=B, \quad \delta(B,b)=D$$

可以看出，当读入 b 时，S 和 B 会进入不等价的子集中。由此说明，状态 S 和 B 是可区分的，将 $\{S,B\}$ 划分为 $\{S\}$、$\{B\}$。子集 $\{A\}$ 和 $\{C,D,E,F\}$ 不能再划分。得到新的划分 $\prod_2 = \{\{A\}, \{S\}, \{B\}, \{C,D,E,F\}\}$。该划分的所有子集都不能再划分。

（4）在 $\prod_2$ 的每个子集中选一个状态作为代表，用 $\{C\}$ 代表 $\{C,D,E,F\}$，其余子集中只有一个状态，可以用状态本身作为代表。最后得到只有 4 个状态的最小化的 DFA M'。

整个过程可以用图 2.20 来表示。

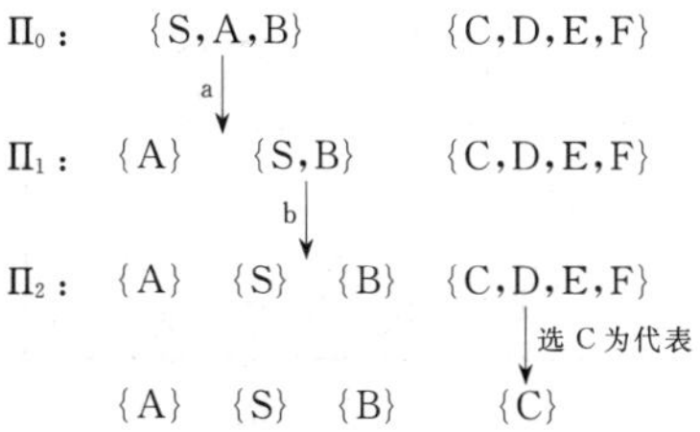

$\prod_0$:　　$\{S,A,B\}$　　　　$\{C,D,E,F\}$

↓ a

$\prod_1$:　$\{A\}$　　$\{S,B\}$　　　$\{C,D,E,F\}$

↓ b

$\prod_2$:　$\{A\}$　$\{S\}$　$\{B\}$　$\{C,D,E,F\}$

↓ 选 C 为代表

$\{A\}$　$\{S\}$　$\{B\}$　　$\{C\}$

图 2.20　DFA 的化简过程

其状态转换图如图 2.21 所示。

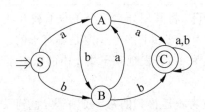

图 2.21　图 2.19 的 DFA 状态转换图

2.5.5　正则表达式与有穷自动机的等价性

在理论上有一个很重要的结论,正则表达式和有穷自动机是等价的。

正则表达式和有穷自动机的等价是指由正则表达式所描述的语言和有穷自动机所识别的语言是相同的。在 2.5.3 节我们已经看到不确定的有穷自动机可以确定化转换为确定的有穷自动机,然后最小化,因此,可以只针对不确定的有穷自动机进行相互转换,也就是说:

(1) 对任何不确定的有穷自动机 M,都存在一个正则表达式 r,使得 L(r)=L(M)。

(2) 对任何正则表达式 r,都存在一个不确定的有穷自动机 M,使得 L(M)=L(r)。

1. 不确定的有穷自动机到正则表达式的转换

首先给定一个 NFA M,构造一个正则表达式,使正则表达式描述的语言与 NFA 所识别的语言相同。具体求解过程中需要把 NFA 中的状态转换图的概念拓广,假定每条弧上可用一个正则表达式来标记。转换步骤如下。

(1) 在 M 的状态转换图上加入两个状态:X 和 Y。从 X 状态引 ε 弧到 M 的所有初始状态,从 M 的所有终结状态引 ε 弧到 Y 状态,从而形成一个新的 NFA M′,它只有一个初始状态 X 和一个终结状态 Y。显然,L(M)=L(M′)。

(2) 利用表 2.13 中的 3 条替换规则,每次用右边的图来替换左边的图,逐步消去 M′中的多余状态,直到只剩下 X 和 Y 状态。在消去状态的过程中,逐步用正则表达式来标记弧。

(3) 最后得到从 X 状态到 Y 状态的一条弧,这条弧上的标记就是所求的正则表达式 r。

表 2.13　NFA 中弧线合并的规则

	原来的弧线转换	用来代替的弧线转换
规则 1	①—u→②—v→③	①———uv———→③
规则 2	①⟹②（u 上 v 下）	①———u|v———→②
规则 3	①—u→②（v 自环）—w→③	①———uv*w———→③

例 2.16　给定如图 2.22 所示的 NFA M,求正则表达式 r,使 L(r)=L(M)。

按照上面的步骤,有:

(1) 添加 X 和 Y 状态,形成如图 2.23 所示的 NFA M′。

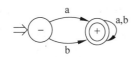
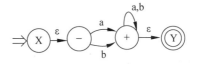

图 2.22　例 2.16 的 NFA　　　　　　　　　图 2.23　添加 X 和 Y 状态

（2）利用表 2.13 所示的替换规则逐步消去 M′中的状态和弧。利用规则 2 将－和＋状态间的 a、b 弧消去，状态＋和－上的两条弧变为一条弧，如图 2.24 所示。

再利用规则 3 将状态＋上的 a|b 弧消去，并消去－和＋状态，最后只剩下 X 和 Y 状态，如图 2.25 所示。

图 2.24　合并部分弧线后　　　　　　　　　图 2.25　合并后的最终结果

（3）X 和 Y 状态间的弧上的标记即为所求，r＝(a|b)(a|b)*。

2. 正则表达式到不确定的有穷自动机的转换

给定 Σ 上的一个正则表达式 r，构造一个 NFA M，使得 NFA M 识别的语言与正则表达式 r 描述的语言相同，即 L(M)＝L(r)。构造算法称为 Thompson 算法，其描述如算法 2.4 所示。

根据正则表达式的定义知道，正则表达式由两种基本形式 ε 和 a，以及 |、·、* 三种运算递归定义而成。因此，构造对应的 NFA 也可以递归地进行。首先利用下面的基本规则构造正则表达式的基本符号对应的 NFA，然后利用归纳规则递归地构造由三种运算组合的正则表达式对应的 NFA。在下述构造算法中，均假定 x 是初始状态，y 是终结状态。

算法 2.4　（Thompson 算法）构造正则表达式对应的 NFA

　　输入：字母表 Σ 上的正则表达式 r

　　输出：一个可识别 L(r) 的 NFA

　　步骤：

（1）基本规则：构造基本符号 ε 和 a 的 NFA

①　对于正则表达式 ε，构造如图 2.26(a) 所示的 NFA，很明显，它识别{ε}。

②　对 Σ 中的每个符号 a，它是一个正则表达式，构造图 2.26(b) 所示的 NFA，它识别{a}。如果符号 a 在 r 中出现多次，那么要为它的每次出现构造 NFA。

图 2.26　ε 和 a 对应的 NFA

（2）归纳规则：构造基本符号经过 |，·，* 运算构成的子表达式对应的 NFA，并递归地组合这些 NFA，直到构造了整个正则表达式的 NFA 为止。假设 N(s) 和 N(t) 分别是正则表达式 s 和 t 对应的 NFA，N(s) 和 N(t) 都有各自的初始状态和终结状态。

---

① 对正则表达式 s|t,利用 N(s) 和 N(t) 构造合成的 NFA N(s|t)。加入 x 和 y 状态,从 x 引 ε 弧到 N(s) 和 N(t) 的初始状态,从 N(s) 和 N(t) 的终结状态引 ε 弧到 y 状态,N(s) 和 N(t) 的开始状态和接受状态不再是初始状态和终结状态。x 是新的初始状态,y 是新的终结状态。如图 2.27 所示。这样,从 x 到 y 的任何路径必须独立完整地通过 N(s) 或 N(t)。显然,这个合成的 NFA 能够识别 L(s)∪L(t)。

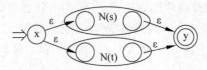

图 2.27　正则表达式 s|t 对应的 NFA

② 对正则表达式 st,利用 N(s) 和 N(t) 构造合成的 NFA N(st)。N(s) 的终结状态和 N(t) 的初始状态合并,N(s) 的初始状态作为新的初始状态,N(t) 的终结状态作为新的终结状态,N(t) 的初始状态不再是初始状态,N(s) 的终结状态不再是终结状态。如图 2.28所示,从 x 到 y 的路径必须首先经过 N(s),然后经过 N(t),这个路径上的标记拼成 L(s)L(t) 中的串,故合成的 NFA 识别 L(s)L(t)。

③ 对正则表达式 s*,利用 N(s) 构造合成的 NFA N(s*)。添加 x 和 y 状态,增加 4 条弧线,从 x 引 ε 弧到 N(s) 的初始状态和新加的 y 状态,从 N(s) 的终结状态引 ε 弧到 y 状态和 N(s) 的初始状态。x 和 y 分别是新的初始状态和终结状态,原来 N(s) 的初始状态和终结状态不再是初始状态和终结状态。如图 2.29 所示,在这个合成的 NFA 中,可以沿着 ε 弧直接从 x 到 y,这代表 ε∈L(s*),也可以从 x 经过 N(s) 一次或多次,然后到达 y。显然,这个 NFA 识别 L(s*)。

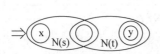

图 2.28　识别正则表达式 st 的 NFA

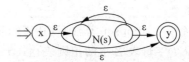

图 2.29　识别正则表达式 s* 的 NFA

④ 对于括号括起来的正则表达式 (s),使用 N(s) 作为 N((s)) 对应的 NFA。

在利用算法 2.4 构造 NFA 时需要注意:

(1) 对每次添加的新状态都要赋予不同的名字。这样,所有的状态都有不同的名字。

(2) 产生的中间 NFA 和最终 NFA 有一些重要的性质:只有一个终态;没有弧进入初始状态,也没有弧离开终态。

例 2.17　利用上述算法构造与正则表达式 r=01*|1 等价的有穷自动机。

根据上述步骤,将正则表达式进行分解,最基本的正则表达式是 1 和 0,因此:

(1) 构造与正则表达式 1 和 0 等价的有穷自动机,如图 2.30(a) 所示。

(2) 根据 1 的有穷自动机,构造与 1* 等价的有穷自动机,如图 2.30(b) 所示。

(3) 将正则表达式 0 和 1* 的有穷自动机连接,构造与正则表达式 01* 等价的有穷自动机,如图 2.30(c) 所示。

（4）将正则表达式 01* 和 1 的有穷自动机合并，构造与正则表达式 01* | 1 等价的有穷自动机，如图 2.30(d)所示。

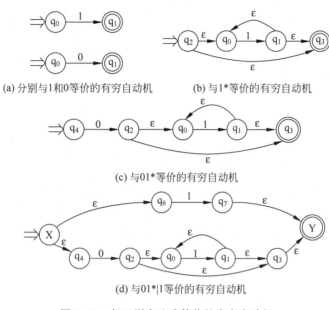

(a) 分别与1和0等价的有穷自动机　　　(b) 与1*等价的有穷自动机

(c) 与01*等价的有穷自动机

(d) 与01*|1等价的有穷自动机

图 2.30　与正则表达式等价的有穷自动机

2.6　词法分析器的自动生成工具

从 2.5 节的描述中可以看到，正则表达式主要用于描述单词的构成模式，它与有穷自动机是等价的。而有穷自动机是识别正则表达式所描述的单词的识别器。基于这种思路，如果用正则表达式来描述单词的构成模式，就可以构造一个识别这些单词的有穷自动机，这就是词法分析自动生成器的原理。目前按照这种方法来构造单词的识别程序的工具很多，如 Flex、flex++、jflex、ANTLR、JavaCC 等。本节主要以 Lex 为例介绍如何从正则表达式产生识别该正则表达式所描述的单词的词法分析程序。

2.6.1　Lex 概述

Lex 是一个基于正则表达式的描述来构造词法分析器的工具，已广泛用于产生各种语言的词法分析器，也称为 Lex 编译器。它的输入是用 Lex 语言编写的源程序，在 Lex 源程序中，要将基于正则表达式的模式说明与词法分析器要完成的动作组织在一起。输出是词法分析的 C 语言程序。

由于 Lex 存在多个不同的版本，所以这里的讨论仅限于对于所有的或大多数版本均通用的特征。本节讨论的程序都在最常见的版本 Flex(Fast Lex)上调试通过。

使用 Lex 编译器来得到某语言的单词符号，通常按图 2.31 描述的方式使用，分为如下三步。

（1）Lex 编译器读取有规定格式的文本文件，输出一个 C 语言的源程序。输入源文件的扩展名一般用 .l 表示（如 lex.l 文件）。它符合 Lex 源语言规范，其中包括用正则表达式描述的单词说明和对应的动作(用 C 语言源代码书写)。

使用方法:在 Windows 命令行下用命令 C:>flex lex.l,得到一个输出文件 lexyy.c。

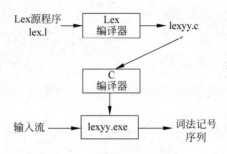

图 2.31　Lex 编译器的用法

Lex 编译器通过对 lex.l 进行扫描,将其中的正则表达式转换为相应的 NFA,再转换为与之等价的 DFA,对 DFA 化简使之达到状态数最少,最后产生用该 DFA 驱动的 C 语言词法分析函数 yylex(),并将该函数输出到 C 源代码文件 lexyy.c(UNIX 下为 lex.yy.c)中,其中 lex.l 中定义的与正则表达式匹配的动作(C 语言源代码)被直接插入到 lexyy.c 中。文件 lexyy.c 被称为 Lex 输出的词法分析器。

(2) 用常见的 C 编译器(如 LCC、GCC 等)对 lexyy.c 进行编译链接,就可以得到一个可运行的程序 lexyy.exe,这就是满足要求的词法分析程序。

使用方法:在命令行下输入 C:> TCC lexyy.c,得到输出文件 lexyy.exe。

(3) 运行 lexyy.exe,函数 yylex()对输入文件进行分析,在识别输入流中某一字符序列与所定义的单词正则表达式匹配时执行与其对应的 C 语言代码。

使用方法:在命令行下用命令 C:> lexyy < test.txt,test.txt 是一个符合设计语言(该词法分析程序也是为之设计)规范的源程序,是一个文本文件。

2.6.2　Lex 源文件的书写

1. 源文件格式

根据上述介绍,使用 Lex 产生词法分析器的关键是设计 Lex 源程序。Lex 源程序包括 3 个部分:声明、翻译规则和辅助程序,这 3 个部分由％％分开,如图 2.32 所示。

第 1 部分是声明部分,它出现在第 1 个％％之前,包括变量声明、常量声明和正则表达式定义。其中,变量声明、常量声明遵循 C 语言的规范,该部分声明的常量和变量将在后续的 C 程序中使用;正则表达式的具体写法将在下面详细介绍,首先定义正则表达式的名字,该名字可以在翻译规则中用作正则表达式的成分。正则表

图 2.32　Lex 源程序的组成

达式定义中的名字写在新的一行,从第 1 列开始,其后(后面有一个或多个空格)是它所表示的正则表达式。此处注意正则表达式定义的行中不能加注释,否则会导致 Lex 认为注释也是正则表达式定义的一部分。

本部分中包括在分隔符％{和％}之间的内容,将直接插入由 Lex 产生的 C 代码中,它位于任何过程的外部。

　　第 2 部分是翻译规则,它是由一组正则表达式以及当每个正则表达式被匹配时所采取的动作,这些动作是 C 语言的代码。

　　第 3 部分是动作所需要的辅助程序,主要包括一些 C 语言代码。Lex 将该部分直接写到输出文件 lexyy.c 的尾部。在这一部分可定义对正则表达式进行处理的 C 语言函数、主函数和 yylex 要调用的函数 yywrap() 等。这些函数也可以分别编译,然后在链接时装配在一起。如果要将 Lex 输出作为独立程序来编译,则这一部分必须有一个主程序。当第 2 个％％无须写出时,就不会出现这一部分(但总是需要写出第 1 个双百分号％％)。

2. 正则表达式及其扩展

　　Lex 源文件中第二部分的翻译规则中所用到的正则表达式符合 2.5.3 节介绍的正则表达式的形式,也可以用符合正则定义的某个名字定义一个简单的正则表达式。为了增强正则表达式描述符号串模式的能力,已经出现了很多正则表达式的扩展。Lex 中用一些特别规定的元字符来表示正则表达式的扩展。表 2.14 所示是常用的 Lex 元字符,在这里并没有列出所有的 Lex 元字符且不逐个地描述它们。

表 2.14　Lex 中的元字符约定

格　　式	含　　义
a	字符 a
"a"	即使 a 是一个元字符,它仍是字符 a
\a	当 a 是一个元字符时,为字符 a
a＊	a 的零次或多次重复
a＋	a 的一次或多次重复
a?	一个可选的 a
a∣b	a 或 b
(a)	a 本身
［abc］	字符 a、b 或 c 中的任一个
［a-d］	字符 a、b、c 或 d 中的任一个
［^ab］	除了 a 或 b 外的任一个字符
.	除了新行之外的任一个字符
⟨xxx⟩	名字 xxx 表示的正则表达式
＜EOF＞	匹配文件结束标记

　　下面对上表中的约定进行简要说明。

　　(1) Lex 允许匹配单个字符或字符串,只需按顺序写出字符即可,如 a。

　　(2) Lex 允许把字符放在引号中而将元字符作为真正的字符来匹配。引号可用于并不是元字符的字符前后,但此时的引号毫无意义。因此,在要被直接匹配的所有字符前后使用引号很有意义,而不论该字符是否为元字符。例如,可以用 if 或 "if" 来匹配一个 if 语句开始的保留字 if。

　　(3) 如果要匹配左括号,就必须写作"(",这是因为左括号是一个元字符。另一个方法是利用反斜杠元字符\,但它只有在单个元字符时才起作用:如要匹配字符序列(＊,就必须重复使用反斜杠,写作\(\＊。很明显,"(＊"更简单一些。另外,将反斜杠与正规字符一起使用有特殊意义。例如,\n 匹配一新行,\t 匹配一个制表位(这些都是典型的 C 语言约定,大多数这样的约定在 Lex 中也可行)。

(4) 加号(+)表示正闭包运算。该符号和闭包 * 之间的关系遵循 2.5.2 节的关系,即 $d^+ = dd^*$,在 Lex 源文件中,不用上标表示。如 Pascal 语言中无符号常数可以用正规定义式 digits 表示,可以定义为 digit digit * ,也可以直接定义为 digit+(写为 digits→digit+)。

(5) 问号(?)指示可选部分。用 r? 表示可以出现 r 或者不出现(即 r?=r|ε)。如果 r 是正则表达式,则 r? 表示语言 $L(r) \bigcup \{\varepsilon\}$ 的正则表达式。例如正则表达式

(aa|bb)(a|b) * c?

表示以 aa 或 bb 开头,末尾则是一个可选的 c。该正则表达式也可以写作:

("aa"|"bb")("a"|"b") * "c"?

(6) 字符类,将字符类写在方括号之中。例如[abxz]就表示 a、b、x 或 z 中的任意一个字符,表示正则表达式 a|b|x|z。由此,前面的正则表达式可写作:

(aa|bb)[ab] * c?

在使用方括号表示字符类时,还可利用连字符表示字符的范围。因此,用[0-9]表示任何一个 0~9 的数字。正则表达式 a|b|…|z 就可以缩写为[a-z],这样标识符的正则表达式可以写作:

[A-Za-z][A-Za-z0-9] *

Lex 有一个特征:在方括号(表示字符类)中,大多数的元字符都丧失了其特殊含义,且无须用引号引出。甚至如果可以首先将连字符列出来,则也可将其写作正规字符。因此,正则表达式("+"|"-")写作[-+](但不可写作[+-],这是因为元字符-用于表示字符的一个范围)。又如[."?]表示句号、引号和问号 3 个字符中的任一个字符(这 3 个字符在方括号中都失去了它们的元字符含义)。但是一些字符即使是在方括号中也仍然是元字符,因此为了得到真正的字符就必须在字符前加一个反斜杠(由于引号已失去了它们的元字符含义,所以不能用它),因此[\^\\]就表示真正的字符^和\。

(7) 互补集合的表示(^),也就是不包含某个字符的集合。将插入符^作为括号中的第 1 个字符,因此[^0-9abc]表示不是任何数字且不是字母 a、b 或 c 中任何一个符号的其他任意字符。

(8) 句点是一个表示字符集的元字符,它表示除新行(\n)之外的任意字符。

(9) Lex 中一个更为重要的元字符是用花括号指出前面定义的正则表达式的名字。只要没有递归引用,这些名字也可使用在其他的正则表达式中。

例 2.18 写出某语言中带符号十进制浮点数的正则表达式,假定该语言只有十进制数,一个浮点数可以包含一个小数部分或一个以字母 E 开头的指数部分,如果没有小数部分和指数部分,就是一个整数;浮点数的整数部分、小数部分和指数部分至少有 1 位,是 0~9 的任意数字。该十进制浮点数的正则表达式定义为:

Float Number→("+"|"-")?[0-9]+ ("."[0-9]+)?(E("+"|"-")?[0-9]+)?

3. Lex 源文件的翻译规则

Lex 源文件的第 2 部分是翻译规则。它们由一组正则表达式以及与每个正则表达式匹

配时相应的动作组成。每个动作 i 是一小段 C 代码,它指出当匹配相对应的正则表达式 p_i 时应执行的动作。格式是:

$$p_1 \quad \{动作\ 1\}$$
$$p_2 \quad \{动作\ 2\}$$
$$\vdots \qquad \vdots$$
$$p_i \quad \{动作\ i\}$$
$$\vdots \qquad \vdots$$
$$p_n \quad \{动作\ n\}$$

这里每个 p_i 是正则表达式,每个动作 i 表示匹配正则表达式 p_i 时词法分析器应执行的程序段。这些识别规则完全决定了最后生成的词法分析器的功能,分析器只能识别符合正则表达式 $p_1,p_2,\cdots,p_i,\cdots,p_n$ 的单词符号。

现在来考查 Lex 产生的目标程序如何工作。如果词法分析器被语法分析器激活时,最终得到的词法分析器 L 逐一地扫描输入串的每个字符,直到它在剩余输入串中发现能和正则表达式 p_i 匹配的最长前缀为止,将该子串截下来放在一个叫作 yytext 的缓冲区中,然后 L 就调用动作 i,当动作 i 工作完后,L 识别出一个单词符号,并完成了相应的动作,典型地,动作 i 将把控制返回语法分析器。如果没有被返回,词法分析器将继续寻找下面的词法单元,直到有一个动作引起控制返回到语法分析器为止。这种重复地搜索词法单元、直到显式返回的方式,允许词法分析器方便地处理空白和注解。当 L 被再次调用时,就从剩余输入串开始识别下一个输入符号。

每次词法分析器仅返回一个值(记号)给语法分析器,记号的属性值通过全程变量 yylval 传递。

4. Lex 源程序设计举例

例 2.19　有如下正则定义式:

if→if

then→then

else→else

rop→< | <= | > | >= | == | <>

id→letter(letter | digit) *

real→digit+(. digit+)? (E(+ | −)? digit+)?

其相应的 LEX 源程序如下:

```
行号     /* 源程序的名字 lex.l */
1        /* 第一部分:说明部分 */
2        % {
3        # include < stdio. h >
4        /* 此处应该写 C 语言描述的标识符常量的声明,如 LT、LE、GT、GE、NE、IF、THEN、
5        ELSE、ID、REAL、ROP */
6        extern yylval;
7        % }
8        /* 正规定义式 */
9        delim   [\t\n]
10       ws  {delim} *
```

```
11    letter  [A-Za-z]
12    digit  [0-9]
13    id  {letter}({letter}|{digit}) *
14    real  {digit} + (\.{digit} + )?(E( + |\ - )?{digit} + )?
15    % %
16    / * 从此后是第二部分：规则部分 * /
17    {ws}  { / * 没有动作,也没有返回 * /}
18    if  {return(IF);}
19    then  {return(THEN);}
20    else  {return(ELSE);}
21    {id}  {yylval = install_id();return(ID);}
22    {real}  {yylval = install_real();return(REAL);}
23    "<"  {yylval = LT;return(ROP);}
24    "< = "  {yylval = LE;return(ROP);}
25    ">"  {yylval = GT;return(ROP);}
26    "> = "  {yylval = GE;return(ROP);}
27    " == "  {yylval = EQ;return(ROP);}
28    "<>"  {yylval = NE;return(ROP);}
29    % %
30    / * 从此后是第三部分：辅助过程 * /
31    int install_id() {
32    / * 此处应该把单词插入 token 表并返回该单词在 token 表中的位置,由 yytext 指向该单词的
33    第一个字符,yyleng 给出它的长度 * /
34    }
35    int install_real() {
36    / * 类似上面的函数,但单词是常数 * /
37    }
```

在该程序中,2~7 行用％{和％}括起来的是关于符号常数的定义,出现在这种括号中的任何内容,在编译期间都直接复制到 lexyy.c 中,所以应该符合 C 语言的定义规范。

9~14 行是与正则表达式 delim、ws、letter、digit、id 和 real 相应的正规定义式,只是没有使用定义符→,而是用空格分隔。在右边的表达式中引用前面定义过的名字时,要用一对花括号将该名字括起来,另外,正则表达式中出现的源语言中的符号,如－、. 要用转义符\引导,如 delim 的正则表达式中的\t 和\n,real 中的\. 和\－。

17~28 是翻译规则,左边是正则表达式,右边是当扫描到的串匹配该正则表达式时应该执行的动作。注意,如果动作中不包含明确的 return 语句,则 yylex()直到处理完完整的输入之后才会返回。如正则表达式中引用前面定义过的名字,用花括号括起来。当 Lex 的元字符在正则表达式中出现时,用双引号括起来,如"<""＞"等。ws 代表任何可能的连续空白符号,词法分析不需要执行任何动作,它所对应的花括号中只有注释,没有可执行内容。

在识别 id 和 real 的动作中,用到了两个函数 install_id()和 install_real(),这是两个辅助过程,需要在第 3 部分 31~37 行定义。辅助过程一般用 C 语言写。当用 Lex 编译程序编译 lex.l 时,把这部分内容原样复制到 yylex.c 中。注释中提到的变量 yytext 相当于输入缓冲区中单词符号的开始指针,变量 yyleng 是当前识别出的单词符号的长度。执行install_id()时,需将当前扫描到的单词插入到 token 表中,其单词从缓冲区 yytext 所指的位置开始,共有 yyleng 个字符,将其复制到存放单词的指定位置,token 表中存入该串的指针。

例 2.20　写一个 Lex 源文件,其功能是统计文本文件中的字符数和行数。

```
%{
/* 该 Lex 程序的功能是统计文本文件中的字符数和行数,并输出结果 */
# include < stdio. h>
int num_chars = 0, num_lines = 0;   /* 全局变量声明,初值为 0 */
%}
%%                          /* 从此后是第二部分 */
\n   { ++num_chars; ++num_lines; }  /* \n 匹配一行 */
.    { ++num_chars; }               /* .匹配任一符号,注意从第一列开始写 */
%%                          /* 从此后是第三部分 */
int main( )
{ yylex();
     printf("This file has %5d chars, %5d lines", num_chars,num_lines);
     return 0;
}
int yywrap()                /* 文件结束处理函数,yylex 在读到文件结束标记 EOF 时,要调
                              用该函数,用户必须提供该函数,否则在编译时会出错 */
{ return 1; }
```

该程序首先定义了两个计数器 num_chars、num_lines,分别记录文本文件中的字符数和行数。在 Lex 源文件中定义了与两个正则表达式\n 和.(换行符和任意字符)匹配时的动作,分别将相应的计数器累加 1。

2.6.3　Lex 的工作原理

Lex 编译程序的功能是根据 Lex 源程序构造一个词法分析程序,由 Lex 生成的词法分析程序由两部分组成,即一个状态转换矩阵和一个执行控制程序。

1. Lex 的工作过程

Lex 编译程序在扫描 Lex 源程序的过程中,首先扫描每一条翻译规则,读取其中的正则表达式 p_i,利用算法 2.4 可以为之构造一个不确定的有穷自动机 NFA M_i;其次将所有的 NFA M_i 合并为一个新的 NFA M,如图 2.33 所示;然后按照 2.5.3 节的原理,利用算法 2.2 将 NFA 确定化,利用算法 2.3 将 DFA 最小化为 D,生成该 DFA D 的状态转换表,并根据算法 2.1 得到 DFA 的分析控制程序,从而判断某个输入符号串与哪个正则表达式匹配。由于各种语言的状态转换表的结构相同,所以控制执行程序对各种语言都是相同的。

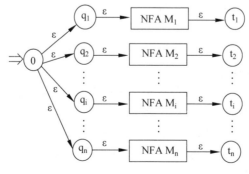

图 2.33　合并后的 NFA

2. 二义性的解决

Lex 在扫描过程中可能会遇到二义性的情况,此时应根据一定的原则来确定词法分析的识别算法。一般来说,遵守下面两条原则。

(1) 最长匹配原则:在识别单词符号的过程中,当有几个规则看来都适用时,总是寻找可能的最长子串与正则表达式 p_i 相匹配。

(2) 优先匹配原则:如果某个子串可与两个或更多的正则表达式匹配,并且匹配的长度都相同,Lex 以出现在最前面的那个 p_i 为准,也就是说,越处于前面的那个 p_i,匹配的优先级越高。如果没有正则表达式可与任何非空子串相匹配,则词法分析器应报告输入含有错误,Lex 的默认动作就将下一个字符复制到输出中并继续下去。

3. Lex 的工作过程举例

假如有如下省略了动作部分的 Lex 源程序,该程序用三个正则表达式描述了三类单词符号,没有声明部分和辅助过程部分,只有翻译规则部分。

```
%%
a        {   }
abb      {   }
a*bb*    {   }
%%
```

现以此为例来介绍 Lex 编译程序的工作过程,具体如下。

(1) 读取 Lex 的源程序,对每个正则表达式分别生成对应的不确定的有穷自动机,如图 2.34 所示。

(2) 将这些 NFA 合并为一个 NFA M,如图 2.35 所示。

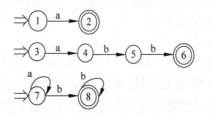

图 2.34 为每条规则生成 NFA

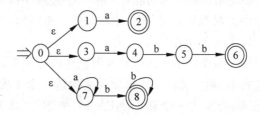

图 2.35 合并后的 NFA M

(3) 将该 NFA 确定化、最小化为 DFA D。这里,DFA D=({A,B,C,D,E,F},{a,b},δ,A,{B,E,F}),A={0,1,3,7},B={2,4,7},C={8},D={7},E={5,8},F={6,8}。该 DFA 的状态转换表和状态转换图如图 2.36 所示。

(4) 最后,可以根据算法 2.1 写出该 DFA 的分析控制程序。

4. Lex 的分析控制程序

Lex 编译程序读 Lex 源程序,并构造出确定的有穷自动机的状态转换表,然后就可以利用算法 2.1 生成分析控制程序(该程序对所有的语言都是相同的),以最终形成可执行的目标程序,这里通过分析一个字符串的例子来说明分析控制程序的工作原理。

假如输入字符串为 aba…,如图 2.36 所示的 DFA D 从初态 A 开始工作,当它扫描到第一个输入符号 a 时,进入状态 B;又扫描到输入符号 b 时,进入状态 E,但此状态对于下一个输入符号 a 没有后继状态,因此不能再继续往前扫描了。此时应该退回一个输入符号 a,并

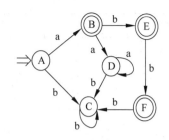

	a	b
A	B	C
B	D	E
C		C
D	D	C
E		F
F		C

(a) 状态转换表　　　　　　　(b) 状态转换图

图 2.36　DFA D 的状态转换表和状态转换图

为了实现最长匹配原则,应反序检查所经历的每个状态,看哪个状态为终态。

首先检查 E,它恰好是一个终态,含有唯一的原 NFA M 的一个终态 8,因此可以判定,所识别出来的单词属于 a^*bb^* 的一个成员。

接着就立即调用该规则后面的动作。

如果在状态子集中,不含 NFA 的终态,则要从扫描的字符串中再退回一个符号,然后再检查相应的状态,如此继续下去。一旦已扫描的字符回退完,还没有到达终态,则宣布分析失败,应该调用错误处理程序进行处理。若当前状态子集中含有两个 NFA 的终态,则实施优先匹配原则。

至于规则右边的处理,只需将该动作序列复制到 lexyy.c 中即可,并且仅当最终明确所识别出的最长字串属于 p_i 时,词法分析程序才转到相应的动作序列进行处理。

2.6.4　Lex 使用中的一些注意事项

1. C 代码的插入

(1) 写在定义部分％｛和％｝之间的任何文本将被直接复制到外置于任意过程的输出程序之中。

(2) 辅助过程中的任何文本都将被直接复制到 Lex 代码末尾的输出程序中。

(3) 将任何跟在翻译规则(在第 1 个％％之后)中的正则表达式之后(中间至少有一个空格)的代码插入到识别过程 yylex 的恰当位置,并在与对应的正则表达式匹配时执行它。代表一个行为的 C 代码既可以是一个 C 语句,也可以是一个由任何说明及由位于花括号中的语句组成的复杂的 C 语句段。

2. 内部名字

表 2.15 列出了 Lex 中常用的内部名字,在与正则表达式匹配的动作函数或辅助过程中均可以使用。

表 2.15　一些 Lex 内部名字

Lex 内部名字	含义/使用
lexyy.c 或 lex.yy.c	Lex 输出文件名
yylex	Lex 扫描程序
yytext	当前行为匹配的串

Lex 内部名字	含义/使用
yyin	Lex 输入文件(默认：stdin)
yyout	Lex 输出文件(默认：stdout)
input	Lex 缓冲的输入程序
ECHO	Lex 默认行为(将 yytext 打印到 yyout)

表 2.15 中有一个特征在前面的例题中未曾提到过：Lex 为一些文件备有其自身的内部名字 yyin 和 yyout,Lex 从 yyin 中获得输入并向 yyout 发送输出。通过标准的 Lex 输入例程 input 就可自动地从文件 yyin 中得到输入。但是在前述的示例中,却回避了内部输出文件 yyout,而只通过 printf 和 putchar 写到标准输出中。一个允许将输出赋到任意一个文件中的更好的实现方法是用 fprintf(yyout,…)和 putc(…,yyout)取代它们。

2.6.5　使用 Lex 自动生成词法分析器

根据上述介绍,利用 Lex 可以编写任一种语言的词法分析程序。下面的 Lex 源程序将生成某语言词法分析器的一部分。假定单词识别出来的动作是打印所识别出来的单词及其种类。能够识别的单词包括整数、实数、运算符、部分关键字和标识符;能够删除多余的空白,并把注释去掉。可以根据该原型添加相应的功能,识别更多的单词,完成其他词法功能。

```
%{
# include <math.h>
# include <stdlib.h>
# include <stdio.h>
%}
DIGIT [0-9]
ID [a-z][a-z0-9]*
%%
{DIGIT}+  {  printf("整数: %s(%d)\n",yytext,atoi(yytext));}
{DIGIT}+"."{DIGIT}*  {
        printf("实数:%s(%g)\n",yytext,atof(yytext));}
if|then|begin|end|program|while|repeat  {
        printf("关键字: %s\n",yytext);
}
{ID}  { printf("标识符: %s\n",yytext);  }
"+"|"-"|"*"|"/"  {printf("运算符: %s\n",yytext);  }
"{"[^}\n]*"}";        /*删除注释,假定该语言的注释用{}括起来*/
[\t\n\x20]+  ;        /*删除多余的空格*/
.        { printf("不能识别的字符: %s\n",yytext); }
%%
int main(int argc,char *argv[])
{
    ++argv; --argc;      /*跳过执行文件名到第一个参数*/
    if (argc>0) yyin = fopen(argv[0],"r");
    else yyin = stdin;
    yylex();
return 0;
```

```
}
int yywrap()
{    return 1; }
```

在这个 Lex 源文件的定义部分,直接插入到 Lex 输出中的 C 代码是 3 个 ♯include 语句。定义部分还包括单个数字和标识符的正则表达式的名字的定义。

Lex 输入的翻译规则部分由各种正则表达式的列表和相应的动作组成,首先定义整数和带小数的实数,然后在定义标识符规则之前列出关键字规则。假若首先列出标识符规则,Lex 的二义性解决规则就会总将关键字识别为标识符。也可以只写出识别标识符的代码,在这里只能识别出标识符,然后再在表中查找关键字。由于单独识别的关键字使得由 Lex 生成的扫描程序代码中的表格变得很大(而且扫描程序使用的存储器也会因此变得很大),因此在真正的编译中倾向于使用它。

接着,Lex 输入文件中定义了识别运算符的动作,以及删除注释和多余的空白字符,此处只定义了 3 种空白字符\t、\n、\x20,对于识别出的空白字符,什么也不做,因此没有动作部分,直接用一个分号即可。最后的. 表示除了匹配上述的所有规则之外的其他符号均视为不能识别。如果需要添加规则,必须在. 之前添加。

2.7　词法分析中的错误处理

统计表明,在现代软件系统中,有 75% 的程序代码用于处理各种错误,给出错误信息。在词法分析器的设计过程中,同样要考虑错误处理。

一个好的编译程序在编译源程序时,应尽量发现更多的错误,错误信息应该详细、准确,指出源程序出错的具体行、列位置以及发生了哪类错误等,这样用户就可以迅速地改正程序错误,加快程序的调试速度。词法分析中常见的错误有以下 5 类。

(1) 非法字符错误。即出现了程序设计语言的字符集以外的符号。如@对 Sample 语言来说是非法字符。对这种错误的处理方法是:保持一张合法字符表,在扫描源程序时,每读取一个符号,就记录当前符号的行、列位置,同时判断它是否属于合法字符,若不属于,则报告在源程序的某个位置出现了第一类错误。

(2) 拼写错误。关键字拼写错误在词法分析时无法发现,如将 for 写成 fro,通常是把它当成标识符处理,等到语法分析阶段才能发现。另一种情况是某些符号出现在不应该出现的位置,它的出现使得词法分析程序不能正确地识别出一个单词,如 123ab,在数字后面直接跟上字符。这种错误将不能按前一个单词的构词方式构成单词的符号作为下一个单词的开始,也就是说将其识别为两个单词 123 和 ab,也可以跳过某些符号再进行处理。另外,如八进制、十六进制的数也有可能拼写错误。

(3) 注释、字符常数、字符串常数不闭合,如/ * …、"abc…等。对于这种错误如果不采取措施,势必将所有后续源程序都作为注释或字符串常数的内容,这样是不合理的。为了防止这种情况的产生,通常限定注释或字符串常数的长度,如限定字符串常数的长度不大于 255,或者注释只到本行为止。

(4) 错误的"与""或"运算。Sample 语言没有定义位运算,只有逻辑运算"与""或"。如果读入一个 & 或者|,还需要再读入一个符号,以判别是不是 &&、‖ 两个符号,如果没有读

入希望的符号,就是错误符号。

(5) 变量声明有重复,如 integer A; real A。这种错误一般难以发现,只有当词法分析程序兼管查填符号表的工作和声明语句的语义处理时,才能发现重复声明的错误。

为了能指出错误位置,行列计数器是必需的。给出错误信息有两种方式:一种方式是将错误类型和错误信息夹在用户源程序中发现错误的地方,一并给出,这样做的好处是方便用户对错误进行处理,而缺点是如果格式组织不好,容易把源程序搞乱;另一种方式是先把错误信息集中起来,仅在源程序的错误之处做个标记,再调用错误处理函数进行统一输出。不管哪种方式,报告的错误信息都应简明扼要。

目前大多数编译程序都采取发现并通知错误的方法,很少去纠正源程序中的错误。这是因为编译程序的设计者很难猜测程序员的意图。如对程序中的 fro 很难确定到底是将 for 写错了,还是它本身就是标识符。

一般来说,当词法分析器遇到错误时,不是直接退出,而是继续往后扫描源程序,让一次性发现的错误更多,以便程序员一次性修改。这就需要词法分析时对源程序做必要的处理,其目的不是更正源程序的错误,而是继续往后分析。这些处理方式称为错误恢复操作,包括:

(1) 从剩余的输入中删除一个或多个字符,跳过最小出错单位。

(2) 向剩余的输入中插入一个遗漏的字符。

(3) 用一个字符来替换另一个字符。

(4) 交换两个相邻的字符。

这些处理方式可以在试图修复错误输入时进行。最简单的策略是检查是否可以通过上述的某种操作将剩余的输入串尽快构成某个单词。

2.8　小　　结

词法分析是编译程序的第一步,它读入源程序,输出 token 串。它从字符流形式的输入源文件中识别出有用的单词,滤掉空白符号和注释,尽可能多地发现错误。程序设计语言中的单词一般分为 5 类:关键字、标识符、常量、运算符和界符。对于一个给定的程序设计语言来说,关键字、运算符和界符都是固定的,标识符和常量需要按构词规则来识别。

识别单词是词法分析的主要任务。常用状态转换图的方式来实现单词的识别。状态转换图用来描述单词的构成规则,能够很容易地转换为识别程序。它是手工实现词法分析程序的非常有用的技术。

词法分析程序也可以自动生成。自动生成词法分析器是基于正则表达式和有穷自动机理论。正则表达式是用一个数学表达式来描述一个单词集合的构成模式,有穷自动机从识别的观点来看一个集合中的符号串是否被有穷自动机所识别。有穷自动机有两类:确定的有穷自动机(DFA)和不确定的有穷自动机(NFA)。正则表达式与有穷自动机是等价的,也就是说正则表达式描述的语言和有穷自动机识别的语言是相同的,正则表达式可以转换为NFA,NFA 与 DFA 是等价的,任何一个 NFA 总能找到一个等价的 DFA,它们识别的语言是相同的,但这个 DFA 不是唯一的,DFA 可以通过消去多余的状态、合并等价状态的方法进行最小化,最小化的 DFA 是唯一的(同构)。基于 DFA 就能很容易地写出识别控制程序。

词法分析自动生成工具很多，Lex 是最早被广泛使用的词法分析自动生成工具之一。

2.9　习　　题

1. 判断题，对下面的陈述，在正确的陈述后的括号内画√，否则画×。

(1) 有穷自动机识别的语言是正规语言。　　　　　　　　　　　　　　　　　　（　　）

(2) 若 r1 和 r2 是 Σ 上的正则表达式，则 r1|r2 也是。　　　　　　　　　　　（　　）

(3) 设 M 是一个 NFA，并且 L(M)＝{x,y,z}，则 M 的状态数至少为 4 个。　　（　　）

(4) 令 Σ＝{a,b}，则所有以 b 开头的字构成的正规集的正则表达式为 b*(a|b)*。

　　　　　　　　　　　　　　　　　　　　　　　　　　　　　　　　　　　　　（　　）

(5) 对任何一个 NFA M，都存在一个 DFA M′，使得 L(M′)＝L(M)。　　　　（　　）

2. 从供选择的答案中，选出最确切的解答。

有穷自动机可用五元组 $(Q, V_T, \delta, q_0, Q_f)$ 来描述，设一个有穷自动机 M 定义如下：$V_T＝\{0,1\}$，$Q＝\{q_0, q_1, q_2\}$，$Q_f＝\{q_2\}$。δ 的定义为：

$$\delta(q_0, 0)＝q_1 \quad \delta(q_1, 0)＝q_2$$
$$\delta(q_2, 1)＝q_2 \quad \delta(q_2, 0)＝q_2$$

A. M 是一个＿＿＿＿＿＿＿有穷状态自动机。

B. 它所对应的状态转换图为＿＿＿＿＿＿＿。

C. 它所能接受的语言可以用正则表达式表示为＿＿＿＿＿＿＿。

D. 其含义为＿＿＿＿＿＿＿。

供选择的答案如下。

A. ① 歧义的　　② 非歧义的　　③ 确定的　　④ 非确定的

B.

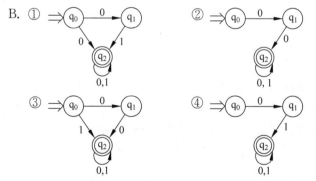

C. ① (0|1)*　　② 00(0|1)*　　③ (0|1)*00　　④ 0(0|1)*0

D. ① 由 0 和 1 所组成的符号串的集合

　　② 以 0 为头符号和尾符号，由 0 和 1 所组成的符号串的集合

　　③ 以两个 0 结束的，由 0 和 1 所组成的符号串的集合

　　④ 以两个 0 开始的，由 0 和 1 所组成的符号串的集合

3. 查阅自己熟悉的高级语言的规范，如 C 或 Java，确定字符集是什么(不包含那些只能出现在字符串或注释中的字符)、数字常量的构成形式是什么、标识符的词法规则是什么。

4. 画出下面的状态转换图,并给出相应的识别函数。

(1) C语言中字符常量是由一对单引号括起来的单个字符,或者以\开头的两个字符表示的转义字符。

(2) C语言中以/开头的单词有多种,如/、/=、//、/ * 等,其中前两种表示除法运算和除法赋值运算,它们需要返回单词本身;后两种表示注释,有以/ * 和 * /括起来的多行注释、以//标记的单行注释。后两种识别后不需要返回单词,直接跳过。

(3) C语言中的整数有多种形式:十进制、八进制、十六进制。

(4) C语言中不带指数的浮点数。

5. 一个长度为n的字符串,前缀和后缀分别有多少个? 如果字符串为abcd,分别是哪些?

6. 试写出以下各描述中所表示的正则表达式。

(1) 以01结尾的二进制数串。

(2) 不以0开头,能被5整除的十进制整数。

(3) 包含子串011的由0和1组成的符号串的全体。

(4) 不包含子串011的由0和1组成的符号串的全体。

(5) 按字典顺序递增排列的所有小写字母串。

(6) $\Sigma = \{0,1\}$上的含奇数个1的所有串。

(7) 包含偶数个0和1的二进制串。

(8) 具有偶数个0和奇数个1的由0和1组成的符号串的全体。

(9) 由/ * 和 * /括起来的注释的串,且串中没有不在双引号中的 * /。

(10) 有些语言是大小写敏感的,因此这些语义中的关键字只有一种写法,描述它的正则表达式比较简单,但SQL语言是大小写不敏感的,如select和SeLect、SELECt等都是一样的,试描述SQL中的关键字select的大小写不敏感的正则表达式。

7. 试描述下列正则表达式所描述的语言。

(1) $0(0|1)^*0$

(2) $((\varepsilon|0)1^*)^*$

(3) $(0|1)^*0(0|1)(0|1)$

(4) $0^*10^*10^*10^*$

(5) $(00|11)^*((01|10)(00|11)^*(01|10)(00|11)^*)^*$

8. 假定某语言只有三种单词:①关键字if;②关键字while;③标识符,它是除了if和while以外的所有以字母构成的串。试构造识别该语言的单词的NFA和DFA。

9. 给出识别下列在字母表$\{0,1\}$上的语言的最小化DFA,并以状态转换图和状态转换表表示。

(1) 所有以00结尾的符号串的集合。

(2) 所有具有3个0的符号串的集合。

(3) 含有偶数个0或偶数个1的字符串。

10. 构造与下列正则表达式等价的最小状态的DFA。

(1) $10 | (0|11)0^*1$

(2) $((0|1)^* | (11))^*$

(3) $(a|b)^*a(a|b)$

(4) $(a|b)^* a(a|b)(a|b)$

11. 应用题。

(1) 假定有一台自动售货机,接受 1 元和 5 角的硬币,出售每瓶 1 元 5 角的饮料,顾客每次向机器中投放大于 1 元 5 角的硬币,就可得到一瓶饮料(注意,每次只给一瓶饮料,且不找钱),构造该售货机的有穷自动机(可以是 NFA 或 DFA)。

(2) 设计一个状态数最少的 DFA,其输入字母表是{0,1},它能接受以 00 或 01 结尾的所有序列。

(3) 某操作系统下合法的文件名规则为 device:name.extension,其中第一部分(device:)和第三部分(.extension)可默认,若 device、name 和 extension 都是由字母组成,长度不限,但至少有 1 位。

① 请写出识别这种文件名的正则表达式。

② 画出其对应的 NFA。

③ 将上述得到的 NFA 确定化为等价的 DFA。

(4) 一个 C 语言编译器编译下面的函数 gcd()时,报告 parse error before 'else'。这是因为 else 的前面少了一个分号。但是如果第一个注释

```
/* then part */
```

误写成

```
/* then part
```

那么该编译器发现不了遗漏分号的错误。这是为什么?

```
long gcd(p,q)
long p,q;
{
        if (p % q == 0)
        /* then part */
        return q
        else
        /* else part */
        return gcd(q, p % q);
}
```

12. HTML 语言不同于传统的程序设计语言,它带有很多标记,有些标记还可以带参数,试说明如何把下面的 HTML 文档划分成适当的单词,哪些单词应该具有自身的值,各自是怎样的词法值。

```
Here is a photo of <B> my garden </B>
<P><IMG SRC = "gardon.gif"><BR>
See <A HERF = "morephoto.html"> more photos </A> if you like it. <P>
```

13. 程序算法练习。

(1) 用自己熟悉的语言编写程序,实现词法分析的部分预处理功能:从文件读入源程序,去掉程序中多余的空格和注释(用/* ⋯ */标识),用空格取代源程序中的 Tab 和换行,结果显示在屏幕上。

（2）编写一个将 C 程序注释之外的所有保留字全部大写的程序。

（3）用自己熟悉的语言实现下述算法：

① 把正则表达式变成 NFA。

② NFA 确定化。

③ DFA 最小化。

（4）编程实现识别 Sample 语言标识符和实数的程序，并完成：

① 写出 Sample 语言的标识符和实数的正则表达式。

② 画出识别它们的 DFA M。

③ 设计出词法分析器的输出形式。

④ 用自己熟悉的某种语言实现识别程序。

（5）分别编写能实现下述功能的 Lex 源程序。

① 该程序复制一个文件，并将每一个非空的空白符序列用一个空格代替。

② 将一个 Pascal 程序中除注释之外的所有保留字全部小写。

③ 生成可计算文本文件的字符、单词和行数且能报告这些数字的程序，其中单词是不带标点或空格的字母和/或数字的序列，标点和空格不计算为单词。

④ 为一个文本文件添加行号，并将其输出到屏幕上。

⑤ 将文本中的十进制数替换成十六进制数，并打印被替换的次数。

⑥ 将输入文件中注释之外的所有大写字母转变成小写字母（即任何位于分隔符/＊和＊/之间的字符不变）。

## 第 3 章

语法分析

语法分析就是根据高级语言的语法规则对程序的语法结构进行分析,是编译过程的核心。它的任务是判断读入的单词符号串是否符合语言的语法规则,为语义分析和代码生成做准备。执行语法分析的程序称为语法分析程序,也称为语法分析器。

为了能够更精确地描述高级语言程序的语法结构,需要对高级语言的语法规则进行形式化描述,这种描述称为文法,适合描述高级语言语法规则的文法是上下文无关文法。因此本章首先介绍文法的相关概念。

语法分析的方法很多,不同的语法分析方法适用于不同的文法,有不同的使用场合和限制条件。语法分析不仅可以手工构造,也可以自动生成,本章最后介绍自动生成器 YACC 的基本原理和使用方法。

3.1 语法分析概述

语法分析在编译过程中处于核心地位,如图 3.1 所示。其任务是在词法分析识别出正确的单词符号串的基础上,根据语言定义的语法规则,分析并识别出各种语法成分,同时进行语法检查和错误处理。根据第 1 章的介绍,语法分析程序的输入是 token 串,输出是语法树。实际上,有时并不需要显式地构造语法树,因为很多时候,语法分析可能会和后续的翻译交错进行。

图 3.1 语法分析器在编译程序中的地位

每一种程序设计语言都有描述其语法结构的规则,如 C 语言程序由一个或多个函数构成,至少包含一个 main() 函数,每个函数定义为一个复合语句,每个复合语句定义为由一对花括号{和}括起来的多个顺序执行的语句,语句有多种类型,多数语句由表达式组成,表达式由表达式、标识符、常量和运算符等构成。如果仅仅用文字这样表述,不便于计算机精确处理和判断。因此,需要对程序设计语言的语法构成规则进行形式化描述。程序设计语言的语法规则一般用上下文无关文法来描述。

上下文无关文法用递归的方式描述语法规则。语法分析的过程就是按文法规则对读入的 token 串(又称为输入符号串)进行分析的过程。token 串中的每个单词符号对应于文法中的一个符号。

根据文法可以手工或自动生成一个有效的语法分析程序,用来判断输入的符号串在语法上是否正确。判断的依据就是对给定的输入符号串能否根据文法规则建立起一棵语法树。

　　按照语法树的建立方法，可以粗略地把语法分析方法分成两类：自上而下分析法和自下而上分析法。

　　自上而下分析法是在自左至右扫描输入符号串的过程中，从树根开始逐步向下建立语法树。使用自上而下的语法分析的困难在于表示源语言语法结构的文法需要满足特定的要求，但由于多数程序设计语言的控制流结构具有不同的关键字，如 if、while、for，因此这种方法的优势在于一旦检测出关键字，就知道哪个文法规则是唯一的选择，实现起来简单、直观，便于手工构造或自动生成语法分析器，它仍是目前常用的方法之一。常用的自上而下的分析方法有递归下降分析和预测分析两种方法，我们将在 3.3 节详细介绍。

　　自下而上分析法是在自左至右扫描输入符号串的过程中，沿着从树叶向树根的方向逐步建立语法树，直到树根结点。自下而上的语法分析方法对文法的限制条件少，对大多数常见的高级语言的语法分析都能使用。常用的自下而上的语法分析方法有算符优先分析和 LR 分析两种，多数商业化的编译器和语法分析的自动生成器也都采用自下而上的语法分析方法。算符优先分析方法是多数编译器中用来分析算术表达式的方法；对于几乎所有的程序设计语言，只要能够构造出它的上下文无关文法，就能够构造出识别它的 LR 语法分析器，语法分析的自动生成器 YACC 采用的是 LR 分析方法，将在 3.4 节详细介绍自下而上的语法分析方法，并在 3.5 节介绍语法分析自动生成器 YACC 的原理和使用。

3.2　上下文无关文法

　　对于高级程序设计语言而言，程序的语法结构是基于语法规则的，因此语法规则的定义和描述非常重要。程序设计语言的语法规则的形式化描述称为文法。本节主要介绍文法及其产生语言的方法——推导，并用语法树的方式描述推导过程。

3.2.1　文法的定义

　　文法（Grammar）是描述语言的语法结构的形式规则（即语法规则），这些规则必须准确而且可理解。文法是从产生语言中的句子的观点来描述一个语言，也就是说语言中的每个句子都可以用严格定义的规则来产生。

　　下面以自然语言为例，用语法规则来分析句子，从而得出文法的形式化定义。

　　例 3.1　有如下规则：

　　（1）<句子>→<主语><谓语>

　　（2）<主语>→<代词>|<名词>

　　（3）<代词>→我

　　（4）<名词>→大学生

　　（5）<谓语>→<动词><直接宾语>

　　（6）<动词>→是

　　（7）<直接宾语>→<代词>|<名词>

　　其中，"<句子>"表示该应用规则的开始；"→"表示"由……组成"或"定义为"；"|"表示

"或",具有相同左部的几个规则可以用"|"写在一起,如上述第 2 条和第 7 条规则实际各自代表了两条规则。

现在根据上述规则可以得到一个符合<句子>定义的规则的句子:我是大学生。分析过程如下。

<句子>⇒<主语><谓语>　　　　　　应用规则(1)

　　⇒<代词><谓语>　　　　　　　应用规则(2)

　　⇒我<谓语>　　　　　　　　　应用规则(3)

　　⇒我<动词><直接宾语>　　　　应用规则(5)

　　⇒我是<直接宾语>　　　　　　应用规则(6)

　　⇒我是<名词>　　　　　　　　应用规则(7)

　　⇒我是大学生　　　　　　　　应用规则(4)

这说明,从<句子>出发,反复使用上述规则中"→"右边的成分替换左边的成分,产生"我是大学生"这样一个句子,从而说明按照上述规则"我是大学生"在语法上是正确的。

上述自然语言的定义就是一个文法。根据上述实例可以抽象出如下一些概念。

(1) 非终结符(Nonterminator):在上述规则中用尖括号括起来的符号,它们各自代表一个语法范畴,表示一类具有某种性质的语法单位,有时也称为语法变量。可以通过它们替换出其他句子成分,它们不会出现在最终的句子中,如例 3.1 中的<句子>、<主语>等。在程序设计语言中的非终结符有"算术表达式""赋值语句"等。用 V_N 表示非终结符的集合。非终结符给出了语言的层次和结构,这种层次化结构是语法分析和翻译的关键。

(2) 终结符(Terminator):出现在最终的句子中的符号,它是一个语言的基本单位的集合,如例 3.1 中不带尖括号的符号"我""是""大学生"。在程序设计语言的语法规则中终结符就是单词符号,如关键字、标识符和界符等。用 V_T 表示终结符的集合。

$V = V_N \cup V_T$,构成文法 G 的字母表,是该文法中可以使用的全部符号,$V_N \cap V_T = \Phi$。

(3) 产生式(Production):按一定格式书写的、用于定义语法范畴的规则,又称为规则或生成式,说明了终结符和非终结符组合成符号串的方式。形如 α→β 或 α::=β,称 α 为左部,α∈V^+,α 至少包含一个非终结符;β 为右部,β∈V^*。如例 3.1 中"<句子>→<主语><谓语>"是一个产生式。用 P 表示产生式的集合,如例 3.1 中有 9 个产生式。

(4) 开始符号(Starter):是一个特殊的非终结符,至少在一个产生式的左部出现。用 S 表示,代表该文法定义的语言最终要得到的语法范畴,如例 3.1 中的<句子>。在程序设计语言中,开始符号就是<程序>,文法定义的其他语法范畴都为此服务。

由此,给出文法的形式化定义:文法 G 是一个四元组,G=(V_N,V_T,P,S),V_N 是非终结符集,V_T 是终结符集,S 是开始符号,P 是产生式集合。

对例 3.1 的文法可表示为:G=(V_N,V_T,P,<句子>),其中 V_N={<句子>,<主语>,<谓语>,<直接宾语>,<代词>,<动词>,<名词>},V_T={我,是,大学生},P 就是例 3.1 中给出的 9 条规则。

例 3.2　Java 语言中标识符定义的文法为:

文法 G=(V_N,V_T,P,S)

其中:

$V_N = \{<标识符>,<字母>,<数字>\}$

$V_T = \{a, b, c, \cdots, y, z, 0, 1, \cdots, 9\}$

$P = \{<标识符> \rightarrow <字母>$

　　　$<标识符> \rightarrow <标识符><字母>$

　　　$<标识符> \rightarrow <标识符><数字>$

　　　$<字母> \rightarrow a$

　　　$<字母> \rightarrow b$

　　　　　$\vdots$

　　　$<字母> \rightarrow z$

　　　$<数字> \rightarrow 0$

　　　　　$\vdots$

　　　$<数字> \rightarrow 9$

　　　$\}$

$S = <标识符>$

有时不用将文法 G 的四元组显式地表示出来,只将产生式写出。在书写产生式时一般有下列约定。

(1) 第一条产生式的左部是开始符号。

(2) 在产生式中,用大写英文字母表示非终结符,用小写英文字母表示终结符,用小写希腊字母(如 α、β 和 γ)代表任意的文法符号串。

(3) 如果 S 是文法 G 的开始符号,也可以将文法 G 写成 G[S]。

(4) 有时为了书写简洁,常把相同左部的多个产生式用"|"进行缩写,如:

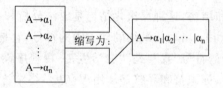

元符号"|"读作"或",其中每个 α_i 称为 A 的一个候选式。

这种描述文法的方法称为巴科斯范式(Backus-Naur Form,BNF),"→"有时也用"∷="来表示,是一种严格地表示语法规则的方法。BNF 表示语法规则的方式为:每条规则的左部是一个非终结符,右部是由非终结符和终结符组成的一个符号串,中间一般以"∷="或"→"分开,具有相同左部的规则可以共用一个左部,各右部之间以竖线"|"隔开。

例 3.3 下面是一个文法的几种等价写法。

(1) $G = (\{S, A\}, \{a, b\}, P, S)$

其中,P: $S \rightarrow aAb$

　　　$A \rightarrow ab$

　　　$A \rightarrow aAb$

　　　$A \rightarrow \varepsilon$

(2) G: $S \rightarrow aAb$

　　　$A \rightarrow ab$

　　　$A \rightarrow aAb$

　　　$A \rightarrow \varepsilon$

(3) G[S]: $A \rightarrow ab$

　　　　　$A \rightarrow aAb$

$$A \rightarrow \varepsilon$$
$$S \rightarrow aAb$$

(4) G[S]：$A \rightarrow ab \mid aAb \mid \varepsilon$

$$S \rightarrow aAb$$

例 3.4　设某语言中算术表达式的语法规则定义为：

表达式 + 表达式是表达式

表达式 * 表达式是表达式

（表达式）是表达式

单个数字是表达式

如果用 E 表示表达式，i 表示 0～9 的单个数字，则表达式的语法规则用文法表示为：

E→E + E

E→E * E

E→(E)

E→i

或者简写为：

$$E \rightarrow E + E \mid E * E \mid (E) \mid i \tag{G3.1}$$

3.2.2　推导

在例 3.1 中，得到"我是大学生"这个符号串的方法是：从文法的开始符号出发，反复、连续使用所有可能的产生式，将一个符号串中的非终结符用某个产生式右部进行替换和展开，直到全部为终结符为止。这个过程称为推导(Derivation)。

例如，对算术表达式文法 G3.1，产生式 E→E+E 意味着允许用 E+E 代替文法符号串中出现的任何 E，以便从简单的表达式产生更复杂的表达式。"用 E+E 代替 E"这个动作可以用

$$E \Rightarrow E + E$$

来描述，读作"E 推导出 E+E"。

表达式(i+i)的推导过程可以表示为：

$$E \Rightarrow (E) \Rightarrow (E+E) \Rightarrow (i+E) \Rightarrow (i+i) \tag{3.1}$$

抽象地说，如果 A→γ 是产生式，α 和 β 是文法的任意符号串，αAβ⇒αγβ 称为直接推导 (Direct Derivation)，也称一步推导，用符号"⇒"表示"一步推导"。如果 $\alpha_1 \Rightarrow \alpha_2 \Rightarrow \cdots \Rightarrow \alpha_n$，称从 α_1 到 α_n 的整个序列为一个推导，称 α_1 推导出 α_n。用符号 $\overset{*}{\Rightarrow}$ 表示"零步或多步推导"。于是

(1) 对任何符号串有 $\alpha \overset{*}{\Rightarrow} \alpha$，并且

(2) 如果 $\alpha \overset{*}{\Rightarrow} \beta$，$\beta \overset{*}{\Rightarrow} \gamma$，那么 $\alpha \overset{*}{\Rightarrow} \gamma$。

类似地，用符号 $\overset{+}{\Rightarrow}$ 表示"一步或多步推导"，即至少经过一步推导。若有 $v \overset{+}{\Rightarrow} w$，或 $v = w$，则记作 $v \overset{*}{\Rightarrow} w$。于是，式(3.1)表示从 E 到(i+i)的推导过程，写作 $E \overset{*}{\Rightarrow} (i+i)$，或 $E \overset{+}{\Rightarrow} (i+i)$。

这个推导过程提供了一种证明(i+i)是一个符合文法 G3.1 的表达式的一种方法。推

导每前进一步,都要引用一条产生式规则。

推导的逆过程称为归约(Reduction)。如果 α_1 推导出 α_n,则称 α_n 可归约为 α_1。直接推导的逆过程称为直接归约(Direct Reduction)。

在推导的每一步都有两个选择:第一个是选择被替换的非终结符;第二个是选择用该非终结符的哪个候选式进行替换。如果在推导过程中的某一步有两个或多个非终结符,那么就需要决定下一步推导替换哪个非终结符。例如,在推导式(3.1)中,在得到符号串(E+E)后,也可以按如下进行:

$$(E+E) \Rightarrow (E+i) \Rightarrow (i+i) \qquad\qquad (3.2)$$

式(3.2)在替换每个非终结符时所用产生式和式(3.1)一样,但有不同的替换次序。因此,从一个符号串到另一个符号串的推导过程不是唯一的。

为了理解某些分析器的工作过程,需要考虑每一步推导中非终结符的替换顺序。如果在整个推导中,每一步都是替换符号串中最左边的非终结符,这样的推导称为最左推导(Leftmost Derivation)。推导式(3.1)是最左推导。类似地可以定义最右推导(Rightmost Derivation),即在推导的每一步都替换符号串中最右边的非终结符。最右推导又称为规范推导(Canonical Derivation)。推导式(3.2)是最右推导。

最左推导的逆过程是最右归约(Rightmost Reduction),最右推导的逆过程称为最左归约(Leftmost Reduction),又称为规范归约(Canonical Reduction)。

例 3.5 对算术表达式文法 G3.1,写出 $(i+i)*i$ 的最左推导及最右推导过程。

最左推导:$E \Rightarrow E*E \Rightarrow (E)*E \Rightarrow (E+E)*E \Rightarrow (i+E)*E \Rightarrow (i+i)*E \Rightarrow (i+i)*i$

最右推导:$E \Rightarrow E*E \Rightarrow E*i \Rightarrow (E)*i \Rightarrow (E+E)*i \Rightarrow (E+i)*i \Rightarrow (i+i)*i$

3.2.3 文法产生的语言

若 S 是文法 G 的开始符号,从开始符号 S 出发推导出的符号串称为文法 G 的一个句型(Sentential Form)。即 α 是文法 G 的一个句型,当且仅当存在如下推导:$S \overset{*}{\Rightarrow} \alpha, \alpha \in V^*$。如在推导式(3.1)中,E、(E)、(E+E)、(i+E)、(i+i)都是文法 G3.1 的句型。

若 X 是文法 G 的一个句型,且 $X \in V_T^*$,则称 X 是文法 G 的一个句子(Sentence),即仅含终结符的句型是一个句子。在推导式(3.1)中,(i+i)是文法 G3.1 的句子。

把文法 G 产生的所有句子的集合称为 G 产生的语言(Language),记为 L(G),表示为:

$$L(G) = \{X \mid S \overset{*}{\Rightarrow} X, X \in V_T^*\}$$

推导是描述文法定义语言的有用方法。

如果文法 G_1 与 G_2 产生的语言相同,即 $L(G_1)=L(G_2)$,则称文法 G_1 和 G_2 是等价的(Equivalent)。在形式语言和编译理论中,文法等价是一个很重要的概念,根据这一概念,可对文法进行等价改造,以得到所需形式的文法。

例 3.6 考虑文法 $G_1 = (\{S\}, \{0\}, S, \{S \rightarrow 0S, S \rightarrow 0\})$ 和 $G_2 = (\{S\}, \{0\}, S, \{S \rightarrow S0, S \rightarrow 0\})$,证明它们是等价的。

对于 G_1,从开始符号开始推导,可以得到如下的句子:

$S \Rightarrow 0$

$S \Rightarrow 0S \Rightarrow 00$

$S \Rightarrow 0S \Rightarrow 00S \Rightarrow 000$

$$\vdots$$
$$S \Rightarrow 0S \Rightarrow 00S \Rightarrow \cdots \Rightarrow 000 \cdots 0$$

归纳得,从 S 出发推导出的句子是由 1 个或多个 0 组成的符号串,用集合形式表示为:

$$L(G_1) = \{0^n \mid n \geqslant 1\}$$

同样,对于 G_2,从开始符号开始推导,可以得到:

$$S \Rightarrow S0 \Rightarrow S00 \Rightarrow \cdots \Rightarrow 000 \cdots 0$$

即

$$L(G_2) = \{0^n \mid n \geqslant 1\}$$

很显然,$G_1 \neq G_2$,但 $L(G_1) = L(G_2)$,所以文法 G_1 和 G_2 是等价的。

例 3.7 构造一个上下文无关文法 G 使得:

$$L(G) = \{a^n b^n \mid n \geqslant 1\}$$

G 中要求 a、b 的个数相同,每一次 a 的出现必然有一个 b 出现,并要求所有 a 的出现都在 b 的前面,则文法 G 可写为:

$$S \rightarrow aSb \mid ab$$

3.2.4 语法树

上面用推导的方式来考查文法定义语言的过程,但是推导不能表示句子的各个组成部分间的结构关系。本节用语法树来观察句子的构成,表示句子的层次关系。

在第 1 章中介绍了语法树,语法树就是用一棵树来表示一个句型的推导过程,有时也称为语法分析树、分析树(Parse Tree)。语法树是一棵倒立的树,根在上,枝叶在下,根结点由开始符号标记。随着推导的展开,当某个非终结符被它的候选式所替换时,这个非终结符就产生下一代新结点,候选式中自左至右的每个符号对应一个新结点,每个新结点和其父结点之间有一条连线。如 A 用产生式 A→UVW 推导时,语法树向下扩展一层,如下所示。

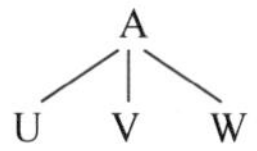

语法树的叶子结点由非终结符、终结符和 ε 标记。在语法树生长过程中的任意时刻,所有那些没有后代的端末结点从左到右排列起来构成一个句型。如果端末结点自左至右排列起来都是终结符,那么这棵语法树表示了这个句子的推导过程。

语法树有助于理解一个句子语法结构的层次。

例如,对算术表达式文法 G3.1,表达式 $(i+i) * i$ 的最左推导的语法树(包括推导过程)如图 3.2 所示。

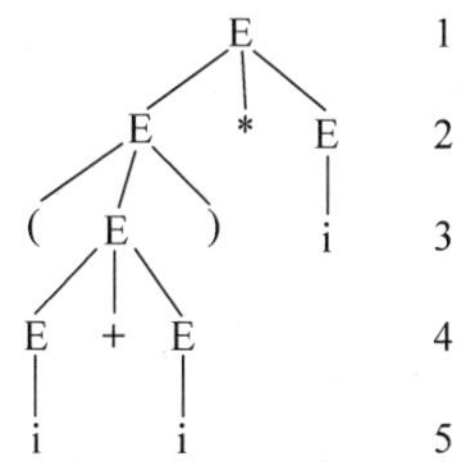

虽然图 3.2 表示了最左推导的语法树,但在第 4 层,到底是左边的 E 先推导出 i,还是右边的 E 先推导出 i,从语法树上反映不出来。

因此对一个句子或一个句型的推导过程不止一种,一棵语法树表示了一个句型的多种不同的推导过程,包括最左推导和最右推导。所以语法树是这些不同推导过程的共性抽象,但它不能表示非终结符替换顺序的选择。如果只考虑最左推导(或最右推导),则可以消除推导过程中产生式应用顺序的不一致性。每棵语法树都有一个与

图 3.2 表达式 $(i+i) * i$ 的语法树

之对应的唯一的最左推导和唯一的最右推导。因此可以用产生语法树的方法来代替推导。

3.2.5　二义文法

然而，对给定的一个句型可能对应多棵不同的语法树，或者说，不一定只有一个最左推导或最右推导。例如，考虑算术表达式文法 G3.1，句子 i∗i＋i 有如下两种不同的最左推导。

(1) E ⇒ E＋E ⇒ E∗E＋E ⇒ i∗E＋E ⇒ i∗i＋E ⇒ i∗i＋i

(2) E ⇒ E∗E ⇒ i∗E ⇒ i∗E＋E ⇒ i∗i＋E ⇒ i∗i＋i

因而也有两棵不同的语法树，如图 3.3(a) 和图 3.3(b) 所示。这两棵语法树的不同之处在于在推导过程中以不同的顺序选用不同的产生式，这说明可以用两种不同的推导过程生成同一个句子。

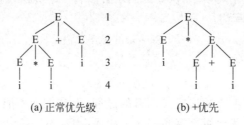

(a) 正常优先级　　　　　　(b) +优先

图 3.3　i∗i＋i 的语法树

如果一个文法存在某个句型对应两棵或两棵以上不同的语法树，则称这个文法为二义文法（Ambiguous Grammar），也就是说，二义文法是存在某个句型有不止一个最左（最右）推导的文法。对二义文法中某些句子的分析过程不是唯一的，也就不能确定某个句子应该选择哪棵语法树进行分析，所以有些程序设计语言的分析器要求处理的文法是无二义的。这样在设计文法时，可能需要使用一些附加的规则来消除二义性。

例 3.8　证明下述描述 if 语句的文法是二义文法。

设 if 语句 S 的文法 G＝({E,S},{if,then,else,a,e},S,P)，其中 P 为：

S→if E then S	(1)
S→if E then S else S	(2)
S→a	(3)
E→e	(4)

由文法可推导：S ⇒ if E then S ⇒ if E then if E then S else S

同样也可推导：S ⇒ if E then S else S ⇒ if E then if E then S else S

对于同一个句型 if E then if E then S else S，由于应用产生式的顺序不同，得到了两个不同的推导，所以该文法是二义文法。

文法的二义性并不代表语言一定是二义的。只有当产生一个语言的所有文法都是二义的，这个语言才是二义的。因为可能存在这种情况：有两个不同的文法 G 和 G′，其中一个是二义的，一个是无二义的，但它们产生的语言是相同的，这种语言也不是二义的，因为可以用无二义的文法来代替二义文法进行分析。

3.2.6　消除二义性

从图 3.3 可以看出,算术表达式文法 G3.1 对于句子 i＊i＋i 对应了两棵不同的语法树,说明 G3.1 是二义文法。该文法具有二义性是因为从文法本身来看,并不能反映运算符＋和＊的优先关系。图 3.3(a)的语法树反映了＋和＊通常的优先关系,即＊的优先级高于＋,而图 3.3(b)的语法树中反映出＋的优先级高于＊。

可以利用运算符之间的优先级和结合性来消除算术表达式文法 G3.1 的二义性。在通常的算术运算中,＊和/比＋和－的优先级高,它们都遵循左结合的原则进行运算。这样这几个运算符之间的优先级和结合性如表 3.1 所示。

表 3.1　运算符之间的优先级和结合性

优先级	结合性	运算符
1	左结合	＋、－
2	左结合	＊、/

左结合的含义是当同时出现相同优先级的运算符时,从左到右进行运算。

这样,可以引入两个非终结符号 expr 和 term,分别对应上述两个不同的优先级层次,并使用另一个非终结符 factor 来生成算术表达式的基本单元,如在算术表达式中,基本单元是单个的数字和带括号的表达式。有

factor→i | (expr)

考虑高优先级的＊和/及左结合性,可以认为 term 是由＊和/运算符分开的基本单元,但不能被低优先级的运算符分开的表达式,有:

term→term＊factor | term/factor | factor

＋和－的优先级较低,算术表达式可以认为是由＋和－运算符分开的 term 列表,也就是说一个表达式可以由任何运算符分开。有:

expr→expr＋term | expr－term | term

这样就得到了带优先级和结合性的算术表达式文法:

expr→expr＋term | expr－term | term
term→term＊factor | term/factor | factor
factor→i | (expr)

由于＋和－的优先级相同,＊和/的优先级相同,不失一般性,以后主要考虑＋和＊,并在上述文法中,用 F 代表 factor,T 代表 term,E 代表 expr。这样带优先级和结合性的算术表达式文法就可以用下面的文法 G3.2 来描述,在本书后面关于算术表达式的讨论也经常使用这个文法。

$$E \rightarrow E＋T \mid T$$
$$T \rightarrow T＊F \mid F$$
$$F \rightarrow i \mid (E) \tag{G3.2}$$

例 3.8 中描述 if 语句的文法是二义文法,主要是因为在类似于 if E then if E then S else S 的语句时,前面有两个 if,后面出现了一个 else,else 不知道和哪个 if 语句匹配,称为"悬空-else"。这就导致有两种理解:一种是和第一个 if 匹配;另一种是和第二个 if 匹配。

在大多数程序设计语言中对这种二义性的解决方案是:规定 else 总是和最近的尚未匹配的 if 匹配。不再修改文法的产生式,而是在分析过程中直接进行判断。

*3.2.7　Sample 语言文法描述

本章主要介绍语法分析,在语法分析前,必须详细了解语言的语法规则。不同语言的语法规则不同,下面以 Sample 语言的语法规则为例,使用 BNF 形式来描述 Sample 语言的语法规则。

1. Sample 语言中的表达式

表达式是 Sample 语言中唯一对数据进行处理的成分,由运算对象(数据引用或函数调用)和运算符组成。根据运算符的不同,表达式分为算术表达式、关系表达式、布尔表达式和赋值表达式四种类型。这四种类型的运算是有优先级的,算术运算的优先级比关系运算的优先级高,关系运算的优先级比布尔运算的优先级高,布尔运算的优先级比赋值运算的优先级高。Sample 语言的表达式文法定义如下:

<表达式>→<算术表达式>|<关系表达式>|<布尔表达式>|<赋值表达式>

然而,就像在 C 语言中一样,所有的运算都可以根据优先级混合进行,因此也可以看作是同一类运算。

算术表达式在高级语言中对数据进行运算。算术运算符包括＋、－、＊、/、％,运算对象是指各种标识符、常量和函数调用。由于优先级和结合性的存在,表达式一般用递归规则来定义,如算术表达式由项进行加减运算构成,项由因子进行乘除运算构成,因子可以认为是单个的标识符、常量、带括号的表达式、因子取负和函数调用等。算术表达式的文法定义如下:

```
<算术表达式>→<算术表达式>＋<项>|<算术表达式>－<项>|<项>
<项>→<项>＊<因子>|<项>/<因子>|<项>％<因子>|<因子>
<因子>→(<算术表达式>)|<常量>|<变量>|<函数调用>
<常量>→<数值型常量>|<字符型常量>
<变量>→<标识符>
<函数调用>→<标识符>(<实参列表>)
<实参列表>→<实参>|ε
<实参>→<表达式>|<表达式>,<实参>
```

其中,<标识符>、<数值常量>、<字符常量>,以及不带尖括号的(、)和运算符都是语法分析的终结符,它们都具有词法的 token 值。

关系表达式的运算对象是算术表达式,运算符有大于(＞)、小于(＜)、大于或等于(＞＝)、小于或等于(＜＝)、等于(＝＝)和不等于(!＝)6 种,关系表达式的文法定义如下:

```
<关系表达式>→<算术表达式><关系运算符><算术表达式>
<关系运算符>→>|<|> = |< = | == | !=
```

Sample 语言中没有布尔量,和 C 语言一样,非 0 就表示真,因此本质上仍然是数值运

算。布尔表达式的运算对象是关系表达式,运算符有非(!)、与(&&)和或(‖),布尔表达式的文法定义如下:

    <布尔表达式>→<布尔表达式>‖<布尔项>|<布尔项>
    <布尔项>→<布尔项>&&<布尔因子>|<布尔因子>
    <布尔因子>→<算术表达式>|<关系表达式>|!<布尔表达式>

和 C 语言一样,Sample 语言中赋值运算也作为一个运算符,优先级最低,含义是把赋值号右边的表达式的值赋值给左边的一个标识符。赋值表达式的文法如下:

    <赋值表达式>→<标识符>=<表达式>

2. Sample 语言中的语句

Sample 语言的语句分为声明语句和执行语句两类。声明语句又分为变量声明、常量声明和函数声明。变量声明主要是提前声明程序中使用的变量的属性,如变量名、变量类型等,变量声明可以给变量赋初值;常量声明定义常量的值;函数声明是在主程序前事先声明本程序中所有使用的函数的属性,如函数名、返回值类型、参数个数及类型。Sample 语言的常量、变量和函数声明的文法定义如下:

    <语句>→<声明语句>|<执行语句>
    <声明语句>→<值声明>|<函数声明>|ε
    <值声明>→<常量声明>|<变量声明>
    <常量声明>→const <常量类型> 常量声明表>
    <常量类型>→int|char|float
    <常量声明表>→<标识符>=<常量>;|<标识符> = <常量>,<常量声明表>
    <变量声明>→<变量类型><变量声明表>
    <变量声明表>→<单变量声明>;|<单变量声明>,<变量声明表>
    <单变量声明>→<变量>|<变量>=<表达式>
    <变量类型>→int|char|float
    <函数声明>→<函数类型><标识符>(<函数声明形参列表>);
    <函数类型>→int|char|float|void
    <函数声明形参列表>→<函数声明形参>|ε
    <函数声明形参>→<变量类型>|<变量类型>,<函数声明形参>

此处我们规定,函数声明的形参列表只声明形参的类型,不声明变量,以示和函数定义区分。

Sample 语言中的执行语句包括数据处理语句、控制语句和复合语句。数据处理语句包括赋值语句和函数调用语句,主要对数据进行处理;控制语句主要有 if 语句、while 语句、do···while 语句、for 语句和 return 语句。复合语句是由一对花括号括起来的一个或多个语句。Sample 语言中的执行语句的文法定义如下:

    <执行语句>→<数据处理语句>|<控制语句>|<复合语句>
    <数据处理语句>→<赋值语句>|<函数调用语句>
    <赋值语句>→<赋值表达式>;
    <函数调用语句>→<函数调用>;
    <控制语句>→< if 语句>|< for 语句>|< while 语句>|< do while 语句>|< return 语句>
    <复合语句>→{<语句表>}
    <语句表>→<语句>|<语句><语句表>
    < if 语句>→if (<表达式>)<语句>|if (<表达式>)<语句> else <语句>

< for 语句>→for (<表达式>;<表达式>;<表达式>)<循环语句>

< while 语句>→while (<表达式>)<循环语句>

< do while 语句>→do <循环用复合语句> while (<表达式>);

<循环语句>→<声明语句>|<循环执行语句> | <循环用复合语句>

<循环用复合语句>→{<循环语句表>}

<循环语句表>→<循环语句>|<循环语句><循环语句表>

<循环执行语句>→<循环用 if 语句>|< for 语句>|< while 语句>|< do while 语句>|< return 语句>|< break 语句>|< continue 语句>

<循环用 if 语句>→if (<表达式>)<循环语句>|if (<表达式>) <循环语句> else <循环语句>

< return 语句>→return;| return <表达式>;

< break 语句>→break;

< continue 语句>→continue;

3. Sample 语言中的函数

在 Sample 语言中,函数分为函数声明、函数定义和函数调用。在前面声明语句部分已介绍了函数声明语句的文法,在表达式部分也介绍了函数调用的文法。函数定义就是把函数名和一段代码对应起来。函数定义包括函数返回值类型、函数名和形参列表以及对应的语句表。Sample 语言的函数定义的文法定义如下:

<函数定义>→<函数类型> <标识符>(<函数定义形参列表>) <复合语句>

<函数定义形参列表>→<函数定义形参>|ε

<函数定义形参>→<变量类型> <标识符>|<变量类型> <标识符>,<函数定义形参>

4. Sample 语言的程序

程序用来定义一个合法的 Sample 语言程序的结构,由零到多个声明语句、main()函数、零到多个函数顺序构成。每个程序必须有一个 main()函数,它是程序的入口。其文法定义为:

<程序>→<声明语句> main()<复合语句><函数块>

<函数块>→<函数定义><函数块>|ε

3.3　自上而下的语法分析

自上而下的语法分析方法就是对任何输入串(由 token 串构成的源程序),试图用一切可能的办法,从文法开始符号(根结点)出发,自上而下地为输入符号串建立一棵语法树。或者说,为输入串寻找一个最左推导。这个过程的主要难点在于:在替换一个非终结符时,如果一个非终结符有多个候选式,到底用哪个候选式来替换? 我们希望每一次候选式的选择都是确定的,称为确定的自上而下的分析。自上而下分析的过程本质上是一种试探过程,是反复使用不同产生式谋求匹配输入串的过程,在试探过程中可能会出现一些问题,只有解决了这些问题,才能进行确定的分析。

3.3.1　自上而下分析方法中的问题探究

1. 确定的自上而下分析面临的问题

首先看两个例子。

例 3.9　假定有关系表达式文法 G[< REXPR >]:

(1) < REXPR >→x< ROP >y

(2) < ROP >→>= ︱ >

构造输入符号串 x>y 的语法树。

我们希望从< REXPR >开始推导建立语法树,使其叶子结点从左到右匹配输入符号串 x>y。

首先对文法的开始符号建立根结点< REXPR >,输入指针指向输入串的第一个符号 x,用< REXPR >的产生式(此处只有一条)向下推导,语法树如图 3.4(a)所示,此时 x 已经获得匹配。接下来输入指针后移,希望用第二个子结点< ROP >去匹配输入符号>。< ROP >有两个候选式,假定先选择使用候选式< ROP >→>=进行推导,语法树如图 3.4(b)所示,此时输入串中的 x>都已匹配。输入指针后移指向下一个输入符号 y,此时 y 与语法树中< ROP >的第二个子结点=不匹配,导致分析失败。但此时并不能断定给定的符号串不能建立语法树。因为< ROP >有两个候选式,现在只是选择了其中一个使得分析失败,也许使用另一个候选式能够建立正确的语法树。所以应该回退(回溯),重新选择< ROP >的其他候选式继续分析。

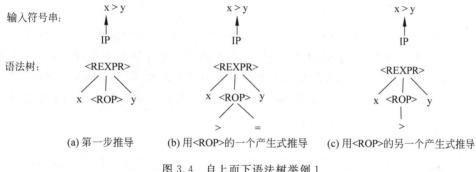

(a) 第一步推导　　(b) 用<ROP>的一个产生式推导　　(c) 用<ROP>的另一个产生式推导

图 3.4　自上而下语法树举例 1

此时应把用< ROP >的第一个候选式产生的子树注销,将输入指针退回指向>。对< ROP >重新选用候选式< ROP >→>进行试探,如图 3.4(c)所示。输入串中当前符号>得到匹配,输入指针向后移动指向下一个输入符号 y。在< REXPR >的第二个子结点< ROP >完成匹配后,接着希望用< REXPR >的第三个子结点去匹配输入符号 y,< REXPR >的第三个子结点 y 正好与当前输入符号 y 匹配,推导成功,为输入符号串 x>y 建立了语法树,证明 x>y 是文法的一个句子。

例 3.10　设某语言的算术表达式文法为 G3.2,试建立输入串 i * i+i 的语法树。

按照自上而下分析方法,希望从 E 开始推导对输入串建立语法树。

首先建立根结点 E,再选用 E 的候选式 E→E+T 向下推导,得到的语法树如图 3.5(a)所示。由于采用最左推导,最左子结点仍然是一个非终结符,必须选用一个候选式继续向下扩展语法树,如果再选用 E 的候选式 E→E+T 向下推导,得到的语法树如图 3.5(b)所示;此时最左子结点仍然是一个非终结符,必须选用一个候选式继续向下推导,再选用 E→E+T,如图 3.5(c)所示。对非终结符 E 的最左推导会使语法树无休止地延伸,使分析过程陷入无限循环。

例 3.9 和例 3.10 中主要出现了两个问题,给确定的自上而下分析带来了困难。

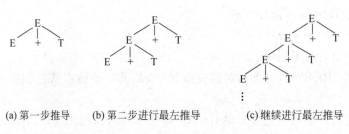

(a) 第一步推导　　(b) 第二步进行最左推导　　(c) 继续进行最左推导

图 3.5　自上而下语法树举例 2

(1) 回溯(Back Track),导致分析器不稳定。当文法中存在形如 A→αβ₁ | αβ₂ 的产生式,即某非终结符存在多个候选式的前缀相同(称为公共左因子,或左因子),则可能造成虚假匹配(即当前的匹配可能是暂时的),使得在分析过程中可能需要进行大量回溯(如例 3.9)。由于大多数编译程序的语法和语义工作是同时进行的,由于回溯,需要把已做的一些语义工作推倒重来。这样既麻烦又费时,同时使得分析器很难报告输入串出错的确切位置,也使分析器的工作过程很不稳定,时空效率都得不到保证。试探与回溯是一种穷尽一切可能的办法,效率低,代价高,在实践中的价值不大,所以使用自上而下分析时,要设法消除回溯。

(2) 左递归(Left Recursion),导致分析过程无限循环。由于文法中存在形如 A→Aα 的产生式(称为左递归),分析过程又使用最左推导,就会使分析过程陷入无限循环(如例 3.10)。因为当试图用 A 的右部去匹配输入串时会发现,在没有读入任何输入符号的情况下,又要求用 A 的右部去进行新的匹配。因此,使用自上而下分析时,文法应该不含左递归。

2. 回溯的消除

回溯产生的根本原因在于某个非终结符的多个候选式存在公共左因子,如非终结符 A 的产生式如下:

$$A \rightarrow \alpha\beta_1 | \alpha\beta_2$$

如果输入串中待分析的字前缀也为 α,此时选用 A 的哪个候选式以寻求输入串的匹配就难以确定,可能会导致回溯。因此要想进行确定的分析,必须保证文法 G 的每个非终结符的多个候选式均不含公共左因子,当使用它去匹配输入串时,能够根据它所面临的输入符号准确地指派一个候选式去进行匹配,无须试探;这时若匹配失败,则意味着输入串不是该文法的句子。

那么,如何将文法改造成符合上述要求的文法呢? 改造的方法是提取公共左因子。设文法中关于 A 的候选式为:

$$A \rightarrow \delta\beta_1 | \delta\beta_2 | \cdots | \delta\beta_n | \gamma_1 | \gamma_2 | \cdots | \gamma_m \text{(其中每个 } \gamma_i (i = 1, 2, \cdots, m) \text{ 不以 } \delta \text{ 开头)}$$

那么,可以把公共的 δ 提取出来,A 的候选式改写为:

$$A \rightarrow \delta A' | \gamma_1 | \gamma_2 | \cdots | \gamma_m$$
$$A' \rightarrow \beta_1 | \beta_2 | \cdots | \beta_n$$

可以证明改造后的文法和改造前的文法是等价的,因为从 A 出发,两个文法推导出的符号串是相同的。

利用改造后的文法就可以进行确定的分析了。

例 3.11　条件(if)语句的文法有两个候选式：

$$<IFS> \rightarrow if\ B\ then\ S_1\ else\ S_2$$
$$<IFS> \rightarrow if\ B\ then\ S_1$$

在对形如 if (a>b) then x=3 的输入符号串进行分析时，当读入输入符号 if 时，就不能立刻确定用哪个候选式去推导。通过提取公共左因子改造文法，得到：

$$<IFS> \rightarrow if\ E\ then\ S_1\ P$$
$$P \rightarrow else\ S_2\ |\ \varepsilon$$

使用改造后的文法进行分析，当读入输入符号 if 时，就可以直接使用 if 语句的产生式向下分析，当 S_1 匹配成功后，根据下一个输入符号是不是 else，再决定是否选择 P 的候选式进行匹配。

3. 左递归的消除

若文法 G 中存在某个非终结符 A，对某个文法符号序列 α 存在推导 $A \overset{+}{\Rightarrow} A\alpha$，则称文法 G 是左递归的。左递归有直接左递归和间接左递归两类。若文法 G 中有形如 A→Aα 的产生式，则称该产生式对 A 直接左递归(Direct Left Recursion)。若文法 G 的产生式中没有形如 A→Aα 的产生式，但是 A 经过有限步推导可以得到 $A \overset{+}{\Rightarrow} A\alpha$，则称文法 G 间接左递归(Indirect Left Recursion)。自上而下语法分析在处理左递归文法时会陷入无限循环，因此，需要消除文法中出现的左递归。

1) 消除文法的直接左递归

消除产生式中的直接左递归是通过对产生式进行改造来实现的。根据定义，直接左递归存在于一个产生式中，将各个产生式改造后使各个非终结符不含左递归。假定关于非终结符 A 的候选式为

$$A \rightarrow A\alpha\ |\ \beta$$

其中，$\alpha, \beta \in (V_T \cup V_N)^*$，β 不以 A 开头，那么，可以把 A 的候选式改写为如下的非直接左递归形式：

$$A \rightarrow \beta A'$$
$$A' \rightarrow \alpha A'\ |\ \varepsilon (\varepsilon\ 为空字)$$

改造后的文法形式和原来的文法形式是等价的，因为从 A 推导出的符号串是相同的。消除直接左递归，实际上是把直接左递归文法改成直接右递归文法，在最左推导中就不会陷入死循环。

例 3.12　文法 G3.2 是含有左递归的文法，消除左递归后，得到如下文法：

(1) $E \rightarrow TE'$

(2) $E' \rightarrow +TE'\ |\ \varepsilon$

(3) $T \rightarrow FT'$

(4) $T' \rightarrow *FT'\ |\ \varepsilon$

(5) $F \rightarrow (E)\ |\ i$　　　　　　　　　　　　　　　　　　　　(G3.3)

文法 G3.3 就是在后续章节中经常使用的不含左递归的算术表达式的文法。

将上述结果推广到更一般的情形，假定文法中关于 A 的产生式如下：

$$A \rightarrow A\alpha_1\ |\ A\alpha_2\ |\ \cdots\ |\ A\alpha_m\ |\ \beta_1\ |\ \beta_2\ |\ \cdots\ |\ \beta_n$$

其中，$\alpha_i(i=1,2,\cdots,m)$ 都不是 ε，$\beta_j(j=1,2,\cdots,n)$ 均不以 A 开头。可以把 A 的产生式改写

为如下等价形式：

$$A \rightarrow \beta_1 A' \mid \beta_2 A' \mid \cdots \mid \beta_n A'$$

$$A' \rightarrow \alpha_1 A' \mid \alpha_2 A' \mid \cdots \mid \alpha_m A' \mid \varepsilon$$

2) 消除文法中的间接左递归

有些文法中的左递归并不是直接的，如文法 G3.4 中的 S 不是直接左递归的，但也是左递归的，因为存在推导 $S \Rightarrow Ac \Rightarrow Bbc \Rightarrow Sabc$。

(1) $S \rightarrow Ac \mid c$

(2) $A \rightarrow Bb \mid b$

(3) $B \rightarrow Sa \mid a$ (G3.4)

对于文法中的间接左递归，可以采用先代入再消除直接左递归的方法。

例 3.13 消除文法 G3.4 中的左递归。

(1) 代入。

将产生式 $B \rightarrow Sa \mid a$ 代入 $A \rightarrow Bb \mid b$，有 $A \rightarrow (Sa \mid a)b \mid b$

即 $A \rightarrow Sab \mid ab \mid b$

将产生式 $A \rightarrow Sab \mid ab \mid b$ 代入 $S \rightarrow Ac \mid c$，有 $S \rightarrow (Sab \mid ab \mid b)c \mid c$

即 $S \rightarrow Sabc \mid abc \mid bc \mid c$

(2) 消除 S 的直接左递归后，得到：

$S \rightarrow abcS' \mid bcS' \mid cS'$

$S' \rightarrow abcS' \mid \varepsilon$

$A \rightarrow Bb \mid b$

$B \rightarrow Sa \mid a$

3.3.2 LL(1)文法

那么，是否每个非终结符 A 的多个候选式不存在公共左因子，文法也不含左递归，就可以进行确定的自上而下的语法分析呢？

考虑文法：

(1) $S \rightarrow Ac \mid Be$

(2) $A \rightarrow db \mid b$

(3) $B \rightarrow da \mid a$

现要求对输入符号串 dbc 进行分析。

分析开始时，当要求用 S 的候选式匹配 d 时，虽然 S 的两个候选式没有公共左因子，仍不能准确地选取 S 的候选式，也就是说，不能进行确定的分析。

根据上面的讨论，并非所有没有左递归、没有公共左因子的文法都能进行确定的自上而下的分析。要对一个文法进行不带回溯的确定的自上而下的分析必须满足哪些条件呢？为方便叙述，首先给出两个概念。

1. First 集的概念及其计算方法

设文法 G 不含左递归，G 的文法符号串 α 的首终结符集 $First(\alpha)$ $(\alpha \in (V_T \cup V_N)^*)$ 定义为

$$First(\alpha) = \{a \mid \alpha \overset{*}{\Rightarrow} a \cdots, a \in V_T\}$$

若 $\alpha \overset{*}{\Rightarrow} \epsilon$,则规定 $\epsilon \in \text{First}(\alpha)$。换句话说,$\text{First}(\alpha)$ 是 α 的所有可能推导出的第一个终结符或可能的 ϵ,其中 α 可以是文法符号、ϵ 或候选式,或候选式的一部分。

由这个定义,可以根据文法 G 的候选式形式的不同,对 First 集的计算进一步细化,如算法 3.1 所示。

算法 3.1　计算某个候选式的 First 集

输入:文法 G

输出:各个候选式的 First 集

步骤:

(1) 若产生式形如 $A \to a\alpha, a \in V_T$,则 $\text{First}(A \to a\alpha) = \{a\}$。

(2) 若产生式形如 $A \to \epsilon$,则把 ϵ 加入其中,$\text{First}(A \to \epsilon) = \{\epsilon\}$。

(3) 若产生式形如 $A \to X\alpha, X \in V_N$,则把 $\text{First}(X)$ 中非 ϵ 元素(记为 $\text{First}(X)\backslash\epsilon$)加入 $\text{First}(A \to X\alpha)$ 中。

(4) 若有产生式形如 $A \to X_1 X_2 X_3 \cdots X_k \alpha$,其中 $X_1, X_2, X_3, \cdots, X_k \in V_N$。则

① 当 $X_1 X_2 X_3 \cdots X_i \overset{*}{\Rightarrow} \epsilon (1 \leqslant i \leqslant k)$ 时,则把 $\text{First}(X_{i+1} \cdots X_k)$ 的所有非 ϵ 元素加入 First $(A \to X_1 X_2 X_3 \cdots X_k \alpha)$ 中。

② 当 $X_1 X_2 X_3 \cdots X_k \overset{*}{\Rightarrow} \epsilon$ 时,则把 $\text{First}(\alpha)$ 加入 $\text{First}(A \to X_1 X_2 X_3 \cdots X_k \alpha)$ 中。

若要求每个文法符号的 First 集,根据上述定义可知:

(1) 若文法符号 $A \in V_T$,则 $\text{First}(A) = \{A\}$。

(2) 若文法符号为非终结符 $A(A \in V_N)$,求 First 集的方法是将非终结符 A 的每个候选式的 First 集都加入到 $\text{First}(A)$ 中,即 $\text{First}(A) = \bigcup_{\forall \alpha} \text{First}(A \to \alpha)$。

例 3.14　求文法 G3.3 中各个候选式和各个非终结符的 First 集。

解:各个候选式的 First 集为

$\text{First}(E \to TE') = \text{First}(T) = \text{First}(F) = \{~(~, i~\}$

$\text{First}(E' \to +TE') = \{+\}$

$\text{First}(E' \to \epsilon) = \{~\epsilon~\}$

$\text{First}(T \to FT') = \text{First}(F) = \{~(~, i~\}$

$\text{First}(T' \to *FT') = \{~*~\}$

$\text{First}(T' \to \epsilon) = \{~\epsilon~\}$

$\text{First}(F \to (E)) = \{~(~\}$

$\text{First}(F \to i) = \{~i~\}$

各个非终结符的 First 集为

$\text{First}(E) = \text{First}(T) = \text{First}(F) = \{~(~, i~\}$

$\text{First}(E') = \{+, \epsilon\}$

$\text{First}(T) = \{~(~, i~\}$

$\text{First}(T') = \{~*~, \epsilon\}$

$\text{First}(F) = \{~(~, i~\}$

根据 First 集的定义可知,如果非终结符 A 的各个候选式的首终结符集两两不相交,即

对 A 的任何两个不同的候选式 α_i 和 α_j 有

$$\text{First}(\alpha_i) \bigcap \text{First}(\alpha_j) = \Phi$$

那么在分析时,当非终结符 A 面临输入符号 a 时,需要选择 A 的候选式进行匹配,就可以选择 First 集中包含 a 的候选式去进行推导。

那么,如果 A 的候选式的 First 集都不包含 a,是否就一定是错误呢?请思考。

2. Follow 集的概念及其计算方法

如果给定的文法不含左递归,每个非终结符的候选式的首终结符集也两两不相交,是否就一定能进行有效的自上而下的分析呢?如果某个候选式的首终结符集含有 ε,就比较复杂。

例 3.15 使用文法 G3.3 对输入串 i+i 进行分析。

首先从开始符号 E 出发利用推导去匹配输入串,假定用输入指针 IP 来指向当前待匹配的符号。分析开始时,IP 指向 i,由于 E 只有一个候选式,且 i∈First(TE′),使用 E→TE′ 向下推导,建立语法树如图 3.6(a)所示。现在要从 T 出发,IP 仍指向 i,T 只有一个候选式,且 i∈First(FT′),使用 T→FT′ 向下推导,语法树扩展如图 3.6(b)所示。又从 F 出发,IP 仍指向 i,且 i∈First(i),使用 F→i 向下推导,使输入串的第一个符号 i 得到匹配,语法树扩展如图 3.6(c)所示。IP 后移指向+,现在希望从 T′ 出发去匹配+,由于+不属于 T′ 的任一候选式的首终结符集,无法匹配。但由于 ε∈First(T′),可以使用 T′→ε 进行自动匹配(此时 IP 指针不变),语法树扩展如图 3.6(d)所示。接下来希望从 E′ 出发匹配+,由于+∈First(+TE′),所以语法树扩展如图 3.6(e)所示,分析结束时语法树如图 3.6(f)所示。

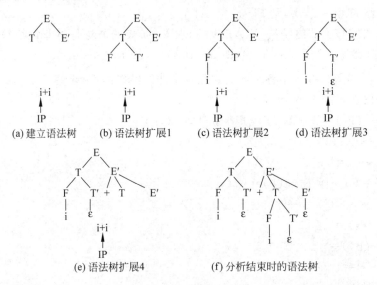

(a) 建立语法树　(b) 语法树扩展1　(c) 语法树扩展2　(d) 语法树扩展3

(e) 语法树扩展4　　　(f) 分析结束时的语法树

图 3.6　例 3.15 的语法分析过程

在本例的分析中,是否意味着当非终结符 A 面临某个输入符号 a 时,只要 a 不属于 A 的任一候选式的首终结符集,而 A 的某一候选式的首终结符集含有 ε,就可以使用 ε 进行自动匹配呢?仔细分析一下,在分析到图 3.6(c)时,+∉First(T′),但 T′ 的 First 集中含有 ε,只有当+属于 E′ 的某个候选式的首终结符集时才能使用 ε 产生式匹配。否则,表示出现了一个语法错误,说明不能构成句子,这就没有必要用 ε 去替换。

由此定义非终结符 A 的后随符号集 Follow(A)：假定 S 是文法 G 的开始符号，对 G 的任何非终结符 A

$$\text{Follow}(A) = \{a \mid S \overset{*}{\Rightarrow} \cdots Aa \cdots, a \in V_T\}$$

若 $S \overset{*}{\Rightarrow} \cdots A$，则规定 $\sharp \in \text{Follow}(A)$。也就是说，Follow(A) 是所有句型中出现在紧接 A 之后的终结符号或 '$\sharp$'。$\sharp$ 是输入符号串的结束标记。

利用 Follow 集的定义，使用 ε 产生式进行自动匹配的过程是：当非终结符 A 面临输入符号 a，且 a 不属于 A 的任一候选式的首终结符集，但 A 的某个候选式的首终结符集含有 ε 时，只有当 a∈Follow(A)，才能用 ε 产生式进行自动匹配。

文法 G 的每个非终结符 A 的 Follow 集可使用算法 3.2 来计算。

算法 3.2 计算文法 G 的非终结符 A 的 Follow 集

输入：文法 G

输出：非终结符 A 的 Follow 集

步骤：

(1) 如果 A 是开始符号，$\sharp \in \text{Follow}(A)$。

(2) 若有产生式 $B \rightarrow \alpha A \beta, a \in V_T$，把 a 加入 Follow(A) 中。

(3) 若有产生式 $B \rightarrow \alpha X \beta, X \in V_N$，把 First(Xβ) 中非 ε 元素（记为 First(Xβ)\ε）加入 Follow(A) 中。

(4) 若 $B \rightarrow \alpha A$，或 $B \rightarrow \alpha A \beta$ 且 $\beta \overset{*}{\Rightarrow} \varepsilon$，把 Follow(B) 加入 Follow(A) 中。

(5) 对每一个非终结符，浏览每个产生式，连续使用上述规则，直到 A 的 Follow 集不再增大为止。

例 3.16 求文法 G3.3 中各个非终结符的 Follow 集。

解：首先改写文法 G3.3，使每个候选式单独一行，并进行编号。

(1) $E \rightarrow TE'$

(2) $E' \rightarrow +TE'$

(3) $E' \rightarrow \varepsilon$

(4) $T \rightarrow FT'$

(5) $T' \rightarrow *FT'$

(6) $T' \rightarrow \varepsilon$

(7) $F \rightarrow (E)$

(8) $F \rightarrow i$

然后根据上述算求各个非终结符的 Follow 集。

(1) Follow(E) = {$\sharp$,)}

说明：E 是开始符号，应用规则 1；根据产生式 7，应用规则 2。

(2) Follow(E′) = Follow(E) $\bigcup$ Follow(E′) = {$\sharp$,)}

说明：根据产生式 1，应用规则 4；根据产生式 2，应用规则 4。

(3) Follow(T) = Follow(E′) $\bigcup$ (First(E′)\ε) $\bigcup$ Follow(E) $\bigcup$ (First(E′)\ε) = {$\sharp$,), +}

说明：根据产生式 2，3，应用规则 4；根据产生式 2，应用规则 3；根据产生式 1，3，应用规则 4；根据产生式 1,应用规则 3。

(4) Follow(T′) = Follow(T)∪Follow(T′) = { # ,),+}

说明：根据产生式 4,应用规则 4；根据产生式 5,应用规则 4。

(5) Follow(F) = (First(T′)\ε)∪Follow(T) ∪(First(T′)\ε)∪Follow(T′) = { * , # ,),+}

说明：根据产生式 4,应用规则 3；根据产生式 4,6,应用规则 4；根据产生式 5,应用规则 3；根据产生式 5,6,应用规则 4。

3. LL(1)文法的条件

通过上述分析,一个文法要进行不带回溯的确定的自上而下分析必须满足:

(1) 文法不含左递归。

(2) 文法中每个非终结符 A 的各个候选式的首终结符集两两不相交。即,若

$$A → α_1 | α_2 | ⋯ | α_n$$

则

$$First(α_i) ∩ First(α_j) = Φ \quad (i ≠ j)$$

(3) 对文法的每个非终结符 A,若它的某个候选式的首终结符集包含 ε,则

$$First(A) ∩ Follow(A) = Φ$$

如果一个文法 G 满足上述三个条件,就称文法 G 是 LL(1)文法。

这里 LL(1)中第一个 L 表示从左到右扫描输入串,第二个 L 表示最左推导,1 表示分析时每一步只需向前查看一个符号。

LL(1)文法可以用来描述大多数高级语言的语法结构,二义文法不是 LL(1)的。

例 3.17 判断下述文法是否是 LL(1)文法。

S→aAS|b

A→bA|ε

解:

(1) 该文法不含左递归,满足条件 1。

(2) First(S→aAS)={a}　　First(S→b)={b}

　　First(A→bA)={b}　　First(A→ε)={ε}

对于 S 和 A,它们各自的候选式的首终结符集都不相交,满足条件 2。

(3) 对于非终结符 A,含有 ε 产生式,求其 Follow 集,则

　　Follow(A)=First(S)={a,b}

　　Follow(A)∩ First(A) ≠Φ

不满足条件 3,因此该文法不是 LL(1)文法。

针对给定的 LL(1)文法,对输入串进行有效的无回溯的自上而下分析的过程是:假设要用非终结符 A 进行匹配,面临的输入符号为 a,A 的候选式为

$$A → α_1 | α_2 | ⋯ | α_n$$

(1) 若 a∈First(α_i),则指派 α_i 去执行匹配任务。

(2) 若 a 不属于任何一个候选式的首终结符集,则

① 若 ε 属于某个 First(α_i),且 a∈Follow(A),则让 A 与 ε 自动匹配。

② 否则,a 的出现是一种语法错误。

这样，根据 LL(1) 文法的条件，每一步的分析都是确定的。

当给定一个 LL(1) 文法时，如何实现它的分析程序呢？接下来将介绍两种确定的自上而下的语法分析方法：递归下降分析方法和预测分析方法。两种方法各有优缺点，使用递归下降分析方法编写语法分析程序，书写简单，易于理解，但只有实现分析程序所使用的高级语言支持递归过程才有意义；预测分析方法是另一种有效的自上而下的语法分析方法，需要根据文法计算和存储分析表，它显式地维护一个栈结构，而不是像递归下降分析方法中通过递归调用来隐式地维护栈结构；当文法符号较多时，存储分析表需要占用很大的空间，但利用表来控制分析的过程是固定的，因此预测分析程序可以自动生成。

3.3.3 递归下降分析方法

1. 递归下降分析方法的基本思想

对一个 LL(1) 文法，可以构造一个不带回溯的自上而下的分析程序，这个分析程序是由一组递归函数（或子程序）组成的，每个函数（或子程序）对应文法的一个非终结符。这样的一个分析程序称为递归下降分析器(Recuisive Descent Parser)。如果能用某种高级语言写出所有的递归函数，也就可以用这个语言的编译系统来产生整个分析程序。

递归下降分析是直接以程序的方式模拟产生式产生语言的过程。它的基本思想是：为每个非终结符构造一个函数，每个函数的函数体按非终结符的候选式分情况展开，遇到终结符就进行比较，看是否与输入符号串匹配；遇到非终结符就调用该非终结符对应的函数。分析过程从调用文法开始符号对应的函数开始，直到所有非终结符都展开为终结符并得到匹配为止。如果分析过程中达到这一步则表明分析成功，否则表明输入符号串有语法错误。由于文法是递归定义的，因此函数也是递归的。

对应于每个非终结符 U（假定 U 的候选式为 $U \rightarrow U_1 | U_2 | \cdots | U_n$）的函数完成如下两项任务。

(1) 根据输入符号决定使用 U 的哪个候选式进行分析。如果当前面临的输入符号 token 在候选式 U_i 的 First 集中，即 $token \in First(U_i)$，则选择使用 U_i 进行分析。如果当前输入符号 token 不在任何一个 $First(U_i)$ 中，但有 $\varepsilon \in First(U_i)$，则判断该输入符号是否在 Follow(U) 中，如果在，ε 将被使用。

可形式化地描述为：若非终结符 U 的候选式为 $U \rightarrow U_1 | U_2 | \cdots | U_n$，其递归函数原型如下。

```
void U( ){
    token = GetNextToken();        //从输入的 token 串中读取一个符号到 token 中,输入指针下移
    if (token∈First (U₁) ) U₁();
    else if (token∈First (U₂) ) U₂();
        …
    else if ( (ε∈First(U)) && (token∈Follow(U)) )
        …;
    else error();                  //没有找到匹配项,出错处理
}
```

即 U 有 n 个候选式：当输入符号在 U_1 的 First 集中，就选择第一个候选式进行处理；当输入符号在 U_2 的 First 集中，就选择第二个候选式进行处理；如果输入符号不在 U 的任

何一个候选式的 First 集中,查看是否有 ε 产生式,如果有,判断面临的符号是否在 U 的 Follow 集中,否则就认为出现了语法错误。

(2) 对应于某个候选式 U_i(假定 U_i 是形如 $X_1X_2\cdots X_n$ 的候选式)的处理 $U_i()$,就是通过顺序处理该候选式 U_i 的每个符号 X_i 来完成其功能的。每个 X_i 的处理要根据 X_i 是终结符或非终结符来确定:若 X_i 是非终结符,就调用该非终结符对应的函数 $X_i()$;若 X_i 是终结符,就直接调用 match() 函数进行比较,如果 X_i 和读入的符号匹配,就读入下一个输入符号,如果不匹配,则报告错误。

可形式化地描述为:对于 U 的每个候选式 $U_i = X_1X_2\cdots X_n$ 的处理过程是依次处理每个右部符号串 $X_1X_2\cdots X_n$,其处理过程的原型如下。

```
void Uᵢ( )
{
    if (X₁ ∈ Vₙ)                    //处理 X₁
        X₁( );
    else
        match(token );
    if (X₂ ∈ Vₙ)                    //处理 X₂
        X₂( );
    else
        match(token );
    ...
    if (Xₙ ∈ Vₙ)                    //处理 Xₙ
        Xₙ( );
    else
        match(token );
}
```

match() 函数的功能是判断当前输入符号 token 是否与文法推导中出现的符号 X_i 相等,若相等,读取下一个输入符号,否则出错。

```
void match (char * token)
  {
    if (Xᵢ == token) {              //与当前输入符号相同,即匹配
        token = GetNextToken( );   //取下一个符号到 token 中
        return;                    //匹配时直接返回
    }
    else error ( );                //不匹配,进行出错处理
  }
```

例 3.18 编写文法 G3.3 对应的递归下降分析程序。

(1) $E \rightarrow TE'$

(2) $E' \rightarrow +TE' | \varepsilon$

(3) $T \rightarrow FT'$

(4) $T' \rightarrow * FT' | \varepsilon$

(5) $F \rightarrow (E) | i$ (G3.3)

文法 G3.3 的递归下降分析程序如表 3.2 所示。对非终结符 E,只有一个候选式为 $E \rightarrow TE'$,处理函数就是顺序处理右部的两个符号 T 和 E',两个符号都是非终结符,所以直接调

用这两个非终结符对应的函数 T( ) 和 E'( ) 即可,函数 E( ) 就是根据这一原则设计的。对于 E' 有两个候选式:第一个候选式的首终结符为＋,第二个候选式为 ε。这就是说,当 E' 面临输入符号＋时就进入第一个候选式工作,而当面临任何其他输入符号时,E' 就自动认为获得了匹配。递归函数 E'( ) 就是根据这一原则设计的。

表 3.2　文法 G3.3 的递归下降分析程序

对非终结符 E,候选式为 E→TE':
```
void E( )
{
    T( );
    E'( );
}
```

对非终结符 T,候选式为 T→FT'
```
void T( )
  {
    F( );
    T'( );
  }
```

对非终结符 E',候选式为 E'→＋TE'|ε
```
void E'( )
  {
    if (token == '＋')
      {
      match ('＋');
      T( );
      E'( );
      }
}
```

对非终结符 F,候选式为 F→i|(E)
```
void F( )
  {
    if (token == '(')
      {
        match ('(');
        E( );
        if (token ==')')  match (')');
        else error ( );
      }
    else if (token == 'i')  match ('i');
    else error ( );
  }
```

对非终结符 T',候选式为 T'→＊FT'|ε
```
void T'( )
  {
    if (token == '＊')
      {
        match ('＊');
        F( );
        T'( );
      }
  }
```

对于规模比较小的语言,递归下降分析法是很有效的方法,它简单灵活,容易构造,特别适合手工构造语法分析器。其缺点是程序与文法直接相关,对文法的任何改变均需对程序进行相应的修改,另外,由于递归调用多,导致程序运行速度慢,占用空间多。尽管这样,它还是许多高级语言,如 Pascal、C 等编译系统常常采用的语法分析方法。

递归下降分析器也可以用状态转换图(又称语法图)来设计。对于语法分析器,状态转换图的画法是:每个非终结符都对应一个状态转换图,边上的标记是终结符和非终结符。对每个非终结符 A 执行如下操作。

(1) 创建一个开始状态和一个终态。

(2) 对每个产生式 A→$X_1 X_2 \cdots X_n$,创建一条从开始状态到终止状态的路径,边上的标记分别为 $X_1, X_2, \cdots, X_n$。

文法 G3.3 的状态转换图如图 3.7 所示。在状态转换图上,标有终结符的转换意味着如果该终结符与当前输入符号相同,就进行相应的状态转换;标有非终结符 A 的转换就是对与 A 对应的函数的调用。

根据状态转换图很容易写出递归的语法分析程序。开始,语法分析器进入开始符号的

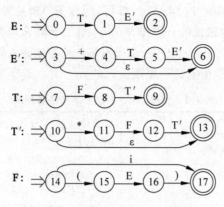

图 3.7　文法 G3.3 的状态转换图

状态转换图的开始状态(如图 3.7 中的状态 0),输入指针指向输入符号串的第一个符号。如果经过一些动作后,语法分析器进入某个状态 s,如果在状态转换图上状态 s 到 t 的边上标有终结符 a,当前输入符号正好是 a,则语法分析器读入该符号并将输入指针向右移动一位指向下一个输入符号,语法分析器进入状态 t;如果边上的标记为非终结符 A,则语法分析器进入 A 的状态转换图的初始状态,不读入任何输入符号,即不移动输入指针,一旦语法分析器到达 A 的终结状态时,则立刻返回状态 t;如果边上标有 ε,语法分析器就直接进入状态 t,而不移动输入指针。根据图写出的递归函数与表 3.2 的函数相同。

可以对图 3.7 所示的状态转换图进行化简。如首先对 E' 的图进行化简,化简的方法是:在 E' 中,状态 5 到状态 6 标记为 E',和开始状态 3 的标记相同,因此可以直接从状态 5 画弧指向状态 3,不读入任何符号,得到图 3.8 (a)中的中间的状态转换图;从状态 5 不读入任何符号到状态 3,则可以直接从状态 4 到状态 3,标记为 T,得到图 3.8 (a)中的最右边的状态转换图;再将 E' 的状态转换图代入到 E 中,即得到 E 的化简后的状态转换图,同理可得到 T'、T 的化简后的状态转换图,最终的状态转换图如图 3.8 所示。

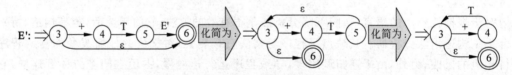

(a) 文法G3.3中E'的状态转换图的化简

(b) 文法G3.3中E, T, F的状态转换图

图 3.8　文法 G3.3 的化简的状态转换图

图 3.8 中状态转换图的工作是以一种相互递归的方式进行的；因此，每个状态转换图的作用就如同一个递归函数。根据简化后的状态转换图，写出递归函数如下。

```
void E( )
{
  T( );
  while (token == '+')
    {
      match ('+');
      T( );
    }
}
```

```
void T( )
{
  F( );
  while (token == '*')
    {
      match ('*');
      F( );
    }
}
```

F 的状态转换图没有变，所以其递归函数也不变。这样就可以从前面的递归下降分析程序中删除了函数 $E'( )$ 和 $T'( )$，减少了函数的数量。

2. 递归下降分析器的设计

只要一个语言的语法规则的文法描述符合 LL(1) 文法的要求，那么该语言的语法分析程序就可以使用递归下降分析方法来实现，而且可以保证分析是确定的。本节主要介绍用递归下降分析方法手工实现 Sample 语言的语法分析器。

Sample 语言的语法成分包括：

(1) 程序只有一个 main( ) 函数，它是整个程序的入口，没有返回值，也不带参数。

(2) 程序中可以定义 0 到多个函数，可以带 0 到多个形式参数，需要定义返回值类型，没有返回值就用 void，函数定义必须放在 main( ) 函数之后，它必须在 main( ) 函数之前声明。

(3) 带类型的简单变量、常量的声明，可以是全局和局部定义的，变量可以赋初值；全局常量和变量在 main( ) 函数之前声明，局部常量和变量在各个复合语句内声明。

(4) 函数声明只能是全局的，必须在 main( ) 函数之前，可以带 0 个或多个形式参数，需要定义返回类型；函数声明和函数定义的返回值类型、参数个数和参数类型必须匹配。

(5) 表达式类型有算术表达式、关系表达式、布尔表达式和赋值表达式。

(6) 语句有表达式语句(主要是赋值语句、函数调用语句等)，if 语句，while 语句，do…while 语句，for 语句，复合语句，return 语句，continue 语句和 break 语句。函数调用语句可以带 0 到多个实际参数，但必须和函数声明的参数个数一致。

Sample 语言的文法的描述参见 3.2.7 节。递归下降分析方法的主要思想是根据文法的产生式，从开始符号开始自上而下进行分析。递归下降语法分析器的输入是词法分析输出的 token 文件，通过分析检查输入的 token 串是否符合文法要求，输出是语法树。递归下降语法分析器语法分析程序的接口如图 3.9 所示。

图 3.9 递归下降语法分析器语法分析程序的接口

递归下降分析从文法的开始符号向下分析。Sample 语言的开始符号是<程序>。根据文法描述可知,Sample 语言程序是按照一定的递归规则构成的,因此,语法分析程序是按照这个递归规则进行处理的。一个完整的 Sample 语言程序(见 1.5.4 节)由 0 到多个声明语句、main()函数、后跟 0 到多个函数定义构成。声明语句包括常量声明、变量声明和函数声明,它们之间没有顺序,有全局声明和局部声明,全局声明必须在 main()函数之前,局部声明在复合语句中。常量声明由 const 开头,因此当程序开始读入的符号如果是 const,就进入常量声明语句的处理;变量声明和函数声明必须要读到标识符后的一个符号才能区分,如果是(,则是函数声明,如果是等号或者逗号,则是变量声明;由于规定 main()函数由 main()开头,没有返回值,也没有形式参数,后面直接跟上一个复合语句,当复合语句结束后,如果继续读入了函数类型(int、char、float、void),则表明后面还有函数定义。整个流程如图 3.10 所示。

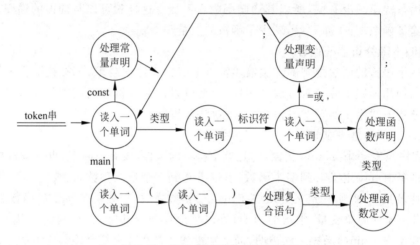

图 3.10 语法分析程序的处理流程

下面是根据该处理流程描述的递归下降语法分析器总控程序的伪代码。

```
void parser( ) / * 语法分析总控程序 * /
{
    token = GetNextToken();                              //从输入串中读取一个
                                                         //符号到 token 中,输入
                                                         //指针后移一个单词

    while(token!= ''main ''){
        if (token 是"const")
            ConstDeclareAnalyzer();                      //处理常量声明
        else if (token 是"int"、"char"、"float"、"void"中的一个) {
            token = GetNextToken();
            if(token 不是标识符) SyntaxError();           //调用错误处理
            token = GetNextToken();
            if(token 是"(") FunctionDeclareAnalyzer();    //处理函数声明
            else if(token 是" = "或",") VariableDeclareAnalyzer(); //处理变量声明
            else SyntaxError ();                         //调用错误处理
            }
        }
        token = GetNextToken();
```

```
        if (token 不是"(" ) SyntaxError();                    //调用错误处理
        token = GetNextToken();
        if (token 不是")" ) SyntaxError();                    //调用错误处理
        CompoundSentenceAnalyzer();                          //处理复合语句
        token = GetNextToken();
        while (token 是"int"、"char"、"float"、"void"中的一个) {
            FunctionDefinitionAnalyzer();
            token = GetNextToken();
        }
    }                                                        //整个程序结束
```

在这个流程中,GetNextToken()函数的功能是从输入的 token 串中取出一个单词符号,指针后移一个单词。SyntaxError()函数的功能是语法分析错误处理,报告出现了语法分析的哪一类错误,一般需要带参数,表示出现了哪一类错误,此处只是为了简化介绍,就不带参数。

接下来,需要继续对常量声明、变量声明、复合语句等的处理流程根据文法定义进一步细化,以分析复合语句为例来介绍。复合语句的文法定义是:

<复合语句>→{<语句表> }
<语句表>→<语句> | <语句><语句表>

也就是说,复合语句是以左花括号开头、右花括号结束的,当读到{表示进入复合语句的处理,后面就是各种语句,再读入一个单词,根据这个单词对语句进行分类;不同的单词进行不同的语句的处理:读入 const 就开始处理局部常量声明;读入各种类型(int、char、float)单词,就开始处理局部变量声明;读入 for、while、do、if 等关键词,就进入对应的语句的处理;读入{进入复合语句的处理;读入其他合法单词就开始处理表达式语句,否则就进入错误处理。处理完一个语句后再读入一个单词,如果单词不是},表示该复合语句中还有其他语句,返回来继续判断是哪一类语句,否则读入了},结束该复合语句。处理流程如图 3.11所示。

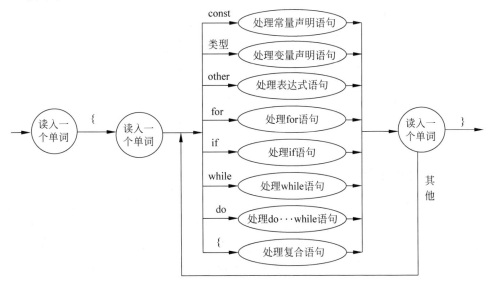

图 3.11　复合语句的处理流程

在上述处理流程中,每一个处理都是检查后续的 token 串组成的序列是否符合文法要求,各种语句的处理可以是嵌套的,同时还需要调用表达式的文法处理。

下面以 if 语句为例说明利用语法图来实现语法分析程序中的语句。假定 Sample 语言中 if 语句的文法定义为:

< if 语句>→if (<表达式>)<复合语句> | if (<表达式>) <复合语句> else <复合语句>

该文法前面部分是相同的,含有回溯,首先提取公共左因子得到< if 语句>的文法定义为:

< if 语句>→if (<表达式>)<复合语句> < if Tail>
< if Tail>→else <复合语句>|ε

根据该文法,首先画出语法图,如图 3.12 所示。

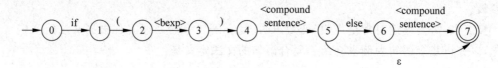

图 3.12　if 语句的语法图

根据语法图,可以写出递归下降的分析程序。

```
ifs( ) { /* 当读取的单词符号是 if 时,才调用该函数 */
    token = GetNextToken();              //从输入串中读取一个单词符号,指针后移一个单词
    if (token 不是"if" )                 // 如果调用函数已经读取了 if,此处不再读入和判断
        SyntaxError();                   //调用错误处理
    token = GetNextToken();
    if (token 不是"(" ) SyntaxError();   //调用错误处理
    token = GetNextToken();
    BoolExpressionAnalyzer();            //调用分析表达式的函数
    token = GetNextToken();
    if (token 不是")" ) SyntaxError();   //调用错误处理
    CompoundSentenceAnalyzer();          //处理复合语句
    token = GetNextToken();
    if(token 是"else") { /* 带有 else 部分时处理 else 部分 */
        token = GetNextToken();
        CompoundSentenceAnalyzer();      //处理 else 后的复合语句
    }
}
```

3.3.4　预测分析方法

预测分析方法(Forecasting Parse)是自上而下分析的另一种有效方法,要求文法必须是 LL(1)文法,分析过程将按照自左至右的顺序读入输入符号串,并在此过程中产生一个句子的最左推导。它采用表驱动的方式,通过显式地维护一个状态栈和一个二维分析表,在总控程序的控制下实现分析过程。按此方式执行语法分析任务的程序称为预测分析程序,或预测分析器。

1. 预测分析的工作过程

从逻辑上来看,预测分析器由三个部分组成:总控程序、栈(STACK)和预测分析表 M。另有一个输入缓冲区,产生一个输出流,如图 3.13 所示。输入缓冲区中存放待分析的串,以 ♯ 标记输入串的结束;输出流是分析过程输出的结果。

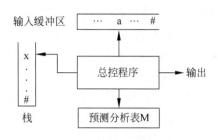

图 3.13　预测分析器模型

下面对这几个部分进行简要说明:

(1) 栈用于存放分析过程中的文法符号序列。

(2) 预测分析表 M 是一个二维数组,与文法有关。该表的行表示所有的非终结符,列表示所有的终结符和♯(注:♯ 不是文法的终结符,如果该语言中♯是个合法字符,可以改用其他符号,把它当成输入串的结束符有利于简化分析算法的描述)。表项元素 M[A,a]存放着一条关于 A 的产生式,表明当用非终结符 A 向下推导时,如果面临输入符号 a,应选用的候选式;当 M[A,a]为空时,表明用 A 为左部向下推导时不应该面临输入符号 a,因此表中内容为空表示出现语法错误。表 3.3 是文法 G3.3 的预测分析表。

表 3.3　文法 G3.3 的预测分析表

	i	+	*	(	)	♯
E	E→TE′			E→TE′		
E′		E′→+TE′			E′→ε	E′→ε
T	T→FT′			T→FT′		
T′		T′→ε	T′→*FT′		T′→ε	T′→ε
F	F→i			F→(E)		

(3) 总控程序。分析器对每一个输入串的分析均在总控程序的控制下工作。总控程序的工作就是控制分析器读入输入符号,根据预测分析表的内容对栈进行操作。

总控程序的工作过程如图 3.14 所示,与文法无关。首先将♯和文法的开始符号压入栈中,然后总是根据栈顶符号 X 和当前的输入符号 a 工作。

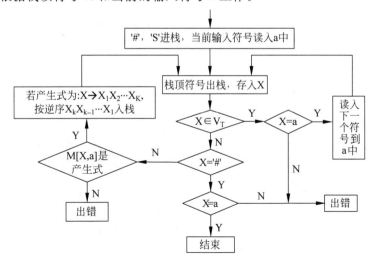

图 3.14　预测分析器总控程序的工作过程

如果栈顶符号是终结符,并且和 a 相等,则匹配成功,读取下一个输入符号;如果栈顶符号和输入符号都是♯,则分析成功;如果栈顶符号是非终结符,则查预测分析表,如果 M[X,a]中存放有产生式"X→$Y_1Y_2 \cdots Y_n$",则将其按 $Y_n \cdots Y_2Y_1$ 顺序压入堆栈;算法结束,要么成功匹配一个输入符号串,要么出错。

图中符号说明如下。

"♯":句子括号即输入串的结束符。

"S":文法的开始符号。

"X":存放当前栈顶符号的工作单元。

"a":存放当前输入符号的工作单元。

总控程序的工作过程可以用算法 3.3 来描述。

算法 3.3 预测分析方法

输入:一个待分析的输入符号串 w,以"♯"作为结束标志;文法 G 的预测分析表 M

输出:如果 w∈L(G),输出 w 的最左推导,否则提示语法错误

步骤:

(1) 将"♯"和文法开始符号压入堆栈。

(2) 设 IP 为输入指针,指向输入符号串的第一个符号 a,a=w[IP]。

(3) 弹出栈顶符号,存入 X。

```
(4) while ( X != "♯" ) {              //栈非空
      if ( X == a ) {                 //读取下个符号
        IP = IP + 1;
        a = w[IP];
      }
      else if (X∈V_T),error();
      else if (X∈V_N) {               //查看分析表 M
            if (M[X, a]是一个出错标记) error();
            else {
              if (M[X,a] = "X→X_1X_2 \cdots X_n") {
                  输出产生式;
                  把 X_nX_{n-1} \cdots X_1 压入栈中;   //产生式右部反序压栈.若右部为 ε,不压入
              }
            }
      弹出栈顶符号,存入 X;
    }
```

例 3.19 使用表 3.3 对输入串 i＋i＊i♯ 进行预测分析。

使用表 3.3 进行预测分析的过程及栈的变化如表 3.4 所示。输入指针指向剩余输入串最左边的符号。语法分析器跟踪的是输入串的最左推导,即推导所使用的产生式正好就是最左推导使用的那些产生式。

表 3.4 符号串 i＋i＊i♯ 的预测分析过程

步骤	分析栈	剩余输入串	推导所用产生式或匹配
1	♯E	i＋i＊i♯	E→TE′

续表

步骤	分析栈	剩余输入串	推导所用产生式或匹配
2	#E′T	i+i*i#	T→FT′
3	#E′T′F	i+i*i#	F→i
4	#E′T′i	i+i*i#	i 匹配
5	#E′T′	+i*i#	T′→ε
6	#E′	+i*i#	E′→+TE′
7	#E′T+	+i*i#	+匹配
8	#E′T	i*i#	T→FT′
9	#E′T′F	i*i#	F→i
10	#E′T′i	i*i#	i 匹配
11	#E′T′	*i#	T′→*FT′
12	#E′T′F*	*i#	*匹配
13	#E′T′F	i#	F→i
14	#E′T′i	i#	i 匹配
15	#E′T′	#	T′→ε
16	#E′	#	E′→ε
17	#	#	接受

2. 预测分析表的构造

上面介绍的预测分析方法中,对于不同的输入符号串和文法,预测分析的总控程序都是相同的,不同的只是分析表,分析表确定了在分析过程中选用哪个候选式来进行推导。也就是说,总控程序是通用的,与文法无关,分析表是和文法相关的。

对实现预测分析器来说,总控程序相对比较简单,容易实现,关键在于构造预测分析表。

对于任意给定的 LL(1)文法 G,构造预测分析表 M 的算法思想是:假定 A→α 是 A 的一个候选式,a∈First(α),那么,当 A 在栈顶且 a 是当前输入符号时,α 应被当作是 A 的唯一匹配,M[A,a]中应放进产生式 A→α;当 α=ε 或 α$\overset{*}{\Rightarrow}$ε 且当前输入符号 a∈Follow(A)(a 可能是终结符或#)时,A→α 就认为已自动得到匹配。因此,应把 A→α 放进 M[A,a]中。根据这个思想,可以得到下面的构造预测分析表 M 的算法。

> **算法 3.4**　预测分析表的构造算法
>
> 输入:文法 G
>
> 输出:预测分析表 M
>
> 步骤:
>
> (1) 对文法 G 的每个产生式 A→α 执行第 2 步和第 3 步。
>
> (2) 对每个终结符 a∈First(α),则把 A→α 加至 M[A,a]中。
>
> (3) 若 ε∈First(α),则对任何 b∈Follow(A),把 A→α 加入 M[A,b]中。
>
> (4) 把所有无定义的 M[A,a]标上"出错标志"。

例 3.20　为文法 G3.3 构造预测分析表。

(1) 构造预测分析表需要先判断该文法是否是 LL(1)文法。首先 G3.3 不含左递归,每个非终结符的各个候选式的 First 集互不相交,对 E′、T′含有 ε 产生式,First(E′)∩

$Follow(E') = \Phi$，$First(T') \bigcap Follow(T') = \Phi$，因此文法 G3.3 为 LL(1)文法。

（2）首先计算各个候选式的 First 集，如果某候选式的 First 集中含有 ε，再计算候选式左边的非终结符的 Follow 集。

（3）建立一个以非终结符为行，终结符和♯为列的空表格，根据算法 3.4 的步骤进行填表。填表过程如下。

由于 $First(E \to TE') = \{(, i\}$，因此产生式 $E \to TE'$ 应放入 E 所对应的行，(和 i 对应的列。

由于 $First(E' \to +TE') = \{+\}$，因此产生式 $E' \to +TE'$ 应放入 E' 所对应的行，+ 对应的列。

由于 $First(E' \to \varepsilon) = \{\varepsilon\}$，因此，计算 E' 的 Follow 集，由于 $Follow(E') = \{\,), \♯\}$，因此 $E' \to \varepsilon$ 应填入 E' 对应的行，)和♯对应的列。

由于 $First(T \to FT') = \{(, i\}$，因此产生式 $T \to FT'$ 应放入 T 所对应的行，(和 i 对应的列。

由于 $First(T' \to *FT') = \{*\}$，因此产生式 $T' \to *FT'$ 应放入 T' 所对应的行，* 对应的列。

由于 $First(T' \to \varepsilon) = \{\varepsilon\}$，因此，计算 T' 的 Follow 集，由于 $Follow(T') = \{+,), \♯\}$，因此 $T' \to \varepsilon$ 应填入 T' 对应的行，+、)和♯对应的列。

由于 $First(F \to (E)) = \{(\,\}$，因此产生式 $F \to (E)$ 应放入 F 所对应的行，(对应的列。

由于 $First(F \to i) = \{i\}$，因此产生式 $F \to i$ 应放入 F 所对应的行，i 对应的列。

最终结果如表 3.2 所示。

例 3.21 综合题。已知某语言中程序的文法 G 为：

```
< PROGRAM >→begin < STL > end
< STL >→< STMT >|< STL >;< STMT >
< STMT >→< NCONDITION >|< CONDITION >
< NCONDITION >→a
< CONDITION >→< IFS >|< IFS > else < STMT >
< IFS >→< IFCLAUSE >< NCONDITION >
< IFCLAUSE >→if c then
```

（1）将 G 改写为等价的 LL(1)文法，并给以证明。

（2）构造改写后的文法的预测分析表。

（3）判断输入串 begin if c then a else a end 是否为文法 G 的句子。

解：

（1）将文法简化为 G[P]。

$P \to bTd$

$T \to S | T; S$

$S \to N | C$

$N \to a$

$C \to I | IeS$

$I \to ZN$

$Z \to ict$

相应地,输入串化简为 bictaead,即判定该符号串是否是一个句子。

① 消去 G[P]中的左递归 T 和公共左因子 I,等价的文法 G′[P]为:

P→bTd

T→SF

F→; SF|ε

S→N|C

N→a

C→ID

D→eS |ε

I→ZN

Z→ict

② 计算每个候选式的 First 集,如果含有 ε,计算其左部非终结符 Follow 集,结果如下:

First(P→bTd)={b}

First(T→SF)={a,i}

First(S→N)={a}

First(S→C)={i}

First(F→; SF)={; }

First(F→ε)={ ε}

First(N→a)={a}

First(C→ID)={i}

First(I→ZN)={i}

First(D→eS)={e}

First(D→ε)={ε}

First(Z→ict)={i}

由于只有 F 和 D 含有 ε 产生式,因此只需计算 Follow(F)和 Follow(D)。

Follow(F)={d}

Follow(D)={; ,d}

③ 判断:由于该文法已不含左递归,S 的候选式有两个,其中:

First(S→N)∩ First(S→C)={a}∩{i}=Φ

F 和 D 均含有为 ε 产生式,根据条件3,有:

First(F)∩Follow(F)={; }∩{d}=Φ

First(D)∩Follow(D)={e}∩{; ,d}=Φ

所以文法 G′[P]是 LL(1)的文法。

(2) 构造改写后的文法 G′[P]的预测分析表,如表 3.5 所示。

表 3.5　G′[P]的预测分析表

	b	d	;	a	e	i	c	t	#
P	P→bTd								
T				T→SF		T→SF			

	b	d	;	a	e	i	c	t	#
F		F→ε	F→; SF						
S				S→N		S→C			
N				N→a					
C						C→ID			
I						I→ZN			
D		D→ε	D→ε		D→eS				
Z						Z→ict			

（3）用表 3.5 对输入串 bictaead 进行分析的步骤如表 3.6 所示。

表 3.6　用表 3.5 对输入串 bictaead 进行分析的步骤

步　骤	符　号　栈	剩余输入串	规　　则
1	#P	bictaead#	P→bTd
2	#dTb	bictaead#	匹配
3	#dT	ictaead#	T→SF
4	#dFS	ictaead#	S→C
5	#dFC	ictaead#	C→ID
6	#dFDI	ictaead#	I→ZN
7	#dFDNZ	ictaead#	Z→ict
8	#dFDNtci	ictaead#	匹配
9	#dFDNtc	ctaead#	匹配
10	#dFDNt	taead#	匹配
11	#dFDN	aead#	N→a
12	#dFDa	aead#	匹配
13	#dFD	ead#	D→eS
14	#dFSe	ead#	匹配
15	#dFS	ad#	S→N
16	#dFN	ad#	N→a
17	#dFa	ad#	匹配
18	#dF	d#	F→ε
19	#d	d#	匹配
20	#	#	接受

到达接受状态,分析成功,说明输入串 bictaead 是文法 G′的句子,从而得到输入串 begin if c then a else a end 是文法 G 的句子。

3.4　自下而上的语法分析

3.3 节介绍了自上而下的语法分析,其目的是从文法的开始符号出发,根据语法规则建立一棵以文法开始符号为根、以被分析符号串为叶子结点的语法树。

自下而上语法分析的目的仍然是构造一棵语法树。它构造的过程是先以被分析符号串的各个符号为叶子结点,根据文法规则,以产生式左部的非终结符为父结点,逐步向上构造子树,最后得到以文法开始符号为根的语法树。本节重点介绍这种方法中的一些基本概念。

3.4.1　自下而上分析方法概述

1. "移进-归约"分析方法

在 3.2 节介绍过归约的基本概念,它是推导的逆过程。自下而上语法分析的基本思想是"移进-归约"。设置一个栈,将输入符号串(指的是从词法分析器送来的 token 串)中的单词符号逐个移入栈中,边移入边分析,一旦栈顶形成某个产生式的右部时,就用该产生式左部的非终结符代替,这个过程称为归约。重复这一过程,直到归约到栈中只剩下文法的开始符号,就认为该输入符号串符合文法规则,是文法的句子,分析成功,否则出错。

例 3.22　假设一文法 G 为:

(1) S→aAbB

(2) A→c | Ac

(3) B→d　　　　　　　　　　　　　　　　　　　　　　　　　　(G3.5)

试对输入符号串 accbd 进行分析,检查该符号串是否是文法 G 的一个句子。

具体分析过程如表 3.7 所示。分析前设置一个分析栈,并将"#"压入栈底。接着第一个输入符号 a 进栈,a 不是任何产生式的右部,因此继续将 c 移进栈,此时栈顶的 c 已形成产生式 A→c 的右部,于是把栈顶的 c 归约为 A(表中第 4 步);再移进下一个 c,栈顶的两个符号 Ac 形成了产生式 A→Ac 的右部,将其归约为 A(表中第 6 步);继续移进 b,此时栈顶的符号串 aAb、Ab 或 b 都不是任何产生式的右部,因此继续移进 d,而 d 已形成了产生式 B→d 的右部,因此将 d 归约为 B(表中第 9 步);此时,栈顶的符号串 aAbB 恰好是第一个产生式的右部,直接把它归约为开始符号 S。分析成功,说明输入串 accbd 是文法 G 的一个句子。

表 3.7　输入串 accbd 的自下而上分析过程

步　骤	分　析　栈	输　入　串	分　析　动　作
1	#	accbd#	预备
2	#a	ccbd#	移进
3	#ac	cbd#	移进
4	#aA	cbd#	归约(A→c)
5	#aAc	bd#	移进
6	#aA	bd#	归约(A→Ac)
7	#aAb	d#	移进
8	#aAbd	#	移进
9	#aAbB	#	归约(B→d)
10	#S	#	归约(S→aAbB)

在上述分析过程中,每一步归约都是将栈顶的符号串归约为产生式左部的符号,也就是说进行归约的符号串总是出现在分析栈的栈顶而不会出现在栈的中间。把栈顶的这样一串符号称为"可归约串"。

上述过程共用了 10 步,分别用了 4 个产生式进行了 4 次归约。初看起来,这种移进-归约很简单,其实不然。在本例中的第 6 步,如果不是将 Ac 归约为 A,而是将 c 归约为 A,使分析栈中的符号串为 aAA，这样显然达不到归约为 S 的目的，从而也就无法得知输入串 accbd 是一个合法的句子。由此可以看出，可归约串必定是某个产生式的右部，但是构成某个产生式右部的栈顶符号串不一定是可归约串。

从上述分析可以看出自下而上分析的关键问题。

（1）判断栈顶符号是否形成了某个产生式的右部。

（2）如果栈顶形成了多个产生式的右部，决定选用哪个产生式进行归约。

不同的自下而上的语法分析方法对上述两个问题的定义和处理方法不同。

在上述分析过程中，共进行了四种操作。

① 移进：把输入符号串中的当前符号移进栈。

② 归约：发现栈顶已形成可归约串，用适当的产生式的左部去替换这个串。

③ 接受：宣布分析成功，可以看成是"归约"的一种特殊形式，是栈顶为开始符号 S、输入串已读入完毕的一种特殊状态。

④ 出错处理：是指发现栈顶的内容与输入串相悖，分析工作无法正常进行。此时需调用出错处理程序进行诊察和校正，并对栈顶内容和输入符号进行调整。

上述语法分析过程可以看成是自下而上构造语法树的过程，每一步归约都可以画出一棵子树来，随着归约的完成，这些子树被连成一棵完整的语法树。根据表 3.7 的分析过程构造语法树的过程如图 3.15 所示。

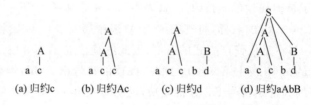

图 3.15　句型 accbd 的语法树的自下而上构造过程

2. 规范归约、短语和句柄

假设有一文法 G，开始符号为 S，如果有

$$S \overset{*}{\Rightarrow} x\beta y \text{ 且 } A \overset{+}{\Rightarrow} \beta \quad x, y, \beta \in (V_T \cup V_N)^*, A \in V_N$$

则称 β 是句型 xβy 相对于非终结符 A 的短语（Phrase）。特别地，如果

$$A \to \beta$$

则称 β 是句型 xβy 的直接短语（Direct Phrase）。位于一个句型的最左直接短语称为该句型的句柄（Handle）。

注意"短语"的定义，只有 $A \overset{+}{\Rightarrow} \beta$ 或 $A \to \beta$ 不一定意味着 β 是一个短语，必须有 $S \overset{*}{\Rightarrow} x\beta y$ 这一条件，即 xβy 必须是一个句型，离开句型来讨论短语没有意义。

例 3.23　考虑文法 G3.2

（1）E→E＋T｜T

（2）T→T＊F｜F

（3）F→i｜(E)　　　　　　　　　　　　　　　　　　　　　　　　　　　（G3.2）

给定句型 $i_1 + i_2 * i_3$，判断其短语、直接短语、句柄。

由于存在推导：

$E \Rightarrow E+T \Rightarrow T+T \Rightarrow F+T \Rightarrow i_1+T \Rightarrow i_1+T*F \Rightarrow i_1+F*F \Rightarrow i_1+i_2*F \Rightarrow i_1+i_2*i_3$

$E \Rightarrow T \Rightarrow F \Rightarrow i_1 \quad\quad T \Rightarrow F \Rightarrow i_2 \quad\quad F \Rightarrow i_3 \quad\quad T \Rightarrow T*F \Rightarrow i_2*i_3$

所以可以看出，$i_1, i_2, i_3, i_2*i_3, i_1+i_2*i_3$ 是句型 $i_1+i_2*i_3$ 的短语；直接短语有 i_1, i_2, i_3；句柄是 i_1。i_1+i_2 不是短语，因为不存在从 E 到 $T*i_3$ 的推导。

根据定义来判断句型的短语和句柄比较困难。如果使用语法树来表示一个句型，则句型中的句柄和短语就一目了然。一棵语法树的一棵子树是由该树的某个结点(作为子树的根)连同它的所有子孙组成的。一个子树的所有叶子结点自左至右排列起来形成一个相对于子树根的短语。只有父子两代结点形成的子树的叶子结点自左至右排列起来形成相对于子树根的直接短语；一个句型的句柄是这个句型所对应的语法树中最左边那个构成直接短语的子树的叶子结点自左至右的排列。

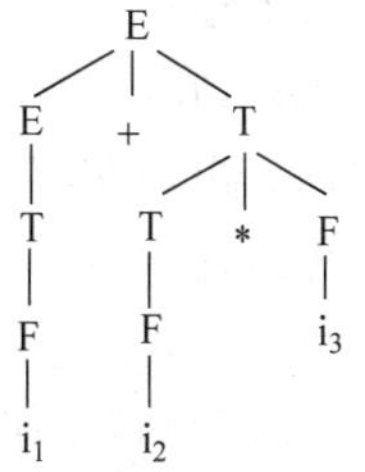

图 3.16 是句型 $i_1+i_2*i_3$ 的语法树。从该语法树可以得出例 3.23 的结论。

在例 3.22 的归约过程中，每一步归约的都是当前句型的句柄。若一个文法无二义性，则该文法的某句型中的句柄就是唯一的。在例 3.22 中的第 6 步，Ac 是句柄，而 c 不是句柄。

图 3.16　句型 $i_1+i_2*i_3$ 的语法树

例 3.24　利用寻找句柄的方式对输入符号串 $i+i*i\sharp$ 进行归约。

在进行归约的每一步，都是先寻找句柄，并用相应产生式的左部符号进行替换，归约过程如表 3.8 所示。

表 3.8　$i+i*i\sharp$ 的归约过程

步　骤	栈中符号	输入缓冲区	句　　柄	归　约　规　则
(1)	$\sharp$	$i+i*i\sharp$		准备
(2)	$\sharp i$	$+i*i\sharp$		移进 i
(3)	$\sharp F$	$+i*i\sharp$	i	归约 $F \rightarrow i$
(4)	$\sharp T$	$+i*i\sharp$	F	归约 $T \rightarrow F$
(5)	$\sharp E$	$+i*i\sharp$	T	归约 $E \rightarrow T$
(6)	$\sharp E+$	$i*i\sharp$		移进＋
(7)	$\sharp E+i$	$*i\sharp$		移进 i
(8)	$\sharp E+F$	$*i\sharp$	i	归约 $F \rightarrow i$
(9)	$\sharp E+T$	$*i\sharp$	F	归约 $T \rightarrow F$
(10)	$\sharp E+T*$	$i\sharp$		移进 *
(11)	$\sharp E+T*i$	$\sharp$		移进 i
(12)	$\sharp E+T*F$	$\sharp$	i	归约 $F \rightarrow i$
(13)	$\sharp E+T$	$\sharp$	$T*F$	归约 $T \rightarrow T*F$
(14)	$\sharp E$	$\sharp$	$E+T$	归约 $E \rightarrow E+T$
(15)		接受		

下面将前面介绍的几个概念进行形式化。假定 α 是文法 G 的一个句子，称序列 α_n，

$\alpha_{n-1}, \cdots, \alpha_0$ 是 α 的一个规范归约，如果此序列满足如下条件。

(1) $\alpha_n = \alpha$。

(2) α_0 为文法的开始符号，即 $\alpha_0 = S$。

(3) 对任何 $i(0 < i \leqslant n)$，α_{i-1} 是从 α_i 经把句柄替换为相应产生式的左部符号而得到的。

在上述例子中，序列 accbd，aAcbd，aAbd，aAbB，S 构成句子 accbd 的一个规范归约。简单地讲，在归约过程中始终对句柄进行归约而形成的序列称为规范归约，规范归约也称最左归约。由最左归约所得到的句型称为规范句型。

将上述规范归约过程的顺序倒过来，得到：

$$S \Rightarrow aAbB \Rightarrow aAbd \Rightarrow aAcbd \Rightarrow accbd$$

该过程和句型的最右推导一致，因此，最右推导又称为规范推导，如果文法 G 是无二义的，规范推导（最右推导）的逆过程必是规范归约（最左归约）。

注意句柄的"最左"特征，这一点对于"移进-归约"来说很重要，因为句柄的"最左"性和分析栈的栈顶两者是相关的。由于句型中的非终结符由归约产生，而句柄在句型的最左边，所以，在一个规范句型中，句柄的右边只可能出现终结符，不可能出现非终结符。基于这一点，可用句柄来刻画"移进-归约"过程的"可归约串"。因此，规范归约的实质是，在移进过程中，当发现栈顶呈现句柄时就用相应产生式的左部符号进行替换（即归约）。

为了加深对"句柄"和"归约"这些重要概念的理解，使用修剪语法树的方法来进一步阐明自下而上的分析过程。

例如，对图 3.15(d)所示的语法树，采用修剪语法树的方法来实现归约，也即每次寻找当前语法树的句柄（在语法树中用虚线勾出），然后将句柄中的树叶剪去（即实现一次归约），得到一个新的句型；再寻找新的句型中的句柄，这样不断地修剪下去，当剪到只剩下根结点时，就完成了整个归约过程，如图 3.17 所示。

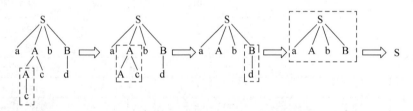

图 3.17　修剪语法树实现归约

本节简单地讨论了"规范归约"和"句柄"这两个基本概念，但并没有解决如何寻找句柄、如何归约的问题。事实上，规范归约的中心问题就是如何寻找或确定一个句型的句柄。不同的寻找句柄的方法形成了不同的自下而上的分析方法。

3.4.2　算符优先分析

在算术表达式的求值过程中，运算次序是先乘除后加减，这说明了乘除运算的优先级高于加减运算的优先级；乘和除优先级相同，加和减优先级相同；在相同优先级的情况下，出现在左边的运算符先运算，这称为左结合。如果计算的每一步做一个运算，那么求值过程的每一步都是唯一的。这说明运算的次序只与运算符有关，而与运算对象无关。算符优先分析法的思想源于这种表达式的分析，因此算符优先分析的关键是定义文法 G 中相邻算符之间的优先关系,即给出算符之间的优先级和同一级别的结合性质,以指示表达式的计算次序。

算符优先分析法是一种简单且直观的自下而上分析方法,它特别适合分析程序设计语言中的各类表达式。在归约过程中起决定作用的是相邻运算符的优先级。但并不是所有文法都能用算符优先分析方法进行分析,只有算符优先文法(Operator Precedence Grammar,OPG)才能进行算符优先分析。

1. 算符优先文法

一个文法,如果它的任何产生式的右部都不含两个相继(并列)的非终结符,即不含如下形式的产生式:

$$P \rightarrow \cdots QR \cdots$$

则称该文法 G 为算符文法(Operator Grammar),也称 OG 文法。

例如,文法 E→E+E|E*E|(E)|i,其中任何一个产生式都不包含两个非终结符相邻的情况,因此该文法是算符文法。

在后面的定义中,a、b 代表任意终结符;P、Q、R 代表任意非终结符;"…"代表由终结符和非终结符组成的任意序列,包括空字。

假定 G 是不含 ε-产生式的算符文法,终结符对 a、b 之间的优先关系定义如下。

(1) a≐b 当且仅当文法 G 中含有形如 P→…ab…或 P→…aQb…的产生式。

(2) a⋖b 当且仅当 G 中含有形如 P→…aR…的产生式,且 $R \overset{+}{\Rightarrow} b \cdots$ 或 $R \overset{+}{\Rightarrow} Qb\cdots$。

(3) a⋗b 当且仅当 G 中含有形如 P→…Rb…的产生式,且 $R \overset{+}{\Rightarrow} \cdots a$ 或 $R \overset{+}{\Rightarrow} \cdots aQ$。

假定 G 是一个不含 ε-产生式的算符文法,任何终结符对(a,b)如果至多只满足下述三种优先关系之一:

$$a \doteq b, a \lessdot b, a \gtrdot b$$

则称 G 是一个算符优先文法,简称 OPG 文法。算符优先文法是无二义性的。

例 3.25 对文法:E→E+E|E*E|(E)|i,证明该文法不是 OPG 文法。

证明:首先该文法是不含 ε-产生式的算符文法。

因为 E→E+E,E⇒E*E,所以有+⋖*,语法子树如图 3.18(a)所示。

又因为 E→E*E,E⇒E+E,所以有+⋗*,语法子树如图 3.18(b)所示。

在+和*之间同时存在两种优先关系,所以该文法不是 OPG 文法。

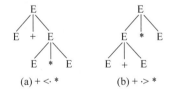

图 3.18 文法 E→E+E|E*E|(E)|i 语法子树

2. 算符优先表的构造

如果 G 是一个算符优先文法,则可以根据终结符之间的优先关系进行语法分析,终结符之间的优先关系可以指导句柄的选取。因此,如果要对算符优先文法 G 进行优先关系分析,则必须首先求出各个终结符对之间的优先关系。用表格形式来表示文法中各终结符之间的优先关系,这种表称为算符优先关系表(Operator Precedence Relation Table)。

1) 按照定义手工构造算符优先关系表

例 3.26 根据定义计算表达式文法 G3.2 的算符优先关系表。

(1) E→E+T|T

(2) T→T∗F|F

(3) F→(E)|i (G3.2)

第一步,首先规定:'♯'作为句子的起始和终止界符,为了分析过程的确定性,把'♯'号作为终结符对待。为保证语法分析的进行,拓展文法 G,增加一个产生式:(0)E′→♯E♯,即必须有 ♯<a 和 b>♯ 成立,其中 a 为任何从 E 推导出的所有句型中的第一个终结符,b 为任何从 E 推导出的所有句型中的最后一个终结符。

第二步,根据定义计算。根据第 3 个产生式 F→(E),有(≐);根据产生式 E→E+T 和 T→T∗F,有+<∗;根据产生式 T→T∗F 和 F⇒(E),有 ∗<(;根据第 3 个产生式 F→(E),且 E⇒E+T,有(<+和+>);……;总之,根据优先关系的定义,用文法产生式进行推导,可以得到各个可能相邻的终结符对之间的优先关系。

第三步,对文法中的任意两个不可能相邻的终结符,它们之间无优先关系,在表中以空白表示。最后得到文法 G3.2 的算符优先关系表如表 3.9 所示。

表 3.9 文法 G3.2 的算符优先关系表

	+	∗	i	(	)	♯
+	>	<	<	<	>	>
∗	>	>	<	<	>	>
i	>	>			>	>
(	<	<	<	<	≐	
)	>	>			>	>
♯	<	<	<	<		≐

说明:

(1) 在优先表中,空白部分表示两个符号之间没有优先关系,如果在符号串中相继出现表示出现了一种语法错误。

(2) 相同终结符之间的优先关系不一定是 ≐,如表 3.9 中,∗>∗,在此表示了结合性。

(3) 如果 a ≐ b,不一定 b ≐ a,如表 3.9 中,(≐),而)与(之间无优先关系。

(4) 如果 a<b,不一定 b>a,即不具有对称性,因为只定义相邻运算符之间的优先关系,a,b 相邻时,不一定 b,a 相邻,如表 3.9 中,(<i,i 与(之间没有优先关系。

(5) 如果 a<b,b<c,不一定 a<c,即不具有传递性,也就是说,若 a,b 相邻、b,c 相邻时,不一定 a,c 相邻。

2) 利用算法构造算符优先关系表

为了实现算符优先关系表的自动生成,首先定义一个非终结符的 FirstVT 和 LastVT 集。

对文法 G 的任一非终结符 P,定义两个集合:

FirstVT(P) = {a | P⇒⁺a⋯ 或 P⇒⁺Qa⋯,a∈V_T 而 Q∈V_N},即 P 能推导出的第一个终结符构成的集合。

LastVT(P) $= \{a | P \overset{+}{\Rightarrow} \cdots a$ 或 $P \overset{+}{\Rightarrow} \cdots aQ, a \in V_T$ 而 $Q \in V_N\}$，即 P 能推导出的最后一个终结符构成的集合。

有了这两个集合，就可以通过优先关系的定义，并检查文法的产生式来求各终结符对之间的优先关系。

① $\doteq$ 关系：若有形如 P→⋯ab⋯ 或 P→⋯aQb⋯ 的产生式，则 a $\doteq$ b。可直接查看产生式得到。

② $\lessdot$ 关系：若有形如 Q→⋯aP⋯ 的产生式，对任何 b∈FirstVT(P)，有 a $\lessdot$ b。

③ $\gtrdot$ 关系：若有形如 Q→⋯Pb⋯ 的产生式，对任何 a∈LastVT(P)，有 a $\gtrdot$ b。

由此可知，有了 FirstVT 和 LastVT 的定义，只要给出求文法的非终结符的 FirstVT 和 LastVT 集合的算法，就可以自动构造文法的优先关系表。

进一步，分析 FirstVT 的定义，计算非终结符 P 的 FirstVT 集的算法基于下面两条规则。

规则 1：若有产生式 P→a⋯ 或 P→Qa⋯，则 a∈FirstVT(P)，其中 P、Q∈V_N，a∈V_T。

规则 2：若有产生式 P→Q⋯，且 a∈FirstVT(Q)，则 a∈FirstVT(P)。

在实现 FirstVT 集的计算时，首先建立一个布尔数组 F[P,a]，表的行是所有的非终结符，列是所有的终结符，其初值为全 0；然后通过上面的规则 1 对数组 F 进行初始化；再利用规则 2 修改数组 F，即如果发现 a∈FirstVT(P)，修改 F[P,a]＝1；最后在二维数组 F 中，每行中元素为 1 对应的终结符构成的集合就是该行对应的非终结符的 FirstVT 集，即 FirstVT(P)＝{a|F[P,a]＝1}。该计算过程可通过建立一个栈来实现，形式化描述如算法 3.5 所示。

算法 3.5 FirstVT 集的构造

输入：文法 G

输出：每个非终结符的 FirstVT 集

步骤：

(1) 对每个非终结符 P 和终结符 a 设置 F[P,a]＝0。

(2) 对每个形如 P→a⋯ 或 P→Qa⋯ 的产生式，有

```
F[P, a] = 1;          //应用规则 1
PUSH(P, a);           // (P, a)压栈
```

(3) 当堆栈非空，将栈顶元素弹出至(Q,a)。

对每条形如 P→Q⋯ 的产生式，应用规则 2，有

```
F[P, a] = 1;
PUSH(P, a);           // (P, a)压栈
```

例 3.27 构造文法 G3.2 中每个非终结符的 FirstVT 集。

首先，建立一个 3 行 5 列的数组 F，置全部元素为 0。

其次，应用规则 1，用形如 P→a⋯ 或 P→Qa⋯ 的产生式，对数组 F 初始化并压栈，如表 3.10 所示。

最后，当栈非空时，应用规则 2，对栈进行操作，并寻找形如 P→Q⋯ 的产生式，修改数组 F 的值。得到的结果如表 3.11 所示。因此，有

表 3.10　应用规则 1 后的数组 F

	+	*	(	)	i
E	1				
T		1			
F			1		1

表 3.11　最终结果数组 F

	+	*	(	)	i
E	1	1	1		1
T		1	1		1
F			1		1

FirstVT(E)={ + , * ,(,i }

FirstVT(T)={ * ,(,i }

FirstVT(F)={(,i }

同理，可以根据 LastVT 集的定义来构造计算 LastVT 集的算法。LastVT 集基于下面两条规则。

规则 1：若有产生式 $P \rightarrow \cdots a$ 或 $P \rightarrow \cdots aQ$，则 $a \in LastVT(P)$，其中 $P, Q \in V_N, a \in V_T$。

规则 2：若 $a \in LastVT(Q)$，且有产生式 $P \rightarrow \cdots Q$，则 $a \in LastVT(P)$。

当计算出每个非终结符的 FirstVT 集和 LastVT 集，就能够构造文法 G 的算符优先关系表，可用算法 3.6 来形式化地描述。

算法 3.6　构造文法 G 的算符优先关系表

输入：文法 G 及文法 G 的每个非终结符的 FirstVT 集、LastVT 集

输出：文法 G 的算法优先关系表

步骤：

对文法 G 中的每个产生式 $P \rightarrow X_1 X_2 \cdots X_n$，对 $i=1$ 到 $n-1$，检查相邻的文法符号的下述四种情况。

(1) 如果 $X_i \in V_T$ 且 $X_{i+1} \in V_T$，则 $X_i \doteq X_{i+1}$；　　　　/* $P \rightarrow \cdots ab \cdots$ */

(2) 如果 $i \leqslant n-2$，且 $X_i \in V_T$，$X_{i+2} \in V_T$，$X_{i+1} \in V_N$，

则 $X_i \doteq X_{i+2}$；　　　　　　　　　　　/* $P \rightarrow \cdots aQb \cdots$ */

(3) 如果 $X_i \in V_T$，且 $X_{i+1} \in V_N$，

则对每一个 $a \in FirstVT(X_{i+1})$，设置 $X_i \lessdot a$；　/* $P \rightarrow \cdots aR \cdots$ */

(4) 如果 $X_i \in V_N$，且 $X_{i+1} \in V_T$，

则对每一个 $a \in LastVT(X_i)$，设置 $a \gtrdot X_{i+1}$；　/* $P \rightarrow \cdots Rb \cdots$ */

例 3.28　利用算法 3.6 求文法 G3.2 的算符优先关系表。

解：(1) 同手工构造一样，对文法进行拓展，增加产生式：$(0)E' \rightarrow \#E\#$。

(2) 计算各终结符对之间的优先关系。

① 计算 '$\doteq$' 关系。

由产生式 $(0)E' \rightarrow \#E\#$ 和 $(3)F \rightarrow (E)$，根据算法中的第 2 种情况，可得 '$\#$' $\doteq$ '$\#$'，'$($' $\doteq$ '$)$' 成立。

② 计算每个非终结符的 FirstVT 集和 LastVT 集。

FirstVT(E')={ # }　　　　　　　　LastVT(E')={ # }

FirstVT(E)={ + , * ,(,i}　　　　　LastVT(E)={ + , * ,),i}

$FirstVT(T) = \{ *, (, i \}$　　　　　$LastVT(T) = \{ *,), i \}$

$FirstVT(F) = \{ (, i \}$　　　　　　$LastVT(F) = \{), i \}$

③ 计算'<'关系(利用算法 3.6 的第 3 种情况,逐条扫描产生式,寻找形如"P→…aR…"的产生式,则 a<FirstVT(R))。

由 $E' \to \sharp E \sharp$,得到 $\sharp < FirstVT(E)$。

由 $E \to E+T$,得到 $+ < FirstVT(T)$。

由 $T \to T*F$,得到 $* < FirstVT(F)$。

由 $F \to (E)$,得到 $(< FirstVT(E)$。

④ 计算'>'关系(利用算法 3.6 的第 4 种情况,逐条扫描产生式,寻找形如"…Rb…"的产生式,则 $LastVT(R) > b$)。

由 $E' \to \sharp E \sharp$,得到 $LastVT(E) > \sharp$。

由 $E \to E+T$,得到 $LastVT(E) > +$。

由 $T \to T*F$,得到 $LastVT(T) > *$。

由 $F \to (E)$,得到 $LastVT(E) >)$。

从而构造出文法 G3.2 的算符优先关系表如表 3.9 所示。

3. 算符优先分析过程

有了算符优先关系表,就可以对任意给定的符号串进行算符优先分析,进而判定输入符号串是否为该文法的句子。

算符优先分析方法通过比较相邻终结符间的优先关系来进行分析,仍然采用"移进-归约"方式,不断移进输入符号,识别可归约串,并进行归约。但是,由于利用算符优先分析法,仅考虑了终结符之间的优先关系,没有考虑非终结符之间的优先关系,所以每次归约的并不一定是当前句型的句柄。实际上,算符优先分析法不是用句柄来刻画"可归约串",而是用最左素短语(Leftmost Prime Phrase)来刻画"可归约串"。

所谓素短语(Prime Phrase)是指这样的一个短语:它至少含有一个终结符,并且除它自身外,不含有更小的素短语。所谓最左素短语是指处于句型最左边的那个素短语。

从定义可以看出,最左素短语必须具备如下三个条件。

(1) 至少包含一个终结符。

(2) 除自身外不包含其他素短语(最小性)。

(3) 在句型中具有最左性。

例 3.29　对文法 G3.2 求句型 T+T*F+i 的短语、素短语和最左素短语。

句型 T+T*F+i 的语法树如图 3.19 所示。根据语法树可知,T+T*F+i,T+T*F,T,T*F,i 都是该句型的短语;由素短语的定义和最左素短语必须具备的条件可知,只有 i 和 T*F 为素短语,T+T*F(含素短语 T*F)、T+T*F+i(含素短语 T*F 和 i)和 T(不含终结符)都不是素短语,T*F 为最左素短语。

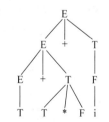

图 3.19　句型 T+T*F+i 的语法树

算符优先文法中的句型(括在两个 $\sharp$ 号之间)可以写成更一般的形式:

$$\sharp N_1 a_1 N_2 a_2 \cdots N_n a_n N_{n+1} \sharp \tag{3.3}$$

其中 $a_i(1 \leq i \leq n)$ 是终结符,$N_i(1 \leq i \leq n+1)$ 是可有可无的非终结符。也就是说,句型中含有 n 个终结符,任何两个终结符之间最多只有一个非终结符。任何算符优先文法的句型都具有这种结构形式。

算符优先分析方法基于下面的定理:一个算符优先文法 G 的任何句型[见式(3.3)]的最左素短语是满足如下条件的最左子串 $N_i a_i \cdots N_j a_j N_{j+1}$。

$$a_{i-1} \lessdot a_i$$

$$a_i \doteq a_{i+1}, \cdots, a_{j-1} \doteq a_j$$

$$a_j \gtrdot a_{j+1}$$

即

$$a_{i-1} \lessdot a_i \doteq a_{i+1}, \cdots, a_{j-1} \doteq a_j \gtrdot a_{j+1}$$

此定理告诉我们,出现在 a_i 和 a_j 之间的终结符一定属于该素短语。从语法树和最左素短语的定义可知,在算符优先分析中,每次归约的都是当前句型的最左素短语,它无法归约由单个非终结符组成的可归约串(如 E→T),因为单个非终结符不能构成最左素短语。

算符优先分析的实质是在归约时用优先关系来指导最左素短语的选择,优先性低于 $\lessdot$ 用来标识最左素短语的头,优先性高于 $\gtrdot$ 用来标识最左素短语的尾。

实现算符优先分析过程仍然采用移进-归约方式,使用一个符号栈和一个输入缓冲区,当前句型表示为:

符号栈内容＋输入缓冲区内容 ＝ ♯ 当前句型 ♯

算符优先分析过程描述如下。

(1) 开始:符号栈中为♯,输入缓冲区为:输入串♯(以♯结束)

(2) 移进-归约。

① 从左向右扫描输入符号并移进栈,查找算符优先关系表,直至找到某个 j 满足 $a_j \gtrdot a_{j+1}$ 时为止。

② 从 a_j 开始往左扫描符号栈,直至找到某个 i 满足 $a_{i-1} \lessdot a_i$ 为止。

③ $N_i a_i \cdots N_j a_j N_{j+1}$ 形式的子串就构成最左素短语,用相应产生式进行归约。

(3) 结束:如果符号栈中为♯S,输入缓冲区为♯,分析成功;否则失败。

在此注意,$N_i a_i \cdots N_j a_j N_{j+1}$,构成的最左素短语和某个产生式的右部可能不完全相同,此处只需要终结符相同,非终结符的位置相同即可归约。这也是算符优先分析方法和别的方法不同的地方。

例 3.30 利用算符优先分析方法判断输入符号串 i＋i＊i♯是否是文法 G3.2 的句子。

文法 G3.2 的算符优先关系表如表 3.9 所示,i＋i＊i♯的算符优先分析过程如表 3.12 所示。

表 3.12　i＋i＊i♯的算符优先分析过程

步　骤	栈	输入缓冲区	最左素短语	说　明
(1)	♯	i＋i＊i♯		初始状态
(2)	♯i	＋i＊i♯		♯＜i,i入栈
(3)	♯F	＋i＊i♯	i	♯＜i＞＋,用 F→i 归约
(4)	♯F＋	i＊i♯		♯＜＋,＋入栈
(5)	♯F＋i	＊i♯		＋＜i,i入栈
(6)	♯F＋F	＊i♯	i	＋＜i＞＊,用 F→i 归约
(7)	♯F＋F＊	i♯		＋＜＊,＊入栈

续表

步　骤	栈	输入缓冲区	最左素短语	说　　明
(8)	♯F+F*i	♯		*＜i,i 入栈
(9)	♯F+F*F	♯	i	*＜i＞♯,用 F→i 归约
(10)	♯F+T	♯	F*F	+＜*＞♯,用 T→T*F 归约
(11)	♯E	♯	F+T	♯＜+＞♯,用 E→E+T 归约

　　从该过程可以看出,算符优先分析不是一种严格的规范归约。在整个归约过程中,归约只检查句型中自左至右的终结符序列的优先关系,不涉及终结符之间可能存在的非终结符,即实际上可以认为这些非终结符是相同的。在寻找最左素短语时,只要自左到右终结符和非终结符的位置相同、对应的终结符相同即可。

　　算符优先分析过程可用算法 3.7 进行形式化描述。在算法中使用了一个符号栈 S,用来存放在分析过程中使用的终结符和非终结符,top 指示栈顶的位置。

算法 3.7　利用算符优先关系表进行分析的过程

　　输入:文法 G 的算符优先关系表、输入符号串 w

　　输出:如果 w 是文法的句子,输出归约过程,否则输出错误

　　步骤:

　　(1) top=1; S[top]='♯';　　　　　　　　　　　　//初始化

　　(2) 把当前输入符号读进 a;

　　(3) 如果 S[top]∈V_T,则设 j=top,否则设 j=top−1;　　//j 指向终结符
　　　　//终结符之间最多只有一非终结符,故若 S[top]∉V_T 则 S[top−1]∈V_T

　　(4) 比较栈顶符号 S[j]与输入符号 a 的优先关系

　　① 如果 S[j]＜a 或 S[j]≐a,则　　　　　　　　　　//栈顶 S[j]＜a 或 S[j]≐a
　　　　　　　　　　　　　　　　　　　　　　　　　　//则 a 入栈,栈顶上移

　　　　top=top+1;
　　　　S[top]=a;

　　② 如果 S[j]＞a　　　　　　　　　　　　　　　　//S[j]＞a,找到最左素短语
　　　　　　　　　　　　　　　　　　　　　　　　　//的尾

　　　　循环执行下述操作,直到 S[j]＜Q。　　　　　　//循环向前查找最左素短
　　　　　　Q=S[j];　　　　　　　　　　　　　　　//语的头,用 j 记录

　　　　　　如果(S[j−1]∈V_T),则 j=j−1,否则 j=j−2;　//查找栈中的终结符
　　　　　　　　　　　　　　　　　　　　　　　　　//循环退出时找到了最左
　　　　　　　　　　　　　　　　　　　　　　　　　//素短语的头

　　　　把 S[j+1]…S[top]归约为某个非终结符 N;
　　　　top=j+1;　　　　　　　　　　　　　　　　//最左素短语出栈
　　　　S[top]=N;　　　　　　　　　　　　　　　　//将归约后的非终结符 N
　　　　　　　　　　　　　　　　　　　　　　　　　//入栈

　　(5) 若栈中为♯S,且 a='♯',则分析成功,否则 a 入栈,转(2)。

此算法工作过程中,若出现 j 减 1 后其值小于或等于 0,则意味着输入串有错。在正确的情况下,算法工作结束时符号栈将呈现♯S♯。

在文法 G3.2 中,用算符优先分析方法分析句子 i+i,归约过程是:先将第一个最左素短语 i 归约 F,然后把第二次归约的最左素短语 i(第二个 i)也归约为 F,第三次把最左素短语 F＋F 归约为 E,语法树如图 3.20(a)所示。对规范归约来说,其归约过程是:先把第一个 i 归约 F,接着将 F 归为 T,再将 T 归为 E;然后重复相同的过程把第二个 i 归为 F,再将 F 归为 T;最后将 E+T 归为 E,语法树如图 3.20(b)所示。

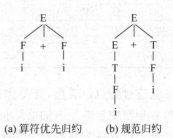

(a) 算符优先归约   (b) 规范归约

图 3.20　句子 i+i 的两种归约的语法树

因此,算符优先分析比规范归约要快,因为算符优先分析只与终结符之间的优先关系有关,非终结符对归约没有影响,甚至对非终结符可直接跳过不进行归约,即跳过了所有形如 P→Q 的右部仅含单个非终结符的产生式,跳过的非终结符不进入符号栈。如 i+i∗i 的 LL(1)分析过程需要 17 步,如表 3.4 所示,规范归约需要 14 步,如表 3.8 所示,算符优先分析过程只需要 11 步,如表 3.12 所示。算符优先分析也有缺点,有可能把本来不构成句子的输入串也误认为是句子,但这种缺点易于从技术上加以弥补。

*4. 算符优先函数

用优先关系表来表示每对终结符之间的优先关系存储量大、查找费时。实际使用中,一般不直接使用优先关系表,而是使用优先函数。如果给每个终结符赋一个值(即定义终结符的一个函数 f),值的大小反映其优先关系,则终结符对 a、b 之间的优先关系就转换为两个优先函数 f(a) 与 f(b) 的值的比较。

一个终结符在栈中(左)与在输入串中(右)的优先值是不同的。例如,既存在着＋≫又存在着)≫＋。因此,对一个终结符 a 而言,它应该有一个左优先数 f(a) 和一个右优先数 g(a),这样就定义了每个终结符的一对函数值。

根据一个文法的算符优先关系表,将每个终结符 θ 与两个自然数 $f(\theta)$ 和 $g(\theta)$ 对应,如果 $f(\theta)$ 和 $g(\theta)$ 的选择满足如下关系:

若 $\theta_1 < \theta_2$,则 $f(\theta_1) < g(\theta_2)$;

若 $\theta_1 \doteq \theta_2$,则 $f(\theta_1) = g(\theta_2)$;

若 $\theta_1 > \theta_2$,则 $f(\theta_1) > g(\theta_2)$。

则称 f 和 g 为优先函数(Precedence Function)。其中,f 称为入栈优先函数,g 称为比较优先函数。

定义了优先函数后,算符优先分析法中两个终结符之间优先关系的比较就可用优先函数来代替了,这既便于做比较运算,又能节省存储空间。虽然实现容易,但优先函数有一个缺点,就是原先不存在优先关系的两个终结符,由于与自然数相对应就变成可比较的了,这样可能会掩盖输入串中的错误。但可以通过检查栈顶符号 θ 和输入符号 a 的具体内容来发现那些原先不能构成正确句子的情形。

注意,由于优先函数与自然数对应,对给定的文法,如果存在优先函数,一定存在多个,即 f 和 g 的选择不是唯一的;也有许多优先关系表不存在对应的优先函数。例如,表 3.13 给出的优先关系表就不存在优先函数。

表 3.13 不存在优先函数的优先关系表

	a	b
a	$\doteq$	$\gtrdot$
b	$\doteq$	$\doteq$

在表 3.13 中,假定存在 f 和 g,则应有:

$$f(a) = g(a) \qquad f(a) > g(b) \qquad f(b) = g(a) \qquad f(b) = g(b)$$

这将导致如下矛盾:

$$f(a) > g(b) = f(b) = g(a) = f(a)$$

如果某文法的优先函数存在,那么,根据优先关系表构造优先函数 f 和 g 的一个简单方法是关系图法。关系图法就是用图的方式来表示两个函数 f 和 g 的关系。用它求优先函数的过程可以描述为算法 3.8。

算法 3.8 根据算符优先关系表构造优先函数

输入:文法 G 的算符优先关系表

输出:优先函数 f 和 g

步骤:

(1) 对所有终结符 a(包括♯),用有下标的 f_a、g_a 为结点名,画出全部 n 个终结符所对应的 2n 个结点。

(2) 若 a $\gtrdot$ b 或 a $\doteq$ b,则画一条从 f_a 到 g_b 的带箭头的弧线;若 a $\lessdot$ b 或 a $\doteq$ b,则画一条从 g_b 到 f_a 的带箭头的弧线。

(3) 检查构造的图中是否存在环路。如果存在环路,就不存在优先函数;如果不存在环路,就存在优先函数。

(4) 当存在优先函数时,对每个结点都赋予一个数,此数等于从该结点出发所能到达的结点(包括出发结点自身在内)的个数,赋给 f_a 的数作为 $f(a)$,赋给 g_b 的数作为 $g(b)$。

例 3.31 利用算法 3.8,求下面的文法 G 的优先函数。

(1) E→E+T|T。

(2) T→T*F|F。

(3) F→i。

(1) 根据算法 3.6 可以求得文法 G 的算符优先关系表,如表 3.14 所示。

表 3.14 文法 G 的算符优先关系表

	+	*	i	♯
+	$\gtrdot$	$\lessdot$	$\lessdot$	$\gtrdot$
*	$\gtrdot$	$\gtrdot$	$\lessdot$	$\gtrdot$
i	$\gtrdot$	$\gtrdot$		$\gtrdot$
♯	$\lessdot$	$\lessdot$	$\lessdot$	$\doteq$

(2) 构造表 3.14 的关系图,先构造用终结符作为下标的 8 个结点:f_+、f_*、f_i、$f_{\#}$、g_+、

g_*、g_i、$g_\#$,然后根据算符优先关系表画相应的弧线,如查表得到$+\gtrdot+$,则从f_+到g_+画一条带箭头的弧线;又如查表得到$+\lessdot *$,则从g_*到f_+画一条带箭头的弧线,……,算符优先关系表中总共有 15 个优先关系,则总共要画 15 条弧线,如图 3.21 所示。

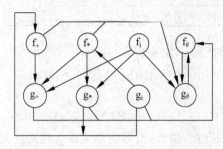

图 3.21 文法 G 的关系图

(3) 由图 3.21 所示的关系图,可以求各终结符的优先函数,如 f_+ 的值为 4,是从 f_+ 出发沿箭头指向的方向能到达的结点数(自身也算在内);g_i 的值为 7,是从 g_i 出发沿箭头指向的方向能到达的结点数(自身也算在内),……。最终如表 3.15 所示。

表 3.15 文法 G3.2 的优先函数

	+	*	i	#
f	4	6	6	2
g	3	5	7	2

3.4.3 LR 分析法

LR 分析法是一种自下而上符合规范归约的语法分析方法,L 表示从左到右扫描输入符号串,R 表示构造一个最右推导的逆过程。其功能强大,适用于一大类文法。LR 分析法比递归下降分析法、LL(1)分析法和算符优先分析法对文法的限制要少得多,对大多数用无二义的上下文无关文法描述的语言都可以用 LR 分析器予以识别,而且速度快,并能准确、及时地指出输入串的任何语法错误及出错位置。它的缺点是对于一个实用的程序设计语言的分析器的构造工作量相当大,实现复杂。

LR 分析法分为四种:第一种是 LR(0)分析,它使用简单的方法构造分析表,分析表不大,分析简单,容易实现,功能最弱,局限性很大,只对无冲突的文法有效,但它是进行其他 LR 分析的基础;第二种是简单的 LR 方法(SLR),它是在 LR(0)分析的基础上,向前查看一个输入符号,这种方法较易实现,分析表和 LR(0)分析表大小相同,分析能力强于 LR(0),有较高的实用价值;第三种是规范的 LR 方法,分析能力最强,适用于大多数上下文无关文法,但分析表体积庞大,代价很高;第四种是向前看的 LR 方法(LALR),其分析能力和代价介于 SLR 和规范的 LR 之间,它可用于大多数程序设计语言的文法,并可高效地实现。

1. LR 分析概述

1) LR 分析的基本思想

在 3.4.1 节中已经讨论过,自下而上分析是一种移进-归约过程,在分析过程中,若栈顶符号串形成句柄就进行归约,因此自下而上分析法的关键是在分析过程中如何确定句柄。

在 LR 分析法中,根据当前分析栈中的符号串(通常以状态表示)和向右顺序查看输入串的 K(本节中 K＝0 和 1)个符号就可唯一地确定分析动作是移进还是归约,以及用哪个产生式归约,因而也就能唯一地确定句柄。

LR 分析的基本思想是:在规范归约过程中,一方面用栈存放已移进和归约出的整个符号串,即记住"历史";另一方面,LR 分析器还要面对"现实"的当前输入符号,再根据所用产生式推测未来可能碰到的输入符号,即对未来的"展望"。当某可归约符号串出现在栈顶时,需要根据已记载的"历史""展望"和"现实"的输入符号三方面的内容来决定栈顶的符号串是否构成了真正的句柄,是否能够进行归约。

2) LR 分析器的构成

LR 分析器由三部分构成:LR 分析程序、分析栈(包括文法符号栈和相应的状态栈)和分析表,如图 3.22 所示。

(1) LR 分析程序即总控程序,也称为驱动程序,用于控制分析器的动作。对所有的 LR 分析器,LR 分析程序都是相同的。其工作过程很简单,它的任何一步动作都是根据栈顶状态和当前输入符号去查分析表,完成分析表中规定的动作。

(2) 分析栈的结构如图 3.23 所示。它将"历史"和"展望"综合成"状态"。栈里的每个状态概括了从分析开始直到某一归约阶段的全部历史和展望资料,分析时不必像算符优先分析法那样必须翻阅栈中的内容才能决定是否要进行归约,只需根据栈顶状态和现行输入符号就可以唯一决定下一个动作。显然,文法符号栈是多余的,它已经概括到状态栈里了,保留在这里是为了让大家更加明确归约过程。S_0 和 ♯ 是分析开始前预先放入栈里的初始状态和句子括号;栈顶状态为 S_m,符号串 $X_1 X_2 \cdots X_m$ 是至今已移进-归约出的文法符号串。

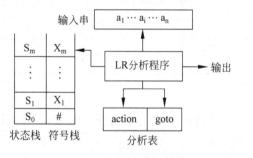

图 3.22 LR 分析器框图

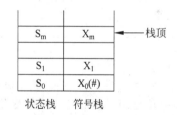

图 3.23 LR 分析器中分析栈的结构

(3) 分析表是 LR 分析器的核心部分。不同文法的分析表不同,同一个文法采用的 LR 分析方法不同时,分析表也不同。分析表分为 action(动作)表和 goto(状态转换)表两部分,以二维数组表示,如文法 G3.2 的一个 LR 分析表如表 3.16 所示。为了在归约时使用文法的产生式编号,将文法 G3.2 改写为 G3.2′:

(1) E → E＋T

(2) E → T

(3) T → T * F

(4) T → F

(5) F → (E)

(6) F → i

（G3.2′）

在 LR 分析表中,action[S,a]表示当状态为 S 面临输入符号 a 时应采取的动作。每一项 action[S,a]规定了如下四种动作之一。

- 移进:表中用 S_i 来表示,当前输入符号 a 进符号栈,下一输入符号变成当前输入符号,当前状态 i(即 S_i 的下标)入栈。
- 归约:表中用 r_j 来表示,按第 j 个产生式进行归约(j 为文法 G3.2′的编号)。
- 接受:表中用 acc 来表示,分析成功,停止分析器的工作。
- 报错:表中的空白部分,表示发现源程序含有错误,调用出错处理程序。

在 LR 分析表中,goto[S,X]表示状态 S 面对文法符号 X 时的下一状态(X 是终结符和非终结符,显然,goto[S,X]定义了一个以文法符号为字母表的 DFA。为了减少分析表的占用空间,在表示各个分析表时,已将 X 为终结符号的 goto 表与 action 表合并)。

表 3.16 文法 G3.2 的 LR 分析表

状态	action						goto		
	i	+	*	(	)	#	E	T	F
0	S_5			S_4			1	2	3
1		S_6				acc			
2		r_2	S_7		r_2	r_2			
3		r_4	r_4		r_4	r_4			
4	S_5			S_4			8	2	3
5		r_6	r_6		r_6	r_6			
6	S_5			S_4		r_1		9	3
7	S_5			S_4					10
8		S_6			S_{11}				
9		r_1	S_7		r_1	r_1			
10		r_3	r_3		r_3	r_3			
11		r_5	r_5		r_5	r_5			

3) LR 分析过程

为了更好地理解分析过程,在分析过程中,仍然将符号栈的变化展示出来,这样 LR 的分析过程就可以用下面的三元式的变化来表示:

$$(状态栈,符号栈,剩余输入符号串)$$

这个三元式分别表示分析过程中某时刻的状态栈、符号栈和输入符号串的内容。

初始时,将状态 S_0 和♯压入状态栈和符号栈。此时的三元式为:

$$(S_0,♯,a_1a_2\cdots a_n♯)$$

分析过程中任一时刻可以用如下三元式来表示:

$$(S_0S_1\cdots S_m,♯X_1X_2\cdots X_m,a_ia_{i+1}\cdots a_n♯)$$

分析器下一步的动作是根据栈顶状态 S_m 和当前输入符号 a_i 查 action 表,根据表中的内容完成相应的动作,从而引起三元式的变化。算法描述如算法 3.9 所示。

算法 3.9 LR 分析过程

输入:LR 分析表、输入符号串 a

输出:若 a 是文法的句子,输出归约过程,否则输出错误步骤：

（1）将状态 0 和♯压入状态栈和符号栈。

（2）根据栈顶状态 S_m 和当前输入符号 a_i 查 action 表，分四种情况。

① 移进。在 action 表中，若 action$[S_m, a_i] = S_k$，执行的动作是：当前输入符号 a_i 进符号栈，下一输入符号变为当前输入符号，状态 k 进状态栈。三元式变为

$$(S_0 S_1 \cdots S_m k, \♯ X_1 X_2 \cdots X_m a_i, a_{i+1} \cdots a_n \♯)$$

② 归约。若 action$[S_m, a_i] = r_j$，按某个产生式 j：$A \to \beta$ 进行归约，假定产生式的右端 β 的长度为 r，则两个栈顶的 r 个元素同时出栈。将归约后的符号 A 进符号栈；根据 goto 表，把 (S_{m-r}, A) 的下一状态 $k = goto[S_{m-r}, A]$ 进状态栈。三元式变为

$$(S_0 S_1 \cdots S_{m-r} k, \♯ X_1 X_2 \cdots X_{m-r} A, a_i a_{i+1} \cdots a_n \♯)$$

归约的动作不改变现行输入符号，执行归约的动作意味着 $\beta(X_{m-r+1} \cdots X_m)$ 已呈现于栈顶且是一个相对于 A 的句柄。

③ 接受。若 action$[S_m, a_i] = acc$，则宣布分析成功，分析器停止工作。三元式不再变化。

④ 报错。若 action$[S_m, a_i]$ 为空白，此时就发现了源程序中的错误，调用出错处理程序。三元式变化过程终止。

（3）LR 分析程序按上述方式查表控制三元式的变化，直至执行"接受"或"报错"为止。

例 3.32 利用表 3.16 的分析表，对输入串 i＋i＊i♯进行 LR 分析。

首先将状态 0 和♯压入栈中，然后根据栈顶的状态和当前输入符号 a_i 查 action 表，状态栈、符号栈和当前输入串的变化情况具体如表 3.17 所示。

表 3.17　输入串 i＋i＊i♯的 LR 分析过程

序　号	状　态　栈	符　号　栈	产　生　式	输入串	说　　明
1	0	♯		i＋i＊i♯	0 和♯进栈
2	05	♯i		＋i＊i♯	i 和 S_5 进栈
3	03	♯F	F→i	＋i＊i♯	i 和 S_5 退栈，F 和 S_3 进栈
4	02	♯T	T→F	＋i＊i♯	F 和 S_3 退栈，T 和 S_2 进栈
5	01	♯E	E→T	＋i＊i♯	T 和 S_2 退栈，E 和 S_1 进栈
6	016	♯E＋		i＊i♯	＋和 S_6 进栈
7	0165	♯E＋i		＊i♯	i 和 S_5 进栈
8	0163	♯E＋F	F→i	＊i♯	i 和 S_5 退栈，F 和 S_3 进栈
9	0169	♯E＋T	T→F	＊i♯	F 和 S_3 退栈，T 和 S_9 进栈
10	01697	♯E＋T＊		i♯	＊和 S_7 进栈
11	016975	♯E＋T＊i		♯	i 和 S_5 进栈
12	0169710	♯E＋T＊F	F→i	♯	i 和 S_5 退栈，F 和 S_{10} 进栈
13	0169	♯E＋T	T→T＊F	♯	F＊T 和 S_{10}，S_7，S_9 退栈，T 和 S_9 进栈
14	01	♯E	E→E＋T	♯	T＋E 和 S_9，S_6，S_1 退栈，E 和 S_1 进栈

从这个分析过程可以看出，对 LR 文法，当分析器对输入串进行自左至右扫描时，一旦

句柄呈现于栈顶,就能及时对它进行归约。

在 3.4.1 节讨论的规范归约中,由栈中的文法符号和当前的输入符号来识别句柄。对一个 LR 分析器来说,栈顶的状态包含了分析所需的一切"历史"和"展望"信息,因此 LR 分析器不需要扫描整个栈就知道什么时候句柄出现在栈顶。因此,可以用一个有穷自动机来确定栈顶的句柄。LR 分析表的 goto 函数实质上就是这样的有穷自动机。

一个文法,如果能构造一个 LR 分析表,且它的每个入口均是唯一确定的,则把这个文法称为 LR 文法。并非所有上下文无关文法都是 LR 文法,但多数程序语言都可用 LR 文法来描述。

在有些情况下,LR 分析器需要"展望"和实际检查未来的 k 个输入符号才能决定是采取"移进"还是"归约"。一般而言,一个文法如果能用一个每步最多向前检查 k 个输入符号的 LR 分析器进行分析,则这个文法就称为 LR(k)文法。

虽然 LR 分析法有很多种,但各种 LR 分析法中的分析程序和分析表的形式都是相同的,差别在于分析表的内容,不同的文法和不同的 LR 分析法,其分析表都是不同的。因此,进行 LR 分析的关键是分析表的构造,下面分别介绍四种不同的 LR 分析法中分析表的构造。

2. LR(0)分析

1) 活前缀和项目

在第 2 章介绍过字的前缀,它是指该字的任意首部。例如,字 abc 的前缀有 ε、a、ab 或 abc。活前缀(Viable Prefix)是指规范句型的一个前缀,它不含句柄之后的任何符号(即在规范句型中,句柄之前的部分和句柄构成的前缀)。即对于文法 G,若有规范推导 $S \overset{*}{\Rightarrow} \delta A\omega$,且可继续规范推导出 $S \overset{*}{\Rightarrow} \delta\alpha\beta\omega$,其中,$\delta \in V^*$,$A \in V_N$,$\alpha \in V^+$,$\omega \in V_T^*$,则 $\alpha\beta$ 是 $\delta\alpha\beta\omega$ 的句柄,$\delta\alpha\beta$ 的任何前缀都是 $\delta\alpha\beta\omega$ 的活前缀。因为句柄是活前缀的后缀,识别活前缀就可以找到句柄;找到了句柄,就可以对句柄归约。

对一个文法 G,可以构造一个 DFA 来识别 G 的所有规范句型的活前缀。在此基础上,将它自动转换成 LR 分析表。

在 LR 分析的任何时候,栈里的文法符号(自栈底向上)$X_1 X_2 \cdots X_m$ 应该构成活前缀,把输入串的剩余部分匹配于其后即应成为规范句型(如果整个输入串为一个句子的话)。因此,在规范归约过程中的任何时刻只要已分析过的部分(即在符号栈中的符号串)一直保持为可归约成某个活前缀,就表明输入串已被分析过的部分没有发现语法错误。加上输入串的剩余部分,恰好就是活前缀所属的规范句型。一旦栈顶出现句柄,就被归约成某个产生式的左部符号,所以活前缀不包括句柄之后的任何符号。用"项目"来表示分析过程中已经分析过的部分。

为了表征句柄与活前缀间的关系,即句柄是否已在当前活前缀中出现,以及句柄中已有多少符号出现在栈中,需引入 LR(0)项目的概念。文法 G 的一个 LR(0)项目(简称项目)是在 G 的某个产生式右部的某个位置添加一个圆点。例如,产生式 A→XYZ 对应有四个项目:

(1) A→ · XYZ;

(2) A→X · YZ;

(3) A→XY · Z;

(4) A→XYZ·。

产生式 A→ε 只对应一个项目 A→·。一个项目指明了在分析过程中的某个时刻,已经看到产生式所能推出的字符串的多大一部分。如上例中第一个项目意味着,希望能从输入串中看到 XYZ 推出的符号串;第二个项目意味着,已经从输入串中看到从 X 推出的符号串,希望能从后面的输入串进一步看到从 YZ 推出的符号串;最后一个项目表示,已经从输入串中看到从 XYZ 推出的全部符号串,此时可以将 XYZ 归约为 A。

若干个项目组成的集合,称为项目集。例如,对于上述产生式的四个项目即构成一个项目集。

例 3.33　求文法 G3.6 的所有项目。

0. $S' \to E$

1. $E \to aA \mid bB$

2. $A \to cA \mid d$

3. $B \to cB \mid d$ 　　　　　　　　　　　　　　　　　　　　　　　　　(G3.6)

针对该文法的每个产生式写出对应的项目:

1. $S' \to \cdot E$　　　　2. $S' \to E \cdot$

3. $E \to \cdot aA$　　　　4. $E \to a \cdot A$　　　　5. $E \to aA \cdot$

6. $A \to \cdot cA$　　　　7. $A \to c \cdot A$　　　　8. $A \to cA \cdot$

9. $A \to \cdot d$　　　　10. $A \to d \cdot$

11. $E \to \cdot bB$　　　　12. $E \to b \cdot B$　　　　13. $E \to bB \cdot$

14. $B \to \cdot cB$　　　　15. $B \to c \cdot B$　　　　16. $B \to cB \cdot$

17. $B \to \cdot d$　　　　18. $B \to d \cdot$

项目中的圆点用来指示识别位置,圆点之左是在分析栈栈顶的已识别部分,圆点之右是期待从输入符号串中识别的符号串(可以把圆点理解为栈内外的分界点)。

如果项目 i 和项目 j 出自同一产生式,而且项目 j 的圆点只落后于项目 i 一个位置,则称项目 j 是项目 i 的后继项目。如在例 3.33 中,项目 2 是项目 1 的后继项目,项目 4 是项目 3 的后继项目。在一个项目中紧跟在圆点后面的符号称为该项目的后继符号,表示下一时刻将会遇到的符号。

可以根据圆点所在的位置和后继符号的类型把项目分为以下几种。

(1) 归约项目:凡圆点在最右端(即后继符号为空)的项目,如 A→α·,表明一个产生式的右部已分析完,句柄已形成,可以归约。

(2) 接受项目:对文法的开始符号 S' 的归约项目,如 $S' \to α·$,表明已分析成功。

(3) 移进项目:后继符号为终结符的项目,如 A→α·aβ(其中 a 为终结符),分析动作是把 a 移进符号栈。

(4) 待约项目:后继符号为非终结符的项目,如 A→α·Bβ(其中 B 为非终结符),它表明所对应的项目等待将非终结符 B 所能推出的串归约为 B,才能继续向后分析。

由此可知,句柄、LR(0)项目与活前缀间的关系有如下三种。

(1) 当句柄 α 已完全出现在规范句型的活前缀之中,即 α 作为活前缀的一个后缀出现于分析栈的栈顶,则相应的 LR(0)项目为 A→α·,并将其称为归约项目,因为此时应按产生式 A→α 归约活前缀中的句柄 α。

　　(2) 当句柄的一个真前缀 β_1 已出现于分析栈的栈顶,即活前缀中仅含有句柄的一部分符号,则相应的 LR(0)项目为 $A \to \beta_1 \cdot \beta_2$,此时期望能从余留的输入串形成句柄的后缀 β_2。于是,若 β_2 形如 $X\beta$,当 $X \in V_T$ 时,相应的分析动作自然是将正扫描的输入符号移进栈中,故将相应的 LR(0)项目 $A \to \beta_1 \cdot X\beta$ 称为移进项目;而当 $X \in V_N$ 时,期望通过从余留的输入符号中归约出非终结符号 X,故将相应的 LR(0)项目 $A \to \beta_1 \cdot X\beta$ 称为待约项目。

　　(3) 当活前缀中不含有句柄 α 的任何符号时,相应的 LR(0)项目为 $A \to \cdot \alpha$,显然它是上述第二类 LR(0)项目当 $\beta_1 = \varepsilon$ 时的特殊情形。

　　现在将每一个项目看作一个状态,构造识别一个文法所有活前缀的 DFA。这个 DFA 的所有状态(项目集)称为这个文法的 LR(0)项目集规范族。LR(0)项目集规范族是构造 LR(0)分析表的基础。

　　为了构造文法 G 的 LR(0)项目集规范族,使终结状态易于识别,首先对原文法进行拓广。设原文法 G 的开始符号为 S,增加产生式 $S' \to S$,得到拓广文法 G',S' 为 G' 的开始符号。拓广文法是为了对某些右部含有开始符号的文法,在归约过程中能分清是已归约到文法的最初开始符,还是文法右部出现的开始符号,拓广文法的开始符号 S' 只在左部出现,确保了不会混淆。在拓广文法 G' 中,有且仅有一个接受项目 $S' \to S \cdot$,这就是唯一的接受态。

　　构造 LR(0)项目集规范族的方法有两种。

　　(1) 列出拓广文法的所有项目,构造其 NFA,再用第 3 章介绍的子集法将其确定化为 DFA。这种方法工作量较大。

　　(2) 使用类似于第 3 章的闭包和状态转换函数的概念,直接进行构造。

　　2) 通过构造 NFA,并确定化的方法来构造识别活前缀的 DFA

　　根据第 3 章中构造 DFA 的思想,构造 LR(0)项目集规范族和识别活前缀的 DFA,也可先构造识别文法 G 的项目集规范族和识别活前缀的 NFA,然后利用第 3 章介绍的子集法将 NFA 进行确定化。

　　构造识别文法 G 的活前缀的 NFA 的基本思想是:根据后继关系将某状态和其后继状态用弧线连接起来,步骤如下。

　　(1) 写出文法的所有项目,每个项目作为一个状态。

　　(2) 规定项目 1: $S' \to \cdot S$ 为 NFA 的唯一初态。

　　(3) 如果状态 i 和状态 j 出自同一产生式,状态 j 是状态 i 的后继状态,假定状态 i 为

$$X \to X_1 \cdots X_{i-1} \cdot X_i \cdots X_n$$

而状态 j 为

$$X \to X_1 \cdots X_i \cdot X_{i+1} \cdots X_n$$

那么①如果 X_i 是终结符 a,则从状态 i 画一条弧到状态 j,标记为 a。②如果 X_i 是非终结符 A,则画两种类型的弧线:从状态 i 画一条弧到状态 j,标记为 A;从状态 i 画 ε 弧到所有的 $A \to \cdot \beta$ 的状态(所有圆点出现在产生式右部最左边的、左部是非终结符 A 的项目)。

　　(4) 归约项目表示结束状态(句柄识别态),用双圈表示,双圈外有 * 号者表示句子接受态。

　　例 3.34　构造文法 G3.6 的 LR(0)项目集规范族。

　　对于文法 G3.6,首先写出文法 G 的所有项目,如例 3.33 所示,每个项目就是一个状

态；根据上面介绍的步骤构造识别文法 G 的所有活前缀的 NFA，如图 3.24 所示，图中的状态编号与项目编号对应。

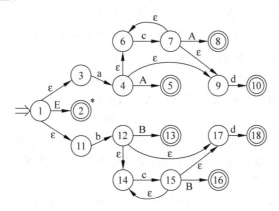

图 3.24　识别文法 G3.6 活前缀的 NFA

　　然后可以使用第 3 章介绍的子集法，把 NFA 确定化，得到一个以项目集为状态的 DFA，它是建立 LR 分析表的基础。图 3.25 是图 3.24 对应的 DFA。

　　该 DFA 中的每个状态用一个方框来表示，方框中的每个状态代表原来 NFA 的状态集合，即已经把 NFA 的多个状态合并成了 DFA 中的一个状态，并将其中包含的 NFA 的状态都写明了。

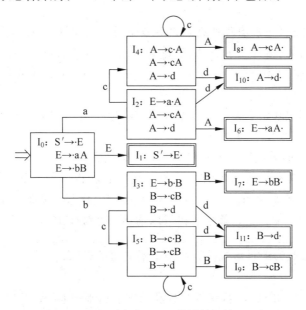

图 3.25　识别文法 G3.6 的活前缀的 DFA

　　3）使用闭包和状态转换函数来构造识别活前缀的 DFA

　　为了能直接从文法生成 LR(0)项目集规范族，设 I 是文法 G' 的任一项目集，首先来介绍与项目集 I 有关的两个概念。

　　(1) 项目集 I 的闭包，表示为 Closure(I)，是从 I 出发由下面两条规则构造的项目集：

　　• 初始时，把 I 的每个项目都加入到 Closure(I)中；

　　• 如果 $A\rightarrow\alpha\cdot B\beta$ 在 Closure(I)中，将所有不在 Closure(I)中的形如 $B\rightarrow\cdot\gamma$ 的项目加

入 Closure(I)中；重复执行这条规则，直至没有更多的项目可加入到 Closure(I)为止。

在构造 Closure(I)时需要注意，对任何非终结符 B，若某个圆点在左边的项目 B→•γ 进入到 Closure(I)，则 B 的所有形如 B→•β 的项目也要加入 Closure(I)中。

例 3.35 对于文法 G3.6，设 I={A→c•A}，则 Closure(I)={A→c•A，A→•cA，A→•d}，这就是图 3.25 中 I_4 的项目集。

(2) 项目集 I 的状态转换函数，表示为 GO(I,X)，也称为 I 的后继状态，它表示在状态 I 面临文法符号 X(终结符或非终结符)应该转移到的状态。函数 GO(I,X)定义为

$$GO(I, X) = Closure(move(I, X))$$

其中，move(I, X)={任何形如 A→αX•β 的项目 | A→α•Xβ∈I}，即 A→αX•β 是 A→α•Xβ 的后继项目，它们源于同一个产生式，仅圆点相差一个位置，即由项目集 I 出发经标记为 X 的弧，到达的状态为 GO(I, X)。

我们说一个项目 A→β₁•β₂ 对活前缀 αβ₁ 是有效的，其条件就是存在规范推导 S$\overset{*}{\Rightarrow}$αAω$\Rightarrow$αβ₁β₂ω。一般而言，同一个项目可能对好几个活前缀都是有效的。若归约项目 A→β₁• 对活前缀 αβ₁ 是有效的，则它告诉我们应把符号串 β₁ 归约为 A，即把活前缀 αβ₁ 变成 αA；若移进项目 A→β₁•β₂ 对活前缀 αβ₁ 是有效的，则它告诉我们句柄尚未形成，下一步动作应该是移进。直观上说，若 I 是对某个活前缀 γ 有效的项目集，则 GO(I,X)就是对 γX 有效的项目集。

例 3.36 对文法 G3.6，令 I={S′→•E，E→•aA，E→•bB}，即图 3.25 中的项目集 I_0，求 GO(I,a)。

GO(I,a)就是检查 I 中所有那些圆点之后紧跟着 a 的项目，如项目 E→•aA，把这个项目的圆点右移一位，得到项目 E→a•A，于是 move(I, X)={E→a•A}，再对它求闭包，得到 GO(I,a)=Closure({ E→a•A })={E→a•A，A→•cA，A→•d}，就是图 3.25 中的项目集 I_2。

通过项目集的闭包和状态转换函数可以很容易地构造拓广文法 G′ 的 LR(0)项目集规范族和识别活前缀的 DFA，步骤如下。

(1) 设项目集 Closure({S′→•S})为该 DFA 的初态。

(2) 对初态集或其他已构造出的项目集使用状态转换函数 GO(I,X)，求出新的项目集，X 为项目集 I 的所有后继符号，并在 I 和 GO(I,X)之间添加弧线，标记为 X。重复该步骤直到不出现新的项目集为止。整个过程可以描述为算法 3.10。

算法 3.10 构造 LR(0)项目集规范族和识别活前缀的 DFA

输入：文法 G

输出：文法 G 的 LR(0)项目集规范族及识别活前缀的 DFA

步骤：

(1) 拓广文法，添加产生式 0：S′→S，并写出全部项目。

(2) 设 C= {Closure ({S′→•S}) }。

(3) 对 C 中的每个项目集 I 和每个文法符号 X，求 GO(I, X)。

• 如果 GO(I, X)≠Φ 且 GO(I, X)∉C，把 GO(I, X)加入 C 中。

• 在 I 和 GO(I, X)之间添加标记为 X 的弧线。

(4) 重复执行(3)，直到 C 中项目集不再增加。

根据算法 3.10,重新构造文法 G3.6 的项目集规范族和识别活前缀的 DFA,结果如图 3.25 所示。项目集规范族 C 中共有 12 个项目集,GO()函数将它们连接成一个识别文法 G3.6 的活前缀的 DFA,其中 I_0 为初态,I_1 为接受态。显然两种构造方法产生的结果是相同的。

4) LR(0)分析表的构造

LR(0)分析表是 LR(0)分析器的重要组成部分,它是 LR 分析器完成动作的依据,可以根据该文法的识别活前缀的 DFA 来构造。

LR(0)分析表用一个二维数组表示,行是所有的状态编号,列是文法符号和♯号。分析表的内容由两部分组成,一部分为 action(动作)表,它表示当前状态面临某个输入符号应做的动作是移进、归约、接受或出错,动作表的列只包含终结符和♯;另一部分为 goto(转换)表,它表示在当前状态下面临文法符号时应转向的下一个状态,goto 表的列只包含非终结符(其实终结符的转换已经包含在 action 表中了)。

一个项目集中可能包含移进项目、归约项目、待约项目或接受项目四种项目中的一种或几种,但是一个 LR(0)项目集中不能有下列情况存在。

(1) 移进项目和归约项目同时存在。

若项目集形如{A→α·aβ,B→γ·},这时不管面临哪个输入符号都不能确定移进 a 还是把 γ 归约为 B,因为 LR(0)分析是不向前查看符号的,所以对归约的项目不管当前符号是什么都应归约。在一个项目集中同时存在移进和归约项目时称该状态含有移进-归约冲突(Shift-Reduce Conflict)。

(2) 归约项目和归约项目同时存在。

若项目集形如{A→β·,B→γ·},这时不管面临哪个输入符号都不能确定归约为 A,还是归约为 B。在一个项目集中同时存在两个或两个以上归约项目时称该状态含有归约-归约冲突(Reduce-Reduce Conflict)。

如果一个文法的 LR(0)项目集规范族中不存在移进-归约或归约-归约冲突时,称这个文法为 LR(0)文法。

对于 LR(0)文法,可直接从它的项目集规范族 C 和识别活前缀的 DFA 构造出 LR(0)分析表,算法描述如算法 3.11 所示。假定 C={$I_0,I_1,\cdots,I_n$},为简单起见,直接用 k 表示项目集 I_k 对应的状态,令包含项目 S′→·S 的状态为分析器的初态。

算法 3.11 构造 LR(0)分析表

输入:文法 G 的项目集规范族和识别活前缀的 DFA

输出:LR(0)分析表

步骤:

(1) 若项目 A→α·Xβ∈I_k 且 GO(I_k, X)=I_j:

若 X∈V_T,则置 action[k, X]=S_j,即将(j,a)进栈;

若 X∈V_N,则置 goto[k, X]=j。

(2) 若项目 A→α·∈I_k,则对任何 a∈V_T(或结束符♯),置 action[k, a]=r_j(设 A→α 是文法 G′的第 j 个产生式),即用 A→α 归约。

(3) 若项目的 S′→S·∈I_k,则置 action[k, ♯]=acc,即接受。

(4) 分析表中凡不能用步骤(1)~(3)填入的空白均置为"出错标志"。

由于 LR(0)文法的项目集规范族的每个项目集不含冲突项目,因此按上述方法构造的分析表的每个入口都是唯一的(即不含多重定义)。称如此构造的分析表是一张 LR(0)分析表,使用 LR(0)分析表的分析器称作 LR(0)分析器。

例 3.37 构造文法 G3.6 的 LR(0)分析表。

首先,文法 G3.6 是一个已经拓广后的文法。将各个产生式进行编号,改写为 G3.6′。

(0) $S' \to E$

(1) $E \to aA$

(2) $E \to bB$

(3) $A \to cA$

(4) $A \to d$

(5) $B \to cB$

(6) $B \to d$　　　　　　　　　　　　　　　　　　　　　　　　　　　(G3.6′)

其次,根据算法 3.10 构造项目集规范族和识别活前缀的 DFA,如图 3.25 所示。从图中可以看出,所有项目集中均不含冲突项目,因此这个文法是一个 LR(0)文法。

最后,根据算法 3.11,得到 LR(0)分析表如表 3.18 所示。

表 3.18　文法 G3.6 的 LR(0)分析表

状　　态	action					goto		
	a	b	c	d	#	E	A	B
0	S_2	S_3				1		
1					acc			
2			S_4	S_{10}			6	
3			S_5	S_{11}				7
4			S_4	S_{10}			8	
5			S_5	S_{11}				9
6	r_1	r_1	r_1	r_1	r_1			
7	r_2	r_2	r_2	r_2	r_2			
8	r_3	r_3	r_3	r_3	r_3			
9	r_5	r_5	r_5	r_5	r_5			
10	r_4	r_4	r_4	r_4	r_4			
11	r_6	r_6	r_6	r_6	r_6			

例 3.38 考查表达式文法 G3.2 的拓广文法 G3.7。

(0) $S' \to E$

(1) $E \to E + T$

(2) $E \to T$

(3) $T \to T * F$

(4) $T \to F$

(5) $F \to (E)$

(6) $F \to i$　　　　　　　　　　　　　　　　　　　　　　　　　　　(G3.7)

构造该文法的 LR(0)项目集规范族及识别活前缀的 DFA,如图 3.26 所示。

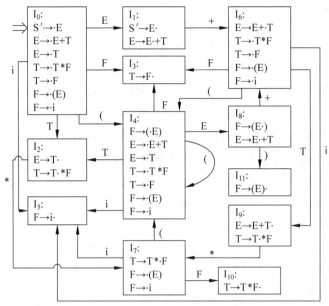

图 3.26 识别文法 G3.7 的活前缀的 DFA

在这 12 个项目集中,I_1,I_2,I_9 中存在移进-归约冲突,因而文法 G3.7 不是 LR(0)文法,不能构造 LR(0)分析表。下一小节将介绍 SLR 分析法来解决该冲突,对文法进行分析。

3. SLR(1)分析

1) SLR(1)文法

只有当一个文法 G 是 LR(0)文法,即识别 G 的活前缀的 DFA 中的每个状态都不出现冲突时,才能构造 LR(0)分析表。由于大多数实用的程序设计语言的文法都不能满足 LR(0)文法的条件,本节将介绍对于 LR(0)项目集规范族中有冲突的项目集用向前查看一个符号的办法来解决冲突。这种办法将能满足一部分文法的要求,因为只对有冲突的状态才向前查看一个符号,即查看 Follow 集,以确定完成哪个动作,称这种分析方法为简单的 LR(1)分析法,用 SLR(1)表示。

假定一个 LR(0)项目集规范族中有如下形式的项目集(状态)I:

$$I = \{X \to \alpha \cdot b\beta, \ A \to \gamma \cdot, \ B \to \delta \cdot\}$$

其中,α,β,γ,δ 为文法符号串,b 为终结符。在这个项目集中,第一个项目是移进项目,第二、三个项目是归约项目。在该项目集中含有移进-归约冲突和归约-归约冲突。那么只有在所有含有 A 或 B 的句型中,直接跟在 A 或 B 后的可能的终结符的集合(即 Follow(A)和 Follow(B))互不相交,且都不包含 b 时,才能唯一确定下一个动作,也就是说只有满足下面的条件:

Follow(A) $\bigcap$ Follow(B) $= \Phi$

Follow(A) $\bigcap$ {b} $= \Phi$

Follow(B) $\bigcap$ {b} $= \Phi$

当在状态 I 面临某输入符号 a 时,才能采取如下"移进-归约"策略。

(1) 若 a＝b,则移进。

(2) 若 a∈Follow(A),则用产生式 A→γ 进行归约。

(3) 若 a∈Follow(B),则用产生式 B→δ 进行归约。

(4) 此外,报错。

通常而言,假设 LR(0)项目集规范族中的项目集 I 中有 m 个移进项目:$A_1→α_1 \cdot a_1β_1$,$A_2→α_2 \cdot a_2β_2$,$\cdots$,$A_m→α_m \cdot a_mβ_m$ 和 n 个归约项目:$B_1→γ_1 \cdot$,$B_2→γ_2 \cdot$,$\cdots$,$B_n→γ_n \cdot$,那么,只要集合$\{a_1,a_2,\cdots,a_m\}$和 $Follow(B_1),Follow(B_2),\cdots,Follow(B_n)$两两不相交,就可以通过检查当前输入符号 a 属于上述 n＋1 个集合中的哪一个集合来解决冲突。即

(1) 若 $a∈\{a_1,a_2,\cdots,a_m\}$,则移进。

(2) 若 $a∈Follow(B_i)$,$i=1,2,\cdots,n$,则用产生式 $B_i→γ_i$ 进行归约。

(3) 此外,报错。

冲突性动作的这种解决方法叫作 SLR(1)方法。如果某文法的 LR(0)项目集规范族的项目集中存在的冲突都能用 SLR(1)方法解决,称这个文法是 SLR(1)文法,所构造的分析表为 SLR(1)分析表。数字 1 的意思是,在分析过程中最多向前看一个符号。使用 SLR(1)分析表的分析器称为 SLR(1)分析器。

考查例 3.38 中的三个含有冲突的项目集。

在 I_1 中:$S'→E \cdot$

　　　　$E→E \cdot +T$

由于 $Follow(S')=\{\#\}$,而 $S'→E \cdot$ 是唯一的接受项目,所以当且仅当面临句子的结束符♯时,句子才被接受。又因$\{\#\}\bigcap\{+\}=Φ$,因此 I_1 中的冲突可解决。

在 I_2 中:$E→T \cdot$

　　　　$T→T \cdot *F$

由于 $Follow(E)=\{+,),\#\}$,$Follow(E)\bigcap\{*\}=\{+,),\#\}\bigcap\{*\}=Φ$,因此面临输入符为＋,)或♯时,用产生式 E→T 进行归约;当面临输入符为 * 时,移进;其他情况则报错。

在 I_9 中:$E→E+T \cdot$

　　　　$T→T \cdot *F$

与 I_2 类似,由于 $Follow(E)\bigcap\{*\}=\{+,),\#\}\bigcap\{*\}=Φ$,因此面临输入符为＋,)或♯时,用产生式 E→E+T 进行归约;当面临输入符为 * 时,移进;其他情况则报错。

综上,例 3.38 中的冲突均可用 SLR(1)方法解决。因此文法 G3.7 是 SLR(1)文法。

2) SLR(1)分析表的构造

SLR(1)分析表的构造与 LR(0)分析表的构造类似,只是需要在含有冲突的项目集中分别进行处理。

首先,构造出文法的 LR(0)项目集规范族及识别活前缀的 DFA,寻找 DFA 中有冲突的项目集,并对冲突项目集中计算归约项目左部非终结符的 Follow 集。假定项目集规范族 $C=\{I_0,I_1,\cdots,I_n\}$,其中 I_k 为项目集的名字,k 表示状态,令包含 $S'→\cdot S$ 项目的状态 k 为分析器的初态。那么,SLR(1)分析表的构造算法如算法 3.12 所示。

算法 3.12　构造文法的 SLR(1)分析表

输入：文法 G

输出：SLR(1)分析表

步骤：

(1) 构造文法 G 的 LR(0)项目集规范族及识别活前缀的 DFA。

(2) 判断 DFA 中的每个状态是否有冲突。

(3) 对每个冲突状态，计算归约项目左部符号的 Follow 集。

(4) 检查每个状态和每条边。

- 若项目 $A \rightarrow \alpha \cdot X\beta \in I_k$ 且 $GO(I_k, X) = I_j$：如果 $X \in V_T$，则置 $action[k, X] = S_j$，即将 (j, a) 进栈；如果 $X \in V_N$，则置 $goto[k, X] = j$。
- 若项目 $A \rightarrow \alpha \cdot \in I_k$，则对任何 $a \in V_T$（或结束符♯），若 $a \in Follow(A)$ 时，置 $action[k, a] = r_j$（设 $A \rightarrow \alpha$ 是文法 G' 的第 j 个产生式），即用 $A \rightarrow \alpha$ 归约。
- 若项目 $S' \rightarrow S \cdot \in I_k$，则置 $action[k, ♯] = acc$，即接受。
- 分析表中凡不能用上面步骤填入的空白均置为"出错标志"。

按照该方法构造含有 action 和 goto 两部分的分析表，如果表的每个入口不含多重定义，则称它为文法 G 的一张 SLR(1)分析表。使用 SLR(1)分析表的分析器称为 SLR(1)分析器。

例 3.39　对例 3.38 中的文法 G3.7 构造 SLR(1)分析表，如表 3.19 所示。

表 3.19　对例 3.38 中的文法 G3.7 的 SLR(1)分析表

状　态	action						goto		
	i	+	*	(	)	♯	E	T	F
0	S_5			S_4			1	2	3
1		S_6				acc			
2		r_2	S_7		r_2	r_2			
3		r_4	r_4		r_4	r_4			
4	S_5			S_4			8	2	3
5		r_6	r_6		r_6	r_6			
6	S_5			S_4		r_1		9	3
7	S_5			S_4					10
8		S_6			S_{11}				
9		r_1	S_7		r_1	r_1			
10		r_3	r_3		r_3	r_3			
11		r_5	r_5		r_5	r_5			

尽管采用 SLR(1)方法能够对某些 LR(0)项目集规范族中存在冲突的项目集，通过向前看一个符号的办法得到解决，但是实际上大多数实用的程序设计语言的文法也不能满足 SLR(1)文法的条件。若按上述方法构造的分析表存在多重定义的入口（即含有动作冲突），则说明文法不是 SLR(1)的。这种情况下，不能用上述算法构造分析表。

例 3.40 给定文法 G3.8,是已拓广的文法:

(0) $S' \rightarrow S$

(1) $S \rightarrow aAd$

(2) $S \rightarrow bAc$

(3) $S \rightarrow aec$

(4) $S \rightarrow bed$

(5) $A \rightarrow e$ (G3.8)

用 $S' \rightarrow \cdot S$ 作为初态集的项目,构造识别文法 G3.8 的活前缀的 DFA,如图 3.27 所示。

可以发现在项目集 I_5 和 I_7 中存在移进-归约冲突。

I_5: $S \rightarrow ae \cdot c$ $A \rightarrow e \cdot$

I_7: $S \rightarrow be \cdot d$ $A \rightarrow e \cdot$

归约项目左部非终结符的 Follow(A)={c,d}。

在 I_5 中,Follow(A)$\bigcap$\{c\}=\{c,d\}$\bigcap$\{c\}$\neq\Phi$。

在 I_7 中,Follow(A)$\bigcap$\{d\}=\{c,d\}$\bigcap$\{d\}$\neq\Phi$。

因此,I_5,I_7 中的冲突不能用 SLR(1)方法解决,而文法 G3.8 是非二义的,这就意味着该文法不是 SLR(1)的,不能求 SLR(1)分析表,即该文法不能使用 SLR(1)分析方法。下一小节将介绍 LR(1)方法来解决这种冲突。

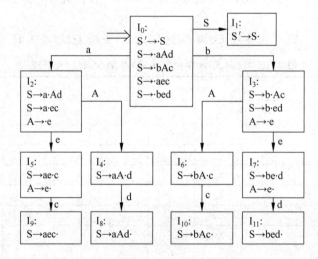

图 3.27 识别文法 G3.8 的活前缀的 DFA

*4. LR(1)分析

1) LR(1)分析的基本概念

由于用 SLR(1)方法解决动作冲突时,对于归约项目 $A \rightarrow \alpha \cdot$,只要当前面临的输入符号 $a \in$ Follow(A)时,就确定采用产生式 $A \rightarrow \alpha$ 进行归约,但是如果栈中的符号串为 $\beta\alpha$,归约后变为 βA,再移进当前符号 a,则栈里变为 βAa,而实际上 βAa 未必为文法规范句型的活前缀。因此,在这种情况下,用 $A \rightarrow \alpha$ 进行归约是无效的。

例如,在识别表达式文法 G3.7 的活前缀 DFA 中,如图 3.26 所示,项目集 I_2 存在移进-归约冲突,即\{E$\rightarrow$T$\cdot$,T$\rightarrow$T$\cdot$*F\},若栈顶状态为 2,栈中符号为 ♯T,当前输入符为),

)∈Follow(E),这时按 SLR(1)方法应该用产生式 E→T 进行归约,归约后栈顶符号为♯E,
而再加当前符号)后,栈中为♯E)不是文法 G3.7 规范句型的活前缀。

因此可以看出 SLR(1)方法虽然相对 LR(0)有所改进,但仍然存在着无效归约,也说明
SLR(1)方法向前查看一个符号的方法仍不够确切,LR(1)方法恰好可以解决 SLR(1)方法
在某些情况下存在的无效归约问题。

可以设想让每个状态含有更多的"展望"信息,这些信息将有助于克服动作冲突和排除
用 A→α 所进行的无效归约,在必要时对状态进行分裂,使得 LR 分析器的每个状态能够确
切地指出 α 后跟哪些终结符时才允许把 α 归约为 A。

这就需要重新定义项目,使得每个项目都附带有 k 个终结符。现在每个项目的一般形
式为

$$[A → α • β, a_1 a_2 \cdots a_k]$$

其中,A→α • β 是一个 LR(0)项目,$a_i ∈ V_T^*$。这样的一个项目称为一个 LR(k)项目,项目中
的 $a_1 a_2 \cdots a_k$ 称为它的向前搜索字符串(或展望串)。向前搜索字符串仅对归约项目[A→
α • ,$a_1 a_2 \cdots a_k$]有意义,对于任何移进或待约项目不起作用。归约项目[A→α • ,$a_1 a_2 \cdots a_k$]意
味着当它所属的状态呈现在栈顶且后续的 k 个输入符号为 $a_1 a_2 \cdots a_k$ 时,才可以把栈顶的句
柄 α 归约为 A。这里,只讨论 k≤1 的情形,因为对多数程序语言的语法来说,向前搜索(展
望)一个符号就可以确定"移进"还是"归约"。这样,归约项目都形如[A→α • ,a],搜索字符
a∈Follow(A)。

一个 LR(1)项目[A→α • β,a]对活前缀 γ 是有效的,其含义是如果存在规范推导

$$S \overset{*}{\Rightarrow} δAω \Rightarrow δαβω$$

其中,γ=δα,a 是 ω 的第一个符号,或者当 ω 为 ε 时,a 为♯时。

例 3.41　考虑文法

(1) S→BB

(2) B→bB | a　　　　　　　　　　　　　　　　　　　　　　　　　　(G3.9)

项目[B→b • B,b]对活前缀 γ=bbb 是有效的,因为根据上述定义有 $S \overset{*}{\Rightarrow} bbBba \Rightarrow$
bbbBba,其中 δ=bb,A=B,α=b,β=B,ω=ba。

2) LR(1)项目集规范族的构造

构造有效的 LR(1)项目集规范族本质上和构造 LR(0)项目集规范族的方法相同,也需
要两个函数:Closure(I)和 GO(I, X),它们和 LR(0)文法中的这两个函数有区别。

(1) 项目集 I 的闭包 Closure(I),可按如下方式构造。

- 将 I 中的所有项目都加入 Closure(I)。
- 若项目[A→α • Bβ, a]∈Closure(I),B→γ 是一个产生式,那么对于任何 b∈First
  (βa),如果[B→ • γ, b]原来不在 Closure(I)中,则把它加进去。重复执行该过程,
  直到 Closure(I)不再增大为止。

(2) 令 I 是一个项目集,X 是一个文法符号,则转换函数 GO(I, X)定义为

$$GO(I, X) = Closure(move(I, X))$$

其中,move(I, X) ={任何形如[A→αX • β, a]的项目|[A→α • Xβ, a]∈I}。

利用 GO()函数和 Closure()函数,可以求文法 G 的 LR(1)项目集规范族和识别活前缀
的 DFA,构造方法可描述为算法 3.13。

算法 3.13 构造 LR(1)项目集规范族及识别活前缀的 DFA

输入：文法 G

输出：文法 G 的 LR(1)项目集规范族和识别活前缀的 DFA

步骤：

(1) 拓广文法，写出所有的 LR(1)项目。

(2) C={Closure（{[S′→ ·S，♯]}）}。

(3) 对 C 中的每个项目集 I 和 G′的每个文法符号 X，求 GO(I,X)。

- 如果 GO(I,X)≠Φ 且 GO(I,X)∉C，把 GO(I,X)加入 C 中。

- 在 I 和 Go(I,X)之间添加标记为 X 的弧线。

(4) 重复执行(3)的动作，直到 C 不再增大。

例 3.42 在例 3.41 中，识别活前缀的 DFA 中的冲突不能用 SLR(1)方法解决，利用算法 3.13 来构造 LR(1)项目集规范族及识别活前缀的 DFA。

考虑例 3.41 的 I_5、I_7 中的冲突不能用 SLR(1)方法解决，利用算法 3.13 来构造 LR(1)项目集规范族，如图 3.28 所示。这样 LR(1)项目集规范族有效地解决了 I_5、I_7 中的移进-归约冲突。由于归约项目的搜索字符集合与移进项目的移进符号不相交，所以在 I_5 中，当面临输入符为 d 时归约，为 c 时移进，而在 I_7 中，当面临输入符为 c 时归约，为 d 时移进。冲突可以全部解决，因此该文法是 LR(1)文法。

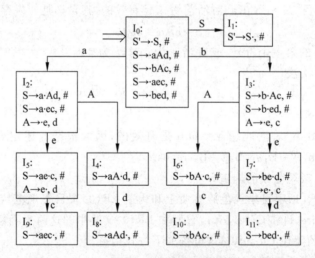

图 3.28　识别文法 G3.8 的 LR(1)项目活前缀的 DFA

3) LR(1)分析表的构造

根据文法的 LR(1)项目集规范族 C 及识别活前缀的 DFA，可以构造 LR(1)分析表。假定 C={I_0，I_1，…，I_n}，I_k 的下标 k 为分析表的状态，含有[S′→ ·S，♯]的状态为分析器的初态。LR(1)分析表可按算法 3.14 构造。

算法 3.14 构造 LR(1)分析表

输入：文法 G 的 LR(1)项目集规范族和识别活前缀的 DFA

输出：LR(1)分析表

步骤：

(1) 若项目$[A \to \alpha \cdot a\beta, b] \in I_k$，且$GO(I_k, a) = I_j$，其中$a \in V_T$，则置$action[k, a] = S_j$，即把输入符号$a$和状态$j$分别移入文法符号栈和状态栈。

(2) 若项目$[A \to \alpha \cdot, a] \in I_k$，其中$a \in V_T$，则置$action[k, a] = r_j$，即用产生式$A \to \alpha$进行归约，$j$是在文法中对产生式$A \to \alpha$的编号。

(3) 若项目$[S' \to S \cdot, \#] \in I_k$，则置$action[k, \#] =$ "acc"，表示接受。

(4) 若$GO(I_k, A) = I_j$，其中$A \in V_N$，则置$goto[k, A] = j$，表示当栈顶符号为A时，从状态k转换到状态j。

(5) 凡不能用步骤(1)～(4)填入分析表中的元素，均置"报错标志"。

按上述算法构造的分析表，若不存在多重定义入口（即动作冲突）的情形，则称它是文法 G 的规范的 LR(1)分析表。使用这种分析表的分析器叫作规范的 LR 分析器或 LR(1)分析器，具有规范的 LR(1)分析表的文法称为一个 LR(1)文法。如果用上述方法构造的分析表出现冲突时，该文法就不是 LR(1)的。

例 3.43 求例 3.42 的 LR(1)分析表。

利用算法 3.14，得到例 3.42 的 LR(1)分析表如表 3.20 所示。

表 3.20 例 3.42 的 LR(1)分析表

状 态	action						goto	
	a	b	c	d	e	#	S	A
0	S_2	S_3					1	
1						acc		
2					S_5			4
3					S_7			6
4				S_8				
5			S_9	r_5				
6			S_{10}					
7			r_5	S_{11}				
8						r_1		
9						r_3		
10						r_2		
11						r_4		

由表 3.20 可以看出对 LR(1)的归约项目不存在任何无效归约。但在多数情况下，同一个文法的 LR(1)项目集的个数比 LR(0)项目集的个数多，甚至可能多好几倍。这是因为同一个 LR(0)项目集的搜索字符集合可能不同，多个搜索字符集合则对应着多个 LR(1)项目集。如例 3.44 中的文法 G3.9′是一个 LR(0)文法，其 LR(0)项目集规范族中只有 7 个状态，而 LR(1)项目集规范族中有 10 个状态。

就文法的描述能力来说，有下面的结论：

$$LR(0) \subset SLR(1) \subset LR(1) \subset 无二义文法$$

例 3.44　将文法 G3.9 的拓广文法 G3.9′。

(0) $S' \rightarrow S$

(1) $S \rightarrow BB$

(2) $B \rightarrow bB$

(3) $B \rightarrow a$　　　　　　　　　　　　　　　　　　　　　　　　　(G3.9′)

该文法的 LR(1)项目集规范族的计算方法是：用 $[S' \rightarrow \cdot S, \#]$ 作为初态集的项目,然后利用闭包和 GO 函数进行计算。项目集规范族 C 和识别活前缀的 DFA 如图 3.29 所示。

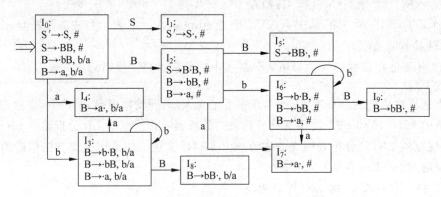

图 3.29　识别文法 G3.9′的 DFA

再根据图 3.29 以及算法 3.14,可以得到 LR(1)分析表如表 3.21 所示。

表 3.21　文法 G3.9′LR(1)分析表

状　态	action			goto	
	b	a	#	S	B
0	S_3	S_4		1	2
1			acc		
2	S_6	S_7			5
3	S_3	S_4			8
4	r_3	r_3			
5			r_1		
6	S_6	S_7			9
7			r_3		
8	r_2	r_2			
9			r_2		

*5. LALR(1)分析

LALR 方法是一种折中方法,它的分析表比 LR(1)分析表要小得多,能力也弱一些,但它能应用在一些 SLR(1)不能应用的场合。实际的编译器经常使用这种方法,大多数程序设计语言的语法结构能方便地由 LALR 文法表示。

就分析器的大小而言,SLR 和 LALR 的分析表对同一个文法有同样多的状态,而规范 LR(1)分析表要大得多。例如,对 Pascal 这样的语言,SLR 和 LALR 的分析表有几百个状态,而规范 LR(1)分析表有几千个状态。所以,使用 SLR 和 LALR 比使用 LR 要经济得多。

在 LR(1)分析表中,若存在两个状态(项目集)除向前搜索字符不同外,其他部分都是相同的,称这样的两个 LR(1)项目集是同心的,相同部分称为它们的心,如图 3.29 中的 I_3 和 I_6 是同心的。如果把同心的 LR(1)项目集合并,心仍相同(心就是一个 LR(0)项目集),超前搜索字符集为各同心集超前搜索字符的并集,合并同心集后 go()函数自动合并。如将 I_3 和 I_6 合并后得到 $I_{3,6}$:$\{B\to b \cdot B, a/b/\# \quad B\to \cdot bB, a/b/\# \quad B\to \cdot a, a/b/\#\}$。这种 LR 分析法称为 LALR 方法。对同一个文法,LALR 分析表和 LR(0)、SLR 分析表具有相同数目的状态。

若合并 LR(1)项目集规范族中的同心集后没有产生新的冲突,称为 LALR(1)项目集。合并同心集可能会推迟发现错误的时间,但错误出现的位置仍是准确的。

下面给出构造 LALR 分析表的算法,其基本思想是首先构造 LR(1)项目集规范族及识别活前缀的 DFA,如果它不存在冲突,就把同心集合并。若合并后的项目集规范族不存在归约-归约冲突(即不存在同一个项目集中有两个像 $A\to\alpha\cdot$ 和 $B\to c\cdot$ 这样的产生式具有相同的搜索字符),就能按这个项目集规范族构造分析表。LALR 分析表可按算法 3.15 构造。

算法 3.15 构造 LALR 分析表

输入:文法 G

输出:LALR 分析表

步骤:

(1) 构造文法 G 的 LR(1)项目集规范族及识别活前缀的 DFA,设 C = $\{I_0, I_1, \cdots, I_n\}$。

(2) 合并所有的同心集,得到 LALR(1)的项目集规范族 C' = $\{J_0, J_1, \cdots, J_m\}$。含有项目 $[S'\to \cdot S, \#]$ 的 J_k 为 DFA 的初态。

(3) 由 C' 构造 action(动作)表。其方法与 LR(1)分析表的构造相同。

① 若 $[A\to\alpha\cdot a\beta, b]\in J_k$,且 $GO(J_k, a) = J_j$,其中 $a\in V_T$,则置 action$[k, a] = S_j$,即把输入符号 a 和状态 j 分别移入文法符号栈和状态栈。

② 若项目 $[A\to\alpha\cdot, a]\in J_k$,其中 $a\in V_T$,则置 action$[k, a] = r_j$,r_j 的含义是按产生式 $A\to\alpha$ 进行归约,$A\to\alpha$ 是文法的第 j 个产生式。

③ 若项目 $[S'\to S\cdot, \#]\in I_k$,则置 action$[k, \#]$ = acc,表示分析成功,接受。

(4) goto 表的构造。对于不是同心集的项目集,转换函数的构造与 LR(1)的相同;对于同心集项目,由于合并同心集后新集的转换函数也为同心集,所以,转换函数的构造也相同。

假定 $I_{i1}, I_{i2}, \cdots, I_{in}$ 是同心集,合并后的新集为 J_k,转换函数 $GO(I_{i1}, X), GO(I_{i2}, X), \cdots$,$GO(I_{in}, X)$ 也为同心集,将其合并后记作 J_i,因此,有 $GO(J_k, X) = J_i$,所以当 X 为非终结符时,$GO(J_k, X) = J_i$,则置 goto$[k, X] = i$,表示在 k 状态下遇到非终结符 X 时,转向状态 i。

(5) 分析表中凡不能用步骤(3)、(4)填入信息的空白均填上"出错标志"。

经上述算法构造的分析表若不存在冲突,则称它为文法 G 的 LALR 分析表,存在这种分析表的文法称为 LALR 文法。使用 LALR 分析表的分析器称为 LALR 分析器。

LALR 与 LR(1)的不同之处是当输入串有误时,LR(1)能够及时发现错误,而 LALR 则可能还继续执行一些多余的归约动作,但绝不会执行新的移进,即 LALR 能够像 LR(1) 一样准确地指出出错的位置。

　　例 3.45　对例 3.44 的文法 G3.9′,求该文法的 LALR(1)分析表。

　　根据图 3.29 的 LR(1)项目集规范族,可发现同心集如下。

$$I_3 : B \to b \cdot B, a/b \qquad 和 \quad I_6 : B \to b \cdot B, \sharp$$
$$B \to \cdot bB, a/b \qquad\qquad B \to \cdot bB, \sharp$$
$$B \to \cdot a, a/b \qquad\qquad B \to \cdot a, \sharp$$
$$I_4 : B \to a \cdot, a/b \qquad 和 \quad I_7 : B \to a \cdot, \sharp$$
$$I_8 : B \to bB \cdot, a/b \qquad 和 \quad I_9 : B \to bB \cdot, \sharp$$

　　即 I_3 和 I_6,I_4 和 I_7,I_8 和 I_9 分别为同心集,将同心集合并后为

$$I_{3,6} : B \to b \cdot B, a/b/\sharp \qquad B \to \cdot bB, a/b/\sharp \qquad B \to \cdot a, a/b/\sharp$$
$$I_{4,7} : B \to a \cdot, a/b/\sharp$$
$$I_{8,9} : B \to bB \cdot, a/b/\sharp$$

同心集合并后仍不包含冲突,因此该文法是 LALR 文法。

　　构造该文法的 LALR(1)分析表的步骤是: I_3 和 I_6 合并后用 $I_{3,6}$ 表示,I_4 和 I_7 合并后用 $I_{4,7}$ 表示,I_8 和 I_9 合并后用 $I_{8,9}$ 表示,对文法合并同心集后的 LALR(1)分析表如表 3.22 所示,这就和该文法的 LR(0)分析表相同。

表 3.22　文法 G3.9′的 LALR(1)分析表

状　态	action			goto	
	b	a	♯	S	B
0	$S_{3,6}$	$S_{4,7}$		1	2
1			acc		
2	$S_{3,6}$	$S_{4,7}$			5
3,6	$S_{3,6}$	$S_{4,7}$			8,9
4,7	r_3	r_3	r_3		
5			r_1		
8,9	r_2	r_2	r_2		

*6. 二义文法在 LR 分析中的应用

　　对一个文法,如果它的任何移进-归约分析器都存在这样的情况:尽管栈的内容和下一个输入符号都已了解,但仍无法确定分析动作是"移进"还是"归约",或者无法从几种可能的归约中确定其一,则该文法是非 LR 的。LR 文法肯定是无二义的,一个二义文法绝不会是 LR 文法;任何一个二义文法绝不是 LR 文法,也不是一个算符优先文法或 LL(k)文法,因此任何一个二义文法不存在相应的确定的语法分析器。但是对某些二义文法,可以进行适当修改,给出优先性和结合性,从而构造出比相应非二义文法更优越的 LR 分析器。

　　例 3.46　构造算术表达式的二义文法 G3.1 的 LR(0)项目集。

$$E \to E + E \mid E * E \mid (E) \mid i \qquad\qquad (G3.1)$$

将文法 G3.1 拓广,写成如下形式:

(0) $E' \rightarrow E$

(1) $E \rightarrow E + E$

(2) $E \rightarrow E * E$

(3) $E \rightarrow (E)$

(4) $E \rightarrow i$ (G3.10)

定义各状态表如表 3.23 所示,LR(0)项目集规范族及识别活前缀的 DFA 如表 3.24 所示。

表 3.23   G3.10 的状态定义

I_0:	I_4:	I_2:
$E' \rightarrow \cdot E$	$E \rightarrow E + \cdot E$	$E \rightarrow (\cdot E)$
$E \rightarrow \cdot E + E$	$E \rightarrow \cdot E + E$	$E \rightarrow \cdot E + E$
$E \rightarrow \cdot E * E$	$E \rightarrow \cdot E * E$	$E \rightarrow \cdot E * E$
$E \rightarrow \cdot (E)$	$E \rightarrow \cdot (E)$	$E \rightarrow \cdot (E)$
$E \rightarrow \cdot i$	$E \rightarrow \cdot i$	$E \rightarrow \cdot i$
I_3: $E \rightarrow i \cdot$	I_1: $E' \rightarrow E \cdot$ $E \rightarrow E \cdot + E$ $E \rightarrow E \cdot * E$	I_5: $E \rightarrow E * \cdot E$ $E \rightarrow \cdot E + E$ $E \rightarrow \cdot (E)$ $E \rightarrow \cdot i$
I_9: $E \rightarrow (E) \cdot$		
I_6: $E \rightarrow (E \cdot)$ $E \rightarrow E \cdot + E$ $E \rightarrow E \cdot * E$	I_7: $E \rightarrow E + E \cdot$ $E \rightarrow E \cdot + E$ $E \rightarrow E \cdot * E$	I_8: $E \rightarrow E * E \cdot$ $E \rightarrow E \cdot + E$ $E \rightarrow E \cdot * E$

表 3.24   G3.10 的 DFA(用矩阵表示)

	+	*	(	)	i	#	E
I_0			I_2		I_3		I_1
I_1	I_4	I_5				acc	
I_2			I_2		I_3		I_6
I_3							
I_4			I_2		I_3		I_7
I_5			I_2		I_3		I_8
I_6	I_4	I_5		I_9			
I_7	I_4	I_5					
I_8	I_4	I_5					
I_9							

从表 3.23 中可以看出,状态 I_1、I_7 和 I_8 中存在移进-归约冲突,现在逐个分析冲突的解决方法。

在 I_1 中,归约项目 $E' \rightarrow E \cdot$ 实际上为接受项目。由于 $Follow(E') = \{\#\}$,也就是只有遇到句子的结束符号 # 才能接受,因而与移进项目的移进符号 +,* 不会冲突,所以可用 SLR(1)方法解决,即当前输入符为 # 时则接受,遇 + 或 * 时则移进。

在 I_7 和 I_8 中，由于归约项目 $[E \to E+E \cdot]$ 和 $[E \to E*E \cdot]$ 的左部都为非终结符 E，而 Follow(E)＝$\{\sharp, +, *\}$，而移进项目均有＋和＊，也就存在

$$Follow(E) \bigcap \{+, *\} \neq \Phi$$

因而 I_7 和 I_8 中的冲突不能用 SLR(1)的方法解决，也可以证明该二义文法用 LR(k)方法仍不能解决此冲突。

然而可以定义优先关系和结合性来解决这类冲突，假如规定＊优先级高于＋，且它们都服从左结合，那么在 I_7 中，由于＊优先级高于＋，所以遇到＊移进，又因＋服从左结合，所以遇到＋则用 E→E＋E 去归约，在 I_8 中，由＊优先级高于＋，服从左结合，不论遇到＋、＊或 $\sharp$ 号都应归约。

该二义文法的 LR 分析表如表 3.25 所示。

表 3.25 对表达式二义文法的 LR 分析表

状　态	action						goto
	＋	＊	（	）	i	$\sharp$	E
0			S_2		S_3		1
1	S_4	S_5				acc	
2			S_2		S_3		6
3	r_4	r_4		r_4		r_4	
4			S_2		S_3		7
5			S_2		S_3		8
6	S_4	S_5		S_9			
7	r_1	S_5		r_1		r_1	
8	r_2	r_2		r_2		r_2	
9	r_3	r_3		r_3		r_3	

现用表 3.25 对输入表达式串 i＋i＊i$\sharp$ 进行分析，分析过程如表 3.26 所示。

表 3.26 用二义文法分析表对输入串 i＋i＊i$\sharp$ 的分析过程

步　骤	状　态　栈	符　号　栈	输　入　串	action	goto
1	0	$\sharp$	i＋i＊i$\sharp$	S_3	
2	03	$\sharp$i	＋i＊i$\sharp$	r_4	1
3	01	$\sharp$E	＋i＊i$\sharp$	S_4	
4	014	$\sharp$E＋	i＊i$\sharp$	S_3	
5	0143	$\sharp$E＋i	＊i$\sharp$	r_4	7
6	0147	$\sharp$E＋E	＊i$\sharp$	S_5	
7	01475	$\sharp$E＋E＊	i$\sharp$	S_3	
8	014753	$\sharp$E＋E＊i	I$\sharp$	r_4	8
9	014758	$\sharp$E＋E＊E	$\sharp$	r_2	7
10	0147	$\sharp$E＋E	$\sharp$	r_1	1
11	01	$\sharp$E	$\sharp$	acc	

不难发现对二义文法规定了优先关系和结合性后的 LR 分析速度比相应的非二义文法的 LR 分析速度要快一些,对输入串 i+i＊i♯ 的分析,用表 3.26 比用表 3.17 少了 3 步,对于其他的二义性文法,也可用类似的方法处理,构造出无冲突的 LR 分析表。

3.5　语法分析器的自动生成工具 YACC

LR 分析法的一个主要缺点是分析表很大,因此不宜手工构造分析器,必须求助于自动产生 LR 分析程序的生成器来辅助构造语法分析器。这类工具很多,本节将介绍使用 LALR 原理的语法分析自动生成器 YACC,它实现了 3.4 节讨论的许多概念,而且应用非常广泛。

3.5.1　YACC 概述

YACC(Yet Another Compiler-Compiler)是一个著名的编译程序自动生成工具,它是 20 世纪 70 年代初期由 Johnson 等人在美国 Bell 实验室研制开发的一个基于 LALR(1)的语法分析程序构造工具。它早期作为 UNIX 系统中的一个实用程序,现在已经得到广泛应用,被用来帮助实现了几百个编译器。YACC 还不是一个完整的编译程序自动生成器,它只能生成语法分析程序,还不能产生完整的编译程序。YACC 的输入是要编写语法分析器的语言的语法描述规格说明,它基于 LALR 语法分析的原理,自动构造一个该语言的语法分析器,同时还能根据规格说明中给出的语义子程序建立规定的翻译。

一个语法分析器可用 YACC 按图 3.30 所示的方式构造出来。首先,用 YACC 规定的格式将 L 语言的规格说明(文法产生式)建立于一个源文件中,YACC 源程序以 .y 为扩展名(例如 trans.y),运行 YACC(运行方式:在命令行输入 c>yacc trans.y,本书使用的是 bison,因此使用的命令是:c>bison trans.y),把文件 trans.y 翻译为一个 C 程序(上例中的 C 程序名为 trans_tab.c),它使用的是 LALR(1)方法。程序 trans_tab.c 包含用 C 语言写的 LALR 分析器和其他用户准备的 C 语言例程。为了使 LALR 分析表少占空间,使用了紧凑技术压缩分析表的大小。

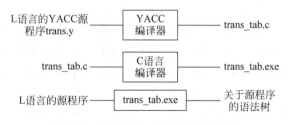

图 3.30　用 YACC 建立翻译器的过程

其次用 C 语言的编译程序将 trans_tab.c 进行编译(Windows 环境下可用 tcc 或 lcc 进行编译:c>tcc trans_tab.c,UNIX 下使用 cc trans.tab.c-ly),编译的结果是目标程序 trans_tab.exe(UNIX 下得到的输出是 trans.tab.out),该目标程序是可执行程序。最后运行该程序,就能完成符合 L 语言规范的源程序的语法分析。如果还需要其他过程的话,它们可以和 trans_tab.c 一起编译或装载,就和使用 C 程序一样。

3.5.2 YACC 源文件的格式

YACC 源程序由三部分组成,格式如下:

说明部分
％％
翻译规则
％％
用 C 语言编写的辅助例程

其中:

(1) 说明部分包括两个可选择的部分。第一部分用％﹛和％﹜括起来,说明语义动作中使用的数据类型、全局变量、语义值的联合类型等,这部分内容包括直接放入输出文件的任何 C 代码(用％﹛和％﹜括起来,主要包括其他源代码文件的 # include 指示);另一部分用％开头,说明建立分析程序的有关记号、数据类型以及文法规则的信息,包括终结符及运算符的优先级等,这里说明的记号可以在 YACC 源程序的第二部分和第三部分中使用。

(2) 翻译规则部分位于第一个％％后面,每条规则包括修改的 BNF 格式的文法产生式以及在识别出相关的文法规则时被执行的 C 代码[即根据 LALR(1) 分析算法,在归约时使用的动作]。文法规则中使用的元符号惯例是:通常,竖线用来作为候选项的分隔符(也可分别写出多个候选项)。用来分隔文法规则的左右两边的箭头符号→在 YACC 中被一个冒号取代了,而且必须用分号来结束每个文法规则。如产生式集合为

$$左部 → 选择 1 | 选择 2 | ⋯ | 选择 n$$

在 YACC 中写成

$$
\begin{array}{lll}
左部 & :选择 1 & ﹛语义动作 1﹜ \\
& |选择 2 & ﹛语义动作 2﹜ \\
& \quad\vdots & \quad\vdots \\
& |选择 n & ﹛语义动作 n﹜ \\
& ;
\end{array}
$$

在 YACC 产生式中,加单引号的字符'c'是由单个字符 c 组成的记号;没有引号的字母数字串,若也没有声明为记号,则是非终结符。右部的各个选择之间用竖线隔开,最后一个右部的后面用分号,表示该产生式集合的结束。第一个左部非终结符是开始符号。

YACC 的语义动作是 C 语句序列。在语义动作中,符号 $$ 表示引用左部非终结符的属性值,而 $i 表示引用右部第 i 个文法符号的属性值。每当归约一个产生式时,执行与之关联的语义动作,所以语义动作一般是从各 $i 的值决定 $$ 的值。

(3) YACC 源程序的第三部分位于第二个％％后面,是一些用 C 语言编写的支持例程。在这部分中必须提供名字为 yylex( ) 的词法分析器[可以用 Lex 来产生 yylex( )],如果需要的话,本部分还可以加上其他过程,如错误恢复例程。

词法分析器 yylex( ) 返回单词符号和属性。返回的单词类别,如 DIGIT,必须在 YACC程序的第一部分声明;属性值必须通过 YACC 定义的变量 yylval 传给分析器。

例 3.47 为说明怎样准备 YACC 的源程序,下面以构造台式计算器的翻译程序为例,

该台式计算器读入一个算术表达式,对其求值,然后打印其结果。

首先给出台式计算器识别的表达式的文法:

$$E \to E + T \mid E - T \mid T$$
$$T \to T * F \mid F$$
$$F \to (E) \mid DIGIT$$

记号 DIGIT 是 $0 \sim 9$ 的单个的数字。由该文法编写出的 YACC 源程序如下:

```
%{
#include <ctype.h>
%}
%token DIGIT
%%
line    :expr '\n'   {printf("%d\n", $1);}
        ;
expr    :expr '+' term   {$$ = $1 + $3;}
        |expr '-' term   {$$ = $1 - $3;}
        |term
        ;
term    :term '*' factor {$$ = $1 * $3}
        |factor
        ;
factor:'('expr')'   {$$ = $2;}
        |DIGIT
        ;
%%

main() {
    return yyparse();
}

int yylex() {
    int c;
    while((c = getchar()) == ' ');          /*跳过空格*/
    if (isdigit(c)) {
        yylval = c - '0';
        return DIGIT;
    }
    if (c == '\n') return 0;
    return c;
}

int yyerror(char *s) {
    fprintf(stderr,"%s\n",s);               /*printing the error message*/
    return 1;
}
```

在这个 YACC 源程序中,说明部分的第一部分只有一个包含语句,它使得 C 的预处理程序包含标准头文件<ctype.h>,该文件中含有对函数 isdigit() 的声明。说明部分的第二部分是对文法符号的说明,本例中只将 DIGIT 声明为记号。

对非终结符 E 有三个产生式：

$$E \to E + T \mid E - T \mid T$$

和它们相关的语义动作就写成

```
expr    : expr '＋' term    { $$ ＝ $1＋ $3; }
        | expr '－' term    { $$ ＝ $1 － $3; }
        | term
        ;
```

注意，在第一个产生式中，非终符 term 是右部的第三个文法符号，'＋'是第二个文法符号。第一个产生式的语义动作是把右部 expr 的值和 term 的值相加，把结果赋给左部非终结符 expr，作为它的值。第三个产生式的语义动作描述省略，因为当右部只有一个文法符号时，语义动作默认就是值的复写，即语义动作是{ $$ ＝ $1; }。

注意，在语法规则中加了一个新的开始产生式

```
line    : expr'\n'    {printf ("％d \n", $1); }
```

该产生式的含义是，这个台式计算器的输入是一个表达式后面跟一个换行字符。它的语义动作是打印表达式的十进制值并且换行。

3.5.3　YACC 的翻译规则

YACC 文法规则中的记号有两种。第一种，文法规则的单引号中的任何字符都表示它本身。因此，单字符记号就可直接被包含在这种风格的文法规则中，如例 3.47 中的运算符记号＋、－和 *（以及括号记号等）；第二种，在定义部分用 YACC 的记号声明（以％token 开始）来声明符号记号，如例 3.47 中的记号 DIGIT，这样的记号被 YACC 赋予了不会与任何字符值相冲突的数字值。典型地，YACC 开始用数字 258 给记号赋值。YACC 将这些记号定义作为 ♯ define 语句插入到输入代码中。因此，在输出文件 trans_tab.c 中就可能会找到行 ♯ define DIGIT 258 作为 YACC 对源文件中的％token DIGIT 声明的对应。YACC 坚持定义所有的符号记号本身，而不是从别的地方引入一个定义，但是却有可能通过在记号声明中的记号名之后书写一个值来指定赋给记号的数字值。例如，写出％token DIGIT 18 就将给 DIGIT 赋值 18（而不是 258）。

在例 3.47 中的规则部分中，还可以看到非终结符 expr、term 和 factor 的规则。由于还需要打印出一个表达式的值，所以还有另外一个称为 line 的规则，而且将其与打印动作相结合。因为 line 的规则放在了所有规则的最前面，所以 line 被作为文法的开始符号。若不是这样，可在定义部分用％start line 来定义，这样就不必将 line 的规则放在开头了。

YACC 中的动作是由在每个文法规则中将其写作真正的 C 代码（在花括号中）来实现的。通常，尽管也有可能在一个文法规则的中间写出要执行的动作，但动作代码仍是放在每个文法规则候选式的末尾（但在竖线或分号之前）。在书写动作时，可以享受到 YACC 伪变量的好处。当识别一个文法规则时，规则中的每个符号都拥有一个值，除非它被参数改变了，该值将被认为是一个整型值（稍后将会看到这种情况）。这些值由 YACC 保存在一个与分析栈保持平行的语义栈中。每个在栈中的符号值都可通过使用以 $ 开始的伪变量来引用。$ $ 代表刚才被归约出来的非终结符的值，也就是在文法规则左边的符号。伪变量 $1、$2、$3 等都代表了文法规则右边的每个连续的符号。因此在例 3.47 中，文法规则和

动作 expr：expr′＋′term{ $$ ＝ $1＋ $3；}就意味着当识别出一个符号串可用规则 expr→expr＋term 进行归约时，就将产生式右边 expr 的值与 term 的值相加作为左边的 expr 的值。

　　所有的非终结符都是通过用户提供的这些动作来得到它们的值。记号也可以被赋值，但这是在扫描器中实现的。YACC 假设记号的值已赋给了 YACC 内部定义的变量 yylval，且在识别记号时必须给 yylval 赋值。因此，在文法和动作 factor：DIGIT{ $$ ＝ $1；}中，值 $1 指的是当识别记号时已在前面赋值给 yylval 的 DIGIT 的值。

3.5.4　YACC 的辅助程序

　　例 3.47 的第三个部分（辅助程序部分）包括了三个过程的定义。第一个是 main 的定义，之所以包含它是因为 YACC 输出的结果可以直接编译为可执行的程序。过程 main 调用 yyparse，yyparse 是 YACC 所产生的分析过程的名称。这个过程返回一个整型值。当分析成功时，该值为 0；当分析失败时，该值为 1（即发生一个错误，且还没有执行错误恢复）。

　　YACC 生成的 yyparse 过程接着又调用一个扫描程序过程，该过程为了与 Lex 词法分析程序生成器兼容，所以就假设名为 yylex（参见 3.4 节）。因此，YACC 说明还包括了 yylex 的定义。在这个特定的情况下，yylex 过程非常简单。YACC 的词法分析器用 C 语言的函数 getchar()每次读入一个输入字符，如果是数字字符，则将它的值存入变量 yylval 中，返回 DIGIT；否则，将字符本身作为记号返回。它所需要做的是返回下一个非空字符，但若这个字符是一个数字，此时就必须识别单个元字符记号 DIGIT 并返回它在变量 yylval 中的值。这里有一个例外：由于假设一行中输入一个表达式，所以当扫描程序到达输入的末尾时，输入的末尾是一个换行字符（在 C 中的'\n'）。YACC 希望输入的末尾通过 yylex 由空值 0 标出（这也是 Lex 的一个惯例），所以读到'\n'时返回 0。最后定义了一个 yyerror 过程。当在分析中遇到错误时，YACC 使用这个过程打印出一个错误信息（典型地，YACC 打印串"语法错误"，但这个行为可由用户改变）。

3.6　语法分析中的错误处理

　　如果编译程序只需要处理正确的程序，那么它的设计和实现将会大大简化。然而，不管程序员如何努力，程序总有可能出现错误。语法错误是高级语言程序设计中最容易出现的错误，因此总是期望语法分析程序能够尽可能地帮助程序员找到错误，指出错误的位置，以便程序员对源程序进行调试。然而由于有多种不同的语法分析方法，其处理和发现错误的方式可能不一样，本节主要介绍各种语法分析方法中的错误处理方式。

3.6.1　语法分析中的错误处理的一般原则

　　语法分析器至少应能判断出一个程序在语句构成上是否正确，即如果源程序包括语法错误，则必须指出某个错误的存在；反之，若程序中没有语法错误，分析程序不应声称有错误存在。除了这个最低要求之外，分析程序还应该对不同层次的错误做出不同的反应。通常的错误处理程序试图给出一个有意义的错误信息，尽可能地判断出错误发生的位置。有些分析程序还可以进行错误校正（Error Correction），即试图从给出的不正确的程序中推断出正确的程序,如跳过某些单词、添加标点符号等。若语法分析器发现了错误但不做错误校正,很难生成有意义的错误信息。

语法分析中的错误处理应遵循以下原则。

(1) 发现错误为主,校正错误为辅。校正的目的是为了使语法分析能进行下去,一般我们希望语法分析器能从常见的语法错误中恢复并继续处理程序的其余部分,而不是发现错误就立即退出。

(2) 错误局部化,选择一个适当的位置恢复分析过程。分析程序应尽可能多地分析代码,更多地找到真实的错误,而不是出现错误后马上停止分析;即使跳过部分代码,也应使语法分析程序跳过的语法成分最少。

(3) 准确报告,应尽早给出错误发生的位置,否则错误位置可能会丢失;减少重复信息与株连信息,应避免出现错误级联问题(Error Cascade),这有可能会产生一个冗长的虚假的出错信息;还应避免错误的无限循环,此时即使没有任何输入也会产生一个错误信息的无限级联。

上述原则不可能同时满足,所以在实际编写语法分析器的错误处理时应做一些折中。如为了避免错误级联和无穷循环问题,分析程序应跳过一些输入符号,这与“尽可能多地分析代码”的原则相矛盾。

我们并不希望语法分析器一检测到错误就直接退出,而是希望它能一次性分析更多的代码,发现更多的错误。这就需要对源程序采用某种错误恢复方法,以便能继续分析下去。

语法分析中的错误恢复策略通常有以下几种。

(1) 应急模式(Panic Mode)的恢复,即删除符号的方法。这种方法很容易实现,完全不需要改变分析栈,并且能够保证不会进入无限循环。当读入不适当的符号之后,就删除这个符号及后继的一些符号,直到找到某个语句的分界符或特定的单词为止,如分号或者},这些单词通常称为同步词法符号(Synchronizing Token)。它们在源程序中的角色是清晰、无二义的。这种方法常常会跳过相当多的输入,不检查被跳过部分的其他错误。

(2) 短语层次的错误恢复,即通过插入、忽略、删除某个符号,使余下的输入串的某个前缀替换为另一个串,使语法分析器可以继续分析。有代表性的局部纠正方法包括将一个逗号替换为分号、删除一个多余的分号或者插入一个被遗漏的分号。在选择替换方法时必须小心以避免进入无限循环。如如果总是在当前输入符号之前插入符号,就出现了无限循环。这种方法在很多带有错误修复的编译器中广泛使用,它可以纠正任何输入串。其主要不足在于它难以处理实际错误发生在被检测到之前的情况。

(3) 添加错误产生式(Error Production)。这种方法是通过预测可能会碰到的常见错误,在当前语言的文法中加入特殊的产生式。这些产生式能够产生含有错误的语法单位。基于增加了错误产生式的文法可以构造一个语法分析器。如果分析过程中使用了某个错误产生式,语法分析器就检测到了一个预期的错误,据此生成适当的错误诊断信息。

3.6.2　自上而下语法分析的错误处理

1. 自上而下语法分析错误处理的一般方法

自上而下语法分析中经常使用应急模式来进行错误恢复。这种方式处理的基本机制是为每个递归函数定义一个同步词法符号集,在分析处理时,将同步符号集作为参数传递给分析函数,如果遇到错误,分析程序就继续向前读入输入符号,丢弃遇到的符号,直到看到某个输入符号与同步符号集合中的某个符号相同为止,并从这里恢复分析。在做这种快速扫描时,通过不生成新的出错信息(在某种程度上)来避免错误级联。这种处理方法的效果依赖于同步符号的选取,一般从以下几方面来考虑同步符号的选取。

(1) 把 Follow(A)中的所有符号放入非终结符 A 的同步符号集。如果在遇到错误时跳过输入符号直到出现 Follow(A)中的符号,就把 A 从栈中弹出,继续分析。

(2) 加入相应语句开头的关键字。同步符号只使用 Follow 集是不够的,例如,在 C 语言中,分号作为语句的结束符号,分号就在某语句的非终结符的 Follow 集中,而作为下一个语句开头的关键字就不在其中。这样,如果在某个语句后少了一个分号,下一个语句开头的关键字就会被跳过,就会导致跳过很多个符号。

(3) 把 First 集中的符号也加入到同步集合中,这样递归下降分析程序在看到输入符号串中出现了 First 集中的符号时就可以恢复错误。

(4) 如果某个非终结符有 ε 产生式,就可以将 ε 作为默认情况,这样可以推迟错误的检测,但不能导致错误丢失。

2. 递归下降分析程序中的错误处理方式

在递归下降分析中,出现下面两种情况则说明出现了语法错误。

(1) 在推导过程中当前输入符号和文法推导的符号不相匹配。

(2) 在递归过程中调用形成死循环。

通过对 3.3.3 节中的递归下降分析过程设置同步符号集,以讨论递归下降分析器中的错误校正。除保持 match()函数之外,增加两个函数 CheckInput()(完成对 First 集的先行检查)和 ScanTo(跳过不必要的符号):

```
CheckInput(firstset, followset)
{   if not(token in firstset) error;          /*报告不在 First 集中*/
      ScanTo(firstset∪followset);
}
ScanTo(synchset)
{     while not(token in synchset∪{#})
          lookahead = GetNextToken( );
          /*跳过符号,直到出现了同步符号集中的符号*/
}
```

这样 3.3.3 节中的 F 函数就可以加上错误处理(synchset 参数表示该函数的同步符号),如下:

```
//对非终结符 F,候选式为 F→i|(E)
void F(synchset )
{
  CheckInput({'(', 'i'}, synchset);        //检查即将读入的输入符号是否是 First 集中的元素
  if (lookahead == '(') {
        match('(');
        E({')'});
        if (lookahead == ')') match(')');
        else error ( );
     }
    else if (lookahead == 'i') match('i');
```

```
        else error;
        CheckInput(synchset,{ ' * ', ' # ', ' ) ', ' + '});
```
　　　　　　　　　　　　　　　　//检查即将读入的符号是否是 Follow 集中的元素
```
}
```

　　CheckInput()在这个过程中被调用了两次：一次是核实 First 集合的符号是输入串中的下一个输入符号；另一次是核实 Follow 集合（或 synchset）的符号是该函数退出后的下一个输入符号，这种处理将产生合理的错误信息。例如，输入串(2＋－3)＊4－＋5 将产生两个出错信息（一个在第 1 个减号上，另一个在第 2 个加号上）。

　　一般情况下，在递归调用中向下传送同步符号集 synchset，同时在新的函数中再添加相应的新同步符号。在 F()过程中，当看到一个左括号之后，只有右括号在 E 的 Follow 集合时，E()才与右括号一起被调用。

3. LL(1)预测分析程序中的错误处理

预测分析中若出现下述两种情况，说明出现了语法错误。

（1）栈顶的终结符与当前输入符号不匹配。

（2）非终结符 A 处于栈顶，面临的输入符号是 A，但分析表中的 M[A,a]为空。

第一种情况是不常见的，这是因为就一般而言，当在输入中真正地看到输入符号时，它们只会被压入栈中。

应急模式的错误恢复也可在 LL(1)分析程序中实现，其实现方式与在递归下降分析中相似。由于 LL(1)程序是非递归的，就要求用一个新栈来保存同步符号集 synchset 参数，若不用一个额外的栈，也可静态地将同步符号集与 CheckInput()函数所采取的动作一起放入 LL(1)分析表中。在算法生成每个动作之前（当一个非终结符位于栈顶时），对 CheckInput()函数进行调用。

假设有一个位于栈顶的非终结符 A，面临一个不在 First(A)中的输入符号，就有三种处理方法。

（1）将 A 从栈顶弹出。

（2）看到一个可重新开始分析的输入符号之后，从输入符号串中读出该符号。

（3）在栈中压入一个新的非终结符。

若当前输入符号是 ♯ 或是在 Follow(A)中时，就选择方法 1；若当前输入符号不是 ♯ 或不在 First(A)∪Follow(A)中，就选择方法 2；在特殊情况中方法 3 有时会有用，但却很少是恰当的。

　　例 3.48　对表 3.3 的 LL(1)分析表添加同步符号后的预测分析表如表 3.27 所示。其中，synch 表示由相应非终结符的 Follow 集构成的同步符号集。

表 3.27　文法 G3.3 的加入同步符号后的预测分析表

	i	+	*	(	)	♯
E	E→TE′			E→TE′	synch	synch
E′		E′→+TE′			E′→ε	E′→ε
T	T→FT′	synch		T→FT′	synch	synch
T′		T′→ε	T′→＊FT′		T′→ε	T′→ε
F	F→i	synch		F→(E)	synch	synch

分析时,若发现 M[A,a]为空,则跳过输入符号 a,若该表项为 synch,则弹出栈顶的非终结符号 A;若栈顶的终结符与输入符号不匹配,则弹出栈顶的输入符号。使用表 3.27 对输入串 ∗i∗＋i♯ 的分析过程前几步如表 3.28 所示。

表 3.28 加入同步符号后的部分分析过程

步 骤	分 析 栈	输 入 串	说 明
1	♯E	∗i∗＋i♯	表中[E,∗]为空,跳过 ∗
2	♯E	i∗＋i♯	E→TE′
3	♯E′T	i∗＋i♯	T→FT′
4	♯E′T′F	i∗＋i♯	F→i
5	♯E′T′i	i∗＋i♯	i 匹配,弹出 i
6	♯E′T′	∗＋i♯	T′→∗FT′
7	♯E′T′F∗	∗＋i♯	∗ 匹配,弹出 ∗
8	♯E′T′F	＋i♯	M[F,＋]=synch,弹出 F
9	♯E′T′	＋i♯	T′→ε
⋮	⋮		⋮

3.6.3 自下而上语法分析的错误处理

1. 算符优先分析中的错误检测

使用算符优先分析时,在以下两种情况下会发现语法错误。

(1) 若在栈顶终结符与下一个输入符号之间不存在任何优先关系。

(2) 若找到某一"素短语",但不存在任一产生式,其右部为此素短语。

针对上述情况,处理错误的子程序可分为几类。

(1) 在算符优先分析中,虽然非终结符的处理是隐含的,也应该在栈中为非终结符留有相应的位置。因此,当说"素短语"与某一个产生式的右部匹配时,则意味着相应的终结符相同,非终结符的位置也是相同的。即使非终结符的位置相同,出现在栈中的非终结符也不一定是一个正确的非终结符。

(2) 当发生第一种情况时,即栈顶符号与输入符号之间不存在任何优先关系,可以采取更一般的错误处理方法,即改变、插入或删除符号。如果采取改变和插入符号的方法,注意不要造成无限循环。如一直在输入端插入符号,但始终不能将栈内符号序列进行归约或将输入符号移进。一种不会陷入死循环的方法是确保在恢复后能够把当前输入符号移进栈(如果输入符号是 ♯,确保不会移进该符号,且栈的长度最终会被缩短)。

(3) 当发生第二种情况时,就应该打印错误信息,然后确定该"素短语"与哪个产生式的右部最相似。利用该产生式报告较准确的错误信息,添加适当的符号继续分析。

算符优先关系表中的空白项,实际是没有优先关系的错误,所以必须指定一个错误恢复子程序,同一程序可用在多个地方。这样在语法分析器发现两个符号之间没有优先关系,就调用相应的错误恢复子程序进行错误处理。

例 3.49 表 3.29 是一个带有错误处理的算符优先关系表,该表中的空白项(即两个符号之间没有关系的项)被填上了 e_1,e_2,e_3,e_4,它们是错误处理程序的名字。

表 3.29　带有错误处理的算符优先关系表

	i	(	)	♯
i	e_3	e_3	≥	≥
(	≤	≤	≐	e_4
)	e_3	e_3	≥	≥
♯	≤	≤	e_2	e_1

这些错误处理程序的功能如下。

e_1：/＊缺少整个表达式时调用＊/

　　把 id 插入到输入字符串中；

　　输出的错误信息是"缺少操作对象"。

e_2：/＊表达式以右括号开始时调用＊/

　　从输入字符串中删除)；

　　输出的错误信息是"右括号不匹配"。

e_3：/＊i 或)后面跟随 i 或(时调用＊/

　　把＋插入到输入字符串中；

　　输出的错误信息是"缺少运算符"。

e_4：/＊表达式以左括号结束时调用＊/

　　从栈中删除(；

　　输出的错误信息是"缺少右括号"。

例 3.50　用例 3.49 的带错误处理的分析表分析输入符号串)i)。

分析过程如表 3.30 所示。在第 1 步中，发现表达式以右括号开始，出错，删除)，调用 e_2，给出错误信息"右括号不匹配"。在第 5 步中，♯和)之间没有优先关系，发生错误，调用错误处理程序 e_2，删除右括号，提示错误信息"右括号不匹配"。

表 3.30　对输入串)i)的带错误处理的算符优先分析过程

步　骤	栈	输入缓冲区	说　明
1	♯	)i)♯	初始状态
2	♯	i)♯	表达式以右括号开始，出错，调用 e_2
3	♯i	)♯	♯＜i，i 入栈
4	♯F	)♯	♯＜i＞)，用 F→i 归约
5	♯F	)♯	♯和)之间没有优先关系，错误，调用 e_2
6	♯F	♯	

2. LR 分析中的错误检测

LR 分析法在自左至右扫描输入串的过程中就能发现其中的任何错误，并能准确地指出出错位置。LR 语法分析器在访问 action 表时，若遇到一个空(或错误)的表项，将检测到一个错误，但在访问 goto 表时决不会检测到错误。与算符优先分析器不同，LR 语法分析器只要发现已扫描的输入出现一个不正确的后继符号就会立即报告错误。规范 LR 语法分析器在报告错误之前不会进行任何无效归约。SLR 语法分析器和 LALR 语法分析器在报告错误之前可能执行几步归约,但绝不会把出错点的输入符号移进栈。

在 LR 分析中遇到出错时,有可能输入符号不能移进栈,又不能对栈顶符号串进行归约。处理方法有两类:第一类是使用插入、删除或修改输入符号的方法;第二类包括检测到某一个不合适的短语时,它不能与任何产生式匹配。此时,错误处理程序可能跳过其中的一些输入符号,将含有语法错误的短语分离出来。分析程序认定含有错误的符号串是由某一非终结符 A 所推导出的,此时该符号串的一部分已经处理,处理结果反映在栈顶的一系列状态中,剩下的未处理的符号仍在输入缓冲区中。分析程序跳过一些输入符号,直至找到某一个符号 a,它能合法地跟在 A 的后面。同时要把栈顶的内容逐个移去,直到找到一个状态 s,该状态与 A 有一个对应的新状态 goto[s,A],并将该新状态压栈。此时分析程序就认为它已找到 A 的某个匹配并将它局部化,然后恢复正常的分析过程。

LR 语法分析器主要采用短语级层次的错误恢复方式,这种方法处理比较容易,不必担心不正确的归约,实现方式是通过检查 LR 分析表的每个出错表项,并根据语言的使用情况确定最可能引起的错误以及程序员最容易犯的错误,然后为其编写一个适当的错误处理程序。只要在分析表的空项中填上适当的错误处理程序的指针即可。

例 3.51 对简单的算术表达式文法的 LR 分析方法添加出错处理程序。

$$E \to E+E \mid E*E \mid (E) \mid i$$

表 3.31 给出了带有错误处理的 LR 分析表。出错处理程序的动作如下。

e_1:/＊处于状态 0,2,4,5 时,要求输入符号为运算对象的首终结符,即 i 和左括号,但遇到的是＋,＊或♯,就调用该处理程序＊/

把一个假想的 i 压进栈,状态 3 进栈(即执行的是在 0,2,4,5 状态下面临 i 时的动作),同时给出错误信息"缺少运算对象"。

e_2:/＊处于状态 0,1,2,4,5 时,若遇右括号,就调用该处理程序＊/

从输入缓冲区中删除右括号,给出错误信息"右括号不匹配"。

e_3:/＊处于状态 1,6 时,期望一个操作符,却遇到了 i 或右括号,就调用该处理程序＊/

将符号＋压栈,状态 4 进栈,给出错误信息"缺少操作符"。

e_4:/＊处于状态 6,期望操作符或右括号,却遇到了♯,就调用该处理程序＊/

把右括号压入栈,状态 9 进栈,给出错误信息"缺少右括号"。

e_5:/＊处于状态 3,7,8,9 时,希望输入符号为＋,＊或♯,才能进行归约,但遇到的是 i 和(,就调用该处理程序＊/

把一个假想的操作符＋压进栈,执行归约,同时给出错误信息"缺少运算符"。

例 3.52 用表 3.31 的带错误处理的分析表分析输入字符串 i+)。

表 3.31 带有错误处理的 LR 分析表

状　　态	action						goto
	i	＋	＊	(	)	♯	E
0	S_3	e_1	e_1	S_2	e_2	e_1	1
1	e_3	S_4	S_5	e_3	e_2	acc	
2	S_3	e_1	e_1	S_2	e_2	e_1	6

续表

状　态	action						goto
	i	+	*	(	)	#	E
3	e_5	r_4	r_4	e_5	r_4	r_4	
4	S_3	e_1	e_1	S_2	e_2	e_1	7
5	S_3	e_1	e_1	S_2	e_2	e_1	8
6	e_3	S_4	S_5	e_3	S_9	e_4	
7	e_5	r_1	S_5	e_5	r_1	e_5	
8	e_5	r_2	r_2	e_5	r_2	e_5	
9	e_5	r_3	r_3	e_5	r_3	e_5	

分析过程前几步如表 3.32 所示。按照 LR 分析过程,在第 5 步时,发现栈顶状态为 4,面临的输入符号为),查表发现出现了错误,调用出错处理程序 e_2,删除),调用给出错误信息"右括号不匹配"。继续分析到第 6 步时,栈顶状态 4 面临输入符号为♯,查表发现出现了错误,调用出错处理子程序 e_1,将一个假想的输入符号 i 压入符号栈,状态 3 进栈,给出错误信息"缺少操作对象"。

表 3.32　对输入串 i＋)的带错误处理的 LR 分析过程

步　骤	符　号　栈	状　态　栈	输　入　串	错误信息和动作
1	♯	0	i＋)♯	初始状态
2	♯i	03	＋)♯	i 进栈,3 进栈
3	♯E	01	＋)♯	归约 i,3 出栈,1 进栈
4	♯E＋	014	)♯	＋进栈,4 进栈
5	♯E＋	014	♯	状态 4 遇到右括号,调用 e_2,删除右括号,给出"右括号不匹配"的信息
6	♯E＋i	0143	♯	状态 4 遇到♯,调用 e_1,压入一个假想的 i,状态 3 进栈,给出"缺少操作对象"的信息
⋮	⋮	⋮	⋮	⋮

3. YACC 中的错误处理

在 YACC 中主要使用错误产生式(Error Production)的方法进行错误处理。错误产生式就是形如 A→·error α 的包括了伪记号 error 的产生式,错误产生式可有效地允许程序员用人工方式标记出其 goto 项将被用作错误校正的非终结符。

首先由用户决定哪些"主要的"非终结符可能与错误处理有关,典型的选择是用于产生表达式、语句、程序块和函数(过程)的那些非终结符。然后把错误产生式 A→·error α 加入到文法中,其中 A 是主要的非终结符,α 是文法符号串(可能是空串),error 是 YACC 的保留字。YACC 将从这样的产生式产生语法分析器,并把错误产生式当作普通产生式来处理。

当分析程序在分析中检测到错误时(即遇到分析表中的一个空项),它会从分析栈中弹出状态直至发现栈顶状态的项目集含有形如 A→·error α 的项目为止,然后把虚构的符号 error 移进栈。

如果 α 为 ε 时,立即归约为 A 并执行产生式 A→error 的语义动作(它可能是用户定义的错误处理子程序），然后语法分析程序丢弃若干个输入符号，直到发现一个能恢复正常处理的输入符号为止。如果 α 非空，YACC 在输入串上向前寻找能够归约为 α 的子串。如果 α 包含的都是终结符，那么它在输入串上寻找这样的终结符串，并把它们移进栈，这时语法分析栈的栈顶为 error α，再把它归约为 A，并恢复正常的语法分析。

例如，若错误产生式为

$$stmt \rightarrow \cdot\ error;$$

要求语法分析程序看见错误时跳过下一个分号，好像该语句已经被看完一样。这个出错产生式的语义程序不需要处理输入，只需产生诊断信息并设置禁止生成目标代码的标记。

例 3.53 对例 3.47 的台式计算器加上错误产生式的 YACC 源程序：

```
line    : line expr '\n' {printf(" % d\n", $1);}
        | line '\n'
        | error '\n' {yyerror("重新输入上一行"); yyerrok; }
        ;
```

也就是说，当输入行有语法错误时，语法分析器从栈中弹出符号，直至碰到一个含有引进符号 error 动作的状态为止。语法分析器遇到上述错误产生式时把 error 移进栈，并跳过输入符号，直到发现换行符为止，此时语法分析器把换行符移进栈，把 error'\n'归约成 line，并输出诊断信息"重新输入上一行"。专门的 YACC 例程 yyerrok 用于将语法分析器恢复到正常操作模式。

3.7　小　　结

为了能够精确地描述高级语言的语法构成规则，需要对语法规则进行形式化的描述，称为文法。适合描述高级语言语法结构的文法是上下文无关文法。在上下文无关文法中，如果从文法的开始符号出发，每次使用一个产生式的右部来替换当前符号串的左部的过程称为推导。使用推导来产生句型，只有终结符的句型称为句子，全部句子的集合称为语言。如果两个文法产生的语言相同，则这两个文法等价。推导的逆过程称为归约。得到一个句型并不规定替换产生式的顺序，因此一个句型可以由多个不同的推导过程来得到。如果推导过程中每次只替换句型中最左边的非终结符，称为最左推导；如果推导过程中每次只替换句型中最右边的非终结符，称为最右推导。如果一个文法是二义的，那一定有一个句型存在两个不同的最左推导，或者产生两棵不同的语法树。

在描述文法的基础上，可以用文法来描述高级语言的语法规则，然后根据语法规则进行分析。根据语法树生成的方向不同，语法分析主要分为自上而下和自下而上两种方法，两种方法各有优缺点，也各有适用文法。

自上而下的语法分析方法是自上而下建立语法树，具体包括递归下降分析方法和预测分析方法。要进行确定的自上而下的语法分析，要求文法必须是 LL(1) 文法。递归下降分析方法适合手工构造语法分析器，但要求书写语法分析器的语言具有递归实现；预测分析方法需要首先建立 LL(1) 分析表，由于一个实用的高级语言的 LL(1) 分析表很大，不太适合手工构造。在自下而上的分析方法中，从下往上建立语法树。在规范归约中，每次归约的是当前句型中的句柄；而在算符优先分析中，每次归约的是当前句型的最左素短语；在 LR 分析法中，将过去归约的历史和未来将要读取的符号结合起来，使用项目的概念，每次归约的是当前句型的活前缀。算符优先分析和 LR 分析法是两种非常实用的两种语法分析方法，算符优先分析方法较简单，宜于手工构造，特别适合于算术表达式的分析；LR 分析法的适用范围更广，宜于自动生成，是目前实现大多数编译程序语法分析器采用的方法。LR 分析法有很多种，其中，LR(0) 是最简单的一种，对文法的要求严格，只有满足 LR(0) 文法要求的文法才能使用 LR(0) 分析法，大多数程序设计语言都不满足 LR(0) 文法的要求，它们在建立项目集规范族时有些状态中会发生冲突，用不同的方法来解决这些冲突就构成不同的 LR 分析法，主要有 SLR 分析法和 LR(k) 分析法。语法分析的自动生成器 YACC 就是基于 LALR 分析法的语法分析工具。各种语法分析法都是为了发现源程序中的语法错误，不同的语法分析法处理错误的方法不同。

3.8 习　　题

1. 语法分析器的功能是什么？其输入输出各是什么？

2. 自上而下语法分析和自下而上语法分析的主要差别是什么？

3. 自上而下语法分析面临的两个主要问题是什么？如何解决？

4. 解释下列术语：

上下文无关文法、推导、最左推导、最右推导、句型、句子、语言、文法等价、语法树、二义文法、LL(1) 文法、归约、规范归约、句柄、短语、最左素短语、活前缀、项目

5. 从供选择的答案中，选出应填入_____的正确答案。

已知文法 G[S] 的产生式如下：

$$S \rightarrow (L) \mid a$$
$$L \rightarrow L,S \mid S$$

属于 L(G[S]) 的句子是＿＿A＿＿，(a,a) 是 L(G[S]) 的句子，这个句子的最左推导是＿＿B＿＿，最右推导是＿＿C＿＿，语法树是＿D＿。

供选择的答案如下。

A：　① a　② a,a　③ (L)　④ (L,a)

B,C：① S ⇒ (L) ⇒(L,S) ⇒(L,a) ⇒(S,a) ⇒(a,a)

　　　② S ⇒(L) ⇒(L,S) ⇒(S,S) ⇒(S,a) ⇒(a,a)

　　　③ S ⇒(L) ⇒(L,S) ⇒(S,S) ⇒(a,S) ⇒(a,a)

D：

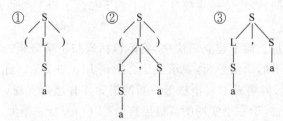

6. 已知某算术表达式的文法 G 为：

(1) < AEXPR > →< AEXPR >+< TERM >|< TERM >

(2) < TERM > → < TERM > * < FACTOR > | < FACTOR >

(3) < FACTOR > → i | (< AEXPR >)

给出 i＋i＋i 和 i＋i * i 的最左推导、最右推导和语法树。

7. 已知某文法 G[bexpr]：

$$bexpr \rightarrow bexpr\ or\ bterm\ |\ bterm$$

$$bterm \rightarrow bterm\ and\ bfactor\ |\ bfactor$$

$$bfactor \rightarrow not\ bfactor\ |\ (bexpr)\ |\ true\ |\ false$$

(1) 请指出此文法的终结符号、非终结符号和开始符号。

(2) 试对句子 not(true or false) 构造一棵语法树。

8. 试构造生成下列语言的上下文无关文法。

(1) $L_1 = \{a^n b^n c^i | n \geqslant 1, i \geqslant 0\}$。

(2) $L_2 = \{w | w \in \{a, b\}^+$，且 w 中 a 的个数恰好比 b 多 1\}。

(3) $L_3 = \{w | w \in \{a, b\}^+$，且 $|a| \leqslant |b| \leqslant 2|a|\}$。

(4) $L_4 = \{w | w$ 是不以 0 开始的奇数集\}。

(5) L_5 是不允许 0 开头的能被 5 整除的无符号数的集合。

(6) 语言 $L_6 = \{x | x \in \{a, b, c\}^*, x$ 是重复对称排列的 (aabcbaa, aabbaa 等)\}。

(7) 用后缀方式表示的算术表达式。

(8) 由整数、标识符、四个二目运算(＋、－、*、/)构成的表达式。

9. 已知某文法 G：

$$< AEXPR > \rightarrow i\ |\ (< AEXPR >)\ |\ < AEXPR >< AOP >< AEXPR >$$

$$< AOP > \rightarrow +\ |\ -\ |\ *\ |\ /$$

(1) 试用最左推导证明该文法是二义性的。

(2) 对于句子 i＋i * i 构造两个相应的最右推导。

10. 对下面的陈述，正确的在陈述后的括号内画√，否则画×。

(1) 存在有左递归规则的文法是 LL(1) 的。　　　　　　　　　　　　　　　　( )

(2) 任何算符优先文法的句型中不会有两个相邻的非终结符号。　　　　　　　( )

(3) 算符优先文法中任何两个相邻的终结符号之间至少满足三种关系($a \doteq b, a \lessdot b,$ $a \gtrdot b$)之一。　　　　　　　　　　　　　　　　　　　　　　　　　　　　　( )

(4) 任何 LL(1) 文法都是无二义性的。　　　　　　　　　　　　　　　　　　( )

(5) 每一个 SLR(1) 文法也都是 LR(1) 文法。　　　　　　　　　　　　　　　( )

(6) 存在一种算法，能判定任何上下文无关文法是否是 LL(1) 的。　　　　　　( )

(7) 任何一个 LL(1) 文法都是一个 LR(1) 文法，反之亦然。　　　　　　　　　( )

(8) LR(1) 分析中括号中的 1 是指，在选用产生式 A→α 进行分析时，看当前读入符号是否在 First(α) 中。　　　　　　　　　　　　　　　　　　　　　　　　　( )

11. 选择题，从供选择的答案中，选出应填入＿＿＿＿内的正确答案。

(1) 在编译程序中，语法分析分为自顶向下分析和自底向上分析两类。＿A＿和 LL(1) 分析法属于自顶向下分析；＿B＿和 LR 分析法属于自底向上分析。自顶向下分析试图为输入符号串构造一个＿C＿；自底向上分析试图为输入符号串构造一个＿D＿。采用自顶向下分析方法时，要求文法中不含有＿E＿。

供选择的答案如下。

　　A、B：①深度分析法　　　　②宽度优先分析法

　　　　　③算符优先分析法　　④递归子程序分析法

　　C、D：①语法树　　　　　　②有向无环图

　　　　　③最左推导　　　　　④最右推导

　　E：　①右递归　　　　　　②左递归

　　　　　③直接右递归　　　　④直接左递归

(2) 自底向上语法分析采用__A__分析法,常用的是自底向上语法分析有算符优先分析法和LR分析法。LR分析法是寻找右句型的__B__;而算符优先分析法是寻找右句型的__C__。LR分析法中分析能力最强的是__D__;分析能力最弱的是__E__。

　　供选择的答案如下。

　　A：　①递归　　②回溯　　③枚举　　　　④移进-归约

　　B、C：①短语　　②素短语　③最左素短语　④句柄

　　D、E：①SLR(1)　②LR(0)　③LR(1)　　④LALR(1)

12. 试为下述文法构造一个递归下降的分析程序。

(1) 假定布尔表达式文法 G[bexpr],其产生式如下：

bexpr→bexpr or bterm|bterm

bterm→bterm and bfactor|bfactor

bfactor→not bfactor|(bexpr) |true |false

(2) 假定某语言文法 G,其产生式如下：

stmt→if e then stmt stmtTail|while e do stmt|begin list end|s

stmtTail→else stmt|ε

list→listTail|stmt

listTail→; list|ε

13. 已知文法 G[S],其产生式如下：

S→(L)|a

L→ L,S|S

消除左递归,如果是 LL(1)文法,构造分析表,说明对输入符号串(a,(a,a))的分析过程。

14. 求下述文法中各个非终结符的 First 集、Follow 集,各候选式的 First 集。

(1) S→AB|bC

(2) A→b|ε

(3) B→aD|ε

(4) C→AD|b

(5) D→aS|c

15. 对下面的文法 G：

E→TE′

E′→+E|ε

T→FT′

$T' \rightarrow T | \varepsilon$

$F \rightarrow PF'$

$F' \rightarrow * F' | \varepsilon$

$P \rightarrow (E) | a | b | \wedge$

(1) 计算这个文法的每个非终结符的 First 和 Follow。

(2) 证明这个文法是 LL(1) 的。

(3) 构造它的预测分析表。

16. 下面文法中哪个是 LL(1) 的,说明理由。

(1) S→Abc　　　　　　(2) S→Ab

　　A→a|ε　　　　　　　　A→a|B|ε

　　B→b|ε　　　　　　　　B→b|ε

17. 已知文法 G[E]:

E→T|E+T

T→F|T*F

F→(E)|i

(1) 给出句型(T*F+i)的最右推导,并画出语法树。

(2) 给出句型(T*F+i)的短语、素短语和最左素短语。

(3) 证明 E+T*F 是文法的一个句型,指出这个句型的所有短语、直接短语和句柄。

18. 给定文法 G[S],其产生式如下:

$$S \rightarrow (T) | a$$
$$T \rightarrow T,S | S$$

(1) 给出输入串(a,(a,a))的最左和最右推导过程。

(2) 计算该文法各非终结符的 FirstVT 和 LastVT 集。

(3) 构造算符优先表。

(4) 计算上述文法的优先函数。

(5) 给出输入串(a,(a,a))的算符优先分析过程。

19. 给定文法:S→aS|bS|c

(1) 求出该文法对应的全部 LR(0) 项目。

(2) 构造识别该文法所有活前缀的 DFA。

(3) 该文法是否是 LR(0) 的? 若是,构造 LR(0) 分析表。

(4) 给出输入串 ababc 的 LR 分析过程。

20. 下列文法是否为 SLR(1) 文法? 若是,请构造相应的分析表。若不是,请说明理由。

(1) S→Sab|bR

　　R→S|a

(2) S→aSAB|BA

　　A→aA|B

　　B→b

21. 设文法 G 为

S→A

A→BA|ε

B→aB|b

(1) 证明它是 LR(1) 文法。

(2) 构造它的 LR(1) 分析表。

(3) 给出输入符号串 abab 的分析过程。

22. 证明下面文法是 LL(1) 的但不是 SLR(1) 文法。

S→AaAb|BbBa

A→ε

B→ε

23. 下面文法属于哪类 LR 文法? 试构造其分析表,并给出符号串(a,a)的分析过程。

S→(SR|a

R→,SR|)

24. 算法程序题。

(1) 构造 Sample 语言算术表达式的递归下降分析程序,或者某一控制语句的递归下降分析程序,要求如下。

① 书写出 Sample 语言语法的形式描述(BNF)。

② 消除左递归,提取左公因子。

③ 用某种高级语言书写出它的递归预测分析器。

(2) 构造 Sample 算术表达式的 LL(1) 分析器。

① 书写出 Sample 语言语法的形式描述(BNF)。

② 消除左递归,提取左公因子。

③ 计算 First 集和 Follow 集。

④ 构造其 LL(1) 分析表和 LL(1) 驱动程序。

(3) 构造 Sample 算术表达式的算符优先分析器。

① 书写出 Sample 语言语法的形式描述(BNF)。

② 计算 FirstVT 集和 LastVT 集。

③ 构造其算符优先关系表和算符优先分析程序。

(4) 构造 Sample 算术表达式的 LR(0) 分析器。

① 书写出 Sample 语言语法的形式描述(BNF)。

② 构造识别活前缀的有穷自动机。

③ 构造其 LR(0) 分析表和 LR 分析程序。

(5) 使用软件工具 Yacc,构造 LALR 分析器,要求如下。

① 书写出 Sample 语言语法的形式描述(BNF)。

② 书写出 YACC 的源程序。

③ 用 YACC 生成 LALR 分析器。

④ 完成的分析程序的功能是:输入是算术表达式,输出为相应的后缀表达式;计算出算术表达式的值。

## 第 4 章

语义分析

词法分析和语法分析主要用来解决单词和语言成分的识别、词法和语法结构的正确性检查,但仅仅这两部分还是不够的。编译程序的目标是将源程序翻译为等价的目标程序,"等价"意味着表达的含义相同。这不仅要求源程序在词法和语法结构上正确,它的语义也必须正确,语义不正确就无法翻译。因此,在翻译之前,需要对语义进行检查,语义检查的依据是每个语法单位表达的真实含义。

因此,本章首先介绍 Sample 语言的各个语法成分所表示的语义,然后介绍静态语义检查,即检查名字是否定义、类型是否兼容、表达式的计算是否得当、语句安排是否合理等。为了能够方便地进行语义检查,需要建立符号表,将编译过程中需要用到的一些关键信息登记起来,以便后续各阶段使用。因此,本章还要介绍符号表管理的相关技术和方法。

4.1　语义分析概述

语义是指源程序及其组成部分所表述的含义。它和语法不同,语法是关于程序及其组成部分的构成规则的描述,是上下文无关的,而语义是关于语法结构的含义及其使用规则的描述,是上下文有关的。语法上正确的程序,其语义不一定正确,如下面的程序段:

```
/ * 程序段 4.1 * /
int x = 0, z;
float y() {…};
main()
{
    z = x() + t;
    z /= x;
    x = y();
}
```

该程序段在语法结构上是正确的,但从语义上看有很多错误:x 是一个变量,不能作为函数;t 没有声明;0 不能作为除数;float 类型的值赋值给整型变量等。

因此,在语法分析正确的基础上,需要进行语义检查。只有当它的语义正确了,编译程序才能用另一种形式的语言将其含义表达出来,实现翻译,翻译其实就是要"忠实地"将源程序所表达的含义传递给目标程序。也就是说,源程序和编译后的目标程序虽然在语法结构上不同,但它们所表达的语义必须是一致的,否则编译就失去了意义。因此,在进行翻译之前,必须对这些语法上正确的语法单位的内部逻辑含义是否正确进行检查,称为语义分析。

　　程序设计语言的语义分为静态语义和动态语义两种：静态语义是指在编译阶段能够检查的语义，如标识符未声明、类型不匹配等；动态语义是指在目标程序运行阶段能够检查的语义，如除数为 0、无效指针、数组下标越界等。动态语义主要是指逻辑含义，一般是在运行时检查的，因此本章主要讨论静态语义检查。

　　语义分析的任务就是对结构上正确的源程序进行上下文有关性质的审查，审查源程序有无语义错误，为代码生成阶段收集类型信息。其主要功能包括建立符号表、进行静态语义检查、发现语义错误。语义分析在编译器中的地位和作用如图 4.1 所示。然而，在一个具体的编译程序实现中，建立符号表、静态语义审查和第 5 章的中间代码生成没有严格的先后顺序，可以穿插进行。

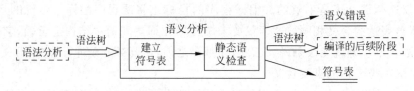

图 4.1　语义分析在编译器中的地位和作用

　　语义分析程序读入语法分析生成的语法树，遍历语法树的各个结点，如果读取到声明语句，向符号表中添加信息；如果读取到执行语句，需要检查标识符与符号表中存储的属性是否一致，不一致就要报语义错误。

4.2　Sample 语言的语义描述

　　使用和翻译高级语言，必须正确理解高级语言各个语法成分的含义（这其实是语言定义的一部分），因此，语义和文法直接相关。文法定义了某语法单位的形式，语义定义了该语法单位的含义和使用。本节以 Sample 语言为例，介绍各个语法单位的含义，为后续语义的检查和翻译奠定基础，也为读者理解和使用其他高级语言打下基础。由于第 3 章已经详细介绍了所有语法单位的上下文无关文法，本章不再重复列出各语法单位的文法构成，只介绍其语义，读者可以参考第 3 章的文法，个别地方为了清楚起见，也会偶尔使用。

4.2.1　程序的语义

　　Sample 语言的程序定义的文法如下：

<程序>→<声明语句> main() <复合语句><函数块>
<函数块>→<函数定义><函数块>|ε

　　Sample 语言的程序定义一个合法的程序结构。程序由零到多个声明语句、main() 函数，以及零到多个函数定义构成。从文法定义可以看出，每个程序必须有一个 main() 函数，其含义是定义程序的入口和结构。

4.2.2　函数的语义

　　在 Sample 语言中，函数分为函数声明、函数定义和函数调用。

　　函数声明语句必须出现在 main() 函数前面，其含义是说明该函数的函数名、返回值类型、参数个数及类型。函数声明中如果包含参数,放到括号中,只说明类型,不能有变量名。

函数定义直接将函数的名字和函数定义的代码联系起来,它是对代码的抽象。函数定义必须出现在 main()函数后,函数定义的函数名、返回值类型、参数个数、参数类型必须和函数声明一致,形式参数必须包含参数名字,这些参数当作函数的局部变量使用。

函数不能重复定义,函数名也不能和变量、数组等重名。

函数调用可以在任何表达式中使用,只需要给出函数名加上实参就可以了,实参可以是任何表达式,函数名、参数个数、必须和函数声明一致,实参类型必须和形参类型兼容。函数调用的含义就是在程序执行时,如果执行到函数调用处,将转向函数定义的代码处执行,执行到 return 语句或执行到函数结束再返回调用的下一条语句继续执行。

4.2.3　各种名字的声明和使用的语义

Sample 语言程序中使用的名字都是通过声明语句来事先说明的,主要有变量声明、常量声明和函数声明。变量声明的含义是定义一个存储空间并规定该存储空间的大小,存放数据的类型、取值范围以及该数据能进行的操作,所以变量是数据的符号化形式。函数声明在前面介绍过,函数名是和函数定义的代码相联系的,函数是代码的符号化形式。Sample语言规定,各种名字必须先声明后使用。

变量声明语句声明程序中使用的变量的名字和类型,变量声明也可以给变量赋初值,但声明中的表达式中不能包含有未知值的变量;常量声明不仅定义了一个名字,还定义常量的类型和值。在使用中,常量也是当作变量一样使用,但是如果定义为常量,在后续的程序中就不能放在赋值号的左边给它赋值,因此,每当使用一个变量时需要检查是否已经定义、类型是否兼容,如果在赋值运算符的左边出现,还需要判断它是否是常量等。

4.2.4　各种语句的语义

Sample 语言不仅有声明语句,还有可执行语句,可执行语句规定执行该语句所要完成的动作。Sample 语言的可执行语句包括数据处理语句、控制语句和复合语句。

数据处理语句包括赋值语句和函数调用语句,主要对数据进行处理。

赋值语句其实就是一个赋值表达式加上分号,赋值表达式是将右侧的算术表达式、布尔表达式或关系表达式的值赋值给左侧的标识符。

复合语句中是用{}括起来的语句序列,看成一个语句,语句之间顺序执行。

控制语句主要有 if 语句、for 语句、while 语句、do…while 语句,以及在函数中使用的return 语句。

if 语句的文法描述为:

< if 语句>→if (<表达式>)<语句>|if (<表达式>) <语句> else <语句>

if 语句的语义是:第一个语句形式的含义是根据表达式的值来选择执行或不执行后面的语句,如果为真,执行后面的语句,否则不执行;第二个语句形式的含义是如果表达式的值为真,执行第一个语句,否则执行第二个语句。

for 语句是一种循环执行语句,其语义描述为:先执行第一个表达式;然后执行第二个表达式,如果第二个表达式的结果为真,执行后面的循环语句,然后执行第三个表达式;循环判断第二个表达式的值,若结果为假,退出循环。

按照给出的文法规则,不可避免地会出现这样一种情况:函数声明语句出现在复合语句中。然而这种情况在语言中是不允许出现的,这就要求在语义分析过程中检查出这种情况。当然如果给出更严格的文法定义,也是可以避免这种情况的。

循环语句允许嵌套,也就是说在一个循环语句(如 for 语句)中可以嵌套使用多层的 for 语句、if 语句、while 语句、do…while 语句等。除此之外,在循环中还允许使用 continue、break 语句,这两个语句不带参数,它们只能出现在循环语句中,出现在其他地方将是一种错误。但是这两个语句需要记录是第几层次的循环嵌套,这样才能正确跳出循环。这就是我们定义<循环用复合语句>的本意,在循环中使用的复合语句和普通的循环语句不同。当然也可以相同,这样就在语义检查时再检查 break、continue 等的使用是否恰当。可以采用不同的方式来实现。

while 语句的语义是:如果表达式的结果为真,执行后面的循环语句,然后再对表达式进行判断,一旦表达式的结果为假,则退出。

do…while 语句是循环语句的第三种形式,其语义是先执行循环用复合语句,再执行表达式,如果表达式的结果为真,会再执行循环用复合语句,一旦表达式的结果为假,就直接退出循环。do…while 语句和 while 语句的差别在于 do…while 语句先执行再判断,因此循环用复合语句至少会执行一次。

控制语句中有一种特殊语句是 return 语句,return 语句的文法描述如下:

<return 语句>→return; | return <表达式>;

return 语句只能出现在函数中,而且其后的表达式必须和函数声明中的返回值类型兼容,或者在函数返回值类型为 void 时没有返回值表达式。没有返回值的函数中的 return 语句不能有返回值表达式,有返回值的函数中的 return 语句必须有返回值。

4.2.5　表达式的语义

表达式是 Sample 语言中唯一对数据进行处理的成分,由运算对象(数据引用或函数调用)和运算符组成。根据运算符的不同分为算术表达式、关系表达式、布尔表达式和赋值表达式。

其中,<标识符>、<数值常量>、<字符常量>,以及不带尖括号的(、)和＋、－、＊、/、％、&&、‖、!、<、<=、>、>=、==、!=等运算符都是语法分析中的终结符,它们都具有词法的 token 值。

算术表达式的含义是进行两个运算对象的算术运算,算符之间有优先级,(、)最高,然后是 ＊、/、％,最后是＋、－。关系表达式的运算对象是算术表达式,运算符有大于(>)、小于(<)、大于或等于(>=)、小于或等于(<=)、等于(==)和不等于(!=)6 种。关系表达式的结果是一个布尔值。Sample 语言中没有布尔量,和 C 语言一样,非 0 就表示真,因此本质上仍然是数值运算。布尔表达式的运算对象是关系表达式,运算符有非(!)、与(&&)和或(‖),其优先顺序为! 最高,其次是 &&,最后是 ‖。

赋值表达式的优先级是最低的。

根据运算符的要求,对运算对象有一些特别规定,如求模运算符％的两个运算量都需要为 int 型,有 void 返回值的函数不能参与表达式运算,赋值表达式的左侧不能是带运算的表达式等。

4.3 符号表管理技术

4.3.1 符号表概述

在编译程序工作的过程中,需要不断收集、记录和使用源程序中的各种名字及其属性等相关信息,以便检查语义是否正确,并辅助翻译为正确的代码。一般的做法就是在编译的过程中,建立并保持一批表格来记录这些信息,称为符号表。符号表的功能可以归结为两个。

(1)收集符号信息。一般是在分析阶段分析高级语言的声明语句时,将相关声明信息收集起来,登记到符号表中。

(2)进行语义的合法性检查。在综合阶段根据符号表中登记的名字及其相关属性信息来检查名字使用的合法性、生成目标代码,此时只需要查询符号表即可。

符号表其实是一种数据结构,记录了源程序中出现的名字及其相关的属性信息,这些信息集中反映了各个名字的语义特性信息。符号表可以在词法分析阶段建立,也可以在语法分析阶段建立,还可以在语法分析正确后穿插在语义分析和代码生成阶段进行,本书介绍的 Sample 语言编译程序在语法分析得到正确的语法单位之后单独建立符号表。

符号表管理和语义分析、代码生成没有绝对的先后顺序,可以穿插进行。如语法分析后进行符号表的登记和更新工作时,就可以进行代码生成工作;在符号表信息的更新和代码生成的过程中,需要进行语义的正确性检查;语义分析和代码生成过程中则需要不断地从符号表中读取信息,进行语义检查和代码生成;代码生成阶段产生的临时变量也需要插入到符号表中。

符号表管理主要是指管理高级语言中的各种名字,一般包括变量管理、函数管理、字符串常量管理等工作。语义分析需要根据符号表检测变量使用的合法性,代码生成需要根据符号来产生正确的地址,因此,符号表中信息的准确性和完整性是进行语义分析和代码生成的前提。

4.3.2 符号表的组织方式

符号表用来保存源程序中出现的名字及其相关的属性信息。根据多数高级程序设计语言的特性,变量、函数和字符串常量信息是源程序的关键符号信息,需要登记到符号表中。源程序中的每个名字都具有一系列的属性值,但不同的名字具有的属性不同,如变量,应具有数据类型(整型、实型等)、值以及内存中的存储地址等。另外,由于有些语言允许在不同的作用域(作用域就是指定义的符号可以使用的代码范围)下定义和使用相同的符号(变量)名,因此需要在变量的符号表内保存作用域信息以区分不同作用域下的同名变量。

程序设计语言中有很多不同种类的名字,如常量、变量、函数、字符串、标号、类型等,以及在面向对象程序设计中的类,不同类型的名字具有不同的属性,可以单独为每类名字建立一个符号表,也可以将各种名字的属性统一起来,放到一张表中。我们采取的方法是将不同名字放到不同的符号表中。因此,符号表应该包括变量表、常量表、函数表、字符串常量表等。存储符号表的数据结构应支持快速查找和快速存取。下面以图 4.2 所示的程序段 4.2 来说明这几种符号表的存储结构。

```
/*程序段 4.2 */
int g_i1;                                    B₀
const int A=123, B=456;
const char K='s';
main()
{
    int var1;                                B₁
    for(;;){
        char var1= 'a';
        ...                    B₂
    }
    var1 = 12;
    printf("Hello world!");
}

char g_c1;
char *g_ch2;
int func1(int a, int b)
{
    int g_i1 = 5;                            B₃
    for(;;){
        char g_i1= 'b';
        int *var1;              B₄
        printf("Input numbers");
        ...
        printf("the result is %d",*var1);
    }
}
```

图 4.2　一段 C 语言程序

1. 常量

常量是在源程序中定义的一个名字,其值不能改变。在 Sample 语言中使用 const 来声明常量,常量也有类型。因此,常量表至少要保存入口、常量名、常量类型、值等几项。如,语句 const int A＝123,B＝456;和 const char K＝'s';声明了 3 个常量,填写的符号表如图 4.3 所示。

入口	常量名	常量类型	值
1	A	int	123
2	B	int	456
3	K	char	s

图 4.3　常量的符号表

2. 变量

变量表保存源程序中声明的所有变量。如果语言没有作用域的限制,就可以将所有的变量记录在如图 4.4 所示的变量表中,这种情况下,不允许声明同名变量。此时对程序段 4.2

进行分析建立符号表的过程中,遇到 for 语句下第 2 个 var1 的定义时、遇到第 2 个 g_i1 定义时,都不能插入到符号表中,需要报错"变量已经定义过"。这种情况相当于所有变量都作为全局变量使用。

入口	变量名	变量长度	变量类型	值	地址
1	g_i1	4	int		
2	var1	4	int		
3	g_c1	4	char		
4	g_ch2	5	char*		
⋮	⋮	⋮	⋮		

图 4.4　不含作用域的变量表的结构

然而,大多数高级语言是有作用域的限制的,每个变量只在一定范围内可以使用。分析一下 C 语言中的作用域,具有如下特点。

(1) 使用花括弧对{}表示进入一个新的作用域。

(2) 作用域允许嵌套;作用域内声明的变量在作用域外不可见。

(3) 对于嵌套作用域,外层作用域声明的变量在内层作用域可见。

(4) 内层作用域声明的变量可以覆盖外层作用域声明的同名变量。

如全局变量可以在整个文件的程序中使用,局部变量只在该变量声明的函数或程序块中起作用,内部变量的作用域覆盖外部变量的定义,也就是说,如果在某程序块中定义了和外层作用域相同的变量名,则内部定义的变量起作用。如程序段 4.2 所示,变量 g_i1、g_c1、g_ch2 是全局变量,在整个程序段中都可以使用。var1 是局部变量,第一个 var1 在 main() 函数中都可以使用,第二个 var1 只在 for 语句中可以使用,而且在这个 for 语句中所有使用的 var1 都是 char 类型的,也就是说是用的在 for 语句中定义的这个变量,第三个 var1 只在 func1() 中的 for 语句下才能使用。g_i1 是个全局变量,在整个程序中都可以使用,但由于在 func1() 中的 for 语句下又定义了一个局部的 g_i1,这样在这个 for 语句中使用的 g_i1 就是局部于这个函数定义的变量,在其他地方使用时都是使用的全局定义。

例 4.1　说明图 4.5 中的 C 语言程序的运行结果及其每个声明的作用域。

图 4.5 的程序包含 5 个块,其中没有全局变量,因此 B_0 块可以不考虑。变量 a 和 b 在 B_1、B_2、B_3、B_4 中有几个定义,为了说明方便,在每个块中对变量声明时对其初始化为块的编号。

下面来看图 4.5 中各个声明的作用域。B_1 块中的声明 int a＝1,它的作用域包括整个 B_1,当然在 B_2 起作用,虽然 B_3 包含在 B_2 中,然而 B_3 中有对 a 的另一个声明,在 B_3 中使用的 a 是 int a＝3 这个新的声明,在 B_3 块中输出的 a 为 3。B_3 块中没有 b 的声明,找它的上一层块 B_2,B_2 中有对 b 的声明,在 B_3 块中输出的 b 为 2。int a＝3 只在 B_3 中起作用,退出 B_3,在 B_2 的范围内,a 的声明恢复为在 B_1 中的声明,B_4 中没有对 a 声明,在 B_4 中打印时使用的 a 是 B_1 中的声明,因此打印出来的值为 1、4,各个声明的作用域如图 4.6(a)所示。该程序的运行结果如图 4.6(b)所示。

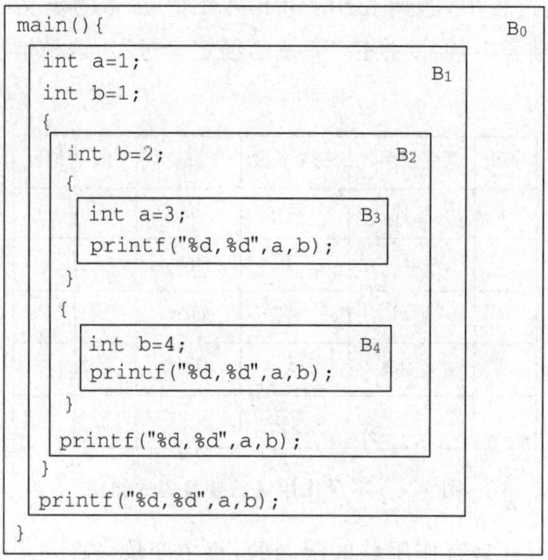

```
main(){                                              B₀
    int a=1;                                       B₁
    int b=1;
    {
        int b=2;                                 B₂
        {
            int a=3;                           B₃
            printf("%d,%d",a,b);
        }
        {
            int b=4;                           B₄
            printf("%d,%d",a,b);
        }
        printf("%d,%d",a,b);
    }
    printf("%d,%d",a,b);
}
```

图 4.5　一个 C 语言程序的结构

声明	作用域
int a=1;	B_1,B_2,B_4,不包含B_3
int b=1;	B_1,不包含B_2
int b=2;	B_2,B_3,不包含B_4
int a=3;	B_3
int b=4;	B_4

B_3:3,2
B_4:1,4
B_2:1,2
B_1:1,1

(a) 图4.5的作用域　　　　　　　　　(b) 程序的输出结果

图 4.6　例 4.1 的作用域和运行结果

在程序运行时局部变量和全局变量是分开处理的,全局变量在程序运行期间一直存在,需要单独分配空间,它是存放在数据段中的;而局部变量分配在栈空间,随着程序块运行结束而结束。程序运行时空间分配的详细内容将在第 6 章中介绍。

由于作用域的存在,必须区分不同作用域下的同名变量,以便下一步确定局部变量的地址。由于作用域支持嵌套结构,作用域管理使用栈结构描述最为合适。假如为程序中的每个作用域分配一个唯一的编号,在分析程序过程中,每进入一个新的作用域,为它分配一个新的编号,并将从最外层开始到当前作用域的编号组合起来就可以用来保存当前作用域的嵌套结构,其内部元素是每个作用域的编号,这个组合称为作用域路径。在图 4.2 中第一层路径表示全局作用域,如变量 g_i1、g_c1、g_ch2 的作用局路径是/0;第二层表示在函数中定义的变量,函数可以按照定义的先后顺序来编号,如在 main() 函数中定义的变量的作用域是/0/1,在 func1() 中定义的变量的作用域是/0/3;再往下,第三层表示在函数中的程序块中定义的变量,如在 main() 函数中的 for 语句中定义的变量的作用域是/0/1/2。这种方式可以很好地反映变量的作用域范围。

变量表可以使用 hash 表来存储,每个变量在变量表中存储一行,所有同名的变量用一个链表来保存。每个变量记录在变量表中有一个索引号,称为在变量表中的入口,后续阶段访问变量表时需要使用该变量在变量表中的入口。对每个同名变量,需要保存变量名、作用域、类型、值、地址、能否修改、能否赋值等信息。图 4.7 所示是程序段 4.2 生成的变量表信息。

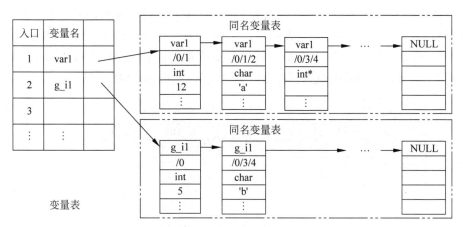

图 4.7　变量表的存储结构

3. 函数

函数表用来存放源程序中声明的函数的相关属性,可以使用数组来存储,也可以使用 hash 表来保存。每个函数需要保存的信息包括函数名、返回值类型、多少个参数、参数 1 类型、参数 2 类型,…,参数 n 类型,各个参数分配的偏移地址、函数代码对应的位置、目标代码的大小等。其存储结构如图 4.8 所示,图中表示在程序段 4.2 中定义了 func1( )函数,返回值是 int 类型,定义了两个形式参数,类型分别是 int、int,函数在代码段中的位置暂时未知。

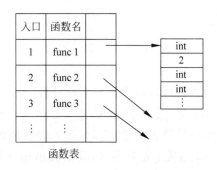

图 4.8　函数表的存储结构

4. 字符串

字符串是指在程序中由双引号(" ")括起来的 0 个或者多个字符组成的序列,存储时是在每个字符串尾自动加一个'\0'作为字符串结束标志。字符串在最终程序运行时是存放在数据段中的,因此,可以单独存放,而且整个源程序中的字符串常量可以存放在一起。字符串常量的存放可以使用链表,如图 4.9 所示。

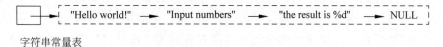

字符串常量表

图 4.9　字符串常量表的存储结构

图 4.4、图 4.7 和图 4.8 其实是给出了符号表的一种实现方式,每个名字分配固定大小的空间来保存。这种实现方式虽然简单,但有一个缺点,在源语言中变量名和函数名的长度有限制,而且浪费空间,因为固定空间大小不足以保存长标识符,短标识符又会造成空间浪费。另一种存储方式是,使用一个单独的字符串 lex 来存放已识别出的各个名字的字符串,每个名字有一个结束标志,在变量表和函数表的名字栏中存放指针,指向该单词在字符串 lex 中的开始位置。用这种方式实现,函数表和变量表的名字域的长度可以固定,节省存储空间,源程序中标识符的长度也可以根据需要来确定,如图 4.10 所示。

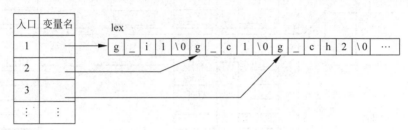

图 4.10　符号表名字的另一种存储结构

当符号表建立起来以后,在后续阶段中,如语义分析和代码生成阶段,能够访问符号表判断变量、函数等符号信息的使用是否正确,在代码生成时还要对变量和函数进行地址分配。如果生成的目标代码是汇编语言代码,由于汇编语言具有管理不同名字的存储分配功能,所以在生成汇编代码后,也需要扫描符号表,为每一个名字生成汇编语言的数据定义并提供给汇编程序,汇编程序据此对名字做存储分配。如果生成的目标代码是机器代码,则每个名字的存储位置可能是绝对地址,也可能是相对地址。

4.3.3　符号表的操作

不管用哪种方式组织符号表,都要方便对符号表的访问。对符号表的访问主要有如下两种操作。

(1) 插入操作。将名字及其属性值登记到相应符号表中,返回相应的入口,以便后续访问。在符号表建立过程中,每读入一个名字,就必须确定该名字在符号表中是否已经存在,如果不存在,就使用插入操作在符号表中建立一个新的表项存储该名字及相关信息;如果存在,则需要检查是否在同一作用域下重复定义,需要提示错误信息,否则按照作用域规则将其链接到同名变量表中,如果是函数名,则不允许同名。

(2) 查找操作。查找符号表是否存在给定名字的表项,如果找到,则返回相应的入口,否则返回 0。在插入阶段也需要使用查找操作来判断同名变量,在编译的后续阶段也将使用查找操作,以便根据给定的名字访问符号表相应单元的其他信息,向符号表中填写或更新相关的属性信息,删除无用的表项等。

符号表的访问通常是按名存取来进行访问。构造符号表最简单的方式是按照各个名字在源程序中出现的先后顺序排列成线性表,这种方式只能进行顺序查找,查找速度慢。为了提高查找速度,可以在构造符号表时按照名字排序,每一个名字在插入时根据其名字大小插入相应的位置,然后就可以使用折半查找来提高查找速度;也可以使用前面介绍的用 hash 表来存放,查找和插入使用同一个 hash 函数。对于符号表的处理来说,根本问题在于如何保证查表和填表两方面的工作都能够高效地进行。对第一种方式来说,填表快,查表慢;对第二种方式可以采用折半查找方法,填表慢,查表快。要综合考虑争取查表和填表都能高效地进行,多数采用 hash 方式。

4.4 静态语义检查

4.4.1 静态语义检查概述

编译程序的任务是把源程序翻译为等价的目标程序,等价意味着含义相同,也就是说,尽管它们的语法结构完全不同,但它们所表达的含义和结果是相同的。源程序经过词法和语法分析后,已将词法和语法错误检查出来,并由程序员进行了修正。到现在为止,源程序在书写上是正确的,符合程序设计语言所规定的语法,但语法分析并未对程序中各个语句的内部逻辑含义加以解释。如果源程序的含义不正确就无法翻译,如"给一个未声明的变量赋值""把一个变量当作一个函数来使用"这样的问题,在语法分析中就无法检查出来。高级语言的语法结构是用上下文无关文法来描述的,上下文无关文法无法描述这类问题,因为语法分析只关心程序语言语法形式的正确性,而不考虑语法模块上下文之间联系的合法性。

然而实际的情况是,程序语言的语句从语法结构上来看是上下文无关的,但含义上却是上下文相关的。例如,不允许使用一个未声明的变量、不允许函数实参列表和形参列表不一致、不允许对无法默认转换的类型进行赋值和运算、不允许 continue 语句出现在循环语句之外等,这些要求是语法分析器不能完成的。

因此编译程序在进行真正翻译之前需要做一些准备工作,对源程序进行静态语义检查,即根据语言定义的语义,审查每个语法成分的静态语义是否正确,并报告程序中的语义错误。只有语义正确的程序才能进行下一步的处理,生成某种格式统一的中间代码,或直接生成目标代码。之所以称为静态语义检查,是因为这是在编译阶段完成的语义检查。动态语义是在运行时进行检查的。

静态语义检查是在编译时完成的,它主要涉及检查每个使用的名字是否声明、类型是否兼容、使用是否恰当,语法上正确的程序是否真正具有意义等几个方面。

(1)相关名字检查。如在强类型语言(如 C 语言、Java 语言)中,要求变量和函数在使用前必须声明或定义,编译程序必须在每个变量使用前检查它是否声明或定义过。

(2)类型检查。对像 C 语言这样的强类型语言,可以直接根据定义和声明检查各个标识符的类型,将类型填写到符号表中,从而可以检查表达式及赋值、函数等的类型。

(3)控制流检查。用以保证控制语句有合法的转向点。例如,在 C 语言中 break 语句没有出现在循环或 switch…case 语句内部、continue 语句没有出现在循环内部都需要检查出来。

(4)一致性检查。在多数语言中要求对象只能被定义一次。如在相同作用域中标识符只能声明一次、case 语句的标号不能相同、枚举类型的元素不能重复出现、函数名和变量名不能相同等。

静态语义检查工作通常由专门的语义检查子程序来完成。这些语义检查子程序可以由语法分析程序在进行语法分析过程中直接调用,也可以在语法分析后单独一遍进行静态语义检查。

4.4.2 声明与定义语义检查

现在大多数语言都是强类型语言,要求变量和函数必须先声明和定义后使用。声明与定义的语义检查,主要包括如下几点。

(1) 变量未声明就使用、变量重定义。

(2) 函数未声明就定义和调用、函数重定义、函数声明与定义不匹配、函数调用与声明不匹配、函数和变量重名等多种情况。

(3) 数组长度必须是正整数、数组名不能和变量名、函数名同名。

(4) 此外,声明与定义的语义检查一般还包括变量声明不能是 void 类型、变量声明时初始化值包含一个不知道其值的变量、全局变量初始值不是常量、变量初始化类型错误。

(5) 有些语言(如 Ada 语言)要求程序中循环或程序块的名字必须同时出现在这些结构的开头或结尾,编译程序必须检查这两个地方用的名字是否相同。这需要查看语言的规定。

4.4.3 表达式语义检查

表达式是高级语言中进行数据处理的核心,如果语义不正确,将不能进行相关的数据处理,表达式的语义检查要对构成表达式的各个成分进行检查,主要包括如下几点。

(1) 在函数调用时实参与形参的类型不匹配、参数个数不相等。

(2) 有 void 返回值的函数不能参与表达式运算。

(3) 表达式运算中,如果操作符作用于不相容的操作数,编译程序必须报告出错信息。例如,C 语言中的算术运算符%要求整型操作数、类型检查必须检查%运算符作用的两个操作数是否为 int 或 char。

(4) 数组下标运算错误,下标运算只能作用于数组,指针地址访问只作用于指针等。

(5) 赋值表达式中,表达式不能作为左值(赋值符号左边的符号),如赋值表达式左边只能是变量、数组下标或指针,其余表达式是不允许的。在有些语言,如 C 语言中,前缀自加(++i)、前缀自减(--i)、后缀自加(i++)、后缀自减(i--)和取址运算(&)也要求运算对象是左值。

(6) 赋值表达式的类型不匹配。在赋值运算中,允许兼容的赋值,这就需要进行必要的类型转换。如在 C 语言中,允许 char 型、int 型和 float 型的混合运算,这就需要在运算前检查类型是否兼容,如果兼容,还需要进行相应的类型转换再进行运算,如将 char 类型转换为 int 型、将 int 型转换为 float 型等,当运算结束后还需要判断右边的表达式和左边的表达式是否兼容、是否需要转换等。

4.4.4 语句语义检查

高级语言的各个语句都是独立的单位,也就是说各个语句可以在任何地方使用,很少存在上下文相关的信息。但有三个语句比较特殊:break、continue 和 return 语句。它们不能随意出现,出现的位置有一定的限制:break 语句必须在循环和 switch 语句内使用,continue 语句必须在循环语句内使用,return 语句必须在函数中使用,与函数返回值要匹配。

break 语句只能出现在循环语句和 switch 语句内部,由于复合语句支持嵌套,因此需要使用与作用域管理类似的机制记录复合语句的嵌套层次。可以使用栈来记录复合语句的类型、入口标签和出口标签。只要翻译 break 语句时栈中存在循环或 switch 语句，break 语句的使用就是合法的，否则报告语义错误。

continue 语句与 break 语句类似，不过检查 continue 语句时，只需要关心循环语句的嵌套层次，它不能在 switch 语句中使用。

return 语句有两种形式：有返回值的 return 和无返回值的 return。return 语句的语义检查主要是检查 return 语句中是否有表达式、表达式和函数返回值类型是否兼容。

语句的语义检查部分还需要检查函数声明是否出现在复合语句中的情况。

4.5　小　　结

语义分析是对结构上正确的源程序进行上下文有关性质的审查，审查源程序有无语义错误，为代码生成阶段收集类型信息。源程序的语义信息有些是在编译阶段进行的，有些需要在程序运行时才能进行检查，前者称为静态语义检查，后者称为动态语义检查。

在进行静态语义检查之前，必须明确每个正确的语法单位表示的真实含义是什么，然后才能根据这个含义进行检查。因此本章首先介绍了 Sample 语言各个语法单位的含义。静态语义检查的主要内容包括检查源程序中使用的名字是否定义、类型是否兼容、表达式的计算是否得当、语句安排是否合理等。进行静态语义检查的方法是首先将源程序的相关信息登记到符号表中，对符号表的操作主要包括插入和查询操作，而符号表中一些信息的填写，如类型、值、作用域等，是需要在对各个语法单位的语义处理过程中逐步填写的。

4.6　习　　题

1. 符号表的作用是什么？符号表中一般需要登记哪些内容？对符号表主要进行哪些操作？如果需要将常量、变量、函数的符号表放在一张表中，请你设计符号表的结构。

2. 静态语义检查是编译程序对源程序的最后一次检查，你认为静态语义检查包括哪些内容？并举例说明且会提示哪些错误。

3. 程序出现了死循环、除数为 0 等，这种错误是在哪些阶段检查出来的？

4. 写出下面程序的符号表，列出变量的作用域，并指出会发现哪些错误。

```
/*程序段 4.3*/
int x;
main()
{
    int a;
    while(a){
      char x;
      if(x>y){
          a = a + x;
          func1 = a * y;
      }
```

```
        printf("Hello world!");
    }
char y;
int func1(int a, int b)
{
    do{
        char x;
        int * y;
        if(x > y){
            if(y){
                int z;
                printf("Input numbers");
                y = y − 1;
                continue;
            }
            a = a + x;
        }
        ...
        printf("the result is % d", * var1);
}
```

5. 算法程序练习。

（1）用自己熟悉的语言编写程序：建立符号表，并对符号表进行插入和查找操作。

（2）用自己熟悉的语言编写程序：实现静态语义检查的功能，至少检查变量未声明，表达式赋值时类型错误，break、continue 的使用位置是否合适，函数调用中形参和实参不匹配等。

## 第 5 章

中间代码生成

在编译过程的词法和语法阶段对源程序的结构进行了分析。在第 4 章对静态语义进行检查的基础上,本章将进一步对每个语法上正确的语法单位的内部逻辑含义加以解释,生成中间代码。执行中间代码生成的程序称为中间代码生成程序,也称为中间代码生成器。

为了能够将高级语言翻译为中间代码,必须解决以下三个问题:首先是中间代码的形式是什么样的;其次是高级语言(或者其中的语法单位)的语义如何表示;再次是翻译方法是什么。本章将逐步深入讨论这三个方面,介绍高级语言中几种常见语句的翻译,最后介绍 Sample 语言中间代码生成器的设计。

5.1　中间代码生成概述

如果源程序中各个语法单位的静态语义正确,就可以执行真正的语义处理了。进行语义处理之前需要将源程序的语义进行描述,在第 4 章中我们用自然语言的方式描述了 Sample 语言的语义,然而用自然语言描述的语义无法用计算机精确表示并据此进行翻译。目前,对语义进行形式化描述比较流行的方法是属性文法。属性文法是在描述高级语言的语法结构的上下文无关文法的基础上对每个文法符号定义一系列属性,将“语义规则”描述为与文法产生式相关联的属性的计算过程。

高级语言的语句有两类:声明语句和可执行语句。根据前面的介绍,符号表中存放的是源程序中的各个名字及其相关的属性,这些名字一般是根据源程序中的声明语句来建立并修改其属性的。对可执行语句,其语义处理过程是生成某种格式统一的中间代码,或者生成目标代码。中间代码是编译程序内部使用的对源程序的一种表示形式,不依赖于目标机,复杂性介于源语言和机器语言之间,能更容易地生成目标代码。

中间代码生成这一阶段在编译过程中是可以没有的,如果没有这一阶段,在语法和静态语义正确的基础上就可以直接产生目标代码。直接生成机器语言或汇编语言形式的目标代码的优点是编译时间短且无须中间代码到目标代码的翻译,但这样生成的目标代码执行效率和质量都较低,移植性差。因此生成中间代码是有益处的,许多编译程序都选择生成中间语言,即翻译为等效的中间代码。生成中间代码的好处如下。

(1)便于进行与机器无关的代码优化工作,提高目标代码的效率。

(2)使编译程序改变目标机更容易。

(3)使编译程序的结构在逻辑上更为简单、明确。以中间语言为界面,编译前端和后端的接口更清晰,也更易于生成不同语言在不同机器上的编译程序。

中间代码生成在编译器中的地位如图 5.1(a)所示。

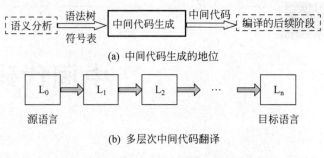

图 5.1 中间代码的翻译

生成中间代码是为了缩小高级语言和机器语言之间的语义鸿沟,如果有必要,可以设计多层中间语言,采取逐层翻译为不同的中间语言的方式,如图 5.1(b)所示,其中,L_0 是源语言,L_n 是目标语言,即机器语言。可以采取首先将 L_0 翻译为 L_1,再将 L_1 翻译为 L_2,……,最后将 L_{n-1} 翻译为 L_n。L_1、L_2、……、L_{n-1} 都是中间语言。各层之间的语义更接近。

将源程序翻译为中间代码的方法很多。在基于属性文法描述语义的基础上,一般采用语法制导的翻译方法。语法制导的翻译方法是指对语义的处理是由语法结构驱动的。这样当语法分析正确建立了语法树后,就可以遍历语法树,在树的各个结点上,根据相应的语义规则进行语义计算。如果属性文法满足一些特定的要求,还可以进行一遍遍历,将语法分析和语义处理同步进行。

5.2 中间代码

中间代码是源程序的不同表示形式,有时候又称为中间语言、中间表示。如 P_code 是用于 Pascal 语言编译器的一种中间代码,Java 编译器输出的 Bytecode 也是一种中间代码,是 Java 虚拟机的输入。中间代码有多种形式,常见的有逆波兰式(后缀式)、三地址代码(Three Address Code,TAC)(包括三元式和四元式)、抽象语法树(Abstract Syntax Tree,AST)、有向无环图(Directed Acyclic Graph,DAG)等,用得较多的是三地址代码。

5.2.1 逆波兰式

逆波兰表示法是波兰逻辑学家卢卡西维奇(Lukasiewicz)发明的一种表示表达式的方法,这种表示法把运算量(操作数)写在前面,把运算符写在后面,因而又称后缀式表示法(Postfix)。

例 5.1 将各表达式或语句用逆波兰式表示(见表 5.1)。

表 5.1 例 5.1 表

表达式或语句	逆波兰式
a+b	ab+
(a+b) * c	ab+c *
a+b * c	abc * +
a=b * c+b * d	abc * bd * +＝

表达式 E 的后缀形式表示的递归定义如下。

(1) 如果 E 是变量或常数,则 E 的后缀表示就是 E 自身。

(2) 如果 E 为 E_1 op E_2 形式,则它的后缀表示为 $E_1' E_2'$ op。其中 op 是二元运算符,E_1'、E_2' 分别是 E_1 和 E_2 的后缀表示。若 op 为一元运算符,则视 E_1 和 E_1' 为空。

(3) 如果 E 为 (E_1) 形式,则 E 的后缀表示就是 E_1 的后缀表示。

上述递归定义的实质是:在后缀表示中,操作数出现的顺序与原来一致,运算符按运算的先后顺序放入相应的操作数之后(即运算符相对于运算对象的顺序发生了变化),不需要用括号来规定运算顺序。例如,把 $(a+b)*c$ 表示成 $ab+c*$。

后缀表示的优点是计算机易于处理。常用方法是使用一个栈,自左至右扫描后缀表达式,每碰到运算量就压栈,每碰到 K 目运算符就把它作用于栈顶的 K 个运算量,并用运算的结果(即一个新的运算量)来取代栈顶的 K 个运算量。

例 5.2　$B@CD*+$(中缀表示形式为 $-B+C*D$,@ 表示一元减)的计算过程如下。

(1) B 进栈。

(2) 对栈顶元素施行 @ 运算,将结果代替栈顶,即 $-B$ 的值置于栈顶。

(3) C 进栈。

(4) D 进栈。

(5) 栈顶两元素相乘,两元素退栈,相乘结果置栈顶。

(6) 栈顶两元素相加,两元素退栈,相加结果进栈,现在栈顶存放的是整个表达式的值。

后缀式表示简洁和计算方便,特别适用于解释执行的程序设计语言的中间表示,也便于具有堆栈体系的计算机的目标代码生成。

5.2.2　三地址代码

三地址代码是指每条代码包含一个运算和三个地址,两个地址用于存放运算对象,一个地址用于存放运算结果,一般形式为:

$$x = y \text{ op } z$$

其中,y 和 z 为名字、常量或编译时产生的临时变量;x 为名字或临时变量;op 为运算符,如定点运算符、浮点运算符和布尔运算符等。三地址代码类似于汇编代码中的三地址指令。由于每条三地址代码只含有一个运算符,因此多个运算符组成的表达式必须用三地址代码序列来表示,如表达式 $x+y*z$ 的三地址代码为:

$$T_1 = y * z$$
$$T_2 = x + T_1$$

其中,T_1 和 T_2 是编译时产生的临时变量。在实际实现中,用户定义的名字将由指向符号表中该名字项的指针所取代。

三地址代码也可以表示多种语句形式,有符号标号和各种控制流语句等。常用的三地址代码有以下几种。

(1) $x = y$ op z,其中 op 为二目的算术运算符或布尔运算符。含义是 y 和 z 进行 op 所指定的操作后,结果存放到 x 中。

(2) $x = $ op z,其中 op 为单目运算符,如单目减 @、逻辑非 not 等。含义是对 z 进行 op 指定的操作,结果存放到 x 中。

（3）x＝y，将 y 的值赋给 x。

（4）无条件转移 goto L，即直接跳转执行标号为 L 的三地址代码。

（5）条件转移 if x rop y goto L 或 if a goto L。在第一种形式中，rop 为关系运算符（如 <、<=、==、<>、> 和 >=），若 x 和 y 满足关系 rop 就转去执行标号为 L 的三地址代码，否则继续按顺序执行。在第二种形式中，a 为布尔变量或常量，若 a 为真，则执行标号为 L 的三地址代码，否则继续顺序执行。

三地址代码是中间代码的一种抽象形式。在编译程序中，三地址代码的具体实现通常有四元式和三元式。

（1）四元式。

一个四元式是具有四个域的记录结构，表示为

$$(op, arg1, arg2, result)$$

其含义是 arg1 和 arg2 进行 op 指定的操作，结果存放到 result 中。其中，op 为运算符，arg1、arg2 及 result 分别为第一、第二运算对象和结果，它们可以是用户定义的变量或临时变量，arg1、arg2 还可以是常量。如果 op 是单目运算符，只需要一个运算对象，则 arg2 用空格或用下画线来代替，本书都使用空格，只是为它留出位置。常见的三地址语句与四元式的对应关系如表 5.2 所示。

表 5.2　常见的三地址代码与四元式的对应关系

三地址代码	四元式	三地址代码	四元式
x＝y op z	(op, y, z, x)	goto L	(j, , , L)
x＝op z	(op, z, , x)	if x rop y goto L	(jrop, x, y, L)
x＝y	(=, y, , x)	if x goto L	(jNZ, x, , L)

例 5.3　写出赋值语句 a＝b＊(−c)＋b＊(−c) 的四元式。结果如表 5.3(a) 所示。

表 5.3　赋值语句 a＝b＊(−c)＋b＊(−c) 的四元式和三元式表示

（a）四元式

	op	arg1	arg2	result
(0)	@	c		T_1
(1)	＊	b	T_1	T_2
(2)	@	c		T_3
(3)	＊	b	T_3	T_4
(4)	＋	T_2	T_4	T_5
(5)	＝	T_5		a

（b）三元式

	op	arg1	arg2
(0)	@	c	
(1)	＊	b	(0)
(2)	@	c	
(3)	＊	b	(2)
(4)	＋	(1)	(3)
(5)	＝	a	(4)

（2）三元式。

为了避免把临时变量填入到符号表中，可以通过计算这个临时变量值的代码的位置来引用这个临时变量，这样表示的三地址代码称为三元式。三元式是只具有三个域的记录结构，表示为

$$(op, arg1, arg2)$$

其中，op 是运算符，arg1、arg2 可以是变量或临时变量，也可以是常量，还可以指向三元式表中的某一个三元式编号。同样地，如果 op 是单目运算符，arg2 用空格来代替。

例 5.4 写出赋值语句 a＝b＊(－c)＋b＊(－c)的三元式。结果如表 5.3(b)所示。

在三元式表示中,每个语句的位置同时有两个作用:一是可作为该三元式的结果被其他三元式引用;二是三元式的位置顺序即为运算顺序。在代码优化阶段需要调整三元式的运算顺序时会很麻烦,它意味着必须改变其中一系列指针的值。因此,变动一张三元式表是很困难的。

对四元式来说,引用另一语句的结果可以通过引用该语句的 result(通常是一个临时变量)来实现。它不存在语句位置同时具有两种功能的现象,代码调整时要做的改动只是局部的,因此,当需要对中间代码表进行优化处理时,四元式比三元式方便得多。

*5.2.3 抽象语法树

通过语法分析,已经为源程序建立了语法树。抽象语法树是语法树的一种简化形式,是源程序的抽象语法结构的树状表示,树的每个结点都表示源代码中的一种结构,之所以说是抽象的,是因为抽象语法树并不会表示出真实语法出现的每一个细节,比如说,嵌套括号被隐含在树的结构中,并没有以结点的形式呈现。

抽象语法树不依赖于源语言的语法,与语法树的建立过程无关。对上下文无关文法进行语法分析时,经常会对文法进行一些等价变换(如消除左递归、回溯、二义性等),这给文法分析引入一些多余的成分,对后续阶段造成不利影响。抽象语法树去掉那些对后续阶段的翻译不必要的信息,得到源程序的一种有效的中间表示,作为编译器前、后端的一个清晰的接口。

抽象语法树在很多领域有广泛的应用,如浏览器、智能编辑器、编译器等。

在抽象语法树中,运算符和关键字都作为树的内部结点,运算对象作为树的叶子结点出现。如产生式 S→if B then S1 else S2 的抽象语法树表示如图 5.2 所示,表达式 3＊5＋4 的抽象语法树如图 5.3 所示。

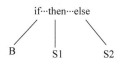

图 5.2 S→if B then S1 else S2 的抽象语法树

图 5.3 表达式 3＊5＋4 的抽象语法树

抽象语法树的建立过程是对一个表达式中的每一个运算符和运算分量都建立一个结点,运算分量可以是带运算符的子表达式,也可以是单个运算对象(常数和标识符)。运算分量结点作为运算符结点的子树的根。因此,在抽象语法树中有两种不同的结点:运算符结点(内部结点)和运算对象结点(叶子结点)。不同的结点中包含的信息是不同的,可以用不同的结构来表示,例如,运算符结点至少应包含运算符和指向左右子树根的指针,后期还可以对结点添加其他属性;运算对象结点至少应该包含常数的词法值或者标识符指向符号表的入口。可以使用下面的函数来实现抽象语法树的建立。每一个函数都返回一个指向新建立的结点的指针。

(1) mknode(op, left, right),建立一个运算符结点,标号是运算符 op,left 和 right 分别指向左、右子树。

（2）mkleaf(id, entry)，建立一个标识符结点，标号是 id，entry 指向符号表的入口。

（3）mkleaf(num, val)，建立一个常数结点，标号是 num，val 存放的是常数的值。

例 5.5 使用上述几个函数为表达式 3∗(a−1)+c 建立抽象语法树。

建立过程的函数调用序列为：

（1）p_1＝mkleaf(id, entrya)

（2）p_2＝mkleaf(num, 1)

（3）p_3＝mknode("−", p1,p2)

（4）p_4＝mkleaf(num, 3)

（5）p_5＝mknode(" ∗ ", p4,p3)

（6）p_6＝mkleaf(id, entryc)

（7）p_7＝mknode("＋", p5,p6)

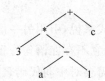

图 5.4　表达式 3∗(a−1)+c 的抽象语法树

这棵抽象语法树（见图 5.4）是自下而上建立起来的。entrya 和 entryc 是指向符号表中标识符 a 和 c 的入口。首先建立了叶子结点 a 和 1，然后建立内部结点"−"，再建立叶子结点 3，再建立内部结点" ∗ "，一步一步建立一棵树，p_1，p_2，…，p_7 是指向结点的指针，最终建立的树根由 p_7 指向。

可以看出，逆波兰式是抽象语法树的线性表示形式，逆波兰式是树结点的一个序列，其中的每个结点都是在它的所有子结点之后立即出现的，所以从图 5.4 可以很容易写出表达式 3∗(a−1)+c 的逆波兰式是 3a1− ∗ c＋，即是树的后序遍历的结果。

5.2.4　有向无环图表示

有向无环图（DAG）也是源代码的一种中间表示形式。与抽象语法树一样，对表达式中的每个子表达式，DAG 中都有一个结点，内部结点表示运算符，它的孩子结点代表运算分量。与抽象语法树不同的是，DAG 中代表公共子表达式的结点只出现一次，具有多个父结点，抽象语法树中公共子表达式被表示为重复的子树。如表达式 x＋x ∗ (a−b)＋(a−b) ∗ y 的 DAG 如图 5.5 所示，抽象语法树如图 5.6 所示。

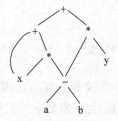

图 5.5　表达式 x＋x ∗ (a−b)＋(a−b) ∗ y
　　　　的 DAG

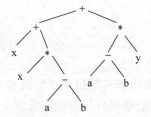

图 5.6　表达式 x＋x ∗ (a−b)＋(a−b) ∗ y
　　　　的抽象语法树

从图 5.5 可以看出，叶子结点 x 是一个公共子表达式，有两个父结点，a−b 也是一个公共子表达式，在两个地方使用，因此也有两个父结点。所以 DAG 在描述源程序的层次结构时，比抽象语法树更紧凑，可以标出公共子表达式。

DAG 的特点是每个结点都带上各自的标记。

（1）图中叶子结点由独特的标识符所标记，所谓独特的标识符是指它或者是变量名，或者是常数。根据作用到一个名字上的算符可以决定需要的是一个名字的左值还是右值。大多数叶子结点代表右值,叶子结点代表名字的初始值。

(2) 图的内部结点由运算符标记,代表进行这种运算和计算出来的值。

(3) 图中各个结点可能附加一个或多个标识符,表示这些标识符都具有该结点所代表的值。

构造 DAG 的方法与构造抽象语法树的方法类似:表达式的每个子表达式对应 DAG 中的一个结点,内部结点代表运算符,其左右孩子结点代表运算对象。注意每次构造结点之前需要查找该结点是否已经构建过。

5.3 属性文法和语法制导的翻译

目前比较流行的语义描述方法主要是属性文法。上下文无关文法用来描述语言的语法结构,语义信息通过一系列属性来定义,把属性附加到上下文无关文法的文法符号上,并定义与文法产生式相关联的“语义规则”来计算和传递属性值,就构成了属性文法。属性文法把语义信息和程序设计语言的结构联系起来,这样在语法分析的过程中就可以计算和传递语义信息,也可以进行语义翻译。这种由语法结构驱动的方法称为语法制导的翻译方法。

5.3.1 属性文法

高级语言的语法结构通过上下文无关文法来描述,然而语义信息是上下文有关的,要描述语义信息就需要有新的描述方法。Knuth 在 1968 年提出的属性文法就是用来描述上下文有关的语义信息及其计算的。属性文法是在上下文无关文法的基础上,为每个文法符号(终结符和非终结符)配备一系列的属性(称为语义值),并定义了属性计算的规则。属性代表与文法符号相关的信息,可以是文法符号的类型、值、代码序列以及符号表的内容等,如可以用 X.type、X.val、X.addr 来表示文法符号 X 的类型、值和地址。属性就像变量一样可以进行计算和传递,属性的计算过程就是语义处理的过程。属性计算规则是和文法的产生式相联系的,称为语义规则,也称为语义动作。

属性通常分为两类:综合属性和继承属性。

在一个属性文法中,每个产生式 $A \rightarrow \alpha$ 都有一个形如 $b = f(c_1, c_2, \cdots, c_k)$ 的语义规则集合与之相关联,f 是函数。其中:

(1) 如果 b 是 A 的一个属性,且 $c_1, c_2, \cdots, c_k$ 是产生式右部文法符号 α 的属性,或者是 A 的其他属性,则称 b 为 A 的综合属性。

(2) 如果 b 是产生式右部某个文法符号 X 的一个属性,$c_1, c_2, \cdots, c_k$ 是 A 或产生式右部任何文法符号的属性,则称 b 为 X 的继承属性。

在这两种情况下,我们都说 b 依赖于 $c_1, c_2, \cdots, c_k$。

从语法树来看,综合属性用于自下而上传递信息,继承属性用于自上而下传递信息。在此应注意以下两点。

(1) 终结符只有综合属性,因此不定义它们的语义计算规则,其值由词法分析器提供。

(2) 非终结符有综合属性,也可以有继承属性;但文法的开始符号的继承属性是作为属性计算前的初值提供的。

一般来说,对出现在产生式右部的继承属性和出现在产生式左部的综合属性都必须提供一个计算规则。属性计算规则中只能使用当前产生式中的文法符号属性,这有助于在产生式范围内"封装"属性的依赖性。然而,对给定的某个产生式,产生式左部符号的继承属性和产生式右部文法符号的综合属性不由当前产生式的属性计算规则进行计算,它们由其他产生式的属性计算规则计算或者作为属性计算前的参数提供。

语义规则所描述的工作主要有属性计算、静态语义检查、符号表的操作和代码生成等。

例 5.6 给出简单算术表达式的属性文法定义,要求该属性文法能够计算表达式的值,并打印。

首先,给出表示简单算术表达式语法结构的上下文无关文法 G:

(1) E→E+T | T

(2) T→T * F | F

(3) F→(E) | digit

如果在一个产生式中,同一个文法符号多次出现,它们的属性值又各不相同时,就可以用下标或上标来区分,如产生式 E→E+T 写成 E→E_1+T。这样上述文法就可以写成 G':

(1) E→E_1+T

(2) E→T

(3) T→T_1 * F

(4) T→F

(5) F→(E)

(6) F→digit

其次,为文法中的每个非终结符定义一个属性 val(是一个整数值),称为语义变量,表示为 E.val、T.val、F.val。digit 表示单个数字,具有综合属性 lexval,其值由词法分析器提供。

然后,对每个产生式按照其含义定义属性计算规则(语义规则)。特别注意,语义规则只能使用当前产生式中的语义变量。设 val 是一个综合属性,属性计算规则是从产生式右部非终结符的 val 值计算出左部非终结符的 val 值。如产生式(2)左部文法符号的属性值 E.val 等于右部文法符号的属性值 T.val,只是传递语义变量的值。产生式(3)左部文法符号的属性值 T.val 等于右部两个文法符号的属性值 T.val 和 F.val 相乘,是语义变量的计算规则。

这样,一个简单算术表达式的属性文法定义如表 5.4 所示。其中,产生式(0)L→E♯是新添加的一个产生式,定义其对应的语义规则是打印 E 所产生的算术表达式的值,可以认为该规则为非终结符 L 定义了一个虚属性。

表 5.4 一个简单算术表达式的属性文法定义

产生式	语义规则	产生式	语义规则
(0) L→E♯	print(E.val)	(4) T→F	T.val=F.val
(1) E→E_1+T	E.val=E_1.val+T.val	(5) F→(E)	F.val=E.val
(2) E→T	E.val=T.val	(6) F→digit	F.val=digit.lexval
(3) T→T_1 * F	T.val=T_1.val * F.val		

5.3.2　属性的计算

1. 综合属性的计算

综合属性在实践中具有广泛应用。在语法树中，一个结点的综合属性的值由其子结点的属性值确定。因此，通常使用自下而上的方法在每个结点处使用语义规则来计算综合属性的值。仅仅含有综合属性的属性文法称为 S-属性文法。利用例 5.6 的属性文法的求值过程是：读入包含数字、括号、运算符＋和 ∗ 的算术表达式（后跟结束符♯），根据自下而上的语法分析方法，生成表达式的语法树。然后就可以自下而上遍历语法树，当在某结点处使用某产生式进行归约时，就调用与该产生式对应的语义规则来计算属性值，最后打印表达式的值。

例 5.7　利用例 5.6 定义的属性文法说明表达式 $3 \ast 5 + 4 ♯$ 的求值过程。

如果输入表达式为 $3 \ast 5 + 4 ♯$，该程序将打印出 19。图 5.7 是输入串为 $3 \ast 5 + 4 ♯$ 的带注释的语法树，语义注释用每个结点的文法符号后的括号来表示。树根结点打印出 E 的属性值 E.val。

为弄清属性值是如何计算的，先考虑最左边最底层的内部结点 F，它所对应的产生式是 F→digit，查表 5.4，该产生式对应的语义规则为 F.val＝digit.lexval。由于 F 的子结点的属性 digit.lexval 的值为 3（它是由词法分析提供的），所以 F.val 的值也为 3。同样地，F 的父结点 T 的属性 T.val 的值也为 3。

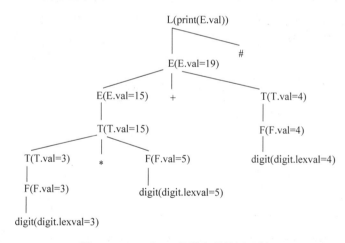

图 5.7　$3 \ast 5 + 4 ♯$ 的带注释的语法树

现在考虑产生式 $T→T_1 \ast F$ 所对应的父结点的属性 T.val 的值的计算，语法分析时由产生式 $T→T_1 \ast F$ 进行归约得到 T，因此此时需要调用该产生式的语义规则 $T.val＝T_1.val \ast F.val$ 来计算，对该结点应用语义规则：从左子结点可以得到 $T_1.val$ 的值为 3，从右子结点可以得到 F.val 的值为 5，故求得这一结点 T.val 的值为 15。同样得到 E 结点的属性值 E.val 为 19。最后，与产生式 L→E♯ 相关联的语义规则打印出 E 的值，也就是整个表达式的值。

2. 继承属性的计算

在语法树中，一个结点的继承属性的值是由该结点的父结点和（或）兄结点的属性决定的。用继承属性来表示程序设计语言上下文结构的依赖性是很方便的。例如，可以使用继承属性来跟踪一个标识符，看它是出现在赋值号的左边还是右边，以便确定是需要它的地址还是它的值。

在下面的例子中，继承属性将类型信息提供给声明中的各个标识符。

例 5.8 给出 C 语言的变量声明语句的属性文法定义。

C 语言变量声明语句的格式是 int id_1，id_2，$\cdots$，id_n，该语法结构的上下文无关文法为：

(1) D→TL

(2) T→int

(3) T→float

(4) L→L_1,id

(5) L→id

在该文法中，非终结符 D 是开始符号，所产生的声明语句是由关键字 int 或 float 后跟一个标识符表所组成的。

为非终结符 T 定义综合属性 type，用来存放类型值；为非终结符 L 定义一个继承属性 in，也用来存放类型值。与产生式 T→int 相关联的语义规则定义 T 的 type 属性值由右部的类型关键字来确定，即 T.type=int；与产生式 D→TL 相关联的语义规则定义为 L.in=T.type，用来将 T 的属性值传递给 L 的继承属性 L.in；产生式 L→L_1,id 的语义规则需要首先将 id 插入到符号表中（使用 InsertVariable()函数来实现），然后将 L 的继承属性 L.in 沿语法树向下传递给 L_1 和 id；与 L 相关联的产生式的语义规则还要修改符号表中该变量的类型信息，使用 entry(id)来表示符号表中 id 的入口，entry(id).type=L.in 就将 L.in 中存放的类型值填入符号表中 id 这一行对应的类型栏中。该声明语句的属性文法定义如表 5.5 所示。

表 5.5　C 语言中标识符的属性文法定义

产生式	语义规则	产生式	语义规则
D→TL	L. in＝T. type	L→L_1,id	InsertVariable(id)；
T→int	T. type＝int		L_1. in＝L. in
T→float	T. type＝float		entry(id). type＝L. in
		L→id	InsertVariable(id)；
			entry(id). type＝L. in

图 5.8 给出了声明语句 int id_1,id_2,id_3 的带注释的语法树，语义注释在括号中表示。3 个 L 结点的 L.in 的值分别给出了标识符 id_1,id_2 和 id_3 的类型。这些值是按下面的方法确定的：首先根据产生式 T→int 计算根的左子结点 T 的综合属性值 T.type，然后根据产生式 D→TL，将 T.type 传递给 L.in，之后在根的右子树中自上而下计算 3 个 L 结点的 L.in 值。在每个 L 结点处，将 id 插入到符号表中，同时在符号表中记下 id 的类型。

5.3.3　属性的计算顺序

上面介绍了综合属性和继承属性的计算，基于属性文法的语义处理过程实际就是属性的计算过程，其基本流程是：首先对单词符号串进行语法分析，构造语法树，然后根据需要遍历语法树，在语法树的各结点处按语义规则进行属性计算。

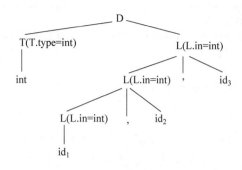

图 5.8 每个 L 结点都带有继承属性的语法树

这种由源程序的语法结构所驱动的处理方法称为语法制导的翻译方法,如图 5.9 所示。语义规则可以完成多种操作:产生代码、在符号表中存放信息、给出错误信息或执行任何其他动作。对输入符号串的翻译也是根据语义规则进行计算的结果。

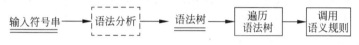

图 5.9 语法制导翻译流程

上述流程是假定语法树已经建立起来了,并且树中开始符号的继承属性和终结符的综合属性已经确定,然后就可以以某种次序遍历语法树,计算各个结点上定义的属性的值。如果一个文法只有综合属性,可以自下而上一次遍历语法树的所有结点,从而计算出所有的属性值;如果只有继承属性,也可以自上而下一次遍历语法树的所有结点,计算出所有的属性值。然而一个属性文法一般都定义了多个属性,既有综合属性又有继承属性,属性之间可能存在复杂的依赖关系,一次遍历语法树就不能计算出所有属性的值,多个属性的计算顺序就成了一个问题。这就可能需要多次遍历语法树,下一次遍历时可以利用前面若干次遍历已经计算出来的属性值,直至计算出所有属性的值。

通过树的遍历来计算属性的方法很多,最常用的方法是深度优先,从上往下、从左到右的遍历方法。下面的函数 ComputeSenmaticAttribute() 使用递归方式描述了深度优先遍历语法树来计算属性,直到计算出所有的属性的过程。遍历语法树的核心思想是:从上往下遍历,在访问某个非终结符结点 X_i 前,先计算它的继承属性;当某结点 N 的所有子结点的综合属性都计算完后,才计算 N 的综合属性。

```
/* 用树的遍历方式来进行属性计算 */
ComputeSenmaticAttribute()
{
    while (还有未计算出的属性)
        VisitNode(S);                    /* S 是文法的开始符号,也是语法树的树根 */
}

VisitNode(N:Node)                        /* 访问以 N 为根的子树,并计算所有可以计算的属性 */
{
    if (N 是非终结符)                     /* 假定 N 的产生式形式是 N→X₁X₂…Xₘ */
        for (i 从 1 到 m)
```

```
        if (Xᵢ是非终结符) {
            计算 Xᵢ 的所有能够计算的继承属性;    /*自上而下计算可以计算的继承属性*/
            VisitNode(Xᵢ);
        }
        计算 N 的所有能够计算的综合属性;         /*所有子结点都计算完毕,计算 N 的综合属性*/
    }
```

这是一个复杂的递归过程。然而一个具体语言的语义处理的实现方法并不一定严格按照这个流程。根据上述遍历语法树的核心思想,我们发现如果某结点的继承属性在访问它之前都能全部计算出来,就可以使用一遍遍历的方式实现属性文法的语义规则的计算。也就是说访问结点的属性并不依赖于还没有计算出来的属性。这样,就可以在语法分析的同时完成语义规则的计算,把构造语法树和遍历语法树进行语义计算合成一遍。我们称满足这样的条件的特殊文法为 L-属性文法。

L-属性文法的定义是:如果对于文法中的每个产生式 $A \rightarrow X_1 X_2 \cdots X_n$,其每个语义规则中的每个属性或者是综合属性,或者是 $X_j (1 \leq j \leq n)$ 的一个继承属性,且这个继承属性仅仅依赖于下列两种属性。

(1) 产生式中 X_j 左边的文法符号 $X_1 X_2 \cdots X_{j-1}$ 的属性。

(2) A 的继承属性。

例 5.9 判断下面的属性文法(见表 5.6)是否是 L-属性文法?

表 5.6 例 5.9 表

产 生 式	语 义 规 则
A→LM	L. i＝g(A. i) M. i＝m(L. s)
A→QR	R. i＝r(A. i) Q. i＝q(R. s) A. s＝f(Q. s)

该文法有两个产生式,有 5 个文法符号,每个文法符号有继承属性 i 和综合属性 s。g、m、r、q、f 都表示函数变换。

该文法不是 L-属性文法。根据 L-属性文法的定义,一个文法符号的继承属性依赖于产生式左部的文法符号和产生式右部在它前面的文法符号的继承属性,在 Q. i＝q(R. s) 这条规则中,Q. i 是 Q 的继承属性,它依赖于 R 的属性,因此不满足 L-属性文法的条件。

前面介绍过,S-属性文法只含有综合属性,由 L-属性文法的定义可见,S-属性文法一定是 L-属性文法。S-属性文法能够用于自下而上语法分析的同时进行语义计算;其他含有继承属性的 L-属性文法,适合于在自上而下的语法分析的同时进行语义的计算。

本章后面讨论的文法都是 L-属性文法,在语法分析时同步完成语法制导的翻译。

5.3.4 语法制导翻译的实现方法

前面介绍过,语法制导翻译是由语法结构驱动的语义处理方法,如果文法是 L-属性文法,语法分析就可以和语义处理同步进行,一次扫描完成。其基本思想是:在语法分析过程中,当使用产生式推导或归约后,调用对应该产生式的语义规则来处理已识别的那部分语法成分的全部含义。这相当于在语法树的内部结点处通过调用为该产生式定义的语义规则来实现,这些语义规则可以事先编成语义子程序。然而在语法分析的过程中,什么时间、依据什么顺序来调用这些语义子程序呢?下面将具体介绍 S-属性文法和 L-属性文法的具体实现方法。

1. 翻译模式

属性文法可以看作是关于语言翻译的高级规范说明,隐藏了实现细节。也就是说,属性文法只给出了每个产生式对应的语义规则,说明了属性之间的依赖关系或者计算关系,并没有明确说明使用语义规则进行计算的次序。如果希望一次遍历就能完成语法和语义的计算,当产生式右部有多个文法符号的多个属性需要计算时,可能需要选定一个恰当的顺序,因为有些属性需要依赖于另一些属性的计算结果,有些属性需要在产生的过程中去使用。这样就需要把某些语义规则穿插到一个产生式归约或推导的过程中去完成计算。

例 5.10 下面是能进行加减法运算的简单表达式的属性文法,其语义规则是将中缀表示形式改写成后缀表示形式,属性文法如表 5.7 所示,此处只定义了产生式对应的语义规则,没有定义各语义规则应该在什么时候执行。

表 5.7 带加减运算的简单算术表达式的属性文法

编号	产 生 式	语 义 规 则
(1)	$E \to TE'$	
(2)	$E' \to +TE'$	print('+')
(3)	$E' \to -TE'$	print('-')
(4)	$E' \to \varepsilon$	
(5)	$T \to i$	print(i. lexval)

如果输入串是 9−5+2,语法树如图 5.10 所示,转换成后缀表示应该是 9 5−2+。

在自上而下的分析中,根据语义,从图 5.10 中会发现,print('9')应该在产生式 T→i 的末尾执行,即得到 9 之后才打印;print('+')应该在产生式 E′→+TE′ 的 T 和 E′ 中间执行,即在 T 识别之后才打印+,而不能在产生式的末尾执行。9−5+2 转换成后缀式的过程是:首先在 T→i 推导出 9 之后打印 9;其次在 T→i 推导出 5 之后,应该打印 5;然后就应该执行 T 和 E′ 之间的语义动作打印−,减号是在 5 之后打印的;然后再推导出 2,打印 2;再执行 T 和 E′ 之间的语义动作打印+。为了表示语义动作在什么时间点执行,可以把语义动作看作一个终结符,作为产生式左部非终结符的孩子结点,放在语法树中应该执行这个语义动作的地方(一个非终结符的孩子结点按从左到右的顺序排列)。带语义执行顺序的语法树如图 5.11 所示。这样,产生式 E′→+TE′ 实际就可以写为:E′→+T{ print('+') }E′。用花括号将语义动作放在产生式中间,表示该语义动作执行的时机,这种方式称为该属性文法的翻译模式,即标识了语义规则执行的时机。

根据前面的介绍,在具体实现某语言的语法制导的翻译时,需要将属性文法改写为合适的翻译模式,将语义规则放在产生式右部的适当位置才能进行一遍扫描完成所有的属性计算。但必须注意某些限制以保证某个语义动作引用一个属性时它必须是已经计算出来的,L-属性文法本身就能够确保每个动作不会引用尚未计算出的属性。

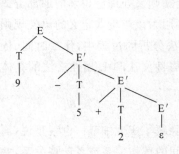

图 5.10　9－5＋2 的语法树

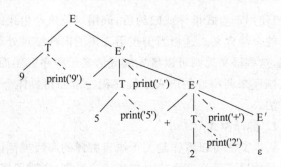

图 5.11　带语义执行顺序的语法树

在建立翻译模式时，如果属性计算中只有综合属性时，综合属性的语义规则通常可以放在产生式右部的末尾。因为综合属性总是在它所有的子结点的属性都计算出来以后才计算。如果既有综合属性又有继承属性，建立翻译模式时须遵循以下原则。

（1）产生式右部符号的继承属性必须在这个符号以前的动作中计算出来。

（2）一个动作不能引用这个动作右部的符号的综合属性。

（3）产生式左部非终结符的综合属性只有在它所引用的所有属性都计算出来以后才能计算。这种语义规则通常可以放在产生式右部的末尾。

例如，下述翻译模式不满足这三个条件。

（1）$S \rightarrow A_1 A_2$　　　　$\{A_1.in=1; A_2.in=2\}$

（2）$A \rightarrow a$　　　　　　　$\{print(A.in)\}$

对于输入串 aa，语法树如图 5.12 所示。

在自上而下的分析中，匹配第一个 a 之后，需要调用语义动作 $print(A.in)$，但此时 $A.in$ 是一个继承属性，在上一个产生式中还没有执行，因此没有计算出来。因此第一个产生式的语义规则就不能放在产生式的最后。如果在第二个产生式执行后需要打印 $A.in$，那么，第一个产生的两个语义动作需要分别在 A_1 和 A_2 的前面执行。应该改为 $S \rightarrow \{A_1.in=1\}A_1\{A_2.in=2\}A_2$，带执行顺序的语法树如图 5.13 所示。

图 5.12　输入串 aa 的语法树

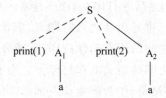

图 5.13　输入串 aa 的带执行顺序的语法树

有了具体的翻译模式，就可以进行语法制导的翻译。

语法制导翻译的实现途径并不困难，根据语法分析方法的不同，常用的语法制导的翻译方法也有以下两种。

（1）在自下而上的语法分析中，使用和语法分析栈同步操作的语义栈进行语法制导翻译。

（2）在自上而下的语法分析中，如递归下降的分析器里，利用隐含的栈来存储各递归子程序中的局部变量所表示的语义信息。

本节首先介绍 S-属性文法用于自下而上分析的语法制导翻译,然后介绍含有继承属性的 L-属性文法用于递归下降分析中,说明在自上而下的分析方法中的语法制导翻译。

2. S-属性文法的自下而上的翻译

S-属性文法只有综合属性,在自下而上翻译过程中用于向上传递信息,其翻译模式很简单,因为每个结点综合属性的计算应该放在结点后面执行,也就是说语义规则可以直接放在产生式最后。

例 5.11　例 5.6 的属性文法的翻译模式的描述。

假定现在要分析的语法成分是简单算术表达式,所完成的语义处理不是将它翻译成中间代码,而是计算表达式的值,例 5.8 的属性文法的翻译模式描述如表 5.8 所示。该翻译模式的语义动作中用到的属性都是综合属性,所以可以放到产生式的最后面。

表 5.8　例 5.6 的属性文法的翻译模式描述

产生式{语义规则}	产生式{语义规则}
(0) $L \rightarrow E \#$ { print(E.val)}	(4) $T \rightarrow F$ { T.val=F.val}
(1) $E \rightarrow E_1 + T$ { E.val=E_1.val+T.val}	(5) $F \rightarrow (E)$ { F.val=E.val}
(2) $E \rightarrow T$ { E.val=T.val}	(6) $F \rightarrow$ digit{ F.val=digit.lexval}
(3) $T \rightarrow T_1 * F$ { T.val=T_1.val * F.val}	

假如语法分析是自下而上的,在用某一产生式进行归约的同时就执行相应的语义动作,在分析出一个句子时,这个句子的"值"也就同时产生了。例如,若输入串是 $4+3*5\#$,假如语法分析采用第 4 章介绍的自下而上的 LR 分析器,在构建语法树进行归约的同时,可以调用对应的语义规则,进行属性的计算。

在第一步读入数字 4 以后,得到词法值为数字 4,具有数学意义。然后使用产生式(6)进行归约,执行的语义动作是将 F.val 的值置为单词 digit 的词法值 4,在语法树中把结点的语义值写在结点后的括号中,如图 5.14(a)所示;然后根据 LR 分析法需要继续将 F 归约为 T,调用产生式 $T \rightarrow F$ 对应的语义规则 T.val=F.val,得到 T 的语义值也为 4,E 的语义值也为 4,如图 5.14(b)所示;继续读入符号+,读入符号 3,进行分析,逐步向上归约为 F 和 T,如图 5.14(c)所示;继续上述操作,当用 $E \rightarrow E_1 + T$ 归约到 E 时,E 的属性值 19 就计算出来了,最后调用产生式 $L \rightarrow E\#$ 的语义规则打印出 19,如图 5.14(d)所示。

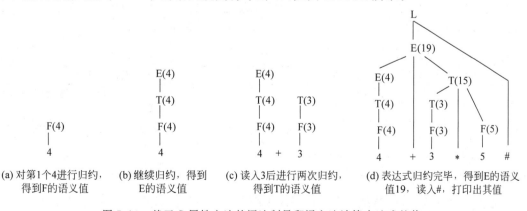

(a) 对第1个4进行归约,得到F的语义值　(b) 继续归约,得到E的语义值　(c) 读入3后进行两次归约,得到T的语义值　(d) 表达式归约完毕,得到E的语义值19,读入#,打印出其值

图 5.14　基于 S-属性文法的语法制导翻译方法计算表达式的值

具体实现时可以在自下而上的分析中设置一个语义栈,在语法分析过程中,同步操作语法符号和语义属性来实现语义计算。下面以 LR 分析为例来进一步说明语法制导的翻译过程。首先把 LR 的分析栈进行扩充,使得每个文法符号都带有语义值,即栈的结构如图 5.15 所示。同时把 LR 分析器的功能进行扩充,使得它不仅能执行语法分析任务,还能在用某个产生式进行归约的同时调用语义规则进行相应的语义处理,按照例 5.11 的翻译模式完成相应的语义动作。每一步工作后的语义值保存在扩充的语义栈中。

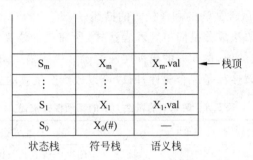

图 5.15 添加了语义后的栈结构

例 5.12 利用例 5.11 定义的翻译模式对表达式 $4+3*5\#$ 进行 LR 分析(增加了语义栈后)。

在例 3.32 的 LR 语法分析的基础上增加了语义栈后,分析过程如表 5.9 所示。语法树如图 5.14(d)所示。

表 5.9 对表达式 $4+3*5\#$ 增加了语义栈的分析过程

序号	状态栈	符号栈	语义栈	产生式	输入串	说明
1	0	#	-		$4+3*5\#$	0 和 # 进栈
2	05	#i	-4		$+3*5\#$	i 和 S_5 进栈
3	03	#F	-4	F→i	$+3*5\#$	i 和 S_5 退栈,F 和 S_3 进栈
4	02	#T	-4	T→F	$+3*5\#$	F 和 S_3 退栈,T 和 S_2 进栈
5	01	#E	-4-	E→T	$+3*5\#$	T 和 S_2 退栈,E 和 S_1 进栈
6	016	#E+	-4-		$3*5\#$	＋和 S_6 进栈
7	0165	#E+i	-4-3		$*5\#$	i 和 S_5 进栈
8	0163	#E+F	-4-3	F→i	$*5\#$	i 和 S_5 退栈,F 和 S_3 进栈
9	0169	#E+T	-4-3	T→F	$*5\#$	F 和 S_3 退栈,T 和 S_9 进栈
10	01697	#E+T*	-4-3-		$5\#$	＊和 S_7 进栈
11	016975	#E+T*i	-4-3-5		$\#$	i 和 S_5 进栈
12	01697 10	#E+T*F	-4-3-5	F→i	$\#$	i 和 S_5 退栈,F 和 S_{10} 进栈
13	0169	#E+T	-4-15	T→T*F	$\#$	F＊T 和 S_{10}、S_7、S_9 退栈,T 和 S_9 进栈
14	01	#E	-19	E→E+T	$\#$	T+E 和 S_9、S_6、S_1 退栈,E 和 S_1 进栈
15						接受

按照上述实现方法,若把语义子程序改为产生某种中间代码的动作,就可以在语法分析的同时随着分析的进展逐步生成中间代码。

3. L-属性文法的自上而下的翻译

根据 L-属性文法的特点，L-属性文法只需要从上往下进行一遍扫描就可以完成属性的计算。这种属性文法可以和递归下降、LL(1)分析法结合起来使用，在一遍扫描时进行属性计算。

当给定 L-属性文法，可以建立一个满足上面介绍的三个原则的翻译模式，根据翻译模式，就可以实现 L-属性文法的语法制导翻译。

在第 3 章中，为了构造不带回溯的自上而下的语法分析，需要消除文法的左递归。可以在消除左递归的算法中同时考虑属性的计算，得到对应的翻译模式。这样，许多属性文法都可以使用自上而下的方法来实现翻译。

例 5.13　算术表达式的 L-属性文法的翻译模式。

假定算术表达式的左递归文法及其相应的翻译模式如表 5.10 所示。由于都是综合属性，所以属性计算的规则可以放在产生式的最后。

表 5.10　算术表达式的左递归文法及相应的翻译模式

文　　法	翻　译　模　式
(1) $E \rightarrow E_1 + T$	(1) $E \rightarrow E_1 + T$ { $E.val = E_1.val + T.val$ }
(2) $E \rightarrow E_1 - T$	(2) $E \rightarrow E_1 - T$ { $E.val = E_1.val - T.val$ }
(3) $E \rightarrow T$	(3) $E \rightarrow T$ { $E.val = T.val$ }
(4) $T \rightarrow (E)$	(4) $T \rightarrow (E)$ { $T.val = E.val$ }
(5) $T \rightarrow$ digit	(5) $T \rightarrow$ digit { $T.val = $ digit.lexval }

如果使用自上而下的语法分析，要对文法进行左递归改造，在改造过程中同时考虑属性的计算，添加综合属性 s 和继承属性 i 用于改造后传递信息，得到新的文法和翻译模式如表 5.11 所示。

表 5.11　算术表达式的非左递归文法及翻译模式

文　　法	翻　译　模　式
(1) $E \rightarrow T\ E'$	(1) $E \rightarrow T$ { $E'.i = T.val$ } E' { $E.val = E'.s$ }
(2) $E' \rightarrow + T\ E'_1$	(2) $E' \rightarrow + T$ { $E'_1.i = E'.i + T.val$ } E'_1 { $E'.s = E'_1.s$ }
(3) $E' \rightarrow - T\ E'_1$	(3) $E' \rightarrow - T$ { $E'_1.i = E'.i - T.val$ } E'_1 { $E'.s = E'_1.s$ }
(4) $E' \rightarrow \varepsilon$	(4) $E' \rightarrow \varepsilon$ { $E'.s = E'.i$ }
(5) $T \rightarrow (E)$	(5) $T \rightarrow (E)$ { $T.val = E.val$ }
(6) $T \rightarrow$ digit	(6) $T \rightarrow$ digit { $T.val = $ digit.lexval }

这样在用文法进行自上而下语法分析的时候，就可以使用翻译模式，语义规则就可以在所在的位置被执行。如果同样用来分析 $4+3*5$，执行结果和表 5.8 采用自下而上的方法相同。

推广到一般，在第 3 章中消除左递归的一般方法如表 5.12 所示。

表 5.12　一般情况下消除左递归文法的方法

左递归文法	非左递归文法
$A \rightarrow AY \mid X$	$A \rightarrow XR$ $R \rightarrow YR \mid \varepsilon$

对应的翻译模式也应该发生转换,增加综合属性 s 和继承属性 i 来传递信息,改造前后的翻译模式对比如表 5.13 所示。

表 5.13 改造前后的翻译模式对比

左递归文法	非左递归文法
$A \to A_1 Y \{A.a = g(A_1.a, Y.y)\}$	$A \to X \{R.i = f(X.x)\} R \{A.a = R.s\}$
$A \to X \{A.a = f(X.x)\}$	$R \to Y \{R_1.i = g(R.i, Y.y)\} R_1 \{R.s = R_1.s\}$
	$R \to \varepsilon \{R.s = R.i\}$

有了这个翻译模式,在自上而下的语法分析中,就可以调用对应的语义动作,将递归下降的分析器变为递归下降的翻译器。

如果我们希望某个文法的翻译模式中语义规则总是在产生式的最后,那也是可以的,这就需要改造文法,因为改造后,文法总是在产生式归约的时候才调用语义规则。具体改造方法将在后续具体语法结构中介绍,如布尔表达式等的处理。

5.4 常见语句的语法制导的翻译

高级语言的源程序通常由两大类语句组成:声明语句和可执行语句。声明语句主要用于声明各种形式的有名实体及其属性,如常量、变量、数组、记录(结构)、函数、类、标号等;可执行语句用于完成程序指定的功能。

根据语句类型的不同,语义处理也按两大类处理:对声明语句(含常量声明、变量声明、函数声明等)的处理,是把声明语句中定义的名字和属性登记在符号表中,用以检查名字的引用和声明是否一致,以便在翻译可执行语句时使用;一般声明语句的语义处理不生成目标代码。对可执行语句的处理,首先应根据源语句的语法结构及其含义给出相应的语义规则,根据语义规则和目标代码结构,找出源与目标的对应关系,设计出翻译模式,然后根据翻译模式设计翻译器。下面详细讨论一些常见语句的语法制导的翻译方法。

5.4.1 声明语句的语义处理

高级语言的声明语句主要是用来声明相关的名字,有很多种类型,如常量、变量、函数、标号、类、数组等的声明。本书只介绍前面三种声明语句,对其他声明语句读者可查阅相关的参考书。声明语句主要涉及对符号表的操作,在这里我们采用第 4 章介绍的将常量表、变量表和函数表分开为三个不同的表来存放。

这里需要用到一个语义变量 entry(i),表示名字 i 在符号表中的入口。语义子程序在对符号表进行操作时,通常不使用名字本身,而是使用该名字在符号表中的入口位置。在处理声明语句时,当获得相关属性信息,如类型、值等时,需要通过它将其填入符号表中的相关表项。在后续翻译可执行语句、生成中间代码时也需要用到 entry(i)来引用一个名字。

1. 常量声明语句

Sample 语言中常量声明的形式如 const int A=123,B=456。根据第 3 章,Sample 语言常量声明语句的文法如下:

```
<常量声明>→const <常量类型> <常量声明表>
<常量类型>→int|char|float
```

<常量声明表>→<标识符> = <常量>;|<标识符> = <常量>,<常量声明表>

为简化起见,常量声明的文法可以写成 G5.1 所示。这里只给出整常数的语义规则,其他类型的常量可以同样进行扩展。<ConstDCL>是文法的开始符号。

(1)< ConstDCL > → < ConstHead >< ConstTDef >

(2)　　　　　　　　→ ε

(3)< ConstHead > → const < ConstType >

(4)< ConstType > → int | float | char

(5)< ConstTDef > → id＝value,< ConstTDef >(1)

(6)< ConstTDef > → id＝value;　　　　　　　　　　　　　　　　　(G5.1)

根据常量声明的含义,当编译程序扫描到常量声明时,需要将常量名字 id 添加到符号表中,同时将该常量的值和类型填入符号表中。

定义文法符号 X 的语义变量 X.type 表示 X 的类型,X.val 表示 X 的值,它们都是综合属性;用 X.in 表示 X 的继承属性,用于传递类型。这样就可以将该动作作为语义处理程序添加到 G5.1 的文法中,如表 5.14 所示。

表 5.14　文法 G5.1 的语义规则

编号	产　生　式	语　义　规　则
(6)	< ConstTDef >→id＝value;	{InsertConst(id);　　　//将常量插入符号表 　　entry(id).val＝value; 　　entry(id).type＝< ConstTDef >.in;}
(5)	< ConstTDef >→id＝value, < ConstTDef >(1)	{InsertConst(id);　　　//将常量插入符号表 　　entry(id).val＝value; 　　entry(id).type＝< ConstTDef >.in; 　　< ConstTDef >(1).in＝< ConstTDef >.in}
(4)	< ConstType >→int	{< ConstType >.type ＝ int}
(3)	< ConstHead >→const < ConstType >	{< ConstHead >.type ＝ < ConstType >.type}
(2)	< ConstDCL >→ε	{　　　}
(1)	< ConstDCL >→< ConstHead > < ConstTDef >	{< ConstTDef >.in ＝ < ConstHead >.type}

例 5.14　写出下面的常量声明语句的语义处理结果。

```
const int A = 123,B = 456;
const char K = 's';
```

常量声明语句的语义处理是填写符号表,此处定义了 3 个常量,结果如表 5.15 所示。

表 5.15　填入常数值后的符号表

入口	常量名(name)	常量类型(type)	值(val)
1	A	int	123
2	B	int	456
3	K	char	s

2. 变量声明语句

对于像 C 语言这样的强类型语言,要求在变量使用之前必须声明。声明语句的作用之一就是告诉编译程序变量的类型、初值等属性信息。

不同语言的变量声明语句的语法不同,Sample 语言符合 C 语言的变量声明规范,C 语言声明语句格式如下:int i, j, k=3,当扫描到每个名字 i 时,首先要将每个名字添加到符号表中,同时把变量的类型及时地告诉每个名字 i,或者说,每当读进一个标识符时,就可以把它的类型登记到符号表中。根据第 3 章的文法定义,变量声明语句的文法如下(<变量声明>为开始符号):

<变量声明>→<变量类型><变量声明表>
<变量声明表>→<单变量声明>;|<单变量声明>,<变量声明表>
<单变量声明>→<变量>|<变量>=<表达式>
<变量类型>→int|char|float

根据变量声明的含义,以及是使用综合属性还是使用继承属性和综合属性的结合,可以用两种方式来定义语义规则。这里以变量声明为例,介绍在不同的分析方法中将定义不同的属性和语义计算规则,但都能达到同样的目的,后续其他语句就只介绍其中一种定义属性的方式。

第一种方式是使用继承属性和综合属性相结合的方式来定义语义规则,这种方式不用修改文法,上述文法可以直接简写为 G5.2。其中,< VarDCL >表示变量声明,是文法的开始符号;< VarType >表示变量类型;< IDS >表示变量列表;< SIDS >表示单个变量声明,此处只使用 int 类型的变量声明作为例子,char 和 float 的变量声明可以同样定义。

(1) < VarDCL >→< VarType >< IDS > | ε
(2) < VarType >→int
(3) < IDS >→< SIDS >;
(4) < IDS >→< SIDS >, < IDS >[1]
(5) < SIDS >→id
(6) < SIDS >→id=< expr >　　　　　　　　　　　　　　　　　　　　　　　(G5.2)

根据变量声明的含义,编译程序处理变量声明时,需要将变量名字 id 和类型添加到符号表中,如果有初值,则需要将该变量的初值填入符号表中。

和常量声明的语义规则类似,首先定义文法符号 X 的语义变量 X.type 和 X.in,其含义和前面相同,文法中的< expr >表示表达式,其值将赋给左边的变量 id,表达式的翻译将在5.4.2 节中介绍,用语义变量< expr >.PLACE 来存储表达式的值。这样,变量声明的语义规则定义如表 5.16 所示。这种方式定义的语义规则适合与自上而下语法分析相结合进行语法制导的语义处理。

表 5.16　文法 G5.2 的语义规则

编号	产 生 式	语 义 规 则
(1)	< VarDCL >→< VarType >< IDS > < VarDCL >→ε	{< IDS >.in = < VarType >.type　　　　} {　　}
(2)	< VarType >→int	{< VarType >.type = int　　　　}
(3)	< IDS >→< SIDS >;	{< SIDS >.in = < IDS >.in　　　}

续表

编号	产　生　式	语　义　规　则
(4)	<IDS>→<SIDS>, <IDS>⁽¹⁾	{< SIDS >. in = < IDS >. in < IDS >⁽¹⁾. in = < IDS >. in　　　　　}
(5)	<SIDS>→id	{InsertVariable(id);　　　//将 id 插入符号表 entry(id). type=< SIDS >. in　　}
(6)	<SIDS>→id = <expr>	{InsertVariable(id);　　　//将 id 插入符号表 entry(id). type = < SIDS >. in entry(id). val = < expr >. PLACE　　}

根据上述语义规则,int i,j,k=3 的带注释的语法树如图 5.16 所示。此处假定 k=3 在注释树中作为一个整体,实际还是需要用表达式进行展开的,图中没有画出。注释树中每个结点的括号中的信息表示语义信息。

首先利用产生式(1)进行推导,然后利用产生式(2)进行推导,得到整个变量声明的类型 int,利用产生式(1)的语义规则将类型传递给< IDS >的继承属性 in,在以后使用产生式向下推导时,就将该继承属性的语义变量赋予右边的< IDS >、< SIDS >,以便往下传递。

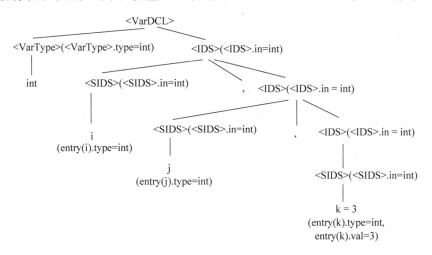

图 5.16　int i,j,k=3 的带注释的语法树(含继承属性和综合属性)

第二种方式是只使用综合属性来进行变量声明的处理,这种方式定义的语义规则适合与自下而上的语法分析相结合进行语法制导的语义处理。这种方式需要修改文法,使其适合自下而上分析。文法可以改写为 G5.2′所示。同样只定义 int 类型变量声明的语义规则。

(1) < VarDCL >→< VarDCL >⁽¹⁾, id|ε

(2) < VarDCL >→< VarDCL >⁽¹⁾, id=< expr >

(3) < VarType >→int

(4) < VarDCL >→< VarType > id

(5) < VarDCL >→< VarType > id=< expr >　　　　　　　　　　　　(G5.2′)

根据变量定义的含义,为每个产生式添加语义动作,产生式(3)的语义动作是得到变量声明的类型,并用语义变量< VarType >. type 来保存;产生式(4)的语义动作是将类型信息登记到符号表中 id 对应的行;产生式(5)的语义动作不仅要将类型信息登记到符号表中 id

对应的行，还要将表达式 expr 的值登记到符号表中，用< expr >. PLACE 来存储表达式的值。产生式(2)和(1)的语义动作是将< varDCL >[1]. type 记录的语义信息（声明语句开始时的类型）传递给 id，产生式(2)还要为 id 进行初值的登记。这样文法 G5.2′各产生式对应的语义规则如表 5.17 所示。

表 5.17 文法 G5.2′的语义规则

编号	产 生 式	语 义 规 则
(5)	< VarDCL >→< VarType > id＝< expr >	{ entry(id). type ＝< VarType >. type; entry(id). val＝< expr >. PLACE; < VarDCL >. type＝< VarType >. type; }
(4)	< VarDCL >→< VarType > id	{ entry(id). type ＝ < VarType >. type; < VarDCL >. type ＝ < VarType >. type; }
(3)	< VarType >→int	{ < VarType >. type＝int; }
(2)	< VarDCL >→< VarDCL >[1] , id＝< expr >	{ entry(id). type ＝ < VarDCL >[1]. type); entry(id). val＝< expr >. PLACE; < VarDCL >. type＝< VarDCL >[1]. type; }
(1)	< VarDCL >→< VarDCL >[1] , id < VarDCL >→ε	{ entry(id). type ＝ < VarDCL >[1]. type; < VarDCL >. type＝< VarDCL >[1]. type; } { }

有了这个语义规则，在进行自下而上的语法分析过程中，就可以一边读入一边填写符号表，处理过程比较简单。int i, j, k＝3 的带注释的语法树如图 5.17 所示。首先利用产生式(3)进行归约，由于归约后 int 就会出栈，因此必须把类型的语义赋予产生式左部符号的语义变量< VarType >. type，以便后继归约时使用；然后使用产生式(4)进行归约，填写 i 的变量类型，同时将类型的语义变量传递给产生式的左部符号……

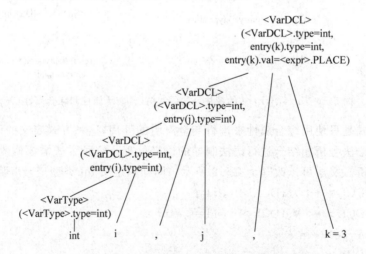

图 5.17 int i, j, k＝3 的带注释的语法树（仅含综合属性）

有些语言处理变量声明就比较复杂一些，如 Pascal 中，变量的声明语句形式是"var id$_1$, id$_2$, id$_3$: integer；"，其含义是将 id$_1$、id$_2$ 和 id$_3$ 的类型设为 integer。为适应自下而上的翻译，Pascal 语言中的变量声明语句可用如下文法来描述。

(1) < VarDCL >→var < IDS > | ε

(2) < IDS >→id，< IDS >⁽¹⁾

(3) < IDS >→id：integer   (G5.2")

其中,< VarDCL >为文法的开始符号。下面为每个产生式添加语义动作。

这里只使用整型 integer 作为例子来定义语义规则,其他类型也可以同样定义。利用产生式(3)进行归约时,表明所有变量名已全部进入分析栈,此时的语义动作是把类型信息作为变量名 id 的类型属性填入符号表中,即将符号表中 id 所在行的 type 属性设置为 integer,同时由于归约后 integer 类型信息已经出栈,必须把类型的语义赋予产生式左部符号的语义变量< IDS >. type,以便后继归约时使用。产生式(2)右部的< IDS >⁽¹⁾. type 就是在前面归约得到的、用来传递类型的语义变量。当用产生式(1)归约时,所有变量名的类型已经填入表中,没有进一步的语义动作可做。文法 G5.2"的语义规则如表 5.18 所示。

表 5.18　文法 G5.2"的语义规则

编号	产　生　式	语　义　规　则
(3)	< IDS >→id：integer	{ 　entry(id). type = integer; 　　< IDS >・type=integer 　　　　}
(2)	< IDS >→id，< IDS >⁽¹⁾	{ 　entry(id). type = < IDS >⁽¹⁾・type; 　　< IDS >・type=< IDS >⁽¹⁾・type 　　}
(1)	< VarDCL >→var < IDS >	ε	{ 　　　　　　　　　　　　　　　　}

例 5.15　Pascal 的变量声明语句"var id₁,id₂,id₃：integer;"的自下而上语法制导的翻译过程。

首先根据自下而上的分析方法,将符号串从左到右移入栈中,如图 5.18(a)所示,此时可利用产生式(3)对栈顶符号串 id₃：integer 进行归约,如图 5.18(b)所示,同时调用产生式(3)的语义动作,得到 id3 的类型为 integer,栈顶的符号< IDS >的语义变量< IDS >. type=integer;再进一步利用产生式(2)将栈顶符号串 id₂,< IDS >归约到< IDS >,如图 5.18(c)所示,根据< IDS >⁽¹⁾. type 传递的语义变量,可知 id₂ 的类型为 integer,同时为栈顶符号< IDS >的语义变量赋值< IDS >. type=integer;再利用产生式(2)将栈顶符号串 id₁,< IDS >归约到< IDS >,如图 5.18(d)所示,得到 id₁ 的类型为 integer;最后利用产生式(1)进行归约,没有语义动作,变量说明语句处理完毕。

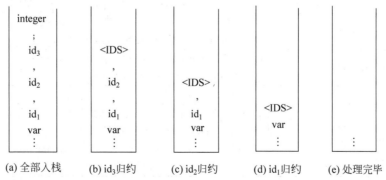

图 5.18　语句"var id₁,id₂,id₃：integer;"的归约过程

3. 函数声明语句

Sample 语言要求所有的函数必须在 main 函数之前先声明,函数定义都放在 main 函数之后。Sample 语言的函数声明的格式是:

int sum(int,int);

其文法结构定义如下。

(1) <函数声明>→<函数类型> <标识符>(<函数声明形参列表>);

【简写为:(1)<FD>→<FT> id (<FFPL>);】

(2) <函数类型>→int|char|float|void

【简写为:(2)<FT>→int|char|float|void】

(3) <函数声明形参列表>→<函数声明形参>|ε

【简写为:(3)<FFPL>→<FFP>|ε】

(4) <函数声明形参>→<变量类型>|<变量类型>,<函数声明形参>

【简写为:(4)<FFP>→<VT>

　　　　(5)<FFP>→<VT>,<FFP>(1)】

(5) <变量类型>→int|char|float

【简写为:(6)<VT>→int|char|float】

<FD>是函数声明文法的开始符号。在处理该函数声明时,需要将函数名添加到符号表中,假定使用 InsertFunction (id)函数插入符号表,然后将函数的相关信息填进符号表。由于下一步翻译为目标代码时调用函数需要传递参数,就需要记录函数返回值类型、参数的个数、按顺序的每个参数的类型,因此在处理产生式(6)时,需要将形式参数的相关信息登记到符号表中。这里仅以 int 型为例介绍该产生式的语义规则,处理产生式(2)时也以 int 型为例,其他几种类型的规则可以同样添加。因此函数声明文法添加的语义规则如表 5.19 所示。

表 5.19　函数声明文法的语义规则

编号	产　生　式	语　义　规　则
(6)	<VT>→int	{ 　<VT>.type = int; 　　<VT>.parameters = 1; 　　<VT>.para = int;　　//符号表中对应该参数 para 的类型　　}
(5)	<FFP>→<VT>,<FFP>(1)	{ 　<FFP>.parameters = <FFP>(1).parameters + 1; 　　<FFP>.para = <FFP>(1).para+","+<VT>.para　　}
(4)	<FFP>→<VT>	{ 　<FFP>.parameters = <VT>.parameters; 　　<FFP>.para = <VT>.para　　}
(3)	<FFPL>→<FFP>|ε	{ 　<FFPL>.parameters = <FFP>.parameters; 　　<FFPL>.para = <FFP>.para　　}
(2)	<FT>→int	{ 　<FT>.type = int;　　}

(1)	<FD>→<FT> id (<FFPL>);	{ 　InsertFunction (id);　//将函数名插入符号表中
		　　entry(id).returntype = <FT>.type;
		　　entry(id).parameters = <FFPL>.parameters;
		　　entry(id).para = <FFPL>.para;　　}

假如有函数声明"int sum(int,int,char);"语法分析后的语法树如图 5.19 所示。

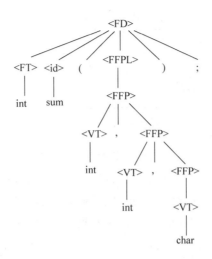

图 5.19　函数声明"int sum(int,int,char);"的语法树

在生成语法树的过程中,调用对应产生式的语义规则,可以将函数声明的相关信息添加到符号表中,得到 sum 是一个函数,返回类型(returntype)是 int,参数个数(parameters)是 3 个,各个参数的类型反序是:char,int,int。

5.4.2　表达式的翻译

在高级语言中,表达式有如下两种实现方式。

(1) 类似于 C 语言中的表达式,所有的表达式都可以认为是赋值表达式,赋值符号右边是一个布尔表达式,或者如果赋值表达式缺少左边符号和赋值符号,就认为是一个布尔表达式,因为在 C 语言中非零就表示真,零表示假;布尔表达式由关系表达式和布尔运算符构成,关系表达式由算术表达式和关系运算符构成,算术表达式由常量、变量和运算符构成。这种实现表达式的方式,在翻译时就可以不区分表达式的类型,统一进行计算得到表达式的值,然后根据具体使用场合应用。

(2) 类似于 Pascal 语言中的表达式,设置有专门的布尔量,算术表达式和布尔表达式分开使用,按不同的翻译方式进行翻译,这种方式可以专门针对布尔表达式的翻译进行优化。

本节介绍的表达式的翻译方法,适合于 C 语言中的表达式和 Pascal 中算术表达式的翻译,5.4.3 节专门针对布尔表达式进行优化翻译。

从表达式的翻译开始,涉及翻译为四元式代码。因此在语义翻译过程中需要涉及中间代码表和临时变量区,除了用到前面介绍的语义函数 entry(id)外,还需要用到一些语义变量和函数,这里先介绍下面几个,其他以后用到的时候再介绍。

(1) NXQ:在生成中间代码时,一般先输出到一个中间代码表中,等翻译结束再将中间代码表一起输出。四元式形式的中间代码表如表 5.20 所示。每一行存放一条中间代码,用一个指针 NXQ 指向即将要生成的四元式的编号,每生成一条新的中间代码,就将它输出到 NXQ 所指向的位置,然后 NXQ 自动加 1,指向下一个空表项。中间代码表开始为空,NXQ=1,当翻译 X=B*C+1 这个语句时,先进行 B*C 的运算,生成第一条四元式,然后 NXQ 自动加 1 指向下一个空表项,随着语义分析过程的进行,新产生的中间代码将逐步填入中间代码表中,直至结束,中间代码表中存放了中间代码生成的结果。

表 5.20 四元式形式的中间代码表

	编号	运算符	运算对象 1	运算对象 2	结果
NXQ=(2)	(1)	*	B	C	T_0
→					

(2) X. PLACE：文法符号 X 的语义变量，表示与 X 对应的变量的存放位置。

(3) newtemp()：语义函数。编译程序管理着一个临时变量区，用于存放翻译过程中建立的临时语义变量。函数 newtemp() 是用来申请一个新的临时变量，每调用一次，生成一个，如第一次调用生成的临时变量为 T_1，第二次调用生成的临时变量为 T_2，等等。

(4) gencode(op,arg1,arg2,result)：语义函数，用来产生一条四元式，并将该四元式插入到四元式列表中由 NXQ 指向的位置。如表 5.20 中就是在翻译表达式 B * C 时运行了 gencode(' * ',b,c,T_0) 而得到的。

简单算术表达式是一种仅含普通变量和常数、不含数组元素及结构引用的算术表达式。其计值顺序与四元式出现的顺序相同，因此很容易将其翻译为四元式。简单赋值表达式是指将简单算术表达式的值赋给一个简单变量，不包含对数组元素和记录元素的引用与赋值。简单赋值表达式的文法可以表示如下[S 为开始符号，其中，产生式(2)~(5)构成简单算术表达式，假定只考虑＋、＊、括号和求负，其他运算可以类似给出]：

(1) < ASSIGN >→id = < AEXPR > 【简写为：S → id = E】

(2) < AEXPR >→< AEXPR > + < TERM >|< TERM > 【简写为：E → E_1 + T | T】

(3) < TERM >→< TERM > * < FACTOR >|< FACTOR > 【简写为：T → T_1 * F | F】

(4) < FACTOR >→ - < AEL >|< AEL > 【简写为：F → - P|P】

(5) < AEL >→id|(< AEXPR >) 【简写为：P →id|(E)】 (G5.3)

简单赋值表达式 id=aexpr 是将表达式 aexpr 的值计算出来，再赋给 id，其目标结构如图 5.20 所示。其中"aexpr 的代码"是表达式 aexpr 翻译后的一系列顺序执行的四元式。目标结构中的最后一条四元式是把表达式的结果赋给赋值表达式的左变量。

aexpr的代码
id=aexpr.PLACE

图 5.20 简单赋值表达式的目标结构

表 5.21 为文法 G5.3 的语义规则(假定只做整数运算)。

表 5.21 文法 G5.3 的语义规则

编号	产 生 式	语 义 规 则
(1)	S→id=E	{ gencode(=,E. PLACE, ,entry(i)) }
(2)	E→E_1+T	{ E. PLACE= newtemp(); gencode($+^i$,E_1. PLACE,T. PLACE,E. PLACE) }
(3)	E→T	{ E. PLACE=T. PLACE }
(4)	T→T_1 * F	{ T. PLACE= newtemp(); gencode($*^i$,T_1. PLACE,F. PLACE,T. PLACE) }
(5)	T→F	{ T. PLACE=F. PLACE }

续表

编号	产　生　式	语　义　规　则
(6)	F→ P	｛　F. PLACE=P. PLACE　　　　　　　　　　　　　　　　｝
(7)	F→ −P	｛　F. PLACE= newtemp()； gencode(@^{i},P. PLACE，,F. PLACE)　　　　　　｝
(8)	P→i	｛　P. PLACE=entry(i). name　　　　　　　　　　　　　　｝
(9)	P→(E)	｛　P. PLACE=E. PLACE　　　　　　　　　　　　　　　　｝

其中，$+^i$，$*^i$ 分别表示整数加法与乘法，@^{i} 表示整数一元减操作，其运算优先级高于乘法运算。

产生式(1)的语义规则是产生一条四元式,其功能是将右部表达式的语义值赋给左部文法标识符。对应于产生式(3)的语义规则是申请一个对应于产生式左部文法符号的临时语义变量 E. PLACE,并将右部文法符号的属性值 T. PLACE 赋给它,作为 E 的语义值保留下来,以供下一次归约时使用,它的作用是传递语义属性的值。因为下一次归约时 T 的信息已经在栈中消失了,因此对应于每个产生式的语义规则必须在进行归约时将后续需要用到的语义值进行保存。产生式(5)、(6)、(8)、(9)的语义规则与产生式(3)类似,都是传递语义属性。产生式(2)的语义规则是:先申请一个对应于产生式左部文法符号的临时语义变量 E. PLACE,然后产生一条四元式,其功能是将右部两个文法符号的属性值相加后赋给它。产生式(4)的语义规则与产生式(2)类似。产生式(7)的语义规则是:先申请一个对应于产生式左部文法符号的临时语义变量 F. PLACE,然后产生一条四元式,其功能是将右部文法符号的属性值求负后赋给它。

例 5.16　赋值表达式 A＝B＋C＊(−D)的自下而上分析过程的最后几个移进归约动作如图 5.21 所示。

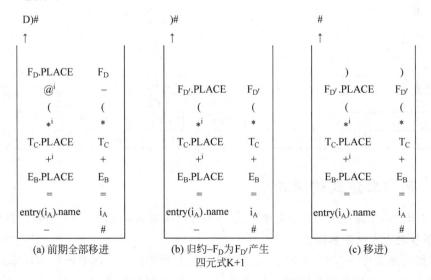

图 5.21　赋值语句 A＝B＋C＊(−D)的规范归约及翻译过程

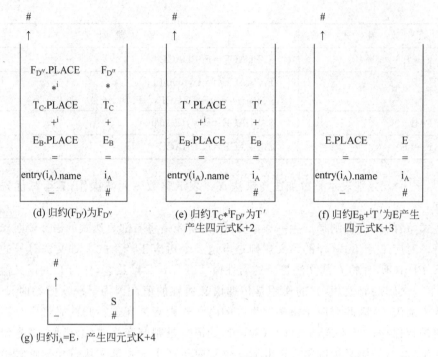

(d) 归约(F_D)为F_D″   (e) 归约T_C*^iF_D″为T′   (f) 归约E_B+^iT′为E产生
                             产生四元式K+2   四元式K+3

(g) 归约i_A=E，产生四元式K+4

图 5.21 （续）

图 5.21 中的符号说明，为了让读者更清楚当前用来归约的产生式对应的文法符号，将每个符号与文法符号联系起来，用它自身的值做下标，如 T_C 表示对应于文法符号 T，当前读入的符号是 C。

设开始分析该语句时中间代码表中四元式的最大编号为 K。当该赋值表达式翻译完后，四元式表中的内容如表 5.22 所示，最大的四元式编号为 K+4。

表 5.22 赋值语句 A＝B＋C*(－D)的四元式表

编　号	四　元　式
⋮	⋮
K+1	$(@^i, F_D \cdot PLACE, , F_{D'} \cdot PLACE)$
K+2	$(*^i, T_c \cdot PLACE, F_{D'} \cdot PLACE, T' \cdot PLACE)$
K+3	$(+^i, E_B \cdot PLACE, T' \cdot PLACE, E \cdot PLACE)$
K+4	$(=, E \cdot PLACE, , entry(i_A) \cdot name)$

5.4.3 布尔表达式的翻译

5.4.2 节介绍了通用表达式的翻译方法,本节介绍布尔表达式的另一种特殊的翻译方法。

1. 布尔表达式的基本概念

在高级程序设计语言中,布尔表达式有两个基本的作用:一是当作布尔量进行布尔运算用在赋值语句中,其作用和算术表达式类似;二是用作控制语句如 if…then、if…then…else 和 while…do 等语句中的条件表达式,其作用是选择下一个执行点。

布尔表达式是将布尔运算符(!、‖ 和 &&)作用到布尔初等量或关系表达式上组成的表达式。布尔初等量是指布尔变量或布尔常量,关系表达式形如 E1 rop E2,其中 E1 和 E2 是算术表达式,rop 表示关系运算符<、<=、==、<>、>=或>。Sample 语言规定布尔运算符的优先级从高到低为!、&&、‖。&& 和 ‖ 都服从左结合。各关系运算符的优先级都相同,高于布尔运算符,低于算术运算符,A && B && !(C > D) ‖ (F <= 100)是 Sample 语言中的合法布尔表达式。如果优先级明确,也可以不加括号。Sample 语言的布尔表达式的文法定义如下。

(1) <BEXPR> → <BEXPR> ‖ <BTERM> | <BTERM>

(2) <BTERM> → <BTERM> && <BFACTOR> | <BFACTOR>

(3) <BFACTOR> → id | ! <BFACTOR> | (BEXPR) | <REXPR>

(4) <REXPR> → id rop id | <AEXPR> rop <AEXPR>

为了书写方便,将该文法简化为下述形式。

(1) <BE> → <BE> ‖ <BT>

(2) <BE> → <BT>

(3) <BT> → <BT> && <BF>

(4) <BT> → <BF>

(5) <BF> → ! <BF>

(6) <BF> → (<BE>)

(7) <BF> → <AE> rop <AE>

(8) <BF> → i rop i

(9) <BF> → i   (G5.4)

其中,rop 表示关系运算符,可以是>、<、==、>=、<= 和<>,是语法分析中的终结符。

2. 布尔量的语义处理

布尔表达式的语义处理有两种方式,第一种方式是按照算术表达式的通用处理方法,对布尔表达式中的每个项和因子都计算其布尔值,最后得整个表达式的布尔值。

例如,用数值 1 表示 true,用 0 表示 false。那么布尔表达式 1 ‖ (!0 && 0) ‖ 0 的计算过程是:

$$1 \| (!0 \&\& 0) \| 0$$
$$= 1 \| (1 \&\& 0) \| 0$$
$$= 1 \| 0 \| 0$$
$$= 1 \| 0$$
$$= 1$$

如果使用这种翻译方法,可以参照算术表达式文法 G5.3 的语义动作,为 G5.4 配上合适的语义动作。

布尔表达式的第二种翻译方法是根据布尔运算的特殊性采用某些优化措施。下面对这种方法进行详细介绍。

如果布尔表达式作为控制语句中的条件式,其作用是选择下一个执行点。例如 while 语句形如 while E do S^(1),其中的布尔表达式 E 的作用是选择执行 S^(1) 语句,还是跳过 S^(1) 执行 while 语句后面的语句。这就需要为 E 规定两个出口,真出口(即 E 为真时应转向执行的位置,用 E. TC 表示)指向 S⁽¹⁾语句的开始,表明如果 E 为真,则执行 S⁽¹⁾的代码;假出口(即 E 为假时应转向执行的位置,用 E. FC 表示)则指向 S⁽¹⁾后面的语句,表明如果 E 为假,则跳过 S⁽¹⁾的代码,跳出循环。while 语句的目标结构如图 5.22 所示。正常情况下,S⁽¹⁾执行完后,需要转移到 E 的开始位置(用 W. HEAD 标记),重新测试 E 的值,可以用一条跳转语句跳转到 while 语句的开始。考虑到 S⁽¹⁾本身也可能是一个控制语句,当某种条件不满足或者遇到 continue 等语句时,应从 S⁽¹⁾语句中间的某点跳过后面的代码,直接转移到 E 的开始位置,重新测试 E 的值。如果在循环中遇到 break 语句,则跳出循环。

因此,翻译布尔表达式的关键是确定 E 为真和为假时跳转到的位置,即确定 E. TC 和 E. TC 的值。

每个布尔表达式都是由布尔量经过!、&&、∥以及(、)等符号组合而成的表达式。布尔量有两种基本形式:单个的布尔初等量(布尔变量与布尔常量)和只含一个运算符的关系表达式。

每个布尔初等量 A 的目标结构应包括两个出口:一个表示真出口 A. TC;另一个表示假出口 A. FC,如图 5.23 所示。

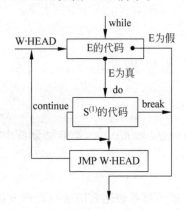

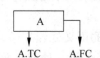

图 5.22 while 语句的目标结构   图 5.23 布尔量 A 的目标结构

因此,对布尔初等量,应翻译为如下两条相继出现的四元式。

(1) (jnz,A, ,P):真出口,当 A 为真时,则跳转到四元式 P。

(2) (j, , ,Q):假出口,无条件跳转到四元式 Q。

四元式的第 4 个分量表示转移去向,即 P 和 Q 均为某个四元式的编号,暂时未知,需要在后续处理中去填写。

同样,对含单个运算符的关系运算 i1 rop i2,其值也是布尔值,也可以翻译为如下两条相继出现的四元式。

(1) (jrop,i1,i2,P):真出口,当 i1 rop i2 为真时转四元式 P(如果 rop 是<,则 jrop 写作 j<,其余类推)。

(2) (j, , ,Q):假出口,无条件跳转到四元式 Q。

同样,四元式的第 4 个分量 P 和 Q 是暂时未知的。

3. 布尔表达式的回填技术

布尔量经过∥和&&组成布尔表达式。由于布尔运算的特殊性,&& 和∥运算可以进行优化处理。

对于表达式 E‖T，只要 E 为真，不必计算 T，就知道布尔表达式 E‖T 为真；只有当 E 为假时才读取 T，E‖T 的值由 T 值决定。这样就可以确定布尔表达式(E‖T)的假出口和真出口。

对于表达式 E && T，只要 E 为假，不必计算 T，就知道布尔表达式 E && T 为假；只有当 E 为真时才读取 T，E && T 的值由 T 值决定。这样就可以确定布尔表达式(E && T)的假出口和真出口。

在由多个因子组成的布尔表达式中，可能有多个因子的真出口或假出口的转移去向相同，但又不能立刻知道具体转向位置。在这种情况下，需要把这些转移去向相同的四元式链在一起，形成四元式链，以便后续知道转移地址后再回填。

对于给定的布尔表达式，其翻译方法如下。

(1) 若已知转移地址就直接填入；若不知道，先填入 0，等知道后再回填。

(2) 如果多个因子的转移去向相同，但又不知道具体位置，应该用一个链表将这些未知且出口相同的四元式链在一起。

例 5.17 写出布尔表达式 A && B && (C>D)的四元式序列。

首先分析该布尔表达式，当扫描到 A 后的 && 时，对布尔量 A 进行归约，根据上面对布尔量的翻译的介绍，将产生两个四元式，假定为(1)和(2)。四元式(1)的第 4 个分量表示真出口，由于 A 为真时应计算 B，因此 A 的真出口的值为 B 翻译后的第一条四元式的编号，也是即将产生的四元式的编号，为 3(即 A 为真时转向 3)。四元式(2)的第 4 个分量表示假出口，其值未知，先填入 0；当扫描到 B 后的 && 时，对布尔量 B 进行归约，又将产生两个四元式，假定编号为(3)和(4)。(3)后的第 4 个分量表示真出口，由于 B 为真时计算 C>D，因此 B 的真出口的值应为 5(当 B 为真时转向 5)。四元式(4)的第 4 个分量表示假出口，其值仍未知，但可以知道它与 A 的假出口相同，则将它与四元式(2)链接起来，因此将四元式(4)的第 4 个分量填入 2。当扫描到最后，对关系表达式 C>D 进行归约，又产生两个四元式(5)和(6)。此时四元式(5)的第 4 个分量表示真出口，其值未知(即暂时不知道 C>D 时转向哪里)，填入 0。四元式(6)的第 4 个分量表示假出口，其值未知，但它与 A 和 B 的假出口相同，则将它们链接起来，填入 4。得到最后的四元式列表为：

(1) (jnz,A, ,3)

(2) (j, , ,0)

(3) (jnz,B, ,5)

(4) (j, , ,2)

(5) (j>,C,D,0)

(6) (j, , ,4)

这样上述布尔表达式就生成了真、假出口两个链，其中四元式(1)、(3)、(5)形成一条真出口链，四元式(6)、(4)、(2)形成一条假出口链，每个链尾的四元式第 4 个分量都为 0，作为结束标记，如上面的(2)和(5)的第 4 个分量为 0，真假出口链都用一个头指针来指向。如可用 E.TC 表示真出口的链首(其值为 1)，E.FC 表示假出口的链首(其值为 6)。以后在语义处理的过程中，一旦发现具体的转向目标，则应把转向的目标四元式编号回填到链上对应四元式的第 4 个分量处。

例如，对于下面的 if 语句

if (A && B &&(C>D)) { S1 } else { S2 };

当布尔表达式分析结束，遇到{时就知道布尔式的真出口位置，此时可以将 E. TC 链上的最后一个四元式的第 4 个分量的 0 填入 S₁ 翻译后的第一个四元式的编号。同样，只有当遇到 else 时，才能回填 E. FC 链(6,4,2)上每个四元式的第 4 个分量。在不知道转移去向时，上面四元式(6,4,2)通过第 4 个分量链在一起，一旦知道转移去向，如 else 后的语句生成的四元式编号为 t，则需要查找链首为 6 的链表，将该链表中的每个四元式的第 4 个分量都填为 t。

为按上述优化方法进行布尔表达式的翻译，在为文法 G5.4 设计语义动作时，需要为布尔表达式中的每个非终结符 X 设置两个语义变量，分别代表 X 的两个出口：真出口 X. TC 和假出口 X. FC，同时它们又是 X 这个布尔表达式的真出口和假出口的链首。此外，还需要用到下面两个语义函数。

(1) merge(P1，P2)是一个函数，把以 P1、P2 为链首的两个四元式链合并为一个链，返回合并后的链首。

$$合并后的链首 = \begin{cases} P_1(P_2 = 0) \\ P_2(P_2 \neq 0) \end{cases}$$

merge(P_1，P_2)的函数描述如下：

```
//合并两个四元式链
merge(P₁, P₂)
{
    if ( P₂ == 0) return (P₁);
      else {
        P = P₂;
        while (四元式 P 的第 4 个分量内容不为 0)
            P = 四元式 P 的第 4 个分量内容;
        把 P₁ 填入四元式 P 的第 4 个分量;
        return (P₂);
    }
}
```

(2) backpatch(P, t)是一个回填函数，把链首 P 所链接的每个四元式的第 4 个分量都改写为编号 t。这个函数的描述如下：

```
//回填四元式编号
backpatch(P,t)
{
      Q = P;
      while (Q!= 0) {
          m = 四元式 Q 的第 4 个分量内容;
          把 t 填入四元式 Q 的第 4 个分量;
          Q = m;
      }
}
```

4. 布尔表达式的语义处理

按照前面介绍的布尔表达式的优化处理方法,对于表达式 $E_1 \parallel T$ 和 $E_1 \&\& T$ 可以画出其目标结构。图 5.24(a)中的 E.FC 和 E.TC 表示整个布尔表达式($E_1 \parallel T$)的假出口和真出口。图 5.24(b)中的 E.FC 和 E.TC 表示整个布尔表达式($E_1 \&\& T$)的假出口和真出口。

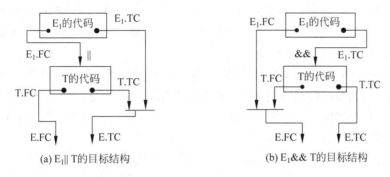

(a) $E_1 \parallel T$的目标结构   (b) $E_1 \&\& T$的目标结构

图 5.24 $E_1 \parallel T$ 和 $E_1 \&\& T$ 的目标结构

从图 5.24(a)中可以看出,E_1 的假出口应转向布尔表达式 T 的第一个四元式的位置。由于语法分析程序分析到运算符 $\parallel$ 时才能知道 E_1 已分析完毕,开始生成 T 的四元式,这样,当分析程序扫描到 $\parallel$ 时,应该执行一个语义动作,把即将生成的下一个四元式的编号(即 T 的第一条四元式入口)回填给 E_1 的假出口。为此,产生式 $<BE> \rightarrow <BE> \parallel <BT>$ 应做如下改造,以便能在归约时执行这个语义动作。

$<BE>^{or} \rightarrow <BE> \parallel$
$<BE> \rightarrow <BE>^{or} <BT>$

这样,当用产生式 $<BE>^{or} \rightarrow <BE> \parallel$ 进行归约时,就能立即执行回填动作。类似地,产生式 $<BT> \rightarrow <BT> \&\& <BF>$ 也应改造为下面两个产生式。

$<BT>^{and} \rightarrow <BT> \&\&$
$<BT> \rightarrow <BT>^{and} <BF>$

当使用产生式 $<BT>^{and} \rightarrow <BT> \&\&$ 归约时,就可以及时把 $<BF>$ 的第一个四元式编号回填给 $<BT>$ 的真出口链。

根据上面的分析,文法 G5.4 经过改造后的文法 G5.5 为:

(1) $<BE> \rightarrow <BE>^{or} <BT>$

(2) $<BE>^{or} \rightarrow <BE> \parallel$

(3) $<BE> \rightarrow <BT>$

(4) $<BT> \rightarrow <BT>^{and} <BF>$

(5) $<BT>^{and} \rightarrow <BT> \&\&$

(6) $<BT> \rightarrow <BF>$

(7) $<BF> \rightarrow (<BE>)$

(8) $<BF> \rightarrow !<BF>$

(9) $<BF> \rightarrow <AE> \text{ rop } <AE>$

(10) $<BF> \rightarrow i \text{ rop } i$

(11) <BF >→i　　　　　　　　　　　　　　　　　　　　　　　　　　　　　　(G5.5)

现在来详细分析各个产生式,以便得到各个产生式对应的语义规则。

产生式(11)是单个的布尔量,产生式(10)和(9)是关系表达式,这三个产生式的语义规则就是生成两个四元式:第一个四元式的编号为NXQ,它是相应的真出口;第二个四元式的编号为NXQ+1,它是相应的假出口。当将右部归约为左部的<BF >时,其真、假出口由左部符号<BF >的语义变量<BF >. TC 和<BF >. FC 携带,由于真、假出口暂时都不能确定,因此四元式的第4个分量的值为0。

在利用产生式(8)归约! 运算时,只需调换< BF >⁽¹⁾ 的真假出口,不产生四元式。

当利用产生式(7)进行归约时,语义操作仅把右部非终结符<BE >的真、假出口链(链首)传递给左部非终结符<BF >的语义变量<BF >. TC 和<BF >. FC。产生式(6)和(3)的语义动作也可以用相同的方法给出。

当利用产生式(5)进行归约时,根据图 5.24(b),当用< BT > && 归约时,<BT >真出口的转向已知(即下一个四元式位置),可以回填;而<BT >的假出口的转向暂时还不能填入,需要继续向后传递。

当利用产生式(4)进行归约时,根据图 5.24(b),当< BF >已归约出来后,<BF >的假出口就是<BT > && <BF >的假出口,应把它与<BT >的假出口合并为一个,作为整个布尔式<BT > && <BF >的假出口;<BF >的真出口作为整个布尔式的真出口。

用同样的方法,根据图 5.24(a)可以给出产生式(1)、(2)的语义动作。

总结前面的分析,可以为文法 G5.5 中各产生式配上对应的语义规则,如表 5.23 所示。

表 5.23　文法 G5.5 的语义规则

编号	产　生　式	语　义　规　则
(11)	<BF >→i /＊ i是布尔量＊/	{　 <BF >. TC=NXQ; 　<BF >. FC=NXQ+1; 　gencode(jnz,entry(i). name, ,0); 　gencode(j, , ,0)　　　　　　}
(10)	<BF >→i⁽¹⁾ rop i⁽²⁾ /＊ rop 为<,<=,>=,≠或>＊/	{　 <BF >. TC=NXQ; 　<BF >. FC=NXQ+1; 　gencode(jrop,i⁽¹⁾. PLACE,i⁽²⁾. PLACE,0); 　gencode(j, , ,0)　　　　　　}
(9)	<BF >→< AE >⁽¹⁾ rop < AE >⁽²⁾ /＊<AE >是算术表达式＊/	{　 <BF >. TC=NXQ; 　<BF >. FC=NXQ+1; 　gencode(jrop,< AE >⁽¹⁾. PLACE,< AE >⁽²⁾. PLACE,0) 　gencode(j, , ,0)　　　　　　}
(8)	<BF >→! < BF >⁽¹⁾	{　 <BF >. TC=< BF >⁽¹⁾. FC; 　<BF >. FC=< BF >⁽¹⁾. TC　　}
(7)	<BF >→(< BE >)	{　 <BF >. TC=< BE >. TC; 　<BF >. FC=< BE >. FC　　　}
(5)	<BT >^{and}→< BT > &&	{　 backpatch(<BT >. TC,NXQ); 　<BT >^{and}. FC=< BT >. FC　　}

编号	产　生　式	语　义　规　则
(4)	$<$ BT $>\rightarrow<$ BT $>$and$<$ BF $>$	{ 　$<$ BT $>$.TC$=<$ BF $>$.TC； 　　$<$ BT $>$.FC$=$merge($<$ BT $>$and.FC，$<$ BF $>$.FC) 　　　　　　}
(2)	$<$ BE $>$or$\rightarrow<$ BE $>\parallel$	{ 　backpatch($<$ BE $>$.FC，NXQ)； 　　$<$ BE $>$or.TC$=<$ BE $>$.TC　　}
(1)	$<$ BE $>\rightarrow<$ BE $>$or$<$ BT $>$	{ 　$<$ BE $>$.FC$=<$ BT $>$.FC； 　　$<$ BE $>$.TC$=$merge($<$ BE $>$or.TC，$<$ BT $>$.TC) 　　　　　　}

当整个布尔表达式归约为开始符号$<$BE$>$后，该表达式的真、假出口链的链首分别保存在$<$BE$>$.TC 和$<$BE$>$.FC 中。由于作为条件式的布尔表达式仅属于语句的一部分，必须等到分析了语句的其余部分后才能确定真、假出口的具体转向。例如对 while E do S 而言，当扫描到 do 时才能回填 E 的真出口。

5.4.4　控制语句的翻译

1. if 语句的翻译

if 语句是控制语句的一种，其含义是根据布尔表达式的计算结果来决定执行后面的语句 1 还是执行语句 2，或者没有语句 2 就不执行。第 3 章中描述 if 语句的文法如下。

$<$if 语句$>\rightarrow$if (表达式)$<$语句$>$[1]
$<$if 语句$>\rightarrow$if (表达式) $<$语句$>$[1] else $<$语句$>$[2]

if 语句可以是嵌套的，即$<$语句$>$本身又可以是 if 语句或其他语句。

if 语句的条件$<$表达式$>$的真出口应为$<$语句$>$[1] 的第一个四元式的编号，当分析到右括号)准备分析后面的$<$语句$>$[1] 时，就知道$<$语句$>$[1] 的入口位置，就可以回填表达式的真出口。而表达式的假出口必须等待$<$语句$>$[1] 归约完之后才能回填，关键字 else 则是第一个$<$语句$>$[1] 归约完和第二个$<$语句$>$[2] 开始的标记。因此，当扫描到 else 时，应及时把$<$语句$>$[2] 的入口四元式编号及时回填给表达式的假出口。由于在自下而上的分析中，只有在某产生式归约时，才能调用相应的语义动作，因此需要把 if 语句的文法改造为下面的形式(同时为书写方便，将其简化了)。

(1) S→C S[1]
(2) C→if E
(3) S→T S[2]
(4) T→C S[1] else　　　　　　　　　　　　　　　　　(G5.6)

其中，S 是文法的开始符号，产生式(1)、(2)生成无 else 的 if 语句，而 3 个产生式(2)、(3)、(4)则生成带 else 的 if 语句。if 语句的目标结构如图 5.25 所示，其中图 5.25(a)为带有 else 的 if 语句，图 5.25(b)为不带 else 的 if 语句。

在为 G5.6 编写语义动作之前，先看一下图 5.25 的 if 语句结构。当用产生式 C→if E 归约时，生成了条件式 E 的代码，由于 E.FC 此时还不能回填，所以要通过一个变量来记录

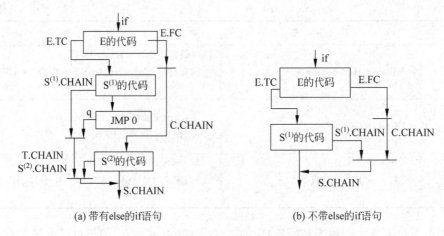

(a) 带有else的if语句   (b) 不带else的if语句

图 5.25   if 语句的目标结构

它是需要回填的,由于左边的文法符号是 C,因此为方便起见,就使用非终结符 C 的语义变量 C.CHAIN 来向后传递,以便在后续产生式中使用。当用产生式 T→C $S^{(1)}$ else 归约时,$S^{(1)}$ 的代码已经生成。由于 $S^{(1)}$ 本身又可能是一个控制语句(例如,多个 if 语句嵌套的情况),当某种条件不满足时也需要从 $S^{(1)}$ 中间某个位置跳出,而且还需要跳过 $S^{(2)}$ 的范围,即跳过 if 语句执行 if 语句后面的语句。由于此时 $S^{(2)}$ 尚未归约出来,if 语句的后一个语句位置还不知道,于是需要设置语义变量 $S^{(1)}$.CHAIN 来记忆 $S^{(1)}$ 的转出链。由于 $S^{(1)}$.CHAIN 和 $S^{(1)}$ 后面的 JMP 0(表示 if 语句的表达式为真时执行的语句结束,应跳出 if 语句,编号为 q)的四元式的转移地址相同,所以把它们合并成一条链,并由非终结符 T 的语义变量 T.CHAIN 向后传递。当用产生式 T→C $S^{(1)}$ else 归约时,就已知了 E 的假出口,应回填 C.CHAIN(即 E.FC)。$S^{(2)}$.CHAIN 的意义与 $S^{(1)}$.CHAIN 相同。根据上面的分析,文法 G5.6 各产生式的语义规则如表 5.24 所示。

表 5.24   文法 G5.6 的语义规则

编号	产 生 式	语 义 规 则
(1)	S→C $S^{(1)}$	{ S.CHAIN = merge(C.CHAIN, $S^{(1)}$.CHAIN) }
(2)	C→if E	{ backpatch(E.TC, NXQ); C.CHAIN = E.FC }
(3)	S→T $S^{(2)}$	{ S.CHAIN = merge(T.CHAIN, $S^{(2)}$.CHAIN) }

(4)	T→C $S^{(1)}$ else	{ q = NXQ;
		gencode(j, , , 0);
		backpatch(C.CHAIN, NXQ);
		T·CHAIN = merge($S^{(1)}$.CHAIN, q) }

产生式(1)、(3)的语义动作中,并未立刻回填 T 或 C 的 CHAIN,这是考虑到了语句可能嵌套的情况,转移目标暂且不能确定。因此,最后建立总的 S.CHAIN,它是该语句对外的接口,是假出口的链表头,留待转移目标确定后(如遇到";"),再回填。

例 5.18   将下面的 if 语句翻译为四元式序列。

```
if (A && B && (C>D))
```

```
    if (A < B) F = 1
        else F = 0
else G = G + 1;
```

翻译后四元式序列为：

(1)	(jnz,A, ,3)	/＊A 的四元式 1,2＊/
(2)	(j, , ,13)	
(3)	(jnz,B, ,5)	/＊B 的四元式 3,4＊/
(4)	(j, , ,13)	
(5)	(j>,C,D,7)	/＊C>D 的四元式 5,6＊/
(6)	(j, , ,13)	
(7)	(j<,A,B,9)	/＊A<B 的四元式 7,8＊/
(8)	(j, , ,11)	
(9)	(=,1, ,F)	/＊F＝1 的四元式 9＊/
(10)	(j, , ,15)	/＊第 2 个 if 为真执行的语句结束,应跳出＊/
(11)	(=,0, ,F)	/＊F＝0 的四元式＊/
(12)	(j, , ,15)	/＊第 1 个 else 语句结束,应跳出＊/
(13)	(+,G,1,T)	/＊G＝G＋1 的四元式 13,14＊/
(14)	(=,T, ,G)	
(15)		/＊15 为该 if 语句之后的语句的四元式＊/

注意上面的四元式(10)(j，，，15)，不仅应跳过 F＝0 的计算，而且还应跳过 G＝G＋1 的计算，四元式(12)的作用是为跳过外层的 else 部分。

另外，根据 if 语句的语义规则，四元式(10)、(12)的第 4 个分量应该是不知道转移去向的，也就是应该是 0。但是当读取到最后的分号的时候，转移去向已知，就可以回填了。所以在翻译各个语句时，该语句总的回填应该是在一个语句的结束(；)处要添加一条回填的处理。

2. do…while 语句的翻译

Sample 语言中 do…while 语句形如：

<do…while 语句>→do <循环用复合语句> while (<表达式>);

为了书写方便，将上述文法改写为：

$S \rightarrow$ do $S^{(1)}$ while E

当条件 E 为假时，不再进行循环，应跳出 do…while 语句，也就是说，E 的假出口 $E.FC$ 是 do…while 语句之后的语句，暂时不知道；当条件 E 为真时，应循环执行 $S^{(1)}$ 的代码，因此，条件 E 的真出口 $E.TC$ 应为 $S^{(1)}$ 的第一个四元式，分析程序必须记住 $S^{(1)}$ 的第一个四元式编号(此处假定用 $D.HEAD$ 表示)，以便在 E 归约出来后能回填 $E.TC$ 链。do…while 语句的目标结构如图 5.26 所示。另外，$S^{(1)}$ 本身也可能是控制语句，当某种条件不满足时，需要从 $S^{(1)}$ 的中间某位置跳出，重新测试条件式 E，因此 $S^{(1)}.CHAIN$ 应转到 E 的开始位置，再计算 E 的值，以判断是否继续循环。

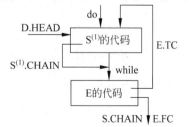

图 5.26 do…while 语句的目标结构

因此，在分析过程中，当扫描到关键字 do 时，表示

下面就要开始生成 $S^{(1)}$ 的四元式,此时就应该调用语义程序并记住 $S^{(1)}$ 的入口,用语义变量 D. HEAD 来记录。另外,E 的开始位置也是一个转移目标,在扫描到 while 时,要执行回填 $S^{(1)}$. CHAIN 的操作。该语句执行完毕,归约 E 时,应填写 E 的真出口,同时考虑语句嵌套的情况,最后建立总的 S. CHAIN,表示该语句对外的接口,即假出口的链表头,留待向外传递转移目标(如遇到";"),再回填。

根据这些要求,在分析到 do 和 while 时应进行归约,所以 do…while 语句的文法应进行改造,让它们作为产生式的末尾,改造后的文法语义规则如表 5.25 所示。

表 5.25 改造后的文法语义规则

编号	产生式	语义规则
(1)	D→do	{ D. HEAD=NXQ }
(2)	U→DS$^{(1)}$ while	{ U. HEAD= D. HEAD; backpatch($S^{(1)}$. CHAIN, NXQ) }
(3)	S→UE	{ backpatch(E. TC, U. HEAD); S. CHAIN=E. FC }

例 5.19 将下面的语句翻译为四元式序列。

```
if (w<1) a=b*c+d;
    else do a=a-1
        while( a<0 );
```

解:翻译后四元式序列为

```
(1)    (j<,w,1,3)      /* w<1 生成两个四元式 1 和 2,真出口回填为 3 */
(2)    (j, , ,7)       /* 读到 else 时,假出口回填为 7 */
(3)    ( *,b,c,T1)     /* a=b*c+d 的四元式 3,4,5 */
(4)    ( +,T1,d,T2)
(5)    ( =,T2, ,a)
(6)    (j, , ,10)      /* 跳过 else */
(7)    ( -,a,1,T3)     /* a=a-1 的四元式 7,8 */
(8)    ( =,T3, ,a)
(9)    (j<,a,0,7)      /* a<0 的真出口的四元式 9,跳转到 7 进行循环,a<0 的假出口是接下
                          来的一个四元式,即 10 */
(10)
```

3. for 语句的翻译

Sample 语言 for 语句的形式如下:

<for 语句>→for (<表达式>;<表达式>;<表达式>)<循环语句>

为书写方便,将该文法产生式改写为

S→for ($E^{(1)}$; $E^{(2)}$; $E^{(3)}$) $S^{(1)}$

它的目标结构如图 5.27 所示。for 语句的执行顺序是:首先计算初值表达式 $E^{(1)}$;再计算终值表达式 $E^{(2)}$ 的值,并将 $E^{(2)}$ 的值存放到一个临时变量 T1 中;根据 T1 的值是否为 0,来决定是否执行 $S^{(1)}$ 的代码,当 T1 的值为 0 时,跳出该语句。当 $S^{(1)}$ 的代码执行完毕或

从 S⁽¹⁾ 中遇到 continue 语句跳出或者当 S⁽¹⁾ 的某种条件不满足时，需要从 S⁽¹⁾ 的中间某位置跳出，应计算表达式 E⁽³⁾ 的值；然后循环计算终值表达式 E⁽²⁾ 的值，重新判断循环条件，决定是否执行 S⁽¹⁾。当 S⁽¹⁾ 中遇到 break 等语句时，应跳出循环语句，跳出后转移的目标地址和条件测试为 0 时的目标地址应该一致，因此，将它们合并为一条链，最后构成该 for 语句对外的出口链 S.CHAIN。

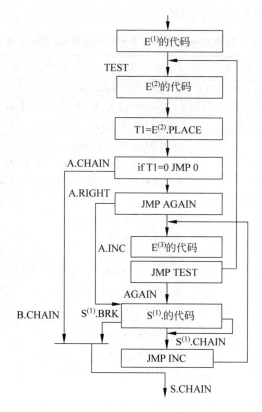

图 5.27　for 循环语句的目标结构

在这个过程中，应注意以下几点。

（1）由于读取 token 文件生成中间代码时，是从左到右读取，生成中间代码时是顺序生成 E⁽¹⁾、E⁽²⁾、E⁽³⁾、S⁽¹⁾ 的代码，而实际的代码执行顺序是 E⁽¹⁾、E⁽²⁾、S⁽¹⁾、E⁽³⁾，再返回执行 E⁽²⁾ 进行判断，代码翻译的顺序和实际执行的顺序不同，因此应通过相应的跳转语句改变代码的顺序执行流程，一共需要增加 4 条跳转语句，① 在 E⁽²⁾ 执行完后应进行判断增加两条跳转语句，一条是条件跳转，判断 E⁽²⁾ 的结果是否为 0，如果为 0，循环结束，否则无条件跳转到 S⁽¹⁾ 的代码，即跳过 E⁽³⁾ 的代码；② 在 S⁽¹⁾ 的代码执行结束后，应跳转到 E⁽³⁾ 代码的开始，改变循环变量的值，构成循环；③ 在 E⁽³⁾ 代码执行结束后，应跳转到 E⁽²⁾ 代码的开始，重新进行测试，以决定是否继续循环。

（2）由于有跳转语句，凡是跳转的目标点必须使用标号记录，因此应记录这几个点：表达式 E⁽²⁾ 代码的入口地址，记为 TEST；表达式 E⁽³⁾ 代码的入口地址，记为 INC；S⁽¹⁾ 代码的入口地址，记为 AGAIN。

（3）如果在翻译过程中有暂时不知道的跳转位置，需要后续待填，此时也需要记录待填四元式的编号，也需要用相应的语义变量做记录，如在翻译 $E^{(2)}$ 的代码后，判断 $E^{(2)}$ 的结果不为 0，应跳转到 $S^{(1)}$ 代码处，但此时还没有翻译 $S^{(1)}$ 代码，不知道跳转的位置，因此应将判断 $E^{(2)}$ 的结果不为 0 的四元式编号记录下来，设为 A.RIGHT，后续知道后再回填。

为了在合适的位置进行归约，如在每个表达式计算完毕，就要进行归约，执行一些语义动作，需要对文法进行改造，改造后的适合于自下而上翻译的 for 语句文法的语义规则如表 5.26 所示（S 是开始符号）。

表 5.26　改造后的适合于自下而上翻译的 for 语句文法规则

编号	产　生　式	语　义　规　则
(1)	F→ for ($E^{(1)}$;	{ F.PLACE = newtemp(); gencode(=, $E^{(1)}$.PLACE, , F.PLACE); F.TEST = NXQ; 　　　　}

(2)	A→F $E^{(2)}$;	{ A.PLACE = newtemp();　　　//T1 用于存放循环终值
		gencode(=, $E^{(2)}$.PLACE, , A.PLACE);
		A.CHAIN = NXQ　　　　//对外的出口链
		gencode(jz, A.PLACE, , 0);　//A.CHAIN,需回填
		A.RIGHT = NXQ;
		gencode(j, , , 0);　　　　//A.RIGHT,还不知道位
		　　　　　　　　　　　　//置,需回填
		A.INC = NXQ;
		A.TEST = F.TEST　　　　//产生式之间的语义变量的
		　　　　　　　　　　　　//传递　　　}

(3)	B→A $E^{(3)}$)	{ gencode(j, , , A.TEST);
		backpatch(A.RIGHT, NXQ);
		B.CHAIN = A.CHAIN;　　//产生式之间的语义变量
		　　　　　　　　　　　//的传递
		B.INC = A.INC;　　　　//产生式之间的语义变量
		　　　　　　　　　　　//的传递
		　　　　}

(4)	S→B $S^{(1)}$ /＊S 是开始符号＊/	{ backpatch($S^{(1)}$.CHAIN, NXQ); gencode(j, , , B.INC);　　//$S^{(1)}$ 执行结束也应跳转到 　　　　　　　　　　　//$E^{(3)}$ 执行 S.CHAIN = merge(B.CHAIN, $S^{(1)}$.BRK);　　}

对应于产生式(1)的语义规则是：定义一个临时变量，用于存储表达式 $E^{(1)}$ 的值，然后产生一个四元式，将表达式的值赋给它，这两行代码不是必需的，由于只执行 1 次，也可以没有这个赋值语句。当 $E^{(1)}$ 计算完毕，下一条即将产生的四元式的编号就是 $E^{(2)}$ 的入口地址，应该在此处记录 TEST。

产生式(2)中对应的语义规则中"A.INC=NXQ;"的含义是当 $E^{(2)}$ 计算完毕，下一条即将产生的四元式的编号就是 $E^{(3)}$ 的入口地址，应该在此处记录 INC。

产生式(3)中对应的语义规则中"backpatch(A.RIGHT, NXQ);"的含义是当 $E^{(3)}$ 计算完毕，下一条即将产生的四元式是循环语句 $S^{(1)}$ 的入口，因此可以回填 A.RIGHT，也就是

$E^{(2)}$ 为真时的跳转位置已知。

产生式(4)中对应的语义规则中"backpatch($S^{(1)}$.CHAIN,NXQ);"的含义是当遇到中间不满足条件或 continue 语句退出时,应和 $S^{(1)}$ 执行结束时一样,应跳转去计算 $E^{(3)}$,即需执行 JMP INC。

最后的 S.CHAIN 没有填入具体的转向目标,等待转向目标确定之后再回填。例如,下面的语句

```
if (A < B)
        for (E^{(1)} ; E^{(2)} ; E^{(3)})S^{(1)} ;
else S^{(2)} ;
```

中,for 语句归约为 S 之后,其 S.CHAIN 不能立刻回填,必须等待 $S^{(2)}$ 的代码生成之后才能确定 S.CHAIN 的转向目标是 $S^{(2)}$ 之后的第一个四元式的编号。

例 5.20　将下面的语句翻译为四元式序列:

```
for (i = a + b * 2 ; i < c + d + 10; i = i + 1)
        if (h > g)
                p = p + 1;
```

解:整个语句的翻译可用图 5.28 来表示,图中左边的序号表示四元式的编号。依据图示可以写出翻译后四元式序列如下。

(1)　(* , b, 2, T1)
(2)　(+ , a, T1, T2)
(3)　(= , T2, , i)
(4)　(+ , c, d, T3)
(5)　(+ , T3, 10, T4)
(6)　(= , T4, , t)
(7)　(j < , i, t, 17)
(8)　(j, , , 12)
(9)　(+ , i, 1, T5)
(10)　(= , T5, , i)
(11)　(j, , , 4)
(12)　(j >, h, g, 14)
(13)　(j, , , 9)
(14)　(+ , p, 1, T6)
(15)　(= , T6, , p)
(16)　(j, , , 9)
(17)

至此,已经给出了高级语言中主要的几种语句或语法成分的翻译方法。解决问题的基本策略是先研究各种语句的代码结构,然后根据代码结构的特点和只有在归约时才调用语义动作这一关系,对原文法进行适当的改造,使得在翻译时能及时调用相应的语义子程序,执行某些重要的语义操作。

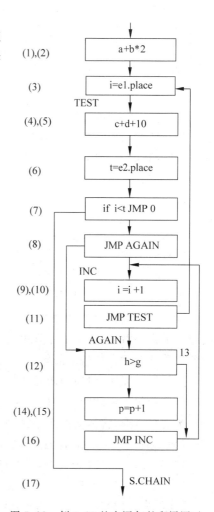

(1),(2)　a+b*2
(3)　i=e1.place
TEST
(4),(5)　c+d+10
(6)　t=e2.place
(7)　if i<t JMP 0
(8)　JMP AGAIN
INC
(9),(10)　i =i +1
(11)　JMP TEST
AGAIN
(12)　h>g　13
(14),(15)　p=p+1
(16)　JMP INC
(17)　S.CHAIN

图 5.28　例 5.20 整个语句的翻译图示

*5.4.5　函数定义及函数调用的翻译

函数是程序设计语言中最常用的一种结构。Sample 语言中和函数相关的有函数声明、函数定义和函数调用。函数声明已经在 5.4.1 节介绍过,所以此处主要介绍函数定义和函数调用。

1. 函数定义

Sample 语言的函数定义均位于主函数定义之后,在第 3 章介绍的函数定义的文法结构如下:

<函数定义>→<函数类型> <标识符>(<函数定义形参列表>) <复合语句>
<函数定义形参列表>→<函数定义形参>|ε
<函数定义形参>→<变量类型> <标识符>|<变量类型> <标识符>,<函数定义形参>

其语义是要将函数名称和其后的复合语句中的代码对应起来,以便后续函数调用的时候直接调用函数名称及参数就可以执行对应的代码,同时要将形式参数作为局部变量放到符号表中。在函数定义时,必须确定该函数的代码范围,即执行到哪条四元式结束,返回主调程序调用它的下一条指令。一般在遇到函数定义中的复合语句结束时就返回,因此在翻译时,遇到复合语句的}时,需要添加一个四元式(ret,,,),表示该函数执行结束,实现函数返回。

有时,函数定义中本身也包含 return 语句,如下有两种形式。

(1) return;

(2) return return_value;

第一种形式和函数执行结束时的处理一致,不返回值;第二种形式需要向主调函数翻译一个值,其值为 return_value,此时我们直接生成一条四元式(ret,,,return_value)就可以了,到主调函数调用时再处理其值。

假定有函数定义:

```
int sum(int sum_x,int sum_y){
    int result ;
    result = sum_x + sum_y ;
    return result ;
}
```

其语义是将函数名 sum 和后面的代码对应,将 sum_x 和 sum_y 放入符号表中。函数定义中的代码是前面介绍过的语句,可以独立翻译。所以函数定义的翻译只是定义一个以函数名为操作的四元式,对应的四元式只形成一行代码。

上述函数生成的四元式代码为(sum,,,)。

为书写方便,将该文法产生式进行简写,具体如下。

(1) <函数定义>→<函数类型> <标识符>(<函数定义形参列表>) <复合语句>
【简写为:(1)<FA>→<FT> id (<FAFPL>)<CST>】
(2) <函数定义形参列表>→<函数定义形参>|ε
【简写为:(4)<FAFPL >→< FAFP>|ε】

（3）<函数定义形参>→<变量类型><标识符>|<变量类型><标识符>,<函数定义形参>

【简写为：(5)< FAFP >→< VT > id

　　(6)< FAFP >→< VT > id,< FAFP >(1)】

（4）<变量类型>→int|float|char

【简写为：(7)< VT >→int|float|char】

（5）<函数类型>→int|float|char|void

【简写为：(8)< VT >→int|float|char|void】

函数定义要求在读入函数名后就必须产生四元式将函数名存入四元式表中,并记录各形式参数的名字和类型,后面的复合语句< CST >将产生该函数对应的代码。为了在合适的位置能够进行语义处理,需要对该文法的第一个产生式进行改写。

（1）< FA >→< FB >< CST >

（2）< FB >→< FC >(< FAFPL >)

（3）< FC >→< FT > id

改写后的文法语义规则如表 5.27 所示,其中产生式（7）和（8）的多种数据类型均以 int 型为例,其他类型语义规则类似。

表 5.27　改写后的文法语义规则

编号	产　生　式	语　义　规　则
(8)	< FT >→int	{ 　< FT >. type ＝ int 　　　}
(7)	< VT >→int	{ 　< VT >. type ＝ int 　　　}
(6)	< FAFP >→< VT > id,< FAFP >(1)	{ 　InsertVariable(id)；　//将形式参数插入符号表中 entry(id). type ＝ < VT >. type 　　　}
(5)	< FAFP >→< VT > id	{ 　InsertVariable(id)；　//将形式参数插入符号表中 entry(id). type ＝ < VT >. type 　　　}
(4)	< FAFPL >→< FAFP >|ε	{ 　　　　　　}
(3)	< FC >→< FT > id	{ 　gencode(id, , ,) 　　　}
(2)	< FB >→< FC >(< FAFPL >)	{ 　　　　　}
(1)	< FA >→< FB >< CST >	{ 　gencode(ret, , ,) 　　　}

< FA >是函数定义文法的开始符号。由于在读取函数名后需要进行相应的语义处理,将函数名生成一个四元式,因此将文法进行了改写,这样在处理上表中的第一个产生式后,就可以生成对应的四元式 gencode(id, , ,),表明从这行中间代码以后就是这个函数对应的代码。在处理到后面的形参列表时,需要在符号表中添加相关参数的类型信息,如产生式（5）、（6）。从形参列表的语义规则可知,处理形参列表中的变量是从右往左的。

函数定义 int sum(int sumx,int sumy,char sumz)的语法树如图 5.29 所示。

产生式（2）、（4）本身不产生多余的语义动作。在翻译完产生式（1）的< CST >时,表示函数定义的代码翻译结束,需要返回,因此需要产生一条表示返回的四元式代码 gencode(ret, , ,)。

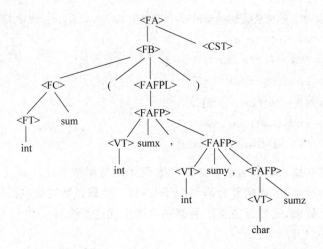

图 5.29　函数定义 int sum(int sumx,int sumy,char sumz)的语法树

例 5.21　对下述函数定义的第一行进行语义处理和中间代码翻译。

```
int max( int x, int y)
{
    ⋮
}
```

只对第一行进行处理时，会在符号表中增加两个变量 x 和 y，并将其类型设置为 int，生成一条新的四元式插入到四元式表中：

(i)（max，，，）

到该函数最后的）翻译结束后，会再生成一条四元式：

(j)（ret，，，）

四元式的编号 i 和 j 是生成四元式的过程中自动加 1 得到的。

2. 函数调用过程

Sample 语言的函数调用格式是直接写上函数名，并将实参写到括号中，如 max(1＋2,3)。函数调用过程是：首先计算出各个实参表达式的值，然后根据参数传递方式，将实参的值或地址传递给形参，再跳转到函数定义对应的代码处执行，函数执行结束再返回主程序调用它的地方继续往后执行，如图 5.30 所示。

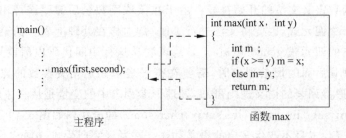

图 5.30　函数调用过程

下面以传递值的方式来介绍函数的调用过程。

在主函数中调用函数 max 前，需要将实参 first 和 second 的值求出来，如果是表达式，将其存储到一个临时变量中,然后传递给形参 x 和 y,再使用 call 指令调用函数,转去执行函数 max 的代码。

理解函数调用的语义,涉及许多程序运行时的细节。在高级语言层面,面对的是变量、函数、表达式和语句等语言元素,在程序运行前,所有的高级语言元素都已经转化成了二进制的形式。程序运行时除了要为二进制代码分配内存空间,还要为程序运行所需的数据分配空间,不同的高级语言分配空间的方案不同。详细的内存分配方式可以参看第 6 章。

Sample 语言的内存分配方案和 C 语言类似。函数调用采取栈式存储分配方式。栈空间是一块连续的内存空间,满足先进后出的原则。CPU 的栈指针寄存器 SP 总是指向栈顶位置,当数据入栈时,SP 减小;当数据出栈时,SP 增加。当栈空间不足时,操作系统会自动增加栈的大小,栈的地址空间是向低地址方向增长的。函数调用、实际参数传递以及局部变量的存储都是由栈来完成的。

每调用一次函数就在栈中为其分配一块合适大小的空间用于存放该函数运行所需的数据。这块空间称为栈帧。

栈帧中需要存放的信息如图 5.31 所示,函数调用前(程序在执行 main()函数),栈底在原 BP 指向的位置,栈顶在原 SP 指向的位置。当准备调用函数 max()时,需要将实参 first 和 second、max 的返回值、max 返回后执行指令的地址、原 BP 的值依次压入栈中,再为函数 max 分配一个栈帧,指向 BP 栈底,再将局部变量 m 压入栈中,SP 指向栈顶。当函数调用结束时,需要将函数的栈帧释放,两个寄存器需要恢复到原 BP 和原 SP 的位置。

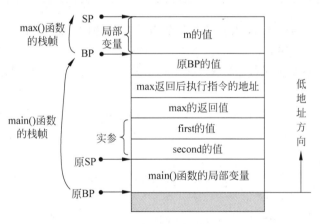

图 5.31　函数栈帧

在这种以栈帧为单位分配数据空间的语言中,在调用函数之前,需要将实参的值计算出来,压入栈中,当有多个实参时,根据调用规则可以从右往左入栈,也可以从左往右入栈。C 语言采取的是从右往左入栈的方式。例如,在调用 max(first, second)函数时,需要将 second 和 first 的值依次压入栈中,然后使用 call 指令调用 max()函数。函数执行结束,需要返回主调程序。

3. 函数调用的翻译

根据上述介绍,在函数调用中需要涉及两个新的四元式。

(1)(para,value, ,)

其含义是将函数的一个参数压入栈中,para 是运算符,value 是值。

(2)(call,id，,return_value)

其含义是调用名为 id 的函数。将函数的返回结果存储到 return_value 中。

在第3章中描述的函数调用的文法结构如下。

(1)<函数调用>→<标识符>(<实参列表>)

(2)<实参列表>→<实参>|ε

(3)<实参>→<表达式>|<表达式>,<实参>

为书写方便,将文法简写为:

(1)<函数调用>→<标识符>(<实参列表>)　　【简写为:(1)<FA>→id(<RPL>)】

(2)<实参列表>→<实参>|ε　　　　　　　　【简写为:(2)<RPL>→<RP>|ε】

(3)<实参>→<表达式>|<表达式>,<实参>　　【简写为:(3)<RP>→<EXPR>

　　　　　　　　　　　　　　　　　　　　　　　　(4)<RP>→<EXPR>,<RP>[(1)]】

根据上述介绍,可以为每个产生式配上合适的语义规则如下表5.28所示。

表 5.28　为每个产生式配上合适的语义规则

编号	产 生 式	语 义 规 则
(1)	<FA>→id(<RPL>)	{　　gencode(call,id,,);　　　　　　}
(2)	<RPL>→<RP>|ε	{　　　　　}
(3)	<RP>→<EXPR>	{　　gencode(para,<EXPR>.PLACE,,);　　}
(4)	<RP>→<EXPR>,<RP>[(1)]	{　　gencode(para,<EXPR>.PLACE,,);　　}

根据上述语义规则可知,存入实参时是从右往左传递的。这也就可以理解 C 语言中函数的参数是从右往左传递的。

例 5.22　假定在某主函数中以 $\max(1+x, y)$ 形式调用了函数,写出生成如下四元式序列。

假定在调用函数之前,已生成了 k 条四元式,函数调用的四元式是从 k+1 条开始,得到的四元式序列为:

(k+1) (para, y, ,)
(k+2) (+, 1, x, T_0)
(k+3) (para, T_0, ,)
(k+4) (call, max, ,)

5.5　中间代码生成器的设计

本节介绍 Sample 语言的中间代码生成器的设计,主要采用语法制导的翻译方法。Sample 语言的语法成分见第3章的介绍,包括以下5部分。

(1)带类型的简单变量声明、常量声明。

(2)各种表达式:算术表达式、布尔表达式、关系表达式、赋值表达式。

(3)简单赋值语句。

(4)各种控制语句:如 if、while、do…while 和 for 语句。

(5)函数声明、函数定义和函数调用。

这些语法成分的文法描述和语义规则在本章前几节中已经阐述了。只要定义的属性文法满足 L-属性文法的要求,语法制导的翻译就可以和语法分析在一遍中完成,一边进行语法分析,一边进行语义处理。因此,语法制导的翻译程序是在语法分析程序的基础上添加相应的语义处理,并填写符号表,生成四元式列表。中间代码生成器的接口如图 5.32 所示。

图 5.32 中间代码生成器的接口

第 3 章已经按照递归下降的分析方法进行了语法分析,下面介绍在递归下降分析程序的适当位置添加语义处理,改造为递归下降的翻译器。语法制导翻译程序的处理流程与语法分析程序的处理流程相同,如图 3.11 所示。其中,处理常量声明、变量声明和函数声明部分只访问符号表,将相应的名字信息填入符号表。各种语句的处理要访问符号表,进行静态语义检查,生成四元式序列,存入四元式表中。语句的处理可以嵌套,同时还需要调用表达式的处理。

语法制导翻译程序的总控程序既要负责处理调用各个语句,又要负责整个程序的构成框架,翻译<程序>的产生式[<程序>→<声明语句> main()<复合语句><函数块>; <函数块>→<函数定义><函数块>|ε]。当匹配了 main 后,应生成四元式(main,,,),这个四元式表示程序的入口,在目标程序执行前必须做一些准备工作,这些工作通常和机器有关,包括保护一些寄存器,设置保护区,为用户程序分配一定的运行空间等。当 main()函数结束时,遇到},则应生成四元式(sys,,,),表示程序结束,在翻译为汇编代码或机器代码时要做一些程序退出处理,如恢复寄存器、释放保留区、退出程序的运行状态等操作。程序的开始和退出操作将在第 8 章详细介绍。在 3.3.3 节递归下降分析函数 parser()的基础上添加了语义处理的语法制导的翻译器的主控程序如下。需要在主函数开始和结束分别生成表示开始和结束的四元式,以便四元式到目标代码翻译时进行处理。

```
void ParserSemantic( )  /* 语法制导翻译的总控程序 */
{
    ⋮
    else if (token == "main") {                     //分析器读入词法符号 main
        gencode("main", , , );                      //主函数开始
        token = GetNextToken();
        if (token 不是 "(") SyntaxError();          //调用错误处理
        token = GetNextToken();
        if (token 不是 ")") SyntaxError();          //调用错误处理
        CompoundSentenceAnalyzer();                 //处理复合语句
        gencode("sys", , , _);                      //主函数结束
        token = GetNextToken();
        ⋮                                           //处理其他函数定义
    }
}
```

下面以 if 语句为例来说明语法制导翻译程序是如何在递归下降分析程序基础上添加语义的。if 语句的递归下降的分析法参见 3.3.3 节。根据 if 语句的语法制导的翻译方法,将各个产生式的语义规则加入到语法分析程序的适当的位置即可。下面的类 C 语言描述

的程序中的粗体部分为添加的语义处理部分。由于添加了语义处理,每个函数都需要有一个返回值,通过它返回待填的真出口或假出口链,因此 if 语句也定义成一个返回 int * 的函数。

```
int * ifs( ) {                                      /* 当读取的首字符是 if 时,才调用该函数 */
    token = GetNextToken();
    if (token 不是"(" ) SyntaxError();               //调用错误处理
    token = GetNextToken();
    (e_tc, e_fc) = BoolExpressionAnalyzer();        //调用分析表达式的函数,返回真、假出口 */
    token = GetNextToken();
    if (token 不是")" ) SyntaxError();               //调用错误处理
    backpatch(e.tc, NXQ);                           /* 回填布尔表达式的真出口 e.tc */
    s1.chain = CompoundSentenceAnalyzer();          //处理复合语句,返回待填链首
    token = GetNextToken();
    if(token 是 "else")                             /* 带有 else 的 if 语句,处理 else 部分 */
        q = NXQ;
        gencode(j, , , 0);                          /* 跳过 S2 */
        backpatch(e.fc, NXQ);                       /* 回填布尔表达式的假出口 e.fc */
        t.chain = merge(s1.chain, q);               /* 合并两个链 */
        token = GetNextToken();
        s2.chain = CompoundSentenceAnalyzer();      //处理 else 后的复合语句
        return (merge(t.chain, s2.chain));          /* 传递整个语句的链 */
    }
    else if (token 是 ";")                          /* 无 else 的 if 语句 */
        return(merge(s1.chain, e.fc));              /* 传递整个语句的链 */
}
```

其他的语法成分也可以参考上述方法在语法分析程序的基础上添加语义处理部分。

5.6 小　　结

本章介绍了中间代码的几种形式、属性文法和语法制导的翻译方法,并详细介绍了高级语言中常见的几种语法单位的语义规则和语法制导的语义处理过程。

中间代码是复杂性介于高级语言和低级语言之间的一种表示形式,生成中间代码是为了缩小源语言和目标语言之间的语义鸿沟,如果有必要,可以设计多层中间代码,采取逐层翻译为不同的中间代码的方式。常见的中间代码形式有逆波兰式、三地址代码、抽象语法树和有向无环图。

语言之间的翻译必须保证语义相同,即高级语言、中间代码和目标语言三者之间的语法结构虽然不同,但它们所表示的含义是一致的。为了更好地进行翻译,需要理解和表示源程序的语义。目前用来表示语义的常用方法是属性文法,即对每个文法符号添加一些属性信息,通过语义规则来进行属性的计算和传递,语义规则用子程序的方式添加到各个语法结构上。这样就可以采用语法制导的翻译方法,根据源程序的语法结构来进行翻译,在进行语法分析的过程中,每推导或归约出一个语法单位就调用相应的语义规则进行语义处理。

在具体处理高级语言语法单位的语义时,首先根据各个语法单位的目标结构和含义,用属性文法来表示相应的语义规则,然而,属性文法只表示对应某产生式的语义动作,并不表

示语义规则的执行时间,有些规则需要在产生式中间某时刻执行,因此需要设计相应的翻译模式。设计翻译模式最简单的方式是对文法结构进行相应的改造,使得在语法分析中使用产生式归约或推导时就能执行语义规则,这样语义规则就可以始终放在产生式的最后面。

本章还介绍了高级语言中常见语法单位的语义规则和语法制导的翻译,多数文法都需要进行相应的改造,才能在归约或推导时调用相应的语义规则,主要介绍的语法成分包括常量声明、变量声明、函数声明、表达式、布尔表达式、if 语句、do…while 语句、for 语句和函数。本章最后介绍了 Sample 语言的中间代码生成器的设计。

本章中用到的所有四元式代码形式如表 5.29 所示。

表 5.29 所有四元式表

编号	四元式代码	含 义
(1)	(main, , ,)	程序开始
(2)	(sys, , ,)	程序结束
(3)	(+, A, B, T)	加法运算
(4)	(−, A, B, T)	减法运算
(5)	(*, A, B, T)	乘法运算
(6)	(/, A, B, T)	除法运算
(7)	(%, A, B, T)	求余数运算
(8)	(<, A, B, T)	小于,将 A<B 的结果赋给 T
(9)	(>=, A, B, T)	大于或等于
(10)	(>, A, B, T)	大于
(11)	(<=, A, B, T)	小于或等于
(12)	(==, A, B, T)	等于
(13)	(!=, A, B, T)	不等于
(14)	(jrop, A, B, P)	当 A rop B 为真时跳转到四元式 P
(15)	(&&, A, B, T)	与
(16)	(‖, A, B, T)	或
(17)	(!, A, , T)	非
(18)	(j, , , P)	无条件跳转到四元式 P
(19)	(jz, A, , P)	为 0 跳转到四元式 P
(20)	(jnz, A, , P)	不为 0 跳转到四元式 P
(21)	(para, A, ,)	记录参数 A
(22)	(call, fun_id, , return_value)	调用函数,返回值存入 return_value 变量
(23)	(call, fun_id, ,)	调用函数,不保存返回值
(24)	(ret, , , A)	返回返回值 A
(25)	(ret, , ,)	返回,无返回值
(26)	(fun_id, , ,)	函数定义

5.7 习　　题

1. 解释下列术语。

属性、属性文法、继承属性、综合属性、语义子程序、语法制导的翻译、翻译模式

2. 为什么要生成中间代码? 常见的中间代码有哪几种形式?

3. 分别为如下文法配上语义子程序。

(1) 文法 G_1 由开始符 S 产生一个二进制数,综合属性 val 给出该数的十进制值。

S→L. L | L

L→LB | B

B→0 | 1

试设计求 S. val 的属性文法,其中,已知 B 的综合属性,它是由 B 产生的二进制的结果值。对该属性文法如输入二进制 101.101,则输出 S. val＝5.625。

(2) 有文法 G_2:

S→(L) | a

L→L , S | S

为此文法配上语义动作子程序(或者说为此文法写出一个语法制导的定义),使其输出配对括号的个数,如对于句子(a, (a, a)),输出是 2。

(3) 文法 G_3 的产生式如下。

P→D

D→D; D | id: T | proc id; D; S

试写出各个产生式的语法制导的翻译规则,打印该程序一共声明了多少个 id。

4. 文法 G 及相应的语法制导的翻译规则为:

P→bQb   { print("1")}

Q→cR   { print("2")}

Q→a   { print("3")}

R→Qad   { print("4")}

若输入串为 bcccaadadadb 时,其输出是什么?

5. 请把逆波兰式 ab＋cde3－/＋8＊＋复原成中缀表达式。

6. 给出下面表达式的逆波兰式和抽象语法树。

(1) a＊(－b＋c)

(2) !A‖!(C‖!D)

(3) a＋b＊(c＋d/e)

(4) (A && B)‖(!C‖D)

(5) －a＋b＊(－c＋d)

(6) (A‖B) && (C‖!D && E)

7. 分别给出下述表达式的三元式、四元式序列和 DAG。

(1) －(a＋b)＊(c＋d)－(a＋b＋c)

(2) A‖(B && !(C‖D))

8. 根据 while 语句的目标结构写出 while 语句的属性文法。

9. 利用表5.4定义的语义规则,给出表达式(3+4)*(5+6)的带注释的语法分析树。

10. C 语言中没有布尔类型,试说明 C 语言编译器可能使用什么方式将一个 if 语句翻译为四元式。

11. 将下面语句翻译为四元式序列。

(1)
```
if ((A < C) && (B < D))
    if (A == 1)
        c = c + 1;
    else if (A <= D)
        A = A + 2;
```

(2)
```
if ((x > 0) && (y > 0))
    z = x + y;
else {
    x = x + 2;
    y = y + 3;
}
```

(3)
```
do {
    A = A + 3;
    B = C * A * 2;
}while(X < 0);
```

(4)
```
for (i = b * 2;i <= 100;i = i + 1) {
    x = (a + b) * (c + d) - (a + b + c);
    if (x < 0) break;
}
```

(5)
```
int count = 0,x = 0;
while(x < 100) {
    y = x % 2;
    if (x = !0) {
        count = count + 1;
        continue;
    }
    x = x + 1;
}
```

(6)
```
int sum(int,int);
main()
{
    int x,y,r;
    r = sum(x * y + x,x + y);
}
int sum(int a,int b) {
    return a + b;
}
```

12. 算法程序题。

(1) 用自己熟悉的语言编写程序,其功能是将布尔表达式翻译为四元式代码。

(2) 用自己熟悉的语言编写程序,其功能是将简单赋值语句翻译为四元式代码。

(3) 在第3章写的各种控制语句的递归下降分析程序的基础上,实现其递归下降的语法制导翻译程序,翻译为四元式代码。

(4) 理解函数声明、定义和调用,用自己熟悉的语言编写程序,实现函数的四元式代码生成。

## 第6章

运行时存储组织

除了生成目标代码外,编译程序还必须创建并管理一个运行时环境,它编译生成的目标代码就运行在这个环境中,这个环境必须能实现该语言定义中提出的许多抽象概念,如名字的作用域、函数调用、递归、参数传递等。这就需要在编译时考虑目标程序运行时存储空间的分配和管理问题,即需要将程序的静态文本与这个程序运行时的活动联系起来,对程序的代码和变量进行存储空间的分配,并提供各种运行信息。本章主要介绍程序运行时的存储组织、常见的存储分配策略、垃圾回收机制,重点介绍函数调用中变量和数据的访问,尤其是参数传递。最后,通过一个 C 语言程序运行时的存储实例展现运行时存储分配过程。

6.1 存 储 组 织

我们知道,正在执行的程序是运行在自己的逻辑地址空间中的,其中的每行代码和每个变量都在这个空间中有一个地址,这个逻辑空间是由编译器创建,由操作系统和目标机共同组织、管理和维护的。操作系统负责将逻辑地址转换为物理地址,物理空间对整个内存空间编址。本节主要讨论程序在执行时的空间占用情况,包括程序代码区和数据区。一般来说,在编译后程序代码所占用的空间不变,而数据区会根据运行环境和数据情况而发生变化。不同的程序设计语言对数据空间的分配方式不同。

6.1.1 程序执行时存储器的划分

一个目标程序分为指令和数据两部分,为了使其能够运行,这些指令和数据都必须驻留在内存中。因此为了使目标代码能够运行,必须从操作系统中获得一定大小的内存区域,用于存放要运行的目标程序的代码和数据,这个区域不一定连续。

图 6.1 所示是某机器运行程序时存储空间的划分。假定一共拥有 4GB 的线性地址空间,其中小于 1GB 的地址空间分配给操作系统内核使用,剩余的 3GB 地址空间称为用户空间,用于运行用户程序。用户程序所申请的内存中用来存放代码的区域称为代码区,存放数据的区域称为数据区。

代码区是用来存放源程序经编译后生成的指令序列的存储区域。数据区用来存放程序中的数据对象,包括用户定义的各种类型的命名对象(如变量、常量等),作为保留中间结果和传递参数的临时对象及调用函数时所需的参数传递、连接信息等。有些数据对象的大小是固定的,而有些数据对象的大小是可变的,为了更好地管理程序的运行时空间,数据区又分为静态数据区和动态数据区。

因此,一个目标程序运行时的逻辑空间大致分为代码区、静态数据区和动态数据区。

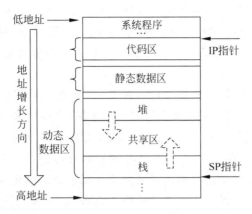

图 6.1　某机器运行程序时存储空间的划分

（1）代码区。源程序生成的目标代码的大小在编译结束就已经固定下来了，因此编译器可以将可执行目标代码放在一个静态确定的区域，这个区域一般位于存储器的低端。该区域所有代码的逻辑地址都可以计算出来，所有函数或过程的入口地址都是已知的。代码区线性存放目标指令序列，当前执行的指令位置由指令指针 IP 指示。如果 IP 指向程序的第一条指令，程序便处于开始执行的状态，以后每执行一条指令，IP 自动加 1 指向下一条指令。遇到跳转指令，则将转移目标地址赋给 IP。指令的执行顺序由程序控制，由机器硬件保证执行。

（2）静态数据区。与代码区类似，程序的某些数据对象的大小是已知的，它们也可以在执行之前被分配到存储器的固定位置（如全局变量、静态数据），以及由编译器产生的数据（如用于支持垃圾回收的信息）等。之所以要将尽可能多的数据对象进行静态分配，是因为这些对象的地址可以被编译到目标代码中。

Pascal 中的全局变量、C 语言中的外部和静态变量都属于这一类。在组织静态数据区时出现的一个问题是它涉及编译时已知的一些常量，包括 C 语言和 Pascal 中用 const 声明以及代码本身所用的文字值，例如在 C 语言的语句 printf("Hello%d\\n",12345)中的串"Hello%d\\n"和整型值 12345。对于较小的、在编译时已知的常量（如 0 和 1）通常由编译程序直接插入到代码中，不为其分配任何数据空间；对于大型的整型值或浮点值，特别是串文字就必须单独将其分配到存储器的静态数据区中，在程序的整个运行期间仅保存一次，之后再由执行代码从这些位置中获取（实际上，在 C 语言中串文字被看作是指针，因此它们必须按照这种方式来保存）。

（3）动态数据区。为了将运行时刻的空间利用率最大化，动态数据区可用栈（Stack）和堆（Heap）的方式组织，栈用于分配符合后进先出 LIFO（Last In，First Out）原则的数据，而堆用于不符合 LIFO 规则（例如在 C 语言中的指针分配）的动态分配。栈和堆这两个区域被放在剩余地址空间的相对两端，该区域是动态的，它们的大小会随着程序运行而改变，且根据需要向对方增长，通常栈向较低地址方向增长，而堆向较高地址方向增长，在图 6.1 中的虚线箭头表示栈和堆的生长方向相反。

编译时不能确定存储空间的数据需要动态地分配存储空间。很多程序设计语言支持程序员在程序中显式地分配和回收数据对象占用的空间。如 C 语言中的 malloc() 和 free() 函数可以用来获取及释放相应的内存块。堆区中数据的生命周期可以比创建它的某个函数更长,也就是说,它不一定随创建它的函数运行结束而释放空间。这就需要有一种垃圾回收机制,使得系统在运行时能够检测出无用的数据元素。这样,即使程序员没有显式地释放内存,系统也能复用这些空间。很多现代程序设计语言的一个重要特征就是有自动垃圾回收机制。

在有函数(子程序或过程)的程序设计语言中,一个函数在一次调用中除了访问静态数据区和堆外,程序中还有一部分数据局部于某个程序块,这些数据一般是以程序块为单位在栈中分配,称为活动记录(Activation Record),有些语言中称为栈帧,存放局部于该函数的所有数据对象,如C语言中的函数、Pascal中的函数和过程、FORTRAN中的主程序和子程序都是程序块。当发生函数或过程调用时就为其分配一个活动记录占用的空间,函数或过程调用结束释放整个活动记录。活动记录中除了局部于函数的变量外,还需要保存程序的一些控制信息和管理信息,如一些变量的描述符、反映调用关系的返回地址、反映数据间引用关系的引用链、参数传递,以及一些保护信息等。

6.1.2　活动记录

为了管理一个函数(过程)在一次执行中所需的全部信息,通常将它们放在一块连续的存储区中,这些信息是局部于该函数的,这块连续的存储区称为活动记录。存储器主要是以函数的活动记录为单位进行分配的,当调用一个函数时,就要为其建立一个活动记录,这个函数的代码空间与该活动记录一起构成该函数的一个单元实例。若一个函数被多次调用或激活,就建立多个活动记录,这些活动记录和对应的程序代码构成多个单元实例。因此,一个函数可以有多个单元实例,它们对应的代码段是相同的,不同的仅仅是数据存储空间,如函数的递归调用。下面通过一个例子来看一看活动记录应包括哪些信息。

例 6.1　如图6.2(a)所示的C语言程序段,其对应的中间代码如图6.2(b)所示,运行时内存数据区如图6.2(c)所示,图6.2(d)是该程序对应的目标代码(目标代码用类8086的指令编写)。

一般来说,一个函数的活动记录包含以下内容。

(1) 局部变量和常数。用于存放用户程序中定义的变量和常数,如例6.1中的a和C。整型、实型和布尔型等简单类型的数据通常使用一到多个存储单元来表示,字符串、数组、记录、结构和集合类型的数据由一组基本数据对象来表示,需要一片存储区来存放,存储区的大小与这些数据对象中的元素个数和基本类型相关。

(2) 临时变量。它是编译程序在生成中间代码时引入的变量,用于存放中间结果,如例6.1中的 T_1、T_2 和 T_3,这类变量对用户透明。

(3) 形式参数(简称形参)。它是用户在函数或过程声明时给出的变量,用于存放从主调函数传递过来的实参,如例6.1中的 x、y 和 z。

(4) 返回地址。它用于返回主调程序,如例6.1中的 P。

(5) 保护区。它用于保存本函数调用前的机器状态信息,包括指令指针 IP 的值以及控制从这个过程返回时必须恢复的寄存器的值,目的是能够返回到主调程序。在例6.1中没有保护区。

以上每个部分的长度都可以在函数调用时确定。事实上,除了动态数组必须到运行时由实参的数组元素个数决定该域的长度外,其他所有的长度都可以在编译时确定。后面三

int exam(x, y, z)	1.(*,x,y,T_1)
{	2.(*,a,3,T_2)
float a;	3.(+,T_1,T_2,T_3)
z＝x*y + a*3;	4.(=,T_3, ,z)
}	5.(ret, ,)

(a) C程序程序段	(b) 四元式形式的中间代码

T_1:（临时变量）	movAX,x
T_2:（临时变量）	mul y
T_3:（临时变量）	movT_1,AX
C:3（常数）	movAX,a
a:（局部变量）	mul C
x:（形参）	mov T_2,AX
y:（形参）	mov AX,T_1
z:（形参）	add AX,T_2
P:（返回地址）	mov T_3,AX
	mov AX,Z
	mov Z,AX
	ret

(c) 内存数据区	(d) 目标代码

图 6.2　一个源程序及其相应的各种形式

类数据又称为连接数据,用于连接两个有调用关系的函数。用哪种方法将这些数据组织起来,使得它们既便于存取和管理,又能节省存储空间,就成了编译程序的一个重要任务。

6.1.3　局部数据布局

　　数据对象在目标机中通常以字节(B)为内存可编址的最小单位。在许多机器上,1 字节为 8 位(b),几字节形成一个机器字,多字节对象存于连续的字节中,并以第一字节的地址作为该对象的地址。名字所需的存储空间的数量是由它的类型确定的,例如,char 数据对象为 1 字节,int 数据对象为 4 字节,float 数据对象为 8 字节。而对于数组或记录这样的集合体,它的存储区必须大到足以存放它所有的成分,以便访问它的成分,这种集合体的存储空间的典型分配是使用一块连续的字节区。

　　局部数据区是在编译函数的定义时分配的,长度可变的数据保存在这个域之外。只要我们记住了为前面声明的变量分配的内存单元地址值,通过这个地址值就能够确定一个局部变量的相对地址,如相对于活动记录的开始点的相对地址。相对地址(或偏移)是数据对象地址和某个位置的地址差。

　　数据对象的存储布局受目标机的寻址约束的影响很大,在很多机器中,执行整数加法的指令可能要求整数是对齐的(Alignment),即这些数据必须被放在一个能够被 4 整除的地址上。尽管在 C 语言或者类似的语言中一个有 10 个字符的数组,只需要能够存放 10 个字符的空间,但是编译器可能为了对齐而给它分配 12 字节,其中的 2 字节未使用,因为对齐的原因而产生的闲置空间称为补白(Padding),如果空间比较紧张,编译器可能会压缩数据以消除补白,但是在运行时刻可能需要额外的指令来定位被压缩数据,使得机器在操作这些数据时就好像它们是对齐的。

下面通过实例来说明不同机器上不同的 C 编译器局部数据布局。表 6.1 所示为两台机器 Ma 和 Mb 上 C 编译器的结构布局及对比情况。

表 6.1　两台机器上 C 编译器的结构布局及对比

类　　型	大小/位		对齐/位	
	Ma	Mb	Ma	Mb
结构	8	64	32	64
char	8	8	16	64
short	16	24	32	64
int	32	48	32	64
long	32	64	32	64
字符指针	32	30	32	64

Ma 的内存按每 8 位组成一个字,Mb 的内存按每 64 位组成一个字,用 24 位寻址。C 语言提供了三种不同大小的整型:短整型 short、整型 int 和长整型 long。在 Ma 中这些类型将分别分配 16、32 和 32 位存储空间,而在 Mb 中将分配 24、48 和 64 位存储空间。虽然每字节都有一个地址,但指令通常将短整型分配在地址为偶数的字节里,整型被分配在地址能被 4 整除的字节里。为了能把短整型分配在地址为偶数的字节里,编译器甚至必须跳过一字节,作为补白,但是这样一来,很可能把包含 4 字节(32 位)的一段区域分配给跟随在短整型后面的字符。

由于某些指令要求运算时整数是对齐的,或者指令集强烈的字倾向因素,导致一些不需要一个字那么大的空间的类型仍被分配了一个完整的字大小,例如,Mb 给只需要 8 位的字符类型分配 64 位一个字,因此,表 6.1 中 Mb 每一种类型都将占用 64 位,包含 128 位的双字,可能会分配给一个字符和跟随其后的一个短整型,其中字符只占第一个字的 8 位,而短整型占第二个字的 24 位。

6.2　函 数 调 用

6.2.1　源程序中的函数

函数是一个程序块,有些语言中又称为子程序或过程。在程序设计中使用函数,要分清楚函数声明、函数定义和函数调用。函数声明主要是声明一个名字,说明这个名字是一个函数名,返回值类型和参数的个数及各个参数的类型,函数声明一般放在主程序前面;函数定义的最简单的形式是把一个标识符(函数的名字)和一段语句代码联系起来。该标识符称为函数名,语句是函数体。例如,图 6.3 所示的 C 语言代码中包含一个函数名为 readarray 的函数(第 2~5 行),函数体是第 3~4 行。C 语言中的程序块不管有没有返回值都称为函数,整个程序都是由函数平行构成的,函数定义不存在嵌套。在有些语言中,有返回值的程序块称为函数,没有返回值称为过程,完整的程序也可以看成是一个过程。

当函数名出现在可执行语句中时,则称为在该点调用这个函数。函数调用就是执行被调用函数的函数体。图 6.3 中的主程序在第 21 行调用 readarray() 函数,在第 24 行调用 quicksort() 函数,第 14 行是在一个函数中以表达式的方式调用另一个函数。

出现在函数定义中的括号中的标识符称为形参,图 6.3 中第 6 行的函数定义中的标识符 m 和 n 都是形参。出现在函数调用中的括号中的标识符、常数或表达式称为实际参数(或实参),图 6.3 中第 24 行的 1 和 9 都是实参,运行时实参被传递给调用函数,取代函数体中的形参,建立实参和形参之间的对应关系。

```
1) int a[11];
2) void readarray() { //将 9 个整数读入到 a[1]到 a[9];
3)     int i;
4)     for (i = 1;i <= 9;i++) fscanf(" % d", a[i]);
5) }
6) int partition(int m, int n) {
7)     int i,j,x,v; //选择一个 v 来划分 a[m]到 a[n],使得 a[p] = v
8)             //当 i < p 时 a[i]< v,当 j > p 时, a[j]> v,返回 p
9)         ⋮
10) }
11) void quicksort(int m, int n) {
12)     int i;
13)     if(n > m) {
14)         i = partition(m,n);
15)         quicksort(m,i − 1);
16)         quicksort(i + 1,n);
17)     }
18) }
19)
20) main() {
21)     readarray();
22)     a[0] =  − 999;
23)     a[10] = 999;
24)     quicksort(1,9);
25) }
```

图 6.3　读入整数并进行快速排序的 C 语言程序

6.2.2　函数执行时的活动

一个函数的一次执行指的是从函数体的起点开始,到最后退出该函数,将控制返回到该函数被调用之后的位置。一个函数的活动指的是该函数的一次执行。就是说,每次执行一个函数体就产生该函数的一个活动。从执行该函数体的第一步操作到最后一步操作之间的操作序列所花的时间称为该函数的一个活动的生存期,其中包括该函数调用其他函数花费的时间。

在 C 语言中,每次控制从函数 P 进入函数 Q 后,如果没有错误,最后都会返回到函数 P。也就是说,每次控制流从函数 P 的一个活动进入函数 Q 的一个活动,最后都会返回到函数 P 的同一个活动中。

如果 a 和 b 都是函数的活动,那么它们的生存期或者是不重叠的,或者是嵌套的。就是说,如果控制在退出 a 之前进入 b,那么必须在退出 a 之前先退出 b。

　　如果一个函数在没有退出当前的活动时又开始了它的新的活动,称该函数是递归的。如果某函数是递归的,在某一时刻可能有它的几个活动活跃着。图 6.3 中的程序从第 24 行进入活动 quicksort(1,9),是整个程序执行过程中比较早的阶段,而退出这一活动是在整个程序将要结束时的末尾。在 quicksort(1,9)从进入到退出的整个过程中,还有 quicksort 的几个活动,所以这一函数是递归的。一个递归的函数 P 不一定直接调用自己,P 可以调用函数 Q,Q 通过一系列函数调用后再调用 P。

　　可以用一棵树来表示在整个程序执行期间的所有函数的活动,这棵树称为活动树。树中的每个结点对应于一个活动,根结点是启动程序执行的 main 函数的活动。在表示函数 P 的某个活动的结点上,其子结点对应于被 P 的这次活动调用的各个函数的活动。按照这些活动被调用的顺序自左至右地显示出来。值得注意的是,一个子结点必须在其右兄弟结点的活动开始前结束。

　　图 6.4 是 quicksort 的一次运行的活动树。每个结点用它的函数的第一个字母来表示。这只是其中一种可能,树会随调用参数和调用次数的不同而不同。

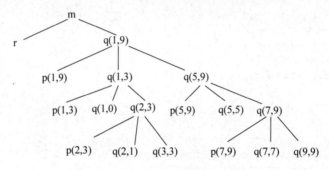

图 6.4　quicksort 的一次运行的活动树

　　从图 6.4 中可以看出,函数调用的顺序和活动树的前序遍历对应,函数返回的顺序和活动树的后续遍历对应。假定控制流位于某个函数的特定活动中,且该函数活动对应于活动树上的某个结点 N,那么当前尚未结束的活动就是结点 N 及其祖先结点对应的函数。这些活动被调用的顺序就是从根结点到结点 N 的路径上出现的函数的顺序。这些活动将按照这个顺序反序返回。由于函数调用的这些特点,使得函数调用时的运行时活动可以使用栈来刻画。

　　如果按照如图 6.4 所示的活动树执行,前面 4 步执行时,栈的变化如图 6.5 所示。首先启动程序执行,除了在静态数据区分配数组 a 的空间外,在栈区为 main() 函数申请一个活动记录的空间,如图 6.5(a)所示;在 main() 函数执行时,调用 r,再为 r 申请一个活动记录,这时,r 的活动记录中包含有局部于 r 的变量 i 的空间,如图 6.5(b)所示;r 执行结束,r 的活动记录出栈,栈空间回到 6.5(a);再调用 q(1,9)时,再为 q(1,9)申请一个活动记录,这时,q 的活动记录中包含有形式参数 m、n,以及局部变量 i 的空间,如图 6.5(c)所示;在 q(1,9)没有执行结束时,又开始调用 p(1,9),此时再为它申请一个活动记录,如图6.5(d)所示。

　　随着函数调用的进行,栈也不断发生变化。

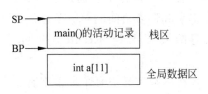

(a) main()函数开始执行时

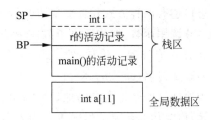

(b) 进入到r函数时（执行到活动树的第一个分支）

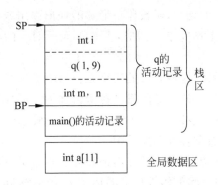

(c) 进入到q(1,9)时(执行到活动树第二层右边的结点)

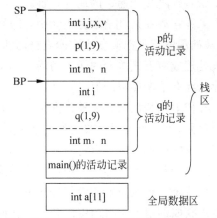

(d) 进入p(1,9)时(执行到活动树第三层最左边的结点)

图 6.5　函数调用时活动记录在栈中的变化

6.2.3　名字的作用域

高级语言中名字的声明是把名字与其属性信息联系起来的语法结构。声明可以是显式的，如 C 语言函数中使用"int i;"来显式声明名字 i 是一个整型变量；也可以是隐式的，如在 FORTRAN 语言中，若无其他声明，以 i 开始的变量名均代表整型变量。

在程序的不同部分可能有同一个名字的相互独立的声明。一个声明在程序中起作用的那部分程序称为该声明的作用域。变量的作用域规则请参见 4.3.2 节。在程序正文中出现一个名字时，由语言的作用域规则确定应使用该名字的哪一个声明。在图 6.3 所示的程序中，名字 i 分别在第 3、7、12 行声明了 3 次，i 在函数 readarray()、partition()和 quicksort() 中的使用是相互独立的。第 4 行中使用的 i 使用了第 3 行的声明，第 14～16 行中 3 次对 i 的引用使用了第 12 行对 i 的声明。

函数中的一个名字如果出现在该函数中该声明的作用域内，那么在这个函数中出现的名字是局部于该函数的；否则称为非局部的。因此在一个程序的不同部分，同一个名字可能是不相关的。

6.2.4　参数的传递

函数(子程序或过程)是结构化程序设计的主要手段，同时也是节省程序代码和扩充语言能力的主要途径。只要函数有定义，就可以在别的地方调用它。调用与被调用函数之间的信息传递有两种方式:通过全局变量或参数传递。在程序运行中若通过参数传递,实参传递给被调用函数,取代原来函数体中的形参,建立实参和形参之间的对应关系。常用的参数传递方式有 4 种:传地址(Call by Reference)、得结果(Call by Result)、传值(Call by Value)以及传名(Call by Name)。

传地址指的是把实参的地址传递给相应的形参。在函数定义中每个形参都有一个相应的单元,称为形式单元。形式单元用来存放相应的实参的地址。当调用一个函数时,调用段必须预先把实参的地址传递到一个被调用段可以获取的地方。如果实参是一个变量(含下标变量),则直接传递它的地址;如果实参是常数或其他表达式(如 A+B),就先把它的值计算出来并存放在某一个临时单元中,然后传递临时单元的地址。当程序控制转入被调用段后,被调用段首先把实参地址抄进自己相应的形式单元中,函数体对形参的任何引用或赋值都被处理成对形式单元的间接访问。当被调用段工作完毕返回时,形式单元所对应的实参单元已经有了所期望的值。

和传地址相似的另一种参数传递方式是得结果。这种方法的实质是:每个形参对应有两个单元,第一个单元存放实参的地址,第二个单元存放实参的值。在函数体中对形参的任何引用或赋值都看成是对它的形参的第二个单元的直接访问,但在函数工作完成返回前必须把第二个单元的内容存放到第一个单元所指的那个实参单元之中。

传值是一种最简单的参数传递方法。调用段把实参的值计算出来并存放在一个被调用段可以获取的地方。被调用段开始工作时,首先把这些值抄进自己的形式单元中,然后就好像使用自己的局部名一样使用这些形式单元。如果实参不为指针,那么在这种情况下被调用段无法改变实参的值。

传名是 ALGOL 60 的一种特殊的形参与实参结合的方式。ALGOL 60 用替换规则解释传名参数的意义:函数调用的作用相当于把被调函数的函数体抄到调用出现的位置,把其中出现的每个形参都替换成相应的实参(文字替换)。如果在替换时发现函数体中的局部名和实参中的名字使用相同的标识符,则必须用不同的标识符来表示这些局部名。而且,为了表现实参的整体性,必要时在替换前先把它用括号括起来。

6.2.5 名字的绑定

一个变量名在运行时环境中必须指向一个具体的存储位置。然而即使一个名字在程序中只声明一次,它在运行时也可能代表不同的数据对象,这里的数据对象指的是保存值的存储单元,如在函数中定义的一个变量,在两次不同的调用中指向的存储单元不同,其中存放的值也不同。名字、存储单元和值之间的关系如图 6.6 所示。其中,环境表示将名字映射到存储单元,状态表示将存储单元映射到它所保存的值。赋值改变状态,但不改变环境。例如,如果名字 pi 的存储单元地址是 100,其值为 0,赋值语句"pi=3.14;"执行之后,pi 的地址没有改变,仍然是 100,其值变为 3.14。对函数的两次不同调用将改变环境。

如果环境把一个名字 x 与存储单元 s 联系起来,则说 x 绑定到 s,这个联系本身称为 x 的绑定(Binding)。函数的每一次调用都将函数中的局部变量绑定到不同的存储单元。绑定是名字声明的一个动态概念。动态和静态分别代表运行时刻和编译时刻。静态是程序文本中的概念,动态是程序运行时刻的概念,如图 6.7 所示。

图 6.6　名字、存储单元和值之间的关系

静态概念	动态概念
函数的定义	函数的活动
名字的声明	名字的绑定
声明的作用域	绑定的生存期

图 6.7　程序的静态和动态概念的映射

内存的静态分配和动态分配也是这样来区分的。如果编译器只需要通过观察程序文本就可以做出某个存储分配，而不需要观察该程序在运行时做了什么，就称为静态存储分配。如果只有在程序运行时才能决定如何分配内存，就称为动态分配。

6.3　存储分配策略

编译程序通常不是直接把各个函数的数据集中起来，放到一个数据区中，为每个数据对象分配一个绝对地址，并为它们开辟一个实际存储区；而是为各个函数分别建立存储映像，单独分配一个数据区，把收集在符号表中的各个函数的数据（变量和常量）映射到该函数运行时的数据区内的相对位置上。也就是说，编译程序所进行的运行时存储分配是在符号表中进行的，为每个变量分配的地址不是绝对地址，而是相对于某个数据区开始的位置（编译时设该函数的数据区开始地址为 0）的相对地址。运行时的存储分配是在中间代码生成之后、目标代码生成之前进行的，这种地址分配是与语言有关而与机器无关的。但是编译程序并不能对所有语言都做到在编译阶段为每个函数所使用的数据区建立确切的存储映像，并确定数据区的大小，这是因为某些数据的存储空间，甚至某些函数的存储空间只有到目标代码运行时才知道。什么时候才能真正知道数据区的大小，主要取决于语言定义的程序结构和允许使用的数据结构类型。由此决定了编译程序所用的运行时存储分配策略有三种：静态存储分配策略、栈式存储分配策略和堆式存储分配策略。

静态存储分配策略在编译时对所有数据对象分配固定的存储单元，且在运行时始终保持不变。栈式存储分配策略在运行时把存储器作为一个栈进行管理，每当调用一个函数，它所需要的存储空间就动态地分配于栈顶，一旦退出，它所分配的栈空间就予以释放。堆式存储分配策略在运行时把存储空间组织成堆结构，以便对用户存储空间的申请和释放。

实际上，几乎所有的程序设计语言都使用这三种类型中的某一种或几种的混合形式。在一个具体的编译系统中究竟采用哪种存储分配策略，主要应根据程序设计语言关于名字的作用域和生存期的定义规则。FORTRAN 语言中没有动态数据结构，不允许递归，采取完全静态存储分配策略；像 C、C++、Pascal 以及 Ada 这些语言允许函数的递归调用，在编译时无法预先知道哪些递归函数在何时是活动的，调用的深度也不知道，因此采取栈式存储分配策略，只要递归调用一次，就将当前信息压栈。其中，C、C++ 和 Pascal 等还允许临时动态申请和释放空间，而且申请和释放不一定遵循先申请后释放的原则，因此采取堆式存储分配策略。

6.3.1　静态存储分配

静态存储分配是最简单的存储分配策略，在编译时就能确定所有数据需要的存储空间。本节主要介绍静态存储分配策略的一些特性和实现方式。

1. 静态存储分配的性质

如果在编译时就能够确定一个程序在运行时所需的存储空间的大小,且在执行期间保持固定,则在编译期间就可以安排好目标程序运行时的全部数据空间,并能确定每个数据对象的地址,这种分配策略称为静态存储分配,适用于没有指针或动态存储分配、函数不可递归调用的语言。

在静态存储分配中,名字是在程序编译时就与存储单元绑定的,所以不需要运行时支撑程序包。因为程序运行时不改变绑定,所以每次过程运行时,它的名字都绑定到同一个存储单元。因此允许局部名字的值在过程停止活动后仍然保持不变。

然而,仅仅使用静态存储分配策略有如下局限性。

(1) 数据对象的大小和它在内存中的位置在编译时必须已知。

(2) 不允许递归过程,因为一个过程的所有活动使用同一个局部名字绑定。

(3) 数据结构不能动态建立,因为没有运行时的存储分配机制。

FORTRAN 77 语言采取静态存储分配策略。FORTRAN 77 语言是块状结构,程序由一个主程序和若干个子程序组成,语言本身不提供可变长字符串和可变数组,不允许递归调用,不允许子程序嵌套,每个数据对象的类型必须在程序中加以说明。因此整个程序所需的数据空间的总量在编译时是完全确定的,从而每个数据对象的地址就可静态存储分配。

在静态环境中,不仅全局变量,而且所有的局部变量都是静态存储分配的。因此,每个过程只有一个在执行之前被静态存储分配的活动记录,所有的变量均可以通过固定的地址直接访问。整个程序的存储区分配如图 6.8 所示。

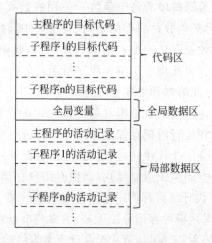

图 6.8　FORTRAN 77 语言整个程序的存储区分配

2. 静态存储分配的实现

静态存储分配策略很容易实现。FORTRAN 语言允许各程序段独立编译,在编译每段源程序时,首先把每个变量及其类型等属性信息都填入到符号表中,然后依据符号表计算每个数据占用的空间,并在符号表的地址栏为它们分配地址。在分配地址时可以从符号表的第一个变量的入口开始依次为每个变量分配地址。如第一个数据对象的地址设为 a,表示相对于该程序段对应的数据区的首地址的位移,则第二个数据对象的地址就是 $a+n_1$,其中 n_1 表示第一个变量所占有的单元数,然后逐个累计计算每个数据对象的地址。

FORTRAN 标准文本规定,每个初等类型的数据对象都用一个确定长度的机器字表示。假定整型和布尔型数据对象各用一个机器字表示,实型用两个连续的机器字表示,图 6.9(a)是一个 FORTRAN 语言程序段,图 6.9(b)是图 6.9(a)的程序段对应的符号表,并已分配了地址。da 栏表示数据区的编号,da 栏和 addr 栏就形成了该程序段在运行时的存储映像。

SUBROUTINE EXAM(X,Y)
REAL M
INTEGER A, B(100)
REAL R(5,40)
A=B+1
⋮
END

name	type	…	da	addr
EXAM	过程			
X	实		K	a
Y	实		K	a+2
M	实		K	a+4
A	整		K	a+6
B	整		K	a+7
R	实		K	a+107

(a) 一个FORTRAN语言程序段　　　(b) 程序段对应的符号表

图 6.9　一个 FORTRAN 语言程序段和对应的符号表

一个 FORTRAN 程序段的活动记录格式如图 6.10 所示。其中返回地址用来保存主调程序段的返回地址;寄存器保护区用来保存调用段的有关寄存器信息,以供返回时使用;形式单元是和形参对应的,用来存放实参的地址或值。

在图 6.10 中,返回地址和寄存器保护区共占用 a 个单元,所以第一个形参 X 的相对地址为 a,因为在从左到右扫描的过程中,符号表的第一项总是形参,因此在图 6.9 中,假定 X 的起始地址是 a。

图 6.10　FORTRAN 语言程序段的活动记录格式

形式单元的个数与参数传递方式有关:如果采用传地址方式,每个形参只要一个单元;如果采用得结果方式,则需要两个连续的单元,分别存放实参的地址和值。

对于各程序段中使用 common 语句说明的公用元的地址分配可以采用如下方式进行:在符号表中把它们按公用块连接起来,并把公用块名登记在一张主要的公用块名表中,表中记录每个公用块在符号表中的链首和链尾,在为每个公用块分配地址时,从公用块名表中查找到该块的链首,然后沿公用链向下查找,为每个公用元分配地址。

在编译程序为每个程序段及公用区建立了存储映像并生成目标代码后,就可以用装入程序把它们装入内存,只有到这个时候,才依据符号表中的存储映像建立实际的内存数据区。

3. 临时变量的地址分配

在第 5 章生成中间代码时,编译程序不加限制地使用临时变量,每调用一次函数 newtemp()

就生成一个新的临时变量。如果未对中间代码进行优化，这些临时变量的作用域（即第一次被赋值到最后一次被引用之间的全部四元式称为它的作用域）往往是嵌套的，或者是不相交的。例如，语句Z＝A＋B＊C－D/F对应的四元式序列如图 6.11 所示。

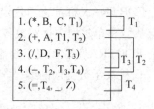

图 6.11　语句 Z＝A＋B＊C－D/F 的四元式序列

其中，T_1、T_2 和 T_4 的作用域是不相交的，T_3 和 T_2 的作用域是嵌套的，此时并不需要分配 4 个临时单元供 T_1～T_4 使用。实际上 T_1 单元在第 2 个四元式之后已无用了，完全可以供别的临时单元使用，但 T_2 单元却不能被 T_3 单元使用，否则将破坏 T_2 单元中的内容。因此，对此例而言，只需两个临时存储单元就可以了。这个数字恰好是临时变量作用域嵌套或相交的最大层数。只要一个四元式序列中各变量作用域中不含转移四元式，就可以用这种方法计算该四元式序列所需的最大临时单元数。

6.3.2　栈式存储分配

在像 C 语言、Pascal、ALGOL 60 这些允许可变数组和递归调用的语言中，不能静态地分配活动记录。因为允许可变数组，只有到运行时才能知道它的大小；允许函数递归和嵌套，每一次调用函数都需要为局部变量重新分配存储单元，因此无法计算它的各个数据对象运行时所需的单元数。这就要求必须基于栈的方式来分配活动记录，即当进行一个新的函数调用时，在栈的顶部为该函数的活动记录分配空间，而当调用退出时则释放该活动记录占用的空间。这就要求程序在运行时必须在每个函数的入口处就能知道该函数活动记录占用的空间，即每个数据对象的大小是确定的。

例 6.2　图 6.12(a)所示是一个 C 语言的程序结构，在程序中 main()调用了函数 r，r 调用了函数 s。程序运行时，首先在存储器中分配全局数据区，然后分配 main()的活动记录；在调用 r 时在栈顶为 r 的活动记录分配存储空间；运行 r 时调用 s，再在栈顶为 s 的活动记录分配空间。图 6.12(b)所示是在进入 s 后的存储器组织情况。BP 指向当前活动记录的底部，SP 指向栈顶。当函数 s 执行完返回 r 时，s 的活动记录出栈，栈中只剩下 main()和 r 的活动记录。

其中的全局数据区是可静态确定的，因此对它们可以采取静态存储分配策略，即在编译时就能确定每个全局名字的地址。如果在程序中引用了某个全局名字，可以直接使用该地址。而在函数中声明的局部名字都局部于该函数所在的活动，其存储空间都分配在调用时所在的活动记录里。全局数据区和动态数据区不一定分配在连续的空间中。

在程序运行时每个函数都可以有若干个不同的活动记录，每个活动记录都代表了一次不同的调用。这样的环境对变量的记录工作和变量访问的技术比静态环境要复杂许多。基于栈的环境的正确性和所需的记录信息的数量在很大程度上依赖于被编译的语言的特性。

例 6.3　图 6.13 所示是 Pascal 语言中程序示例。

在 Pascal 语言中，所有程序都包括在一个 program 中，函数和过程是有区分的，没有返回值的程序块定义为过程，有返回值的程序块定义为函数。图 6.13 的程序中定义了三个过程，过程 third 嵌套在 second 和 main 中，third 可以使用它的所有外层过程定义的数据，反之不行。first 和 second 是并列的两个过程，互相可以调用，但不能使用对方的局部变量，它

```
全局数据说明;
main()
{ main()中的数据声明;
  r();
}
void r()
{ r中的数据声明;
  s();
}
void s()
{ s中的数据声明;
}
```

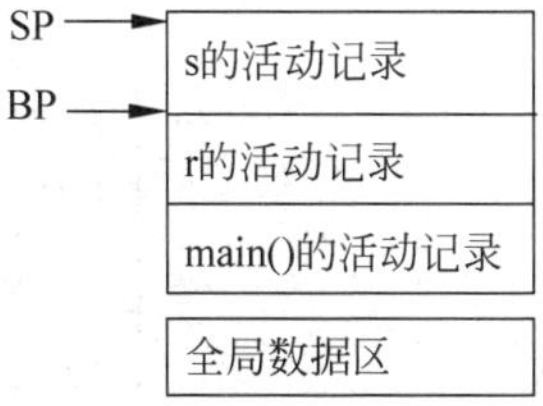

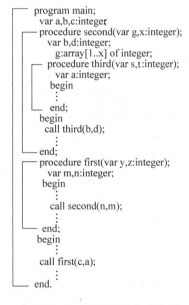

```
SP ──→ ┌──────────────┐
        │  s的活动记录  │
BP ──→ ├──────────────┤
        │  r的活动记录  │
        ├──────────────┤
        │ main()的活动记录 │
        ├──────────────┤
        │   全局数据区   │
        └──────────────┘
```

(a) 一个C语言程序结构　　　　　　　　(b) 进入s后的存储器组织情况

图 6.12　一个 C 语言程序及其运行时的存储分配

```
program main;
  var a,b,c:integer;
  procedure second(var g,x:integer);
    var b,d:integer;
      g:array[1..x] of integer;
    procedure third(var s,t:integer);
      var a:integer;
      begin
         ⋮
      end;
    begin
      call third(b,d);
      ⋮
  end;
  procedure first(var y,z:integer);
    var m,n:integer;
    begin
        ⋮
      call second(n,m);
        ⋮
  end;
  begin
    ⋮
    call first(c,a);
    ⋮
  end.
```

图 6.13　Pascal 语言中程序示例

们都可以使用主程序中定义的变量。过程 second 定义了可变数组 g,当进入过程 second 时,它的形参 x 中的实参值决定了数组 g 的上界。对每个过程,在编译时,除了可变数组占用的空间不知道外,其余变量占用的空间都是已知的。虽然可变数组占用的空间不能确定,但其他信息,如维数、类型等在编译时是已知的。根据块结构语言的这些特点,可以把这个过程的数据区分为动态和静态两部分。动态部分是数组区,它在运行时才能决定其大小。静态区包括如下三部分内容。

（1）连接数据,用于连接两个有调用关系的过程及其数据区,连接数据的个数是固定的,如返回地址、形参等。

（2）本过程定义的局部变量包括简单变量和临时变量。

（3）一张表格用于存放所有嵌套的外层过程的现行数据区的首地址。如果过程的嵌套层数为 n,则这个表将包含 n+1 个过程数据区的首地址。本过程可以透过该表访问其他过程中的数据,因此这个表称为 display 表。由于过程的层数在编译时是已知的,因此每个过程的 display 表的长度在编译时也是可以确定的。

由于这三部分数据的长度都能在编译时确定,因此每个过程的数据区中的静态部分的长度在编译时就可以确定,这部分静态数据区就构成了该过程的活动记录,其结构如图 6.14所示。

图 6.14　栈式存储管理的活动记录结构

每当进入一个过程时,就在运行栈上为该过程添加一个空白的活动记录,其长度等于该过程的实际活动记录的长度。在函数调用之前,必须完成如下三项工作。

(1) 定义函数自己的 BP 和 SP,BP 是函数的活动记录的首地址,赋给基址指针 BP 保存,SP 是活动记录的栈顶。

(2) 向各连接数据单元填入实际内容,如实参值、返回地址等;填写自己的 display 表。

(3) 如果有可变数组,则计算可变数组占用的空间,并在自己的活动记录的上方分配可变数组区。

其中,第一项工作由主调过程和被调过程合作完成,后两项工作由被调过程自己完成。

6.3.3　堆式存储分配

前面讨论的两种存储分配技术中,静态存储分配要求在编译时能知道所有变量的存储要求;栈式存储分配要求在函数的入口处必须知道所有的存储要求。可变数组的大小在函数入口处已知,因而可以在函数运行之前分配空间。此外由于函数的数据区总是局部于这个函数的,因此在退出该函数时就可以释放它的数据区而不影响其他函数的计算。但是,如果一个程序在函数中对局部变量的地址的引用可返回到调用程序,无论是显式的还是隐含的,在函数退出时,在基于栈的环境中都会导致摇摆引用(Dangling Reference),这是因为函数的活动记录已从栈中释放。最简单的示例是返回局部变量的地址,如在下述 C 语言代码中:

```
int * dangle()
{ int x ;
    ⋮
 return &x;}
```

若在被调函数中有赋值 addr=dangle(),addr 指向了活动栈中的不安全的地址,它的值可由后面对任何函数的调用而随机改变。C 语言对此类问题的处理是,只说明这样的程序是错误的(尽管没有哪个编译程序会给出错误信息)。换言之,C 语言的语义被建立在基于栈的环境之下。若调用可返回局部函数,则会发生更为复杂的摇摆引用情况。

因此,有些语言中的某些数据结构不满足这两种分配策略。如 C 语言中的可变长度字符串,其存储要求在编译或运行时的入口处都不知道,只有在执行过程中被赋予了新值时才知道;有些无名变量也要求在运行时能动态分配,通过指针进行分配与访问。这些空间虽然可以在某个函数的内部分配,但不会因为该函数的退出而释放,其分配与释放不再遵循后进先出的原则,通常采用的方法是在系统中设置一个专用的全局存储区来满足这些数据的存储要求,这样的存储空间称为堆,如图 6.1 所示。堆和栈一般是向不同方向延伸的。堆通常是一片连续的、足够大的存储区,当需要时,就从堆中分配一块存储区,当某块空间不再使用时,就把它释放归还给堆。

1. 堆式存储分配的主要问题

在堆式存储分配方案中,假定程序运行时有一个大的存储空间,每当需要时就从这片空间中借用一块,不用时再退还给它。由于借、还的时间先后不一,经过一段运行时间之后,这个大空间就必定被分划成类似于图 6.15 所示的许多小块,有些还在使用,有些没有使用(空闲)。

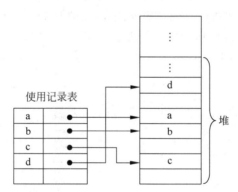

图 6.15　经过一段时间运行后的堆的存储映像

在 C 语言中,函数 malloc()能够动态地从未使用的堆(空闲空间)中找一个大小合适的存储空间并相应地置上指针。函数 free()释放已申请的空间。函数 malloc()与 free()不断改变着堆的使用情况。在 Pascal 语言中使用函数 new()和 dispose()来申请和释放空间。

虽然堆空间的申请和释放比较复杂,但每个函数的活动记录的基本结构仍保持不变,必须为参数和局部变量分配空间。当然,在堆式存储分配中,当控制返回到调用程序时,退出的活动记录仍留在存储器中,在以后的某个时刻可以被重新分配。因此这个环境的整个额外的复杂性可被压缩到存储器管理程序中。在这种分配方法中必须考虑下面几个主要问题。

首先,当运行程序要求一块大小为 N 的空间时,应该分配哪一块给它呢?从理论上说,应从比 N 稍大一点的一个空闲块中取出 N 个单元,以便使大的空闲块有更大的用场。但这种做法较麻烦。因此,常常仍采用"先碰上哪块比 N 大就从其中分出 N 个单元"的原则。但不论采用什么原则,整个大存储区在一定时间之后必然会变得零碎不堪。总有一个时候会出现这样的情形:运行程序要求一块大小为 N 的空间,但发现没有比 N 大的空闲块了,然而所有空闲块的总和却要比 N 大! 出现这种情形时怎么办呢? 这个问题比前面的问题难得多。解决办法似乎很简单,这就是把所有空闲块连接在一起,形成一片可分配的连续空间。这里的主要问题是,我们必须调整正在运行的程序对各占用块的全部引用点。

还有,如果运行程序要求一块大小为 N 的空间,但所有空闲块的总和也小于 N,那又应怎么办呢?有的管理系统采用一种叫作垃圾回收(如 Java 语言)的办法来应对这种局面。即寻找那些运行程序已经不用但尚未释放的占用块,或者那些运行程序目前很少使用的占用块,把这些占用块收回来,重新分配。但是,如何知道哪些块现在正在使用或者目前很少使用呢?即便知道了,一经收回后运行程序在某个时候又要用它时又怎么办呢?要使用垃圾回收技术,除了在语言上要有明确的具体限制外,还需要有特别的硬件措施,否则回收几乎不能实现。

2. 堆式动态存储分配的实现

1) 定长块管理

堆式存储分配最简单的实现是按定长块进行。初始化时,将堆存储空间分成长度相等的若干块,每块中指定一个链域,按照邻块的顺序把所有块链成一个链表,用指针 available 指向可用链表中的第一块。

分配时每次都分配指针 available 所指的块,然后 available 指向相邻的下一块,如图 6.16(a)所示;归还时,把所归还的块插入链表,如图 6.16(b)所示。考虑插入的方便,可以把新归还的块插在 available 所指的结点之前,然后 available 指向新归还的结点。

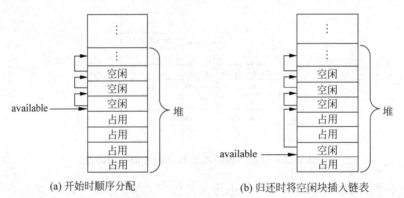

(a) 开始时顺序分配 (b) 归还时将空闲块插入链表

图 6.16　定长块的管理

编译程序管理定长块分配的过程不需要知道分配出去的存储块将存放何种类型的数据,用户程序可以根据需要使用整个存储块。

2) 变长块管理

除了按定长进行分配与归还之外,还可以根据用户的需要分配长度不同的存储块。按这种方法,初始化时堆存储空间是一个整块。根据用户的需要,分配时先从一个整块里分隔出满足需要的一小块。在归还时,如果新归还的块能和现有的空闲块合并,则合并成一块;如果不能和任何空闲块合并,则可以把空闲块链成一个链表。再进行分配时,从空闲块链表中找出满足需要的一块,或者将整块分配出去,或者从该块上分割一小块分配出去。若空闲块表中有若干个满足需要的空闲块时,该分配哪一块呢?通常有三种不同的分配策略。

(1) 最先匹配法:只要在空闲块链表中找到满足需要的一块,就进行分配。如果该块很大,则按申请的大小进行分隔,剩余的块仍留在空闲块链表中;如果该块不是很大,如比申请的块大几字节,则整块分配出去,以免使空闲链表中留下许多无用的小碎块。

(2) 最佳匹配法:将空闲块链表中一个不小于申请块且最接近于申请块的空闲块分配给用户,则系统在分配前首先要对空闲块链表从头至尾扫描一遍,然后从中找出一块不小于申请块且最接近于申请块的空闲块分配给用户。在用最佳匹配法进行分配时,为了避免每次分配都要扫描整个链表,通常将空闲块链表按空间的大小从小到大排序。这样,只要找到第一个大于申请块的空闲块即可进行分配。当然,在回收时须将释放的空闲块插入到链表的适当位置。

(3) 最差匹配法:将空闲块表中不小于申请块且是最大的空闲块的一部分分配给用户。此时的空闲块链表按空闲块的大小从大到小排序。这样每次分配无须查找,只需要从链表中删除第一个结点,并将其中一部分分配给用户,而其他部分作为一个新的结点插入到空闲块表的适当位置上去。当然,在回收时须将释放的空闲块插入到链表的适当位置上去。

上述三种分配策略各有优势。一般来说,最佳匹配法适用于请求分配的内存大小范围较广的系统。因为按最佳匹配法分配时,总是找大小最接近于请求的空闲块,系统中可能产生一些存储量很小而无法利用的小片内存,同时也保留那些很大的内存块以备响应后面可能发生的内存量较大的请求。反之,由于最差匹配法每次都是从内存最大的结点开始分配,从而使链表中的结点趋于均匀。因此,它适用于请求分配的内存大小范围较窄的系统。而最先匹配法的分配是随机的,因此它介于上述两者之间,通常适用于系统事先没有掌握运行期间可能出现的请求分配和释放的信息的情况。从时间上来比较,最先匹配法在分配时须查询空闲块链表,而回收时仅需插入到表头即可;最差匹配法恰好相反,分配时无须查表,回收时则要将新的空闲块插入表中适当的位置,需先进行查找;最佳匹配法则不论分配与回收均须查找链表,因此最费时间。

综上,不同的情况应采用不同的方法。通常在选择时须考虑下列因素:用户的要求、请求分配量的大小分布、分配和释放的频率以及效率对系统的重要性等。

*6.4 垃圾回收机制

内存中不能被引用的数据通常称为垃圾(Garbage)。很多高级语言都提供了自动垃圾回收机制,从而解除了程序员进行手工存储管理的负担。垃圾回收器是对动态分配的内存空间进行自动回收的内存管理机制,它首先确认那些不能再被程序访问的数据对象,然后释放它们占用的内存空间,使之可以被正在运行的系统和程序使用。这个过程也称为可达性分析。

在堆式存储分配策略中,程序运行过程中可能会出现用户程序对存储块的申请得不到满足的情况,为使程序能运行下去,暂时挂起用户程序,系统进行存储回收,然后再使用户程序恢复运行。存储回收一般采用隐式存储回收机制。

隐式存储回收一般要求用户程序和存储回收子程序并行工作,因为存储回收子程序需要知道分配给用户程序的存储块何时不再使用。为了实现并行工作,在存储块中要设置回收子程序访问的信息。存储块格式如图 6.17 所示。

块长度
访问指针 标记
指针
用户使用空间

图 6.17 存储块格式

6.4.1 可达性

把所有不需要对任何指针解引用就可以被程序直接访问的数据称为根集(Root Set)，即在程序运行的某时刻运行栈上所有变量或对象的集合，以及当前程序的全局变量和静态变量等变量或对象，程序可以在任何时候访问根集中的任何成员，这些成员是可达的。

当程序被编译器优化之后，可达性问题会变得复杂起来。首先，编译器可能会把引用变量存放在寄存器中。这些引用也必须被看作是根集的一部分。其次，尽管在一个类型安全语言中，程序员不能直接操作内存地址，但是编译器常常会为了提高代码速度而这样做。因此，编译得到的代码中的寄存器可能会指向一个对象或数组的中间位置，或者程序可能把一个偏移量加到这些寄存器中的值上，计算得到一个合法地址。

为了使得垃圾回收器能够找到正确的根集，优化编译器可以做如下处理：编译器可以限制垃圾回收机制只能在程序中的某些代码点上被激活，在这些点上没有隐藏的引用；编译器可以写出一些信息供垃圾回收器恢复所有的引用。如指出哪些寄存器中包含了引用，或者如何根据给定的某个对象的内部地址来计算该对象的激励机制；编译器可以确保当垃圾回收器被激活时，每个可达对象都有一个引用指向它的基地址。

改变可达对象集合的四种基本操作如下。

(1) 对象分配。这些操作由存储管理器完成，它返回一个指向新创建的存储区域的引用。这个操作向可达对象集中添加成员。

(2) 参数传递和返回值。对象引用从实际输入参数传递到相应的形参，也可以从返回结果传回给调用者。这些引用指向的对象仍然是可达的。

(3) 引用赋值。对于引用 u 和 v，形如 u=v 的赋值语句有两个效果。首先 u 现在是 v 所指对象的一个引用，只要 u 是可达的，那么它指向的对象也是可达的。其次 U 中原来的引用丢失了，如果这个引用是指向某一可达对象的最后一个引用，那么这个对象就变成不可达的。当某个对象变得不可达时，所有只能通过这个对象中的引用到达的对象都会变成不可达的。

(4) 过程返回。当一个过程退出时，保存其局部变量的活动记录将被弹出栈。如果这个记录中保存了某个对象的唯一引用，该对象就变得不可达。同样，如果这个刚刚变得不可达的对象保存了指向其他对象的唯一引用，那么这些对象也变得不可达。

6.4.2 引用计数回收器

一个对象有多少引用指向该对象是通过一个计数器来记录的。引用计数(Reference Counting)的维护方法为：当分配一个新对象时，引用计数初始化为 1；一个指向该对象的引用被创建时，该对象的计数值加 1；当一个已经存在的指向某对象的引用被删除或重写时，该对象的计数值就减 1；当一个过程退出时，该过程活动记录的局部变量中所指向的对象的引用数减 1；当引用 v 赋给引用 u，v 指向的对象的引用计数加 1，u 本来指向的原对象的引用计数减 1；当一个对象的引用计数为 0 时，该对象就会被删除，则它所占有的内存空间将可以被垃圾回收器回收，而该对象中的各个引用所指向的每个对象的引用计数减 1。

基于引用计数的垃圾回收器比较简单，但也有缺陷：①回收一个对象可能会传递性的对其他对象的计数器进行减 1 操作，最后再回收那些计数器变成零的对象，因此导致了引用计数的方式很难回收产生循环指向的数据结构的对象；②该方法的开销比较大，每一次引用赋值或过程的入口出口处都会增加额外运算,以及局部栈访问也会在简单的引用计数方案中修改指针,引用计数器都要被更新一次,这个开销和程序中的计算量成正比。

当然除了缺陷,引用计数还有其优势:①由于在程序运行的过程中垃圾是被及时收回的,因此空间使用量相对较低;②垃圾回收以增量方式完成,其运算分布在程序运行的整个过程当中,且可以利用延期引用计数来降低更新计数而产生的时间开销,即不包括来自程序根集的引用,并在不同的时间点上逐步完成更新。

6.4.3 标记-清扫回收器

与引用计数方式不同,基于跟踪的回收器并不是在垃圾产生的同时及时回收,而是周期性地回收,在空闲空间被耗尽或空闲空间数量低于某个值时启动垃圾回收器。标记-清扫回收器就是其中较简单的基于跟踪的回收器。

标记-清扫回收算法如算法 6.1 所示,它将先扫描并标记所有可达对象,找到所有不可达的对象,将它们放入空闲空间列表,然后清扫整个堆区并释放不可达对象。用四种值来描述存储块的状态:Free、Unscanned、Reached、Scanned,其含义如下。

- Free:保存已知的空闲对象,表示它可以被分配。
- Unscanned:保存已经确定可达但还未被扫描的对象。
- Reached:表明该对象并未确定是否可达。
- Scanned:表示该对象已经被扫描。

算法 6.1 标记-清扫垃圾回收

```
/*第一步:标记阶段*/
(1) 初始化 Unscanned 集合,被根集引用的每个对象的 reached = 1;
(2) while(Unscanned 不为空集){
(3)      删除 Unscanned 列表中某个对象 o;
(4)      for(o'∈在 o 中引用的每个对象){
(5)          if (o'的 reached == 0){
(6)              将 o'的 reached = 1;
(7)              将 o'放入 Unscanned 集合中;
(8)          }
(9)      }
(10) }
/*第二步:清扫阶段*/
(11) 初始化 Free 集合为空集;
(12) for(堆中的每个内存块 o){
(13)         if (o 的 reached == 0)
(14)            将 o 加入到 Free 中;
(15)         else 将 o 的 reached = 0;
(16) }
```

算法 6.1 分为两个部分:标记阶段和扫描阶段。

标记阶段开始的输入是一个由对象组成的根集,一个堆和一个空闲空间列表(Free List)。算法中(2)~(10)行的 while 循环逐个检查每个已经被放入 Unscanned 列表中的对象 o,其中在里面的 for 循环检查每个在 o 中被引用的对象 o',如果 o'已经被访问过,则不需要对它做任何处理,表示它要么已经在之前被扫描过,要么在 Unscanned 列表中等待扫描,否则就将其加入到 Unscanned 列表中,Reached 赋值为 1。

扫描阶段开始首先对 Free 集合初始化,(13)~(15)行将空闲且不可达的对象依次放入空闲空间列表,而可达对象则将其 Reached 赋值为 0,以便在这个垃圾回收算法下一次运行时其前置条件得到满足。此阶段结束后,将输出删除了所有垃圾之后的空闲空间列表。

6.4.4 复制回收器

与标记-清扫回收器不同,复制回收器消除了跟踪和发现空闲空间之间的依赖,预先保留了空间存放移入的空间,该空间分为两个半空间。当其中一个半空间的内存被分配满后,垃圾回收器将可达对象复制到另一个半空间,当垃圾回收完成时两个半空间的角色互换,程序继续进行,等待下一轮垃圾回收。具体如算法 6.2 所示。

算法 6.2 复制回收 Cheney 算法

输入:由对象组成的根集,From 和 To 两个半空间的堆区.其中,From 包含已分配对象,To 全部空闲
输出:To 半空间包含已分配对象,To 全部空闲

```
(1)  CopyCollector(){
(2)      for (o∈ From 空间中的每个对象)
(3)          NewLocation(o) = NULL;
(4)      初始化 unscanned 和 free 的值为 To 空间的起始地址;
(5)      for(r∈ 根集中的每个引用) //处理从根集访问的对象
(6)          将 r 替换为 LookupNewLocation(r);
(7)      while(unscanned≠free) {
(8)          o = unscanned 所指对象;
(9)          for(o.r∈o 中的每个引用)
(10)             o.r = LookupNewLocation(o.r);
(11)         unscanned = unscanned + sizeof(o);
(12)     }
(13) }
         /* 辅助函数:为 o 分配在 To 中的新地址,并从 From 复制到 To 空间 */
(14) LookupNewLocation(o){
(15)     If(NewLocation(o) == NULL){
(16)         NewLocation(o) = free;
(17)         free = free + sizeof(o);
(18)         复制对象 o 到 NewLocation(o);
(19)     }
(20)     return NewLocation(o);
(21) }
```

算法 6.2 中的 LookupNewLocation()函数表示如果对象 o 在 To 空间中还没有位置,则为期分配一个新地址,在(16)行从 free 空闲空间起始地址开始,记录在 NewLocation 结构中,而在(17)行 free 指针增加相应对象 o 的空间数量,最后在(18)行将 o 从 From 复制到 To 空间。

在主函数 CopyCollector()中开始是初始化工作:From 空间中的对象都还未被分配新地址,unscanned 和 free 两个指针都指向 To 空间的起始位置,其中 free 总是指向 To 空闲空间的起始位置。当清扫开始以后,地址低于 unscanned 的对象状态为"已扫描",unscanned 和 free 之间的对象状态为"等待扫描",直到两者相等则完成垃圾回收工作。若没有被根集引用的对象,程序直接扫描被加入到 To 空间中还未扫描的对象,并对 o 中的每个引用都将它在 From 半空间中的原值翻译为 To 半空间中的值。

6.5　C 语言编译程序运行时存储实例

要写好编译程序,必须准确实现程序设计语言中的函数调用、名字的作用域、绑定、参数传递等抽象概念,这就需要透彻理解程序在内存中的运行时结构。本节以一个 C 语言程序的运行时存储变化为例,介绍商业化编译程序是如何进行运行时存储分配、组织和管理,参数传递和函数调用,解决编译过程中的实际问题的。

任何一个 C 语言程序都是由一个或多个函数构成的。因此 C 语言程序运行的核心是函数的执行和调用,它构成了整个 C 程序运行时结构的基础框架。这一运行过程主要是在程序指令的驱动以及活动记录(在 C 语言中称为栈帧)的压栈、出栈的支持下实现的。下面用程序 6.1 所示的 C 语言程序的执行过程来介绍 C 程序的运行时存储的变化。

```
//程序 6.1
int add( int a, int b) ;
int m = 100;
int main (){
    int i = 40;
    int j = 50;
    m = add( i , j);
    return 0;
}
int add ( int a, int b){
    int result = 0;
    result = a + b;
    return result;
}
```

6.5.1　内存的划分及程序执行的总体情况

上述 C 程序并不复杂,却能很好地展现函数调用和执行的最基本情况。程序执行时,在内存中总共包括三个区域:代码区、静态数据区和动态数据区。现代计算机都是在操作系统及相关系统程序的支持下运行的,系统程序装载在内存的低地址部分。用户程序的代码区位于内存中相对低端的位置,装载了可执行程序所对应的机器指令:main()函数和add()函数,全局变量 m 装载在静态数据区中,程序开始执行前,动态数据区中没有数据,如图 6.18 所示。由于程序 6.1 的执行不涉及堆的分配,所以堆不发生变化,因此后续的图示不再标明堆和共享区。栈总是朝共享区伸展的。

在如图 6.18 所示的三个区中,通过 CPU 中的三个寄存器 IP、BP 和 SP 来实现对程序执行过程的控制,在代码区指令的不断执行下,驱动动态数据区和静态数据区的数据产生变化。其中,指令指针 IP 指向代码区将要执行的下一条指令。它的控制方式有两种:一种是顺序执行,即程序执行完一条指令后自动指向下一条执行;另一种是跳转,即执行完一条跳转指令后跳转到指定的位置。指针 BP 和 SP 是基址寄存器和栈指针,用来控制栈空间的操作,BP 指向栈底,SP 指向栈顶,BP 和 SP 之间的栈空间就是 C 语言程序运行时一个函数的

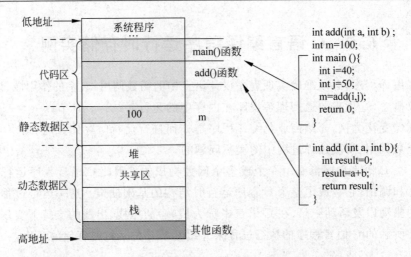

图 6.18 函数在代码区的位置

栈帧。通过执行代码区中的函数调用和返回,伴随着栈帧不断压栈和出栈。栈中数据存储和释放的原则是遵循栈的执行顺序:后进先出。如图 6.19 所示,BP 和 SP 指向的是本程序执行前系统程序的栈帧。

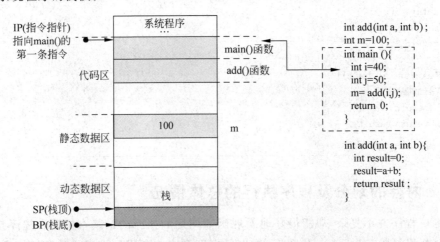

图 6.19 程序启动时三个指针的位置

6.5.2 案例:程序运行时内存的变化

随着程序的执行,各个指针及内存单元不断变化。

(1) 当程序加载完成后,指针 IP 指向 main() 函数的第一条指令,此时程序还没有运行,处于准备执行阶段,指针 BP 和 SP 指向的位置是程序加载时内核设置的初始位置,是其他程序的栈帧,如图 6.19 所示。

(2) 一个函数执行前的准备工作就是建立栈帧。现在由系统程序调用 main() 函数,开始构建 main() 函数的栈帧,将 BP 原来指向的地址值 0x⋯ 压入栈中,即将 BP 保存起来,SP自动向栈顶方向移动,它永远指向栈顶。保存 BP 的目的是本程序执行完毕后,系统能恢复到调用该函数之前的状态,BP 也能返回到调用该函数之前的位置。此时将 BP 指向 SP 指向的位置,用来看管 main() 函数的栈底,此时它和 SP 重叠,如图 6.20 所示。

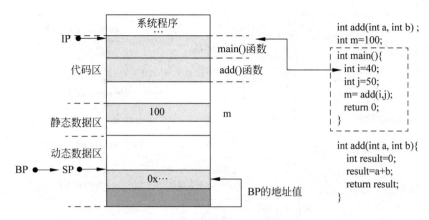

图 6.20 构建 main() 函数的栈

（3）程序开始执行 main() 函数第一条指令"int i=40;"。IP 自动指向下一条指令,此次执行的操作是对局部变量 i 的初始化,将初始值 40 存储到栈中,SP 随着向栈顶方向移动。

（4）执行下一条指令"int j=50;",IP 指向下一条即将执行的指令,局部变量 j 的初始值 50 也压入栈中,SP 再向栈顶移动,如图 6.21 所示。这两个局部变量仅供 main() 函数使用。

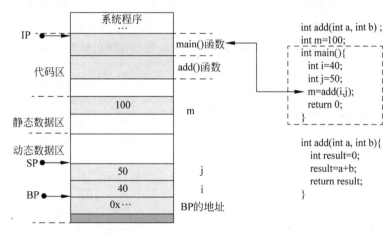

图 6.21 变量 i 和 j 压栈

（5）接下来程序将要执行"m=add(i,j);"语句,调用 add() 函数。add() 函数有两个形参,此时需要将两个实参数据计算出来压入栈中。虽然实参数据也保存在 main() 函数的栈帧中,但它们都是供 add() 函数使用的。即 add() 函数的数据一半在 add() 函数中,一半在主调函数中。

调用 add() 函数前,先执行传参指令,C 语言中参数入栈的顺序和代码中参数的书写顺序正好相反,即第二个参数先入栈,数值为 main() 函数中的局部变量 j 的值 50。接着,第一个参数入栈,数值为 main() 函数中的局部变量 i 的值 40,最后将 add() 函数的返回值压栈,但此时该值还为空,待函数执行完后再回填。

（6）再将函数执行后的返回地址压栈[也就是 main() 函数中调用 add() 函数的下一条指令的地址],以便执行完成后能返回到主调函数 main() 中,目前栈内情况如图 6.22 所示。

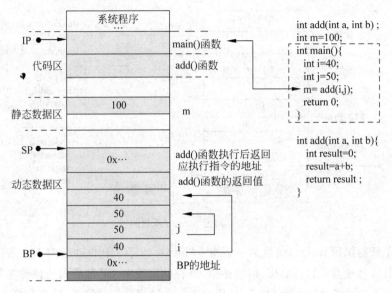

图 6.22　准备调用 add()函数前准备参数

（7）跳转到 add()函数中去执行。首先和 main()函数开始时保存 BP 地址类似，将当前 BP 的地址值压入栈中保存起来，SP 自动向栈顶方向移动。让 BP 指向 SP，建立 add()函数的栈帧。然后执行第一条语句"int result＝0;"，将局部变量 result 压栈并赋初值为 0，如图 6.23 所示。

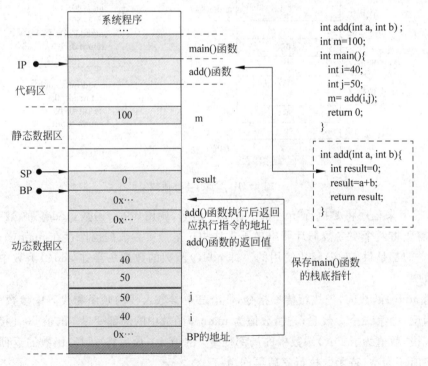

图 6.23　执行 add()函数的第一条指令后

（8）接着执行加法操作，执行加法运算需要用到实参和函数自定义的局部变量。可以根据和 BP 的相对位置来获取。

根据压栈的过程可知,栈中的情况如图 6.24 所示。main()函数的栈帧是从原 BP 到现在 BP 之间的内存空间。BP 现在指向的位置是 add()函数栈帧的栈底,存放的是 main()函数的栈底地址(原 BP 的值),(这里假定每个单元都用 2 字节)。BP+2 是 add()函数执行完后返回主程序应执行的指令的地址,BP+4 存放的是 add()函数的返回值,实参存放在 BP+6、BP+8……的位置,根据参数个数确定取几个,由于压栈时是反序压栈的,所以 BP+6 中存放的是第一个参数,BP+8 存放的是第二个参数,……。而局部于 add()函数的变量从 BP 处往上存放的,BP−2、BP−4、……根据函数中定义了多少个局部变量,一直往上放,地址减小。本例中实参位置是 BP+6、BP+8,局部变量 result 的位置是 BP−2。

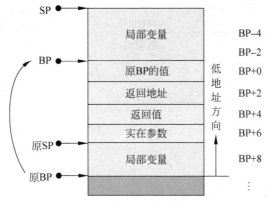

图 6.24　C 语言栈帧的结构及参数获取

将相加的结果存放到 result(BP−2)指向的单元中。再执行"return result;"将 result 的值赋给栈中"add()函数的返回值"对应的位置(BP+4)中,如图 6.25 所示。

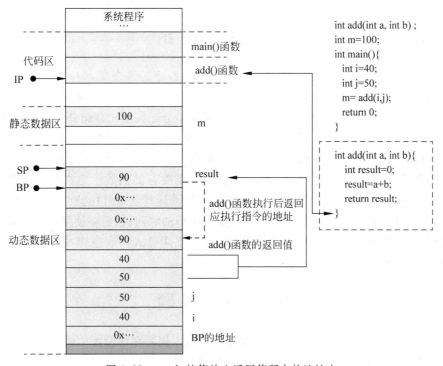

图 6.25　result 的值放入返回值所在的地址中

　　此时，add()函数执行结束，需要返回到主调 main()函数调用 add()函数之前的位置，即要根据栈中存储的返回地址值设置 BP，使 BP 恢复为执行 main()函数的栈底。

　　add()函数的栈帧出栈，原有 BP 地址值就位于栈顶，直接出栈将其赋值给 BP，恢复了 main()函数的栈底。SP 自动退栈指向"add()函数执行后返回应执行指令的地址"，把该地址值赋给 IP，使之指向 add()函数调用返回后应执行的指令的地址。

　　返回主程序后，执行赋值指令，将 add()函数的返回值出栈赋给 m。函数调用时的实参出栈，如图 6.26 所示，恢复到调用 add()函数之前的状态。

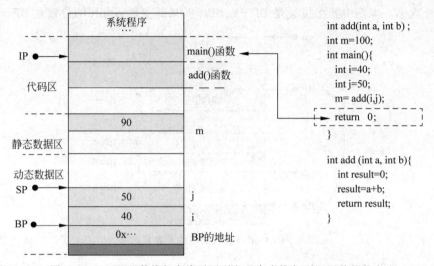

图 6.26　add()函数执行完毕返回到主程序中恢复到调用前的状态

main()函数执行完后 main()函数的栈帧直接出栈，恢复该程序执行之前的状态。

6.6　小　　结

　　理解程序运行时的存储组织、作用域、参数传递、程序的静态文本与它运行时的活动之间的关系对编写编译程序非常重要。因此，首先要理解代码运行时源程序中的各种对象的存储空间的分配策略，主要有静态存储分配、栈式存储分配和堆式存储分配三种方式。C 语言中集成了三种内存分配方式，静态存储分配方式很简单，所有数据对象需要的存储空间都能在编译时确定好。函数调用采用栈式存储分配方式，分配是以活动记录为单位进行分配的，每次函数调用都分配一个活动记录，活动记录中需要存储函数中定义的局部变量、返回值、参数传递等。C 语言中的活动记录称为栈帧。函数运行结束时栈帧也弹出，其中的信息不再保存。有些信息需要保留的时间比函数栈帧保留的时间长，需要使用堆式存储分配，它在需要空间时才申请，从堆中分配，在不使用时可以采用显式回收空间，也有很多程序设计语言实现了自动垃圾回收机制。

6.7　习　　题

1. 常见的存储分配策略有哪几种？叙述何时使用何种存储分配策略。
2. 常用的参数传递方式有哪几种？各种方式有什么区别？

3. 什么是名字的作用域？以 C 语言为例，说明在嵌套层次中名字的作用域的含义。

4. 什么是函数、局部变量、活动记录？函数的局部数据区包括哪些内容？

5. 为什么需要运行时存储分配？一个源程序是如何与运行时存储分配联系在一起的？

6. 掌握 C 语言的栈帧分配方式、栈帧中应包含哪些数据，以及存放次序。

7. 以如下 C 语言程序为例，结合程序运行时栈帧和其他地址空间的特点，说明如果将静态变量 ss 分配在运行栈中，程序的运行结果是什么。如果将 ss 分配在静态数据区，程序运行的结果是什么。说明原因。

```
void fun()
{
    static int ss = 0;
    printf(" % d\n",ss++);
}
main()
{
    fun();
    fun();
}
```

8. 下面的代码是递归计算 Fibonacci 数列的 C 语言代码，假设 f 的活动记录按顺序包含下列元素：返回值，参数 n，局部变量 s，局部变量 t。通常在活动记录中还会有其他元素。假设初始调用为 f(5)。

（1）给出完整的活动树。

（2）当第一个 f(1) 调用即将返回时，画出运行栈和其中的活动记录。

```
int f( int n) {
  int t, s;
  if(n<2) return I;
  s = f(n-1);
  t = f(n-2);
  return s + t;
}
```

9. 下面是一个类 Pascal 结构（嵌套过程）的程序，该语言的编译器采用栈式分配策略管理目标程序数据空间。

```
program demo;
  procedure A;
    procedure B;
      begin
        …
        if d then B else A;
      end;
    begin
      B;
    end;
  begin
```

```
    A;
end.
```

若过程调用为:

(1) demo→ A

(2) demo→A→B

(3) demo →A→B→B

(4) demo →A→B→B→A

分别给出这 4 个时刻运行栈的布局和使用的 display 表。

## 第7章

代码优化

代码优化是指对源程序或中间代码进行等价变换,使得变换后的程序能生成更有效的目标代码。代码优化包括对中间代码的优化、源程序的优化以及有效利用目标机的资源等。本章主要介绍对中间代码的优化方式。有的优化工作很容易实现,如基本块内的优化;程序运行中,相当大一部分时间都花在循环上,因此基于循环的优化也是非常重要的。执行代码优化的程序称为优化程序,也称为优化器。

7.1 代码优化概述

7.1.1 代码优化的地位

代码优化是指为了提高目标程序的质量而对源程序或中间代码进行的各种合理的等价变换,使得从变换后的程序出发能生成更有效的目标代码。质量指的是目标程序所占的存储空间的大小以及运行时间的多少。优化的目的在于节省时间和空间。随着计算机硬件技术的发展,计算机的运行空间越来越大,改善程序质量主要偏重于运行速度的提高。节省时间是通过减少指令条数和降低运算强度等措施来实现的。

简单地说,最好的优化是花最小的代价产生更高效的代码。优化器在对程序进行优化时应该遵循如下原则。

(1) 等价原则:代码变换必须保持程序的含义不变。优化不能改变程序的功能、输入和输出,也不能引起更多的错误。

(2) 有效原则:变换后的程序的运行效率必须比原来程序的运行效率更高,如速度更快、占用空间更少。

(3) 合算原则:应使变换所做的努力是值得的,即应尽量以最小的代价获得更好的优化效果。

优化涉及的范围极广。从算法设计到目标代码生成阶段,程序员和编译器可在各个阶段实施优化,如图 7.1 所示。

程序员可以对源程序进行优化和改进,然而许多程序在源语言一级看来是最优的,而在中间代码这一级,又有了许多代码改进的机会,如可以改进地址的计算和函数调用,尤其是在循环中的常数赋值和运算。程序员无法控制这种冗余的计算,因为它们隐含在语言的中间代码里,而不是出现在源代码中。在这种情况下,应由编译器处理它们。

因此,最主要的一类优化是在目标代码生成以前对中间代码进行的,这类优化不依赖于具体的计算机。这样由一种机器的代码生成器改为另一种机器的代码生成器时,优化器不

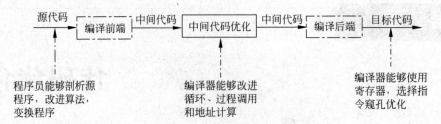

图 7.1　程序员和编译器可进行改进的地方

必做大的改动。另一类重要的优化是在生成目标代码时进行的，主要是优化寄存器的使用和指令的选择等，它在很大程度上依赖于具体的计算机。本章主要讨论前一类优化。

优化器的输入和输出都是中间代码。在第 5 章中间代码生成时产生的中间代码形式是四元式。为了便于讨论，在本章的中间代码主要采用直观的三地址形式，可以利用表 5.1 将四元式还原为三地址形式。

例 7.1　图 7.2 是一个程序段的中间代码序列。其中的 a[i] 表示求数组 a 的下标为 i 的元素的值。

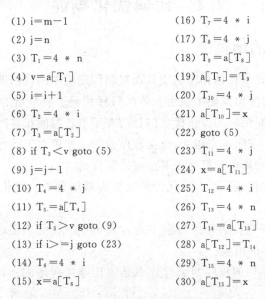

(1) i=m−1　　　　　　　　(16) $T_7 = 4 * i$

(2) j=n　　　　　　　　　　(17) $T_8 = 4 * j$

(3) $T_1 = 4 * n$　　　　　　(18) $T_9 = a[T_8]$

(4) $v = a[T_1]$　　　　　　(19) $a[T_7] = T_9$

(5) i=i+1　　　　　　　　　(20) $T_{10} = 4 * j$

(6) $T_2 = 4 * i$　　　　　　(21) $a[T_{10}] = x$

(7) $T_3 = a[T_2]$　　　　　(22) goto (5)

(8) if $T_3 < v$ goto (5)　　(23) $T_{11} = 4 * j$

(9) j=j−1　　　　　　　　　(24) $x = a[T_{11}]$

(10) $T_4 = 4 * j$　　　　　(25) $T_{12} = 4 * i$

(11) $T_5 = a[T_4]$　　　　(26) $T_{13} = 4 * n$

(12) if $T_5 > v$ goto (9)　(27) $T_{14} = a[T_{13}]$

(13) if i>=j goto (23)　　(28) $a[T_{12}] = T_{14}$

(14) $T_6 = 4 * i$　　　　　(29) $T_{15} = 4 * n$

(15) $x = a[T_6]$　　　　　(30) $a[T_{15}] = x$

图 7.2　部分程序的三地址代码

本章主要利用图 7.2 的中间代码来介绍一些最常用的代码优化方法。许多优化措施可以在局部范围内完成（局部优化），也可以在全局范围内完成（全局优化）。局部优化通常包括合并已知量、删除公共子表达式、删除死代码、利用代数恒等变换进行变换等方法，全局优化最主要的方式就是复写传播。程序中大部分的时间都花在循环上，因此对循环的优化最有效，对循环进行优化采取的主要方法有代码外提、强度削弱和删除归纳变量等。

7.1.2　基本块的概念及流图

基本块（Basic Block）是指程序中的一个顺序执行的语句序列，其中只有一个入口和一个出口，入口是其中的第一个语句，出口是最后一个语句。对一个基本块来说，执行时只能

从入口进入,从出口退出。如下面的三地址序列形成一个基本块:

$$T_1 = a * a$$
$$T_2 = a * b$$
$$T_3 = a * 2$$
$$T_4 = T_1 + T_2$$
$$T_5 = b * b$$
$$T_6 = T_4 + T_5$$

一条三地址语句 x＝y＋z 称为对 x 定值并引用 y 和 z。在一个基本块中的一个名字在程序中的某个给定点是活跃(Active)的,是指如果在程序中(包括在本基本块或在其他基本块中)它的值在该点以后被引用。

对一个给定的程序,可以首先把它划分为一系列的基本块。划分基本块的算法如算法 7.1所示。

算法 7.1 划分为基本块

输入:三地址代码

输出:基本块序列

步骤:

(1) 采用如下规则确定各个基本块的入口语句。

① 代码序列的第一个语句是一个入口语句。

② 转移语句转移到的那条语句是一个入口语句(转移语句包括各种控制的转向,如条件和无条件转移、call、return 等)。

③ 紧接在转移语句之后的那条语句是一个入口语句。

(2) 对上述求出的每一个入口语句构造其所在的基本块。它是由该入口语句到下一个入口语句(不包括此入口语句)或到一个转移语句(包括此转移语句)又或到一个停语句(包括此停语句)之间的语句序列组成。

(3) 凡未被纳入某一基本块中的语句,都是程序中控制流程无法到达的语句,从而也是不会被执行到的语句,可以将它从程序中删除。

(4) 一般把函数调用语句作为一个单独的基本块。

例 7.2 求出图 7.3(a)的程序段的基本块。

根据上述划分基本块的算法,首先找到各个基本块的入口语句,分别为(1)、(3)、(5)、(8),其中(1)为程序的第一个语句,(3)是语句(7)转移到的语句,(5)和(8)是转移语句之后的语句。然后根据这些入口语句,从每个入口语句到下一个入口语句之间的语句构成了一个基本块。图 7.3(b)左侧标识 * 的语句为入口语句,从而可以得到 4 个基本块为 B_1、B_2、B_3、B_4。

基本块之间有一定的先后顺序,这种顺序用有向图的形式表示出来称为流图(Flow Graph),它是将控制流信息增加到基本块的集合上,以基本块为单位,对理解代码生成算法很有用。流图的结点是基本块,如果一结点的基本块的入口语句是第一条语句,则称此结点为首结点。如果在某个执行顺序中,基本块 B_2 紧接在基本块 B_1 之后执行,则从 B_1 到 B_2

(1) read x (2) read y	

(1) read x
(2) read y
(3) r=x mod y
(4) if r=0 goto (8)
(5) x=y
(6) y=r
(7) goto(3)
(8) write y
(9) halt

*(1)read x (2)read y	B₁
*(3)r=x mod y (4)if r=0 goto (8)	B₂
*(5)x=y (6)y=r (7)goto(3)	B₃
*(8)write y (9)halt	B₄

(a) 待划分基本块的三地址代码段　　　　　(b) 划分的基本块

图 7.3　例 7.2 的基本块的划分

画一条有向边。即如果存在以下两种情况之一,称 B_1 是 B_2 的直接前驱,B_2 是 B_1 的直接后继。

(1) 有一个条件或无条件转移语句从 B_1 的最后一条语句转移到 B_2 的第一条语句。

(2) 在代码的顺序序列中,B_2 紧接在 B_1 的后面,并且 B_1 的最后一条语句不是一个无条件转移语句。

例 7.3　画出例 7.2 的各个基本块的流图。

根据图 7.3(b)可知,B_1 和 B_2 是顺序执行的,B_1 的直接后继是 B_2。B_2 顺序执行的话,直接后继是 B_3,由于第 4 行代码要跳转,因此其另一个后继是 B_4,B_3 中有一个跳转语句到第 3 行代码,因此 B_3 的直接后继是 B_2。其流图如图 7.4 所示。可以直接把语句写出来,也可以直接用基本块的编号来画图。

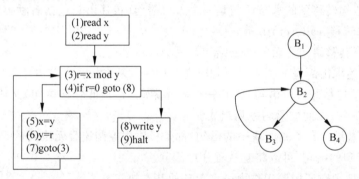

图 7.4　例 7.2 的流图

例 7.4　求图 7.2 的快速排序程序的三地址代码段的基本块。

解:采用算法 7.1 来生成该三地址代码段的基本块。由规则(1)中的①,语句(1)为一个入口语句;由规则(1)中的②,语句(5)、(9)和(23)是入口语句;由步骤(1)中的③,语句(13)和(14)是入口语句;然后经过步骤(2)求出各个基本块。这样,得到的基本块有 6 个:基本块 B_1 由语句(1)~(4)构成,B_2 由语句(5)~(8)构成,B_3 由语句(9)~(12)构成,B_4 由语句(13)构成,B_5 由语句(14)~(22)构成,B_6 由语句(23)~(30)构成。

图 7.2 的中间代码的基本块划分和流图如图 7.5 所示,其中 B_1 是首结点。各个转移语句都已经由一个等价的转移到基本块的开始处的语句替换。

各个基本块之间的关系也可以用表的形式表示出来,表 7.1 表示了图 7.5 中各个基本块的前驱和后继关系。

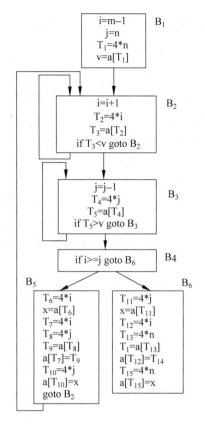

图 7.5　图 7.2 的中间代码的基本块划分和流图

表 7.1　图 7.5 中基本块之间的关系

基本块块号	入口语句编号	出口语句编号	上一块块号	下一块块号
B_1	1	4		B_2
B_2	5	8	B_1	B_3，B_2
B_3	9	12	B_2	B_4，B_3
B_4	13	13	B_3	B_5，B_6
B_5	14	22	B_4	B_2
B_6	23	30	B_4	

7.2　局　部　优　化

　　如果进行优化时只考查一个基本块内的语句则称为局部优化,在整个程序范围内进行的优化称为全局优化。本节只讨论局部优化的情况,使得从变换后的程序出发,能生成更有效的、等价的目标代码。所谓等价,是指不改变程序的运行结果;所谓有效,是指目标代码运行时间更短,占用的存储空间更小。在基本块内可以进行的优化包括删除公共子表达式、复写传播、删除无用代码以及代数恒等变换等。

7.2.1　删除公共子表达式

如果表达式 E 先前已计算过,并且从先前的计算至现在,E 中变量的值没有改变,则 E 的这次出现称为公共子表达式。对公共子表达式,可以避免对它重复计算。图 7.6 所示是图 7.5 中的基本块 B_5,$4*i$ 和 $4*j$ 是公共子表达式,它们的值在 T_6、T_8 处计算过,在 T_7、T_{10} 处再次进行计算,在计算 T_6 和 T_7 之间的代码时未对 i 进行过修改,在计算 T_8 和 T_{10} 之间的代码时未对 j 进行过修改,所以 T_6 和 T_7 是相等的,T_8 和 T_{10} 也是相等的,可以分别用 T_6 代替 T_7,用 T_8 代替 T_{10},就可以删除这些公共子表达式的重复计算,达到优化的目的,如图 7.6 所示。

可以在更大的范围内进一步找公共子表达式,如在基本块 B_2 和 B_3 中分别对 $4*i$ 和 $4*j$ 进行过计算,之间没有修改过 i 和 j,因此,在基本块 B_5 中可以不再进行计算,这样就可以直接把 $T_6=4*i$ 替换为 $T_6=T_2$,把 $T_8=4*j$ 替换为 $T_8=T_4$。这样 B_5 中的代码就变换为如图 7.7 所示。

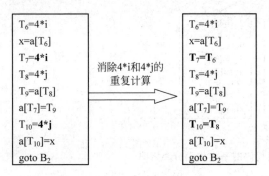
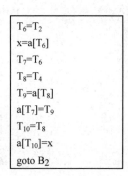

图 7.6　对 B_5 删除公共子表达式　　　　图 7.7　对 B_5 删除公共子表达式后的代码

7.2.2　复写传播

上述基本块 B_5 经过删除公共子表达式优化后还可以进一步改进。如语句 $T_6=T_2$ 把 T_2 的值赋给 T_6,在该语句和语句 $x=a[T_6]$ 之间并没有改变 T_6,这样就可以把 $x=a[T_6]$ 写成 $x=a[T_2]$,这种变换称为复写传播。

不仅在同一个基本块内可以进行复写传播,不属于同一个基本块的代码也可以进行复写传播。由于语法制导的翻译是以语句为单位进行的,所以在翻译过程中会产生很多的重复计算和赋值。这些操作在单独的语句翻译中必不可少,但从整体上考虑就发现一些计算是重复的,可以优化。复写传播可以对赋值操作进行优化。全局优化主要就是从整体上考虑复写传播。在基本块 B_2 中,有 $T_3=a[T_2]$,因此可以写成 $x=T_3$。同理将 $T_{10}=T_8$ 写成 $T_{10}=T_4$。B_5 的复写传播过程如图 7.8 所示。

7.2.3　删除无用代码

复写传播的目的是使某些变量的赋值变为无效。对于进行复写传播后的基本块 B_5 中的变量 x 以及一些临时变量 $T_6 \sim T_{10}$,由于它们的值在整个程序中不再有用,其赋值对程序的运行没有任何作用,因此可以删除对这些变量赋值的代码,这种变换称为删除无用代码。同理,

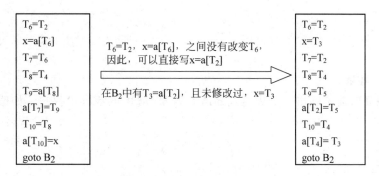

图 7.8　对 B₅ 进行复写传播

可以对基本块 B₆ 删除无用代码,经过删除无用代码后的基本块 B₅ 和 B₆ 如图 7.9 所示。

对每个基本块经过局部优化,得到最后的流图如图 7.10 所示。

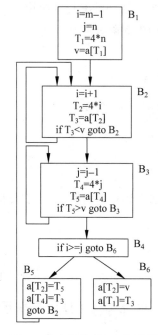

B₅	B₆
a[T₂]=T₅	a[T₂]=v
a[T₄]=T₃	a[T₁]=T₃
goto B₂	

图 7.9　删除无用代码后的基本块 B₅ 和 B₆　　　图 7.10　图 7.2 的中间代码经局部优化后的流图

7.2.4　代数恒等变换

1. 简单的代数变换

利用代数恒等变换减少程序中的运算量。如:

x + 0 = 0 + x = x
x − 0 = x
x * 1 = 1 * x = x
x/1 = x

2. 强度削弱

用较快的运算代替较慢的运算。例如:

$x^2 = x * x$

$2.0 * x = x + x$

$x/2 = x * 0.5$

3. 合并已知量

如果在编译时能推断出一个表达式的值是常量，就用该常量代替它。如假定某基本块如下：

> $T_1 = 2$
> $T_2 = 4 * T_1$

如果对 T_1 赋值后，中间的代码没有对它改变过，则对 T_2 计算的两个运算对象在编译时都是已知的，就可以在编译时计算出它的值，因此可以直接写成 $T_2 = 8$。

4. 应用交换律和结合律进行代数变换

＋的两个运算对象是可交换的，则 $x + y = y + x$。有时交换运算对象后就可以发现，可以利用前面的删除公共子表达式等一系列优化方式进行优化。例如，如果原代码有赋值

$a = b + c$

$e = c + d + b$

产生的中间代码可能是

$a = b + c$

$t = c + d$

$e = t + b$

如果 t 在基本块外不需要，利用交换律和结合律可以把这个序列改成

$a = b + c$

$e = a + d$

这里既用到了＋的结合律，又用到了它的交换律。

7.2.5 基本块的 DAG 表示及优化

1. 基本块的 DAG 构造方法

前面在第 5 章介绍了中间代码的一种形式是 DAG，它是实现基本块内的优化的一种非常有效的数据结构。为了构造一个基本块的 DAG，就要依次处理基本块中的每一个语句。下面给出构造一个基本块的 DAG 的算法。

算法 7.2 构造基本块的 DAG

输入：基本块的代码

输出：对应基本块的 DAG

步骤：

初始时 DAG 中没有任何结点。根据每条中间代码依次构造结点。中间代码的三种基本形式对应的 DAG 如图 7.11 所示。

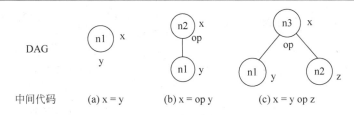

图 7.11　中间代码的三种基本形式对应的 DAG 表示

（1）若中间代码形如 x＝y，查找是否存在一个结点 y，若不存在，创建一个标记为 y 的结点，并在附加标识符表中增加标识符 x，如图 7.11(a)所示。

（2）若中间代码形如 x＝op y，查找是否存在结点 y，若不存在，则新建结点 y，再查找是否存在一个结点 op，其子结点为 y，若不存在，创建标记为 op 的结点，将 op 和 y 连接，并在 op 的附加标识符表中增加标识符 x，如图 7.11(b)所示。

（3）若中间代码形如 x＝y op z，查找是否存在结点 y 和 z，若不存在，则新建结点 y 和（或）z，再查找是否存在一个结点 op，其左子结点为 y，右子结点为 z（这种检查是为了发现公共子表达式），若不存在，创建标记为 op 的结点，将 op 和 y、z 连接，并在 op 的附加标识符表中增加标识符 x，如图 7.11(c)所示。

如果 x 已经事先附加在某个其他结点上，需去掉这个先前的标记 x，因为 x 的当前值是刚刚新建立或已找到的结点的值。

例 7.5　对于下面的基本块，构造它的 DAG 表示。

（1）T0＝3.14

（2）T1＝2 * T0

（3）T2＝R＋r

（4）A＝T1 * T2

（5）B＝A

（6）T3＝2 * T0

（7）T4＝R＋r

（8）T5＝T3 * T4

（9）T6＝R－r

（10）B＝T5 * T6

利用算法 7.2 对每一行代码进行处理，得到的 DAG 如图 7.12 所示。对第 1 条代码，根据算法 7.2 中的第 1 种情况，先建立一个叶子结点 3.14，并令 T0 为该结点的标识符，如图 7.12(a)所示。对第 2 条代码，由于 T0 结点已经存在，而且 T0 是一个常数，可以直接计算 2 * T0 的值为 6.28，所以建立一个叶子结点 6.28，并令 T1 为该结点的标识符，如图 7.12(b)所示。同样利用算法的各种形式，对每条中间代码进行处理，得到对应于基本块中的代码(3)～(10)的 DAG，如图 7.12(c)～图 7.12(i)所示。

2. 利用基本块的 DAG 进行优化

利用基本块的 DAG 可进行如下优化。

（1）合并已知量。在建立基本块的 DAG 时，如果某个叶子结点是已知量，在后续建立

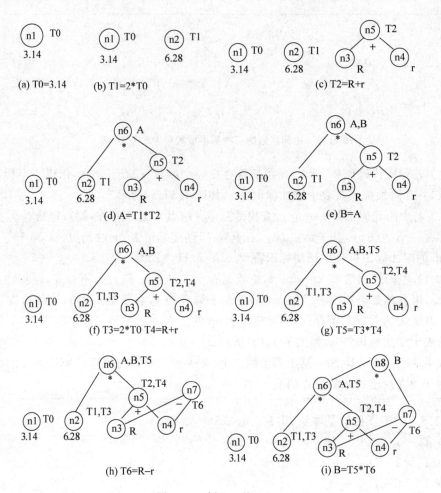

图 7.12　例 7.5 的 DAG

其他结点时如果引用了该结点的附加标识符，就可以直接使用其值。如在建立图 7.12 的 DAG 时，T0 是已知量，在计算 T1 时，T1＝2∗T0，可以直接将 T1 的值计算出来，从而以后不再引用 T0，这样 T1 也是已知量了。

（2）删除公共子表达式。在 DAG 中发现公共子表达式是在建立新结点 m 时，检查是否存在一个结点 n，它和 m 有同样的左子结点和右子结点，算符也相同。如果存在这样的结点，则 n 和 m 计算的是同样的值，m 就可以作为 n 的一个附加标识符，而不必加入新结点。在图 7.12 中，有两条代码（3）T2＝R＋r 和（7）T4＝R＋r，我们发现其运算符相同，左、右子结点也相同，表示同一个计算，因此，T4 就不必建立新的结点了。在优化时，一个结点可以只用一个标识符计算其值。

（3）删除无用代码。在 DAG 中很容易找到无用代码，在 DAG 中存在没有父结点的结点，它及其后代结点都是无用代码，直接删除无用代码的根，重复这个过程，直至删除 DAG 中所有对应无用代码的结点。如在图 7.12 中，结点 n1 没有父结点，即可认为对它的赋值是无用代码，优化时可以删除。

例 7.6 在例 7.5 中，图 7.12（e）～图 7.12（h）的 n6 结点的附加标识符均有 B，说明对 B 的定值有效，但在图 7.12（i）中 n8 结点对 B 重新定值，这说明代码（5）对 B 的定值已无效,在该基本块之外只能看到代码(10)对 B 的定值。

例 7.7 按照图 7.12 的 DAG 结点建立的先后顺序对结点进行排序,从该图出发重新构造优化后的基本块。假定任何临时变量 Ti 在基本块外都是无用的。从第一个结点开始,此结点的附加标识符 T0 的值后来没有引用,可以认为该代码为无用代码,从而可以删除该赋值语句。在建立 DAG 时,结点 n2 的值已通过 T0 计算出来,是一个已知量,它有两个附加标识符 T1 和 T3,均可以直接引用其值,对 T_1 和 T_3 赋值的代码可以删除。结点 n5 对 T2 和 T4 求值,用 T2 保存其值,代码为

(3) T2 = R + r

结点 n6 对 A 和 T5 求值,用 A 保存其值,因为 T5 为临时变量,A 引用 T1,而 T1 为已知量,可以直接引用,代码为

(4) A = 6.28 * T2

结点 n7 对 T6 求值,代码为

(9) T6 = R - r

结点 n8 对 B 求值,代码为

(10) B = A * T6

这样,通过利用 DAG 中的公用子表达式,例 7.5 的 9 条语句已减少为 4 条语句。

(1) T2 = R + r
(2) A = 6.28 * T2
(3) T6 = R - r
(4) B = A * T6

除了可以利用 DAG 进行上述优化外,还可以从基本块的 DAG 表示中获得一些十分有用的信息:第一,可以确定哪些标识符的值在该基本块中被引用,它们是 DAG 中叶子结点对应的标识符;第二,可以确定在基本块内被定值且该值能在基本块外被引用的标识符,它们是 DAG 中各结点上的附加标识符。利用这些信息还可以对中间代码进一步优化,但这可能会涉及有关变量在基本块之后的引用情况,需要进行数据流分析后才能进行。例如,如果 DAG 中的某个附加标识符在基本块外不会被引用,则在该基本块中就不必生成该标识符的赋值代码;如果某结点没有前驱结点,或不附有任何标识符,或在基本块后不引用,就意味着在基本块内和基本块外都不引用该信息,可以不生成对该标识符的赋值代码。

7.3 循环优化

循环是程序中那些可能反复执行的代码序列,在执行时要消耗大量的时间,所以进行代码优化时应着重考虑循环中的代码优化,这对提高目标代码的效率是至关重要的。在进行循环优化之前,必须确定在流图中哪些基本块构成一个循环。循环优化的主要技术有代码外提、强度削弱和删除归纳变量等。

7.3.1　循环的定义

1. 必经结点

在流图中如果从初始结点出发,每条到达 n 的路径都要经过 d,就说结点 d 是结点 n 的必经结点,写成 d dom n。根据这个定义,每个结点是它本身的必经结点;循环的入口是循环中所有结点的必经结点。

例 7.8　考虑图 7.13 中的流图,此流图的开始结点是 1。开始结点是所有结点的必经结点。结点 2 是除结点 1 之外所有结点的必经结点,结点 3 仅是它本身的必经结点,因为控制可以沿着 2→4 的路径到达其他任何结点。结点 4 是除了 1、2 和 3 以外的所有结点的必经结点。因为从 1 出发的所有路径必须由 1→2→3→4 或 1→2→4 开始。结点 5 和 6 仅是它们本身的必经结点,因为控制流可以在 5 和 6 两个结点之间选择一个结点。结点 7 仅是它本身的必经结点。

结点 n 的所有必经结点的集合,称为结点 n 的必经结点集,记为 D(n)。如在图 7.13 中,D(2)={1,2},D(4)={1,2,4}。下面给出在一个流图中寻找必经结点集的算法。

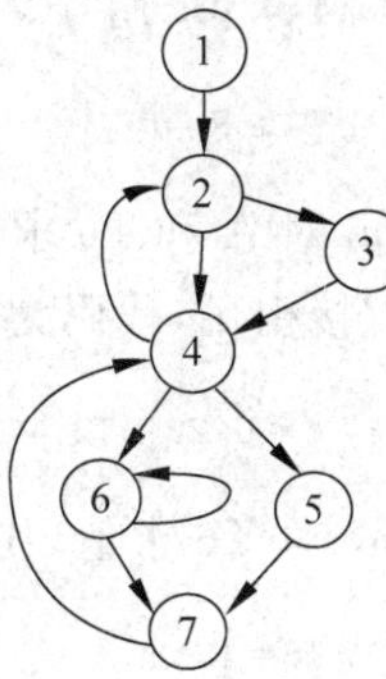

图 7.13　一个流图的例子

算法 7.3　求流图中所有结点的必经结点集

输入:流图,其结点集为 P(P₀,P₁,P₂,…,Pₙ),边集为 E,初始结点为 P₀。

输出:每个结点的必经结点集合 D(m),m=0,1,2,…,n。

步骤:

(1) D(0)={0};

(2) for (m=1; m<=n; m++) D(m)=set{0 ~ n};//初始化为全部结点构成的
　　　　　　　　　　　　　　　　　　　　　　　　　//集合

迭代执行下面的过程,最终,d 在 D(m)中当且仅当 d dom m。

(3) while (任何 D(m)出现变化) do

(4) 　　　　for (i=1; i<=n; i++)

(5) 　　　　　　D(i)={i}∪∩D(p)

[其中 p 是 n 的直接前驱,∩D(p)表示求所有 D(p)的交集]

例 7.9　利用算法 7.3 求图 7.13 中的流图的必经结点集 D(n)。

根据算法,首先对所有结点的必经结点集进行初始化,首结点的必经结点集为它本身,即 D(1)={1},其余结点的必经结点集初始化为所有结点构成的集合,即均为{1,2,3,4,5,6,7}。

然后,找到每个结点的前驱结点。

再根据算法进行迭代,假定在算法第 4 行的 for 循环按结点的数值次序访问。结点 2 的前驱结点是 1 和 4,所以 D(2)={2}∪({D(1)∩D(4)})。因为 D(1)={1},D(4)={1,2,3,4,5,6,7},所以由算法第 5 行得到 D(2)={1,2}。

考虑结点 3,它的直接前驱是 2。根据算法第(5)行得到

$$D(3) = \{3\} \bigcup D(2) = \{3\} \bigcup \{1,2\} = \{1,2,3\}$$

其余结点的必经结点的计算如下。

$$D(4) = \{4\} \bigcup (D(3) \bigcap D(2) \bigcap D(7)) = \{4\} \bigcup (\{1,2,3\} \bigcap \{1,2\} \bigcap$$
$$\{1,2,3,4,5,6,7\}) = \{1,2,4\}$$

$$D(5) = \{5\} \bigcup D(4) = \{5\} \bigcup \{1,2,4\} = \{1,2,4,5\}$$

$$D(6) = \{6\} \bigcup D(4) = \{6\} \bigcup \{1,2,4\} = \{1,2,4,6\}$$

$$D(7) = \{7\} \bigcup (D(5) \bigcap D(6)) = \{7\} \bigcup \{1,2,4,5\} \bigcap \{1,2,4,6\} = \{1,2,4,7\}$$

然后进行第二次迭代,各个结点的必经结点没有变化,算法停止。整个计算过程如表 7.2 所示。

表 7.2　例 7.9 的计算过程

结点 m	1	2	3	4	5	6	7
前驱结点		{1,4}	{2}	{2,3,7}	{4}	{4,6}	{5,6}
初始化	{1}	{1,2,3,4,5,6,7}	{1,2,3,4,5,6,7}	{1,2,3,4,5,6,7}	{1,2,3,4,5,6,7}	{1,2,3,4,5,6,7}	{1,2,3,4,5,6,7}
第一次迭代	{1}	{1,2}	{1,2,3}	{1,2,4}	{1,2,4,5}	{1,2,4,6}	{1,2,4,7}
第二次迭代	{1}	{1,2}	{1,2,3}	{1,2,4}	{1,2,4,5}	{1,2,4,6}	{1,2,4,7}

2. 循环

必经结点的一个重要应用是确定流图中的循环。循环有如下两个基本性质。

(1) 循环必须有唯一的入口点,叫作入口结点。

(2) 至少有一条路径回到入口结点。

寻找流图中的循环的方法是找出流图中的回边。假设 n→d 是流图中的一条有向边,如果 d dom n,则称 n→d 是流图中的一条回边。

例 7.10　寻找图 7.13 所示的流图中有哪些回边。

解:7→4 是一条有向边,又由于 4 dom 7,所以 7→4 是回边。类似地,4→2,6→6 都是回边。

如果有向边 n→d 是回边,组成的循环是由结点 d、结点 n 以及从 d 到 n 的通路,而该通路不经过 d 的所有结点组成,此时 d 是该循环的唯一入口结点。例如,在图 7.13 的流图中,回边 7→4 和结点 4、5、7 或结点 4、6、7 及其对应的边构成了循环中的一条回边。

出口结点是指在循环中具有这样性质的结点:从该结点有一有向边引到循环通路以外的某结点。

例 7.11　寻找图 7.13 所示的流图中的循环。

结点{2,4}或{2,3,4}构成一个循环,因为 4→2 是一条回边,结点 2 是入口结点,结点 4 是出口结点;结点{6}构成一个循环,6→6 是一条回边,6 既是入口结点又是出口结点;结点{4,6,7}或{4,5,7}构成一个循环,7→4 是一条回边,结点 4 是入口结点,结点 7 是出口结点。

7.3.2　代码外提

循环中的代码要反复执行多次,但其中有些运算的结果往往是不变的。如在循环中有形如 x=y op z 的代码,如果 y 和 z 是常数,或者在循环中没有对 y 或 z 重新定值,那么不管

循环多少次，y op z 的结果是不变的，这种运算称为循环不变运算。循环优化的一个主要措施是代码外提，即把循环中的不变计算放到循环外，使程序的执行结果不变，而执行速度却提高了。

在实行代码外提时，要求把循环不变运算提到循环外面，这就要求在入口结点的前面创建一个新的基本块，叫作前置结点。

对图 7.14(a)中的循环 L 增加前置结点后成为图 7.14(b)。前置结点的唯一后继是 L 的入口结点，并且原来从 L 外到达 L 的入口结点的边都改成进入前置结点。从循环 L 里面到达入口结点的边不改变。开始时，前置结点为空，对 L 中的循环不变运算外提到前置结点中。

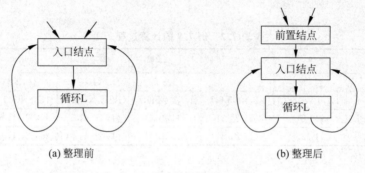

(a) 整理前 (b) 整理后

图 7.14 增加前置结点的循环

例 7.12 对下面的 while 语句进行代码外提。

```
while ( i = limit − 2 )
    循环体
```

基本块如图 7.15(a)所示。假设循环体不改变 limit 的值，则 limit−2 是循环不变运算，可以提到循环之外，因此在循环前增加前置结点，代码为 T=limit−2。

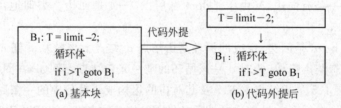

(a) 基本块 (b) 代码外提后

图 7.15 例 7.12 的循环及代码外提后的循环

当然，代码外提的前提是 while 的循环体不改变 T 的值。

并不是循环中的所有不变运算都可以外提。某变量 A 在某点 d 的定值到达另一点 u（或称变量 A 的定值点 d 到达另一点 u）是指在流图中从 d 有一通路到达 u 且该通路上没有 A 的其他定值。只有在如下几种情况下不变运算才能外提。

(1) 当把一不变运算外提到循环前置结点时，要求该不变运算所在的结点是循环所有出口结点的必经结点。

(2) 当把循环中的不变运算 x=y op z 外提时，要求循环中的其他地方不再有 x 的定值点。

（3）当把循环中的不变运算 x＝y op z 外提时，要求循环中 A 的所有引用点都是而且仅仅是这个定值所能到达的。

7.3.3　强度削弱

强度削弱是指把程序中执行时间较长的运算替换为执行时间较短的运算，如用加法运算代替乘法运算。在例 7.1 的流图（见图 7.5）的基本块 B_3 中，每当 j 的值减 1（j＝j－1）之后，T_4 的值变为 $T_4＝4*(j-1)＝4*j-4$，即 T_4 的值在原基础上减了 4。可以看出，每一次循环中 j 的值减 1，T_4 的值减 4。那么可以用较快的减法计算（$T_4＝T_4－4$）代替较慢的乘法计算（$T_4＝4*j$），即强度削弱，如图 7.16 所示。

应该注意到，当用 $T_4＝T_4－4$ 代替 $T_4＝4*j$ 后，出现的一个问题是第一次进入 B_3 时 T_4 没有初值，所以在对 j 置初值的基本块（B_1）的末尾也要给 T_4 置初值 $4*j$，这样在进入 B_3 之前就已经对 T_4 赋了初值。同理可以对 B_2 进行强度削弱。

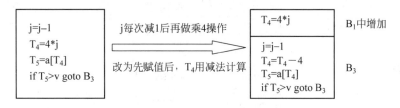

图 7.16　对基本块 B_3 进行强调削弱

由此可以看出：

（1）如果循环中有 I 的递归赋值 I＝I±C（C 为循环不变量），并且循环中 T 的赋值运算可化为 T＝K*I±C1（K 和 C1 都是循环不变量），那么，T 的赋值运算可以进行强度削弱。

（2）进行强度削弱后，循环中可能出现一些新的无用赋值，如果这些变量在循环出口之后不是活跃变量，就可以从循环中删除对这些变量的赋值语句。

（3）循环中下标变量的地址计算是很费时的，可以使用加减法进行地址的递归计算。

7.3.4　删除归纳变量

图 7.5 所示的流图中的基本块 B_3 在做完强度削弱后如图 7.16 所示，因为 $4*j$ 赋给 T_4，j 和 T_4 的值呈线性变化，每次 j 的值减 1，T_4 的值减 4；同理，在图 7.5 所示的基本块 B_2 中，i 和 T_2 的值也呈线性变化。

如果循环中对变量 I 只有唯一的形如 I＝I±C 的赋值，C 是循环不变量，则称 I 为循环中的基本归纳变量。如果 I 是循环中的基本归纳变量，J 在循环中的赋值总是可以化为 I 的同一线性函数，即 J＝C1*I±C2，称 J 为归纳变量，同时称 J 与 I 同族。显然，I 本身也是归纳变量。在循环中基本归纳变量的作用是用于计算其他归纳变量和用于控制循环的进行。

如果在循环中有两个或更多个同族的归纳变量，可以只留一个来代替基本归纳变量进行循环的控制，删除其余的归纳变量，这个过程称为删除归纳变量。

例 7.13　把强度削弱用于图 7.5 中的 B_2 和 B_3 的内循环后，i 和 j 的作用仅在于决定 B_4 的测试结果。现已知道 i 和 T_2 满足关系 $T_2＝4*i$，j 和 T_4 满足关系 $T_4＝4*j$，那么测试 i＞＝j 等价于测试 $T_2＞＝T_4$。这样就可以用 $T_2＞＝T_4$ 代替 i＞＝j，而 B_2 中的 i 和 B_3 中的

j 也就成了死变量,在这些块中对它们的赋值就成了死代码,可以删除,经循环优化后的流图如图 7.17 所示。

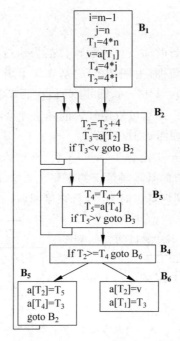

图 7.17 经循环优化后的流图

7.4 小 结

本章主要介绍中间代码的几种常见优化技术。局部优化依据基本块进行,基本块是指程序中的一个顺序执行的语句序列,常见的基于基本块的代码优化技术包括删除公共子表达式、复写传播、删除无用代码和代数恒等变换,也可以通过构造基本块的 DAG 来进行优化。然而程序中大量耗时的工作是循环,因此对循环的优化可以大幅度提高程序的执行效率,对循环的优化方法主要包括代码外提、强度削弱和删除归纳变量等。

7.5 习 题

1. 填空题。

在对编译程序产生的中间代码进行优化时,就实施优化的范围来说,分＿＿＿＿优化和＿＿＿＿优化。循环优化属于＿＿＿＿优化,它对于提高目标代码的运行速度是非常有效的。循环优化主要采用的三项优化措施是＿＿＿＿、＿＿＿＿、＿＿＿＿。

2. 解释下列术语。

基本块,流图,DAG,循环,回边,必经结点,局部优化

3. 什么是代码优化? 代码优化如何分类? 常用的代码优化技术有哪些?

4. 将以下中间代码划分为基本块,并画出流图。

(1) x = 1

(2) i = 0

(3) if i > = 10 goto (7)

(4) x = x * i

(5) i = i + 1

(6) goto (3)

(7) if x > 500 goto (11)

(8) return 500

(9) return

(10) goto (13)

(11) return x

(12) return

(13) return

5. 试构造下面的程序的流图,并找出其中所有回边及循环。

```
//下列程序中,read 和 write 表示输入和输出
read P
x = 1
c = P * P
if c < 100 goto L1
B = P * P
x = x + 1
B = B + x
write x
L1: B = 10
x = x + 2
B = B + x
write B
if B < 100 goto L2
L2: x = x + 1
goto L1
```

6. 对图 7.18 所示的流图,求出各结点 n_i 的必经结点集 $D(n_i)$、回边,并找出图中的循环(n_0 为首结点)。

7. 对如下程序段划分基本块,画出流图,进行尽可能多的优化,并指出进行了何种优化,给出建议说明及优化后的结果形式。

1)

```
I = 1
read J, K
L: A = K * I
B = J * I
C = A * B
write C
I = I + 1
if I < 100 goto L
```

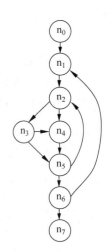

图 7.18 习题 5 的图

2)

(1) i = 1
(2) j = 1
(3) t1 = 10 * i
(4) t2 = t1 + j
(5) t3 = 8 * t2
(6) t4 = t3 − 88
(7) a[t4] = 0.0
(8) j = j + 1
(9) if j < = 10 goto(3)
(10) i = i + 1
(11) if i < = 10 goto(2)
(12) i = 1
(13) t5 = i − 1
(14) t6 = 88 * t5
(15) a[t6] = 1.0
(16) i = i + 1
(17) if i < = 10 goto(13)

8. 为下列基本块构造 DAG。

d = b * c
e = a + b
b = b * c
a = e − d

9. 设有基本块

T1 = 2
T2 = 10/T
T3 = S − R
T4 = S + R
A = T2 * T4
B = A
T5 = S + R
T6 = T3 * T5
B = T6

(1) 画出 DAG。

(2) 假设基本块出口时只有 A 和 B 还被引用,请写出优化后的三地址代码序列。

10. 下面是应用筛法求 2∼N 的素数的 Pascal 程序。

```
begin
  read N;
  for i = 2 to N do
    A[i] = true;                    /* 置初值 */
    for i = 2 to N ** 0.5 do        /* 运算符 ** 代表乘幂 */
      if A[i] then                  /* i 是一个素数 */
        for j = 2 * i to N by i do
          A[j] = false;             /* j 可被 i 除尽 */
end
```

（1）试写出其中间代码，假设数组 A 静态分配存储单元，且下界为 0。

（2）画出流图并求出其中的循环。

（3）进行代码外提。

（4）进行强度削弱和删除归纳变量。

11. 算法程序题。

（1）用自己熟悉的语言编写程序，实现基本块的划分算法。

（2）用自己熟悉的语言编写程序，实现求某基本块的 DAG。

（3）用自己熟悉的语言编写程序，实现求给定流图中的必经结点集。

## 第 8 章

目标代码生成

经过前面几个阶段，已经将高级语言代码转化为中间代码。编译的最后一个阶段是目标代码生成，完成目标代码生成的程序称为目标代码生成器。目标代码生成就是要将与机器无关的中间代码翻译为某个具体机器的指令代码，目标代码可以是绝对机器代码、可重定位机器代码或汇编代码等。本书以 Intel 80x86 微处理器作为目标机，生成的目标代码为 Intel 80x86 汇编指令，因为 Intel 80x86 机器是一种很常见的机器，大家对它很熟悉，而且已经有很多成熟的汇编器，可以直接将汇编语言程序转换成机器指令，打包成可执行文件。因此，翻译为汇编指令更有助于理解代码生成的原理和方法。

本章首先介绍生成目标代码时应考虑的问题；随后简单回顾目标机的结构及指令系统，以便大家对目标机有一个总的认识；然后从一种简单的目标代码生成器入手，之后不断优化，讨论寄存器的分配以及通过 DAG 进行优化，以便生成更高效的目标代码；最后介绍 Sample 语言目标代码生成器的设计。

8.1 概　　述

目标代码生成的主要任务是把源程序的中间代码形式变换为依赖于具体机器的等价的目标代码。它的输入是编译前端输出的信息，包括中间代码或优化后的中间代码，以及带有存储信息的符号表，如图 8.1 所示。

图 8.1　目标代码生成器的作用与地位

代码生成器最重要的评价标准是它能否产生正确的代码，在产生正确代码的前提下，使产生的目标代码更加高效，代码生成器本身易于实现、测试及维护也是重要的设计目标。为了产生较优的代码，需要着重考虑以下几个问题。

(1) 如何使生成的目标代码更短，使目标代码运行效率更高，因为每条指令的执行都需要一定的 CPU 时间。

(2) 如何充分合理地使用机器的寄存器，以减少目标代码运行时对内存单元的访问，因为访问寄存器要比对存储单元的操作快且指令短。

(3) 如何充分利用计算机的指令系统的特点，如选择更高效的指令。

代码生成器的具体细节依赖于目标机和操作系统，下面从输入到输出再来深入理解目标代码生成过程的细节,以便更好地设计出高效的目标代码生成器。

1. 代码生成器的输入

代码生成器的输入是中间代码序列和符号表。中间代码有多种形式,如后缀式、三元式、四元式以及树等。本章仍然以四元式形式的中间代码为例,其他形式的中间代码的输入与其类似。

在编译前端已对源程序进行了扫描、分析和翻译,并进行了语义检查,产生了合理的中间代码(也可能经过了优化),而且语义正确。同时在处理声明语句的语义时将相关信息填入到符号表中,知道了各个名字的数据类型,同时在经过存储分配的处理后,可以确定各个名字在所属函数的数据区内的相对地址。因此目标代码生成器可以利用符号表中的信息来决定中间代码中的名字所表示的数据对象在运行时的地址,它是可重定位的。

2. 代码生成器的输出

代码生成器的输出是目标程序。目标代码有若干种形式:绝对机器代码、可重定位机器代码和汇编代码等。大多数编译程序通常不产生绝对地址的机器代码。

生成绝对机器代码的好处是:它可以被放在内存中的固定地方并且可立即执行,这样,小的程序可以被迅速地编译和执行,但在多任务多用户操作系统下,这是不现实的。生成可重定位的机器代码,允许子程序分别进行编译,生成一组可重定位模块,再由链接装配程序链接在一起并装入运行。虽然可重定位模块必须增加额外的开销来链接和装配,但带来的好处是灵活,子程序可以分别编译,也可以从目标模块中调用其他事先已编译好的程序模块。

从某种程度上说,以汇编语言程序作为输出使代码生成阶段变得容易。因为在生成汇编指令后,可以使用已有的汇编器来辅助生成目标代码,大多数商业化的编译器在编译阶段也是生成汇编指令。虽然进行汇编需要额外的开销,但可以不必重复汇编器的工作,因此这种选择也是合理的。尤其是对内存小、编译必须分成几遍的机器更应该选择生成汇编代码。

3. 指令的选择

目标机指令集的性质决定了指令选择的难易程度,编译时选择生成哪些指令是在生成目标代码时考虑的一个重要因素。如果目标机不支持所定义的指令集中的指令和数据类型,那么每一种例外都要特别处理。指令的执行速度和机器特点也是考虑的重要因素。

如果不考虑目标程序的效率,对每种类型的中间代码,可以直接选择指令,勾画出目标代码的框架。如中间代码 $(+, y, z, x)$,可以翻译为如下目标代码序列。

```
mov AX, y              //将 y 装入寄存器 AX
add AX, z              //z 与 AX 相加
mov x, AX              //将 AX 中的值存入 x 中
```

每次遇到＋这个操作都可以这样来翻译。然而有些情况其实是不需要这三条指令的,如假定 y 已经在 AX 寄存器中了,那么第一条指令就可以省略。目标代码的质量取决于它的速度和大小。减少指令条数就意味着提高效率。

同时,一个有着丰富指令集的机器可以为一个给定的操作提供几种实现方法,不同的实现所需的代码不同,有些实现方式可能会产生正确但不一定高效的代码。例如,如果目标机有"加 1"指令(INC),那么中间代码 x＝x＋1 就可以使用 INC x 实现,这是最高效的;如果没有 INC 指令,必须用下述加法运算的三条指令序列来实现。

```
mov AX, x          //将 x 放入寄存器 AX
add AX, ♯1         //AX 的值加 1,♯表示常数
mov x, AX          //将 AX 中的值存回 x 中
```

4. 寄存器的分配

由于指令对寄存器的操作要比对存储单元的操作快且指令短，所以生成的代码都希望使用寄存器，但计算机中的寄存器较少，如何充分利用计算机的寄存器，对于生成好的代码是非常重要的。寄存器的分配分为如下两个子问题。

（1）在程序执行的某一点上，选择哪些变量驻留在寄存器中。

（2）在随后的寄存器指派阶段，当确定某个变量装入到寄存器中时，选择放入哪个寄存器中。也就是说，如果寄存器中都有数据，选择哪些变量的值继续留在寄存器中，哪些被替换为新的变量。大多数情况下，我们会考虑将最近的将来不会使用的寄存器内容写入变量中，将寄存器腾出来供当前要使用的变量使用。

然而，选择最优的寄存器指派方案是很困难的。如果还要考虑目标机的硬件或操作系统对寄存器的使用要遵循一些规则时，这个问题将更加复杂。

5. 计算顺序的选择

计算完成的顺序也会影响目标代码的有效性。有效计算顺序要求存放中间结果的寄存器数量少、访问次数少，从而提高目标代码的效率。

6. 存储管理

把源程序中的名字映射为运行时数据对象（存储单元）的地址是由编译前端和代码生成器共同完成的。中间代码中的名字所需的存储空间以及在函数数据区中的相对地址已经在运行时存储分配中计算，并在符号表中给出。如果要生成机器代码，必须将四元式代码中的标号变为指令的地址。在依次扫描中间代码时，维护一个计数器，记住到目前为止产生的指令字数，就可以推断出为该条四元式代码生成的第一条指令的地址。该地址可以在四元式代码中用另外一个域来保存。如果碰到跳转中间代码 j：goto i，且 j＞i，就可以根据编号 i 找到第 i 条四元式代码所产生的第一条目标代码的地址；如果 j＜i，此时第 i 条四元式代码还没有生成目标代码，只有使用指针链接，到生成第 i 条四元式代码时再回填，这与生成中间代码时的回填技术相似。其他的转移指令可以类似地计算。

8.2　目标机及指令系统简介

要设计一个好的代码生成器，必须预先熟悉目标机结构和它的指令系统。本书将采用 Intel 80x86 微处理器作为目标机。考虑到通用性，主要选用 80x86 的通用功能，使本章所介绍的代码生成技术也可应用于许多其他类型的机器上。

8.2.1　80x86 体系结构

80x86 是 Intel 公司首先开发制造的一种微处理器体系结构的泛称。该系列较早期的处理器名称是以数字来表示，并以 86 作为结尾，因此其架构被称为 x86。最早的版本是 8086，是 16 位的微处理器，它曾经是个人计算机的标准平台，是历史上一种最成功的 CPU 架构。虽然已经几十年，但后续版本仍然能兼容其指令系统和结构。也有其他公司在制造

x86 架构的处理器,如 AMD、Cyrix、IBM、IDT 等,因此以它作为目标机具有通用性。

如图 8.2 所示,一台计算机由 CPU、内存和外设构成,它们之间由系统总线连接,CPU 由运算器、控制器和寄存器构成,它们由内部总线连接。程序编译为可执行程序后存放在外存中,程序运行前需要装入到内存中,然后由 CPU 访问内存读取指令和数据执行。CPU 读取指令和数据后需要使用寄存器进行存放,参与运算。

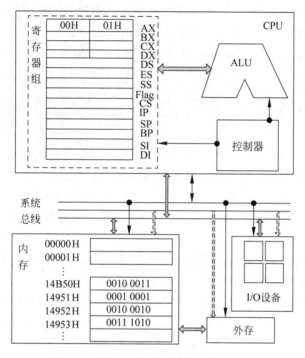

图 8.2 80x86 架构系列计算机体系结构

8.2.2 80x86 中的寄存器

80x86 有 14 个 16 位寄存器,包括 4 个数据寄存器:AX、BX、CX、DX,4 个段寄存器:CS、DS、ES、SS,2 个变址寄存器:SI、DI,2 个指针寄存器:BP、SP,1 个指令寄存器 IP,以及 1 个标志寄存器:Flag。各个寄存器都有相应的用途。

数据寄存器是 AX、BX、CX、DX,它们是通用寄存器,主要用来存放参与运算的数,可以按照 16 位访问,也可以分别访问高 8 位和低 8 位,分为 AH、AL、BH、BL、CH、CL、DH、DL。

根据前面的介绍,程序只有放在内存中才能执行,程序在内存中存放时是分段存放的,每个段 64KB。内存一般分为代码段、数据段、堆栈段、扩展段 4 个段。分别用 CS、DS、ES、SS 4 个段寄存器来指定访问不同的段。

程序代码存放在代码段,首地址存放在 CS 寄存器中,当前要读取的指令在段内的存放地址放在 IP 寄存器中,也就是说,当前指令在内存中的实际物理地址由 CS∶IP 来确定,每次 CPU 根据 CS∶IP 来读取当前要执行的指令,然后 IP 自动加 1。由于内存地址是 20 位,能够访问 1MB 的物理内存,而寄存器是 16 位,因此指令存放的实际物理地址是(CS) * 16 +(IP)的值。

数据存放在数据段,首地址存放在 DS 寄存器中;函数调用和返回时,需要建立/退出栈帧,需要用到堆栈段,堆栈段的首地址存放在 SS 寄存器中,堆栈的栈顶地址存放在 SP 寄存器中;为了一些扩展应用,还设置有扩展段,扩展段首地址存放在 ES 寄存器中。

BX 和 BP 这两个寄存器通常用于指定数据区的基址,称为基址寄存器;SI 和 DI 大多用来表示相对源和目的基址的偏移量,称为变址寄存器。

Flag 是一个特殊的寄存器,称为标志寄存器,其中存放有某些指令的执行结果,为 CPU 执行相关指令提供数据,控制 CPU 的相关工作方式。存放的信息称为程序状态字(PSW)。Flag 寄存器和别的寄存器不一样,其他寄存器都是用来存放数据的,一个寄存器是一个整体,具有一定的含义,而 Flag 寄存器可以按位访问,它的每一位都有专门的含义。结构如图 8.3 所示。

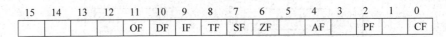

15	14	13	12	11	10	9	8	7	6	5	4	3	2	1	0
				OF	DF	IF	TF	SF	ZF		AF		PF		CF

图 8.3　Flag 寄存器各位示意图

Flag 的 1、3、5、12、13、14、15 位没有使用,不具有任何意义。

(1) CF 是进位标志位。一般情况下,在进行无符号数运算的时候,它记录运算结果的最高有效位向更高位的进位值,或从更高位的借位值。如果有进位或借位,则 CF 为 1,否则 CF=0。

(2) PF 是奇偶标志位。它记录相关指令执行后,其结果的所有位中 1 的个数是否为偶数。如果有偶数个 1,则 PF 为 1,否则 PF=0。

(3) AF 是辅助进位/借位标志位。它用于指示低 4 位二进制是否有向高位进位或借位,若有则 AF=1,否则 AF=0;主要用于 BCD(Binary-Coded Decimal)修正运算。

(4) ZF 是零标志位。它记录相关指令执行后,其结果是否为 0。如果结果为 0,则 ZF 为 1,否则 ZF=0。

(5) SF 是符号标志位。它记录相关指令执行后,其结果是否为负数。如果结果为负,则 SF 为 1,否则 SF=0。

(6) TF 是单步跟踪标志。TF=1 时程序执行完当前指令后暂停,TF=0 时程序执行当前指令后不暂停。

(7) IF 是中断允许标志。它用于控制 CPU 能否响应可屏蔽中断请求,IF=1 能够响应,IF=0 不能响应。

(8) DF 是方向标志位。在字符串处理指令中,用来控制每次操作后 SI 和 DI 的增减。DF=0,每次操作后 SI 和 DI 递增,否则递减。

(9) OF 是溢出标志位。如果有符号数运算的时候超过了机器数的表示范围,称为溢出,如果溢出,则 OF 为 1,否则 OF=0。

8.2.3　80x86 指令系统介绍

为了使翻译过程和翻译后的程序通用,本书选定的汇编指令主要是一些通用指令,Intel 80x86 通用指令的格式如图 8.4 所示。

Opcode 是指令的操作码,用来告诉 CPU 执行哪个操作。

ModR/M 主要用来指定寻址方式、寄存器号。选择的寻址方式包括寄存器寻址、直接

图 8.4　Intel 80x86 通用指令的格式

寻址、寄存器间接寻址和基址（或变址）寻址。

Displacement 和 Immediate 是内存偏移地址和立即数。

选择的指令包括数据传送指令（MOV），算术逻辑运算指令（ADD、SUB、MUL、DIV、AND、OR 和 CMP 等）以及控制转移指令（无条件跳转、条件跳转、函数调用和返回）。

上述三类指令可以具体化为如下形式的指令。

（1）数据传送指令。

```
MOV Rd,(Rs)/M          ;表示将(Rs)/M指定的内存单元中的内容送到 Rd 中
MOV Rd,Rs              ;表示将 Rs 中的内容送到 Rd 中
MOV Rd,imm             ;imm 为立即数,表示将 imm 送到 Rd 中
MOV M,Rs               ;M 为内存单元,表示将 Rs 中的数据存入内存单元 M 中
PUSH Rd                ;表示将 Rd 的数据压入堆栈
```

（2）算术逻辑运算指令。

```
ADD Rd,Rs/M            ;表示(Rd) + (Rs)或(M)送 Rd
ADD Rd,imm             ;表示(Rd) + imm 送 Rd
```

（3）转移指令。

转移指令指的是它的执行能修改 IP 的值,转移指令分为无条件转移指令和条件转移指令。无条件转移指令是指 JMP。

CMP 指令是比较操作,相当于减法操作,执行结果不保存,执行后将对标志寄存器 ZF、PF、SF、CF、OF 产生影响。条件转移指令将根据这些标志位修改 IP 的值。条件转移指令有多种,对无符号数各指令的含义如表 8.1 所示,也有对有符号数的条件转移指令。

表 8.1　无符号数的跳转指令列表

指　令　码	意　　　义	条　　　件
JE	相等时转移	zf = 1
JNE	不相等时转移	zf = 0
JB	低于则转移	cf = 1
JNB	不低于则转移	cf = 0
JA	高于则转移	cf = 0 且 zf = 0
JNA	不高于则转移	cf = 1 或 zf = 1

改变指令执行顺序的指令还有子程序调用指令 CALL 和返回指令 RET。

根据计算机硬件平台和指令系统的要求,所有的运算都必须在通用寄存器中进行。

总之,设计代码生成器时,存储空间的节省很重要,指令的选择是很重要的影响因素。一方面在翻译时尽可能减少指令条数;另一方面尽量缩短指令的长度。对绝大多数机器和绝大多数指令而言,用来从存储器中获取一条指令的时间超过了执行该指令的时间,因此,通过缩短指令的长度,可以减少取指令所花费的时间,从而缩短整个指令的执行时间。缩短

指令长度的方法是尽量使用寄存器,因为寄存器编号比存储器地址短,每条指令占用的空间就短。

8.3 一个简单的代码生成器

为简单起见,先来考虑一个最简单的情况,它不考虑目标代码的效率,也不考虑对寄存器的选择,只是依次把每条中间代码根据算符的含义直接翻译为对应的80x86汇编指令。

一般情况下,假定指令中只使用一个寄存器,除非特殊指令需要使用多个寄存器时才使用。80x86使用AX、BX、CX、DX 4个通用寄存器来存放数据。

这样的话,对每种类型的中间代码,可以直接选择汇编指令,勾画出代码的框架,如对形如(OP,arg1,arg2,result)形式的中间代码,可以考虑一般的目标代码生成策略,如图8.5所示。四元式包括4个部分:OP是进行运算的操作,arg1和arg2是两个操作数,result是结果。根据大多数机器平台和汇编指令格式的要求,运算在寄存器中进行,因此在图8.5中,步骤①表示把arg1从存储器装入到寄存器1中,如果第二个操作数也需要在寄存器中,还需要将arg2也装入到寄存器2中,考虑普遍的情况,第二个操作数可以是内存变量,因此不装入寄存器。图中的步骤②表示寄存器1与arg2进行OP指定的运算,结果存放到寄存器3中,在80x86指令集中,寄存器3一般和寄存器1相同。图8.5中的步骤③表示将寄存器3中的结果存放到result指定的内存单元中。因此,一个双操作数的四元式至少要翻译为3条汇编指令代码,根据功能,有些中间代码甚至要翻译为4条汇编指令。

例如,一条加法操作的四元式代码(+,B,C,T1)可以翻译为下面的三条汇编指令。

(1) MOV AX,B

(2) ADD AX,C

(3) MOV T1,AX

第一条指令表示将B的值从内存中读入AX寄存器中,第二条指令表示将AX的值和内存单元中的C相加,结果存放到AX寄存器中,第三条指令将AX的值存放到内存单元T1中。这样就完成了中间代码将B和C相加存入T1中的功能。

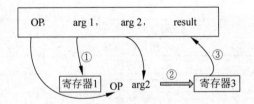

图8.5 一般的目标代码生成策略

例8.1 假定某程序段有如下3条中间代码。

(1) (+, B, C, T1)

(2) (*, T1, D, T2)

(3) (+, T2, E, A)

在把它翻译为汇编指令时,如果不考虑代码效率,可以根据每条指令的含义简单地按中间代码出现的顺序依次把每条中间代码映射为若干条汇编指令,即可实现目标代码生成。如

表 8.2 所示,"汇编代码"列就是针对每条四元式需要翻译的指令序列(此处没有考虑生成完整的程序的开始和结束部分)。

表 8.2 将基本块翻译为对应的汇编代码

四元式代码	汇编代码
(1) (＋, B, C, T1)	(1) MOV AX,B (2) ADD AX,C (3) MOV T1,AX
(2) (＊, T1, D, T2)	(4) MOV AX,T1 (5) MOV BX,D (6) MUL BX (7) MOV T2,AX
(3) (＋, T2, E, A)	(8) MOV AX,T2 (9) ADD AX,E (10) MOV A,AX

从例 8.1 可以看出,简单的代码生成器就是读入中间代码的每条四元式,对应翻译为目标代码。简单代码生成的核心就是理解每条四元式的含义是什么,选择用怎样的目标代码来实现这条四元式的功能。因此,针对不同的指令系统,都需要对每条四元式所对应的汇编指令序列列出如表 8.3 所示的表,在翻译的时候,根据四元式的形式去查表就可以了。

表 8.3 各种四元式代码的翻译方法

序 号	四元式代码	汇编代码	含 义

(1)	(＋,A,B,T)	MOV AX,A
		ADD AX,B
		MOV T,AX;
			加法

(2)	(J, , , P)	JMP far ptr P1	无条件跳转到 P1,P1 是中间代码 P 对应的第一条指令的地址
(3) ⋮	(&.&,…)	…	

表 8.3 中第 2 条四元式是转移指令,在其翻译中,P1 是第 P 条四元式所对应的第一条汇编指令的地址。其值采用 8.1 节中存储管理部分介绍的方法填写。

从正确性上看,简单代码生成器生成的目标代码没有问题,如表 8.2,但它却有很多冗余操作,这会大大降低目标代码运行的效率。从整体上来看,汇编代码的第 4 和第 8 条是多余的;而且 T1 和 T2 是生成中间代码时引入的临时变量,源程序中并不存在这两个变量,也就是说,这两个变量是编译过程内部使用的,后续代码中将不会再使用,所以第 3 和 7 两行代码也可以省掉。因此,如果考虑了效率和充分利用寄存器的问题之后,代码生成器不是生成上述 10 条汇编代码,而是只有如下 6 条。

(1) MOV AX,B

(2) ADD AX,C

(3) MOV BX,D

（4）MUL BX

（5）ADD AX,E

（6）MOV A,AX

为了能够做到这一点,代码生成器必须提前了解一些信息:在产生第 2 条四元式（＊,T1,D,T2)对应的目标代码时,为了省去第 4 条代码 MOV AX,T1,就必须知道 T1 的当前值已经在某个寄存器中,如 AX;为了省去将 T1 的当前值保存在内存中的第 3 条代码 MOV T1,AX,就必须知道以后 T1 不会再被引用。这就需要对中间代码进行更大范围的分析。

8.4　基本块的代码生成器

为了使生成的代码更加高效,本节考虑在一个基本块范围内如何充分利用寄存器的问题,即:一方面,在基本块中,当生成的目标代码是计算某变量的值时,尽可能地让该变量的值保留在寄存器中(即一般不把该变量的值存到内存单元中),直到该寄存器必须用来存放别的变量值或者已到达基本块出口为止;另一方面,后续的目标代码尽可能地引用变量在寄存器中的值,而不访问主存。在离开基本块时,才把有关变量在寄存器中的值存放到主存单元中去。

以上的处理涉及基本块的划分。这并不一定要求事先已划分好,可以在依次生成各中间代码的目标代码时,同时应用算法 7.1 进行基本块的划分,区分基本块的入口和出口。

8.4.1　引用信息和活跃信息

接下来的目标就是生成较优的目标代码。较优的标准有两条:一是指令条数要少;二是尽量少使用访问存储器的指令。这两条标准都涉及合理使用寄存器的问题,把操作数尽可能地保存在寄存器中,充分利用寄存器进行运算,总指令数和访问内存指令数都可以减少。

在把中间代码变换为目标代码时,考虑如何充分利用寄存器是一个重要的问题,在这里我们只讨论在一个基本块范围内的寄存器使用问题,这主要是为了简化我们考虑的问题,因为在一个基本块内,变量的引用关系简单,而且整个程序可以认为是以基本块为单位构成的,各个基本块都可以独立考虑寄存器的分配和使用问题。这样,每个基本块一开始都可以假定每个寄存器都是可用的,退出该基本块时,将后续还需要使用的寄存器中的内容全部写入存储器中。在基本块中合理利用寄存器需要重点考虑以下三个方面。

（1）尽可能留:在生成计算某变量值的目标代码时,尽可能将后面还要使用的变量保存在寄存器中。

（2）尽可能用:后续的目标代码尽可能引用变量在寄存器中的值,而不是访问内存。

（3）及时腾空:在离开某个基本块时,尽可能把不再使用的变量所占用的寄存器及时释放掉,把寄存器中的内容写入到主存中。

为了做到这些,在翻译每个四元式时,必须知道每个变量在将来会不会被使用,这个变量在基本块外是否还有用,如(op,y,z,x)时,必须知道 x、y 和 z 是否还会在基本块内被引用以及用于哪些语句中。为此,需要引入基本块内各个变量的引用信息和活跃信息。

如图 8.6 所示,在一个基本块中,第 i 条中间代码对 A 定值,第 j 条中间代码引用 A 的值,从 i 到 j 的代码没有 A 的其他定值,即 j 引用了 i 对 A 的定值,则称变量 A 在 i 处是活跃的,j 是 A 的引用信息。

$$i:(OP,B,C,A)$$
$$\vdots$$
$$j:(OP,A,D,E)$$

图 8.6　基本块的引用和活跃信息示意图

A 的活跃信息和引用信息记录变量 A 在将来会被使用的情况,变量是活跃的表示将来会被使用,变量是非活跃的表示将来不会被使用;引用信息指明该变量在将来的哪条四元式中使用。这样就可以针对每个变量,使用下面的二元组形式来表示活跃信息和引用信息。

A:(引用,活跃)

其中,"引用"要么取值为某条四元式的编号,要么取值为 N,表示后续无引用;"活跃"取值为 Y 或 N,Y 表示该变量是活跃的,N 表示是非活跃的。这里假定所有的变量在基本块出口之后都是非活跃的(除特殊说明外)。

为了反映变量的引用信息和活跃信息,需要为每条四元式中的每个变量记录引用信息和活跃信息,这样中间代码表就变为如表 8.4 所示的结构。

表 8.4　中间代码的引用信息和活跃信息表示

序　号	四　元　式	结　果	左　变　量	右　变　量
1	(op,y,z,x)	(引用,活跃)	(引用,活跃)	(引用,活跃)
2	…	…	…	…

例 8.2　赋值语句 d=(a−b)+(a−c)+(a−c) 的四元式序列如下。

1:(−,a,b,T1)
2:(−,a,c,T2)
3:(+,T1,T2,T3)
4:(+,T2,T3,d)

其中,d 是基本块出口之后的活跃变量。计算各四元式中每个变量的引用信息和活跃信息。

首先可以通过人工观察上述四元式序列中变量的使用情况,填写附加在每条四元式上各个变量的引用信息和活跃信息,如表 8.5 所示。

表 8.5　附加在中间代码上的引用信息及活跃信息

序　号	四　元　式	结　果	左　变　量	右　变　量
1	(−,a,b,T1)	(3,Y)	(2,Y)	(N,N)
2	(−,a,c,T2)	(3,Y)	(N,N)	(N,N)
3	(+,T1,T2,T3)	(4,Y)	(N,N)	(4,Y)
4	(+,T2,T3,d)	(N,Y)	(N,N)	(N,N)

例如,对第 1 条四元式,变量 T1 将在第 3 条四元式中使用,因此针对 T1 的信息是 (3,Y),表示 T1 是活跃的,将在第 3 条四元式中引用;变量 a 在第 2 条四元式中使用,因此针对 a 的信息是 (2,Y),表示 a 是活跃的,将在第 2 条四元式中引用;变量 b 在 4 条四元式中都没有使用,因此针对 b 的信息是 (N,N),表示 b 是无引用、非活跃的;又如第 2 条四元式的结

果 T2,将在第 3 条四元式中使用,因此针对 T2 的信息是(3,Y),表示 T2 是活跃的,将在第 3 条四元式中引用。

在这个例子的计算中,我们在处理每条四元式的每个变量的引用信息和活跃信息的时候,都需要顺序查看后续的所有四元式才能填写。这样不仅耗时,而且麻烦。

为了更快地计算每条四元式中变量的引用和活跃信息,采取从基本块的出口反向扫描的方法,这样对四元式就只需要扫描一次。这需要借助符号表,在符号表中添加变量的引用信息和活跃信息栏来记录在反向扫描过程中当前变量的引用信息和活跃信息,并根据对四元式的扫描过程不断修改符号表的引用信息和活跃信息。为了反映变量的引用信息和活跃信息的不断变化,将符号表中的引用信息和活跃信息栏用引用信息和活跃信息构成的链表来表示。如 T：(N,N)→(3,Y)→(N,N)表示 T 的引用信息和活跃信息的一个变化情况,表中(×,×)→(×,×)表示在算法执行过程中后面的符号对将替代前面的符号对。

仔细分析一下四元式 i：(OP,B,C,A)中各个变量的引用和活跃信息情况。该四元式对 A 定值,其含义是后续四元式中使用的 A 都将是第 i 条四元式定的值,第 i 条四元式之前如果有对 A 的定值都不再使用,因此,在从后往前扫描的过程中,应该在第 i 条四元式中设置 A 为非活跃非引用(N,N),对于 B,C 应设置其在第 i 条四元式引用过,也是活跃的,即设置为(i,Y)。

这样,就可以使用算法 8.1 来计算基本块内变量的引用信息和活跃信息。

算法 8.1　计算变量的引用信息和活跃信息

输入：基本块的中间代码表,符号表

输出：填写了引用信息和活跃信息的中间代码表和符号表

步骤：

(1) 开始时,把基本块中各变量在符号表中的下次引用信息置为"无引用",根据该变量在基本块出口之后是不是活跃的,把活跃信息域置为"活跃"或"非活跃"。

(2) 从基本块出口到基本块入口由后向前依次处理每一条中间代码。对每一条中间代码,如四元式形式 i：(op,y,z,x)或者三地址形式 i：x=y op z,依次执行下述步骤。

① 把符号表中变量 x 的引用信息和活跃信息附加到四元式 i 中的结果 x 上。

② 把符号表中 x 的引用信息和活跃信息置为"无引用"和"非活跃"。

③ 把符号表中变量 y 和 z 的引用信息和活跃信息附加到四元式 i 的左变量和右变量上。

④ 把符号表中 y 和 z 的引用信息置为 i,活跃信息置为"活跃"。

注意,以上次序不可颠倒,因为 y 和 z 也可能是 x。按以上算法,如果一个变量在基本块中被引用,则各个引用所在的位置将由该变量在符号表中的引用信息以及附加在语句 i 上的信息从前到后依次指示出来。

如果语句 i 形如(=,y, ,x)或(op,y, ,x),以上执行步骤完全相同,只是其中不涉及 z。

可以利用算法 8.1 来计算例 8.2 所示的四元式中有关变量的引用信息和活跃信息。

先登记符号表中每个变量的引用信息和活跃信息的初始信息,除 d 为(N,Y)外,其他均为(N,N),然后从出口往入口方向处理每一条四元式,根据算法 8.1 填写四元式表和符号表,结果如表 8.5 和表 8.6 所示。

有了这两个表,该基本块中的四元式涉及的每个变量将来是否会使用的情况就很清楚了,我们就很容易判断哪些变量应该放在寄存器中,哪些变量应该保存。接下来的任务就是要知道系统中有哪些寄存器是空闲的,某个变量的值是在寄存器中还是在内存单元中,如果要存放在寄存器中,应该放到哪个寄存器中。

表 8.6　符号表中的引用信息及活跃信息

变　量　名	引用信息及活跃信息链
T1	$(N,N) \rightarrow (3,Y) \rightarrow (N,N)$
a	$(N,N) \rightarrow (2,Y) \rightarrow (1,Y)$
b	$(N,N) \rightarrow (1,Y)$
c	$(N,N) \rightarrow (2,Y)$
T2	$(N,N) \rightarrow (4,Y) \rightarrow (3,Y) \rightarrow (N,N)$
T3	$(N,N) \rightarrow (4,Y) \rightarrow (N,N)$
d	$(N,Y) \rightarrow (N,N)$

8.4.2　寄存器描述和地址描述

寄存器的分配问题是指在变量多、可用寄存器少的情况下所产生的寄存器使用问题。对寄存器的使用有两种形式:寄存器的分配和指派。寄存器的分配是指决定让哪个变量放在某个寄存器中。在使用期间,这个寄存器就存放该变量的值。为一个变量选择一个专用寄存器,称为把寄存器指派给该变量。如 80x86 中,CX 寄存器专用于循环计数器,当使用数据传送指令时,就用 CX 作为循环计数器。如果程序中某个变量是一个循环变量,就应该把 CX 指派给它。

为一个中间代码 i: A=B op C 中的结果 A 指派寄存器时,应遵循以下原则。

(1) 如果 B 已在某个寄存器 Ri 中,且以后不再引用,则选择 Ri 作为存放 A 的寄存器;若 B 虽不再被引用,但活跃,而且 Ri 的值不在内存中,就生成一条存数指令 MOV B, Ri;先将 B 保存起来,Ri 就可以用来存放 A。

(2) 从空闲寄存器中选择一个寄存器 Ri 来存放 A。

(3) 从已分配寄存器中选取其值在最远的将来才会使用的寄存器 Ri。如果 Ri 中的内容不在内存中,则要生成一条存数指令 MOV M, Ri,把 Ri 中的内容存入 M 单元中,这样才能选择 Ri 来存放 A。

根据上述原则,就需要管理各个寄存器的使用情况,假定使用一个数组来描述寄存器的使用情况,称为寄存器描述器,如表 8.7 所示。

表 8.7　寄存器描述器的结构

寄 存 器 号	变量 VAR
AX	T1,a
BX	b
⋮	⋮

寄存器描述器记录每个寄存器的当前内容。有了它,就可以随时掌握各寄存器的情况:它是空闲的,还是已分配给了某个或多个变量。如表 8.7 中,寄存器 AX 存放了变量 T1 和

a 的值,寄存器 BX 存放了 b 的值。每当需要为一个变量指派一个新的寄存器时,就需要查看此描述器。在初始时寄存器描述器指示所有的寄存器均为空,当对基本块进行代码生成时,每个寄存器在任一给定时刻将保留零个或多个变量的值。

另外,在代码生成过程中,每当一个指令需要引用某个变量时,需要知道该变量的值到底在寄存器中还是在内存变量中、地址是多少等信息,如果变量已经在寄存器中,就直接引用寄存器中的值,而不是去读取主存。因此,还需要建立一个变量地址描述数组,称为地址描述器(如表 8.8 所示)用来动态记录各变量的当前值的存放位置,它是在寄存器中还是在主存中、寄存器编号是多少、内存地址是多少等,它可能是一个寄存器地址、一个栈地址、一个存储单元地址,或这几个地址的一个集合(因为在复写的时候,一个值存放到一个新的位置,但它仍保留在原来的位置)。变量的地址描述器也可以存放在符号表中,用来确定对一个变量的存取方式。

表 8.8　地址描述器的结构

变量 VAR	寄 存 器 号	内存 MEM
T1	AX	
a	BX	DS:[offset+4]
b		DS:[offset+6]
⋮	⋮	⋮

表 8.8 中,变量 T1 只存放在寄存器中,变量 b 只存放在内存单元中,首地址是 DS 段中偏移地址 offset+6,变量 a 同时在寄存器 BX 和内存单元中,首地址是 DS 段中偏移地址 offset+4,这样在引用变量 a 时,可以访问寄存器 BX,不必访问内存。

有了这些信息后,代码生成器在翻译某条四元式需要获取一个寄存器时,就需要用一种算法来确定如何分配寄存器以便得到更高效的代码。根据本节开始介绍的寄存器分配策略,可以将其写为算法。寄存器的分配要用到中间代码 i 上的引用信息、活跃信息、寄存器描述器和地址描述器,形式化的描述如算法 8.2 所示。

算法 8.2　寄存器分配,getreg(i, R)

输入:第 i 条四元式代码,i:(op,y,z,x)

输出:寄存器的编号

步骤:

(1) 如果 y 在寄存器 R_i 中,且 R_i 没有保留其他任何变量,此外,或者 y 和 x 是同一变量,或者 y 在执行完 i:(op,y,z,x)以后 y 为非活跃、无引用(可以查阅引用信息和活跃信息),则返回 y 的寄存器为 R,并更新 y 的地址描述器删除 y 和 R 之间的关系。转(4)。

(2) 如果(1)失败,则当有空闲寄存器时就返回一个空闲寄存器 R_i 作为 R。转(4)。

(3) 如果(2)失败,则从已分配的寄存器中选取一个 R_i 为所需的寄存器返回,这时最好要使 R_i 满足以下条件:寄存器 R_i 对应的变量的值也同时存放在内存单元中;或者以后不会被引用或者在最近的将来才会被引用(可以查阅引用信息和活跃信息)。如果不是前两种情况,就要为选中的 R_i 生成存数指令(存数指令是否产生利用算法 8.3 来描述)。

(4) 返回 R。

是否生成存数指令可以用算法 8.3 来描述,如果生成了存数指令,还需要维护寄存器描述器和地址描述器。

算法 8.3 生成存数指令

输入:寄存器 R,寄存器描述器和地址描述器

输出:无

步骤:

对选中的寄存器变量 R_i,对它所对应的每一个变量 M(可以查寄存器描述器),如果 M 不是 x,或者 M 是 x 又是 z,但不是 y,并且 y 不在 R_i 寄存器中,则

(1) 生成存数指令:如果 M 没有在存储单元中(可以查地址描述器),则将它存放到一个内存单元中(通过指令 MOV M',R 来实现,M' 是 M 的存储地址)。

(2) 更新 M 的地址描述器:如果 M 是 y,或者 M 是 z 但同时在寄存器描述器中 y 和 R_i 有对应关系(即 y 在 R_i 中),则更新 M 的地址描述器,记录 M 既在 M'中又在 R_i 中,否则只在地址描述器中记录 M 在地址 M'中。

(3) 删除寄存器描述器中 R_i 和 M 的对应关系。

8.4.3 基本块的代码生成

在确定了基本块内各变量的引用信息和活跃信息、寄存器描述和地址描述信息,并且确定寄存器的分配策略之后,就可以给出基本块的代码生成算法。它把构成一个基本块的中间代码序列作为输入,生成高效的汇编代码。为简单起见,假设基本块中的语句形如(op, y,z,x)。如果基本块中含有其他形式的语句,也不难仿照算法 8.4 写出对应的算法。算法的基本思想是首先获取一个存放变量 x 的寄存器 R,如果 R 就是 y 所在的寄存器,就直接进行运算,否则将 y 读入到 R 中,再运算。运算结束后,运算结果 x 存放在寄存器 R 中,此时还必须删除原来 y 和 R 的对应关系,增加地址描述器和寄存器描述器中 x 和 R 的对应关系,删除原来 x 和其他寄存器之间的对应关系;对 y 和 z,还需要查看活跃信息和引用信息,如果是非活跃无引用,则需要将它们和寄存器的对应关系删除,也就是腾空 y 和 z 存放的寄存器。具体描述如算法 8.4 所示。

算法 8.4 基本块的代码生成

输入:基本块的中间代码,地址描述器,寄存器描述器

输出:基本块的目标代码

步骤:

(1) getreg(i: (op,y,z,x),R) /* 调用寄存器分配函数,返回分配给 x 的寄存器 R */

(2) if (addr(y) ≠ R) { /* 查看变量地址描述器,判断 y 是否在寄存器中 */
   genobj(MOV R,addr(y)); /* y 不在寄存器中,生成取数指令,将 y 放到 R 中 */

 }

(3) genobj(op R,addr(z)); /* y 在寄存器中,进行运算 */

---

(4) delete(y,R);/＊删除地址描述器中 y 和 R 的对应关系,因为运算结束后 R 中
　　　　　　　　 存放的是 x ＊/

(5) fill(x,R);/＊填写寄存器描述器和地址描述器,R 中存放的是 x,x 的值存放在
　　　　　　 R 中＊/

(6) for 每个 Rk ≠R delete(x,Rk);　/＊删除以前 x 与其他寄存器的对应关系＊/

(7) for 每个 Rk {/＊查活跃和引用信息,对不活跃和无引用的 y 或 z 从寄存器中删
　　　　　　 除＊/
　　　　 if (y(i)＝(N,N)) delete(y,Rk);
　　　　 if (z(i)＝(N,N)) delete(z,Rk);
　　　 }

算法 8.4 中使用了一些函数,下面对这些函数再进行一些说明。

(1) getreg(i：(op,y,z,x),R)：返回一个用来存放 x 的寄存器 R,见算法 8.2。

(2) addr(y)：查看地址描述器,获得变量 y 的当前存放位置,y 在寄存器中就返回 R,
否则 y 在内存中。

(3) fill(x,R)：填写寄存器描述器和地址描述器。如果变量 x 不在 VAR(R)中,则填
入;如果 y 同时又在内存中,则把 y 填入 MEM(R)中[VAR(R)表示为寄存器 R 分配的变
量,MEM(R)表示占用 R 的变量同时又在内存中]。

(4) genobj(op R,x)：向目标文件中输出一条指令 op R,x。

(5) delete(y,R)：如果 y 在 VAR(R)和 MEM(R)中,删除其中的 y。

如果当前中间代码的算符为一元运算,则可做类似处理。另一个重要的特殊情况是复
写语句(＝,y, ,x),这需要分两种情况来处理。

(1) 如果 y 是在一个寄存器中,只需简单地更新寄存器和地址描述器以记录 x 的值也
在保存 y 的那个寄存器中,再查看引用信息和活跃信息,如果 y 是无引用、非活跃的,则删除
y 和该寄存器的对应关系。

(2) 如果 y 是在主存中,使用 getreg()函数来获得一个寄存器用来存入 x 的值,并把此
寄存器作为 x 的地址,将 y 的值读入该寄存器中,修改地址描述器和寄存器描述器。

一旦处理完基本块的所有中间代码,必须使用 MOV 指令存储那些在基本块的出口处
是活跃的并且还不在内存存储单元中的变量。为进行这一工作,使用寄存器描述器来确定
哪些名字的当前值仍保留在寄存器中,使用地址描述器来确定其中哪些名字的当前值还不
在它的存储单元中,使用活跃变量信息来确定是否需要存储其当前值。

例 8.3　对例 8.2 的中间代码序列：

1：(－,a,b,T1)

2：(－,a,c,T2)

3：(＋,T1,T2,T3)

4：(＋,T2,T3,d)

只有 d 在基本块外是活跃的。利用代码生成算法(见算法 8.4)对此基本块产生的目标
代码如表 8.9 所示,表中给出了在代码生成过程中寄存器描述器和地址描述器的值,因为
a、b 和 c 一直在存储器中,所以在地址描述器中没有显示它们。同时还假定临时变量 T1、

T2 和 T3 不在存储器中,除非用 MOV 指令显式地将它们的值存放到存储器之中。

首先,读取第一条四元式,调用 getreg((-,a,b,T1),R) 函数,返回 AX 作为存放 T1 的寄存器。由于 a 不在 AX 中,生成指令 MOV AX,a,再生成减法指令 SUB AX,b,然后更新寄存器描述器以记录 AX 包含 T1。

再读取第二条四元式,继续以此方式进行,直到最后的四元式代码(+,T2,T3,d)处理完为止。注意,因为 T3 是无引用、非活跃的,因此最后一条四元式执行后,BX 将变为空。由于 d 是基本块出口之后的活跃变量,因此最后生成指令 MOV d,AX,存储活跃变量 d 的值。

表 8.9　例 8.3 的代码序列

四　元　式	生成的代码	寄存器描述	地址描述器
(-,a,b,T1)	MOV AX,a SUB AX,b	AX 初始时是空闲的 AX 包含 T1	T1 在 AX 中
(-,a,c,T2)	MOV BX,a SUB BX,c	BX 初始时是空闲的 AX 包含 T1 BX 包含 T2	T1 在 AX 中 T2 在 BX 中
(+,T1,T2,T3)	ADD AX,BX	AX 包含 T3 BX 包含 T2	T2 在 BX 中 T3 在 AX 中
(+,T2,T3,d)	ADD AX,BX MOV d,AX	AX 包含 d	d 在 AX 中 d 在存储器中

对条件语句生成目标代码的方式与一般的算术运算稍有不同。大多数计算机使用标志寄存器中的标志位来指示最后计算出来的或存入一个寄存器的数值是负数、零或正数。使用比较指令(如 CMP 指令)可以设置标志位而不必实际计算出一个值来。例如,指令 CMP x,y,在 x<y 时设置符号标志位 SF 为 1,b 表示为负数,否则设置为 1。当满足一个指定的条件<、=、>、≤、≠或≥时,条件转移指令将进行转移。在 80x86 中条件跳转指令有多个,根据不同的条件有不同的指令,如 JZ、JNZ、JG 和 JL 等。如 JZ p 表示"如果零标志位为 1,则转移到 p"。这样,中间代码 if A>B goto L 将翻译为如下形式的目标代码(其中 p′ 表示中间代码 L 对应的第一条目标代码的地址):

```
CMP A,B
JG p′
```

又如四元式序列

```
(+,y,z,x)
(jz,x, ,p)
```

可实现如下(其中 p′ 表示第 p 条四元式对应的第一条目标代码的地址):

```
MOV AX, y
ADD AX, z
JZ p′
```

8.5 从 DAG 生成目标代码

前面已经介绍过，为了生成更优的目标代码，一是要充分利用寄存器，使计算结果尽可能地放在寄存器中；二是生成的目标代码的指令条数要少，且尽可能少地访问存储器。8.4 节介绍了寄存器的分配问题，本节主要考虑减少中间代码生成的指令条数，仍然限定在基本块的范围内。

在第 7 章中已经给出了把基本块转换为 DAG 的过程，并给出了利用 DAG 进行局部优化的方法。对一个给定的基本块，优化后和优化前中间代码的顺序是不同的。下面来讨论不同的中间代码顺序将生成不同的目标代码，经过 DAG 重新排序后，可以使刚计算完存放在寄存器中的结果就是下一条指令要用的数据，节省一些对存储器的反复存储和读取操作指令，也减少指令的条数。这样就可以利用一个基本块的 DAG 表示来生成较优的目标代码。

在描述运算的 DAG 中，每个内节点表示一个操作，基本块的运算次序已经体现在 DAG 结构中，对一个给定的 DAG，可以很容易地重新组织最终的计算顺序。那么什么样的计算顺序会影响目标代码的生成效率呢？

例 8.4 考查如下中间代码序列 G 构成的基本块：

$(+,A,B,T1)$
$(+,C,D,T2)$
$(-,E,T2,T3)$
$(-,T1,T3,X)$

它是用语法制导翻译方法对赋值语句 $X=(A+B)-(E-(C+D))$ 生成的中间代码的自然顺序。它的 DAG 表示如图 8.7 所示。

如果利用图 8.7 的 DAG，重新生成中间代码序列 G'：

$(+,C,D,T2)$
$(-,E,T2,T3)$
$(+,A,B,T1)$
$(-,T1,T3,X)$

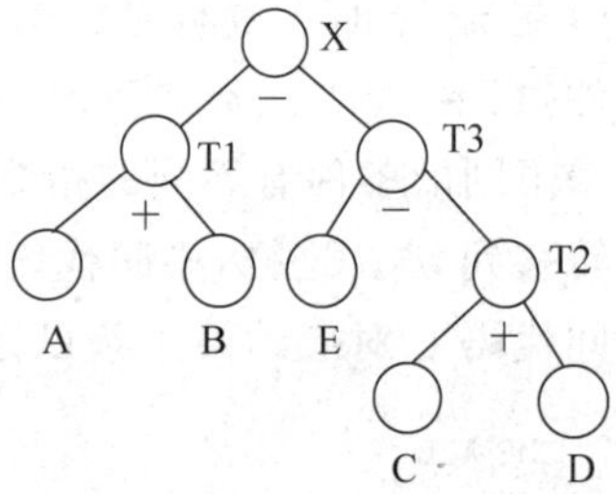

图 8.7 基本块的 DAG

显然，代码序列 G 与代码序列 G' 是等价的。

假设只有 AX 和 BX 两个寄存器可用，该基本块中只有 X 在出口之后是活跃的。利用 8.4 节介绍的基本块的代码生成算法，生成中间代码序列 G 和 G' 的目标代码如图 8.8 所示。

从图 8.8 可以看出，G' 生成的目标代码更短一些，可以节省两条指令：MOV T1,AX 和 MOV BX,T1，从而可以得出，中间代码的次序直接影响生成目标代码的质量。

重排序后的中间代码生成的目标代码指令条数更少的原因在于对 X 的求值正好紧跟在对 T1（树中 X 的左运算分量）的求值之后。这样就可以及时利用 T1 在寄存器中的值来计算 X 的值，就避免了像 G 一样，生成了 T1 以后，先把它保存在主存单元中，等到计算 X 时，再将它从主存单元取到寄存器中，这样就要多出两条指令。

其实，对于赋值运算（如 $X=A+B-(E-(C+D))$）的计算有两种次序：从左到右计算

MOV AX,A	MOV AX,C
ADD AX,B	ADD AX,D
MOV BX,C	MOV BX,E
ADD BX,D	SUB BX,AX
MOV T1,AX	MOV AX,A
MOV AX,E	ADD AX,B
SUB AX,BX	SUB AX,BX
MOV BX,T1	MOV X,AX
SUB BX,AX	
MOV X,BX	

(a) G的代码序列   (b) G'的代码序列

图 8.8 例 8.4 的基本块生成的目标代码

和从右到左计算。从右到左的计算使得每一被计算的量总是紧接在其左运算对象之后计算,从而使得目标代码较优。中间代码序列 G 对应于赋值语句 X＝A＋B－(E－(C＋D)) 的从左到右的计算顺序,G'恰好对应于该赋值语句从右到左的计算次序。

下面给出利用基本块的 DAG 为基本块的中间代码序列重新排序,以便生成较优的代码的算法,它尽可能地使一个结点的求值紧接在它的最左运算对象的求值之后。算法 8.5 产生的是反向顺序。

算法 8.5 利用 DAG 为中间代码排序

输入:带有标记的 DAG,内部结点的顺序号为 $1,2,\cdots,N$

输出:数组 T,存放排序后的 DAG 结点

步骤:

(1) 对 1 到 N 的每个结点,初始化数组 $T[K]=0$;   / * 置初值 * /

(2) $i=N$;

(3) 如果还有未列入数组 T 中的内部结点,重复 (4)～(8)

(4) 选取一个未列入数组 T 中的但其全部父结点均已列入数组 T 中或者没有父结点的结点 n;

(5) $T[i]=n$; $i=i-1$;   / * 将 n 放入 T 数组中 * /

(6) 如果 n 的最左子结点 m 不是叶子结点并且其所有父结点均已列入表中,重复 (7)～(8)

(7) $T[i]=m$; $i=i-1$;   / * 将 m 放入数组 T 中 * /

(8) $n=m$;

(9) 最后 $T[1],T[2],\cdots,T[N]$ 即为所求的结点顺序。

按上述算法给出的结点顺序,可把 DAG 重新表示为一个等价的中间代码序列。根据新序列中的中间代码次序,可以生成较优的目标代码序列。

例 8.5 考察下面基本块的中间代码序列 G1:

(＋,A,B,T1)

```
(-,A,B,T2)
(*,T1,T2,F)
(-,A,B,T1)
(-,A,C,T2)
(-,B,C,T3)
(*,T1,T2,T1)
(*,T1,T3,G)
```

其 DAG 如图 8.9 所示，利用算法 8.5 对其进行排序。

图 8.9 中共有 7 个内部结点 n1～n7，应用算法 8.5，对这 7 个结点重新排序，主要步骤如下。

第一步置初值：i=7；T 的所有元素全为 0；内部结点 n3 和 n7 均满足算法第 4 步的要求，假定选取 T[7]为 n3。结点 n3 的最左子结点 n1 满足算法第 6 步的要求，因此按算法第 6 步，T[6]=n1。但 n1 的最左子结点 A 为叶子结点，不满足算法第 6 步的要求。返回上一步，n7 满足算法第 4 步的要求，于

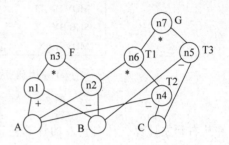

图 8.9　例 8.5 的 DAG

是，T[5]=n7。结点 n7 的最左子结点 n6 满足算法第 6 步的要求，因此，T[4]=n6。结点 n6 的最左子结点 n2 满足算法第 6 步的要求，因此，T[3]=n2。目前满足算法第 4 步要求的结点还有 n4 和 n5，假定选取 T[2]=n4。当最后把 n5 列入 T[1]后，算法工作结束。因此所求的内部结点次序为 n5、n4、n2、n6、n7、n1、n3，按这个顺序可把图 8.9 的 DAG 重新表示为中间代码序列 G2，具体如下：

```
(-,B,C,T3)
(-,A,C,T2)
(-,A,B,R1)
(*,R1,T2,T1)
(*,T1,T3,G)
(+,A,B,R2)
(*,R1,R2,F)
```

再应用 8.4 节介绍的基本块的代码生成算法，分别生成中间代码序列 G1 和 G2 的目标代码，可以得到 G2 的目标代码优于 G1 的目标代码。

8.6　代码优化及目标代码生成器的设计

前面已经介绍了基本块的目标代码生成方法、基本块不经过优化直接产生目标代码以及利用优化后的 DAG 产生目标代码，本节主要介绍 Sample 语言编译程序的目标代码生成器。

在目标代码生成阶段，主要用到前几章的信息。

(1) 划分基本块后的中间代码表，基本块未经优化或经过 DAG 优化后的中间代码。

(2) 已进行了运行时存储分配的符号表。

到了目标代码生成阶段，符号表中某些信息已经附加到中间代码表上。例如，类型信息已体现到运算符（如 $+^i$ 表示整数加，$+^r$ 表示实数加等）上。符号表中变量名的字符串也不

再使用,四元式中凡涉及变量名的地方都表示为这些变量在符号表中的入口,但符号表中的数值栏和地址栏仍然有用。

8.6.1　目标代码生成器的结构

Sample 语言的优化与目标代码生成器的主要工作是读取中间代码和符号表信息,生成 80x86 的汇编代码,顶层数据流图如图 8.10(a)所示。目标代码生成器主要完成以下几项工作。

(1) 对读取的中间代码表划分基本块。

(2) 针对每个基本块,进行局部优化,进行 DAG 表示和优化。

(3) 针对每个基本块,首先需要在符号表中增加引用信息栏和活跃信息链,增加的办法有两种:一是利用符号表中不再使用的栏;二是另外再增加新的栏,这些栏与符号表分离,但要相互对应。其次需要在中间代码表中增加新的栏来记录两个运算对象和运算结果的引用信息和活跃信息,并将相关信息附加到中间代码上。

(4) 针对每个基本块,计算寄存器描述和地址描述信息。

(5) 针对每个基本块,利用基本块的代码生成算法生成较优的目标代码。

(6) 整理程序的开始初始化和结束处理工作。

对图 8.10(a)进行分解,如果不进行 DAG 优化,将得到如图 8.10(b)所示的数据流图。

在图 8.10(b)的基础上添加基本块的局部优化和 DAG 表示,然后对基本块进行 DAG 优化、重排序,得到如图 8.10(c)所示的带有局部优化后的代码生成器的流图。图中的每个处理都对应于第 7、8 章的某个算法,它们的功能很明确,"∗"表示引用信息。

在图 8.10(c)中,先对 DAG 的内部结点进行排序,然后根据排序后的顺序再把 DAG 转换成四元式序列,以便计算四元式的引用信息。也可以设计一种算法,直接计算 DAG 的引用信息。

图 8.11 给出了代码生成器的处理流程[对应于图 8.10(b)的数据流图],同样可以画出与图 8.10(c)的数据流图对应的处理流程。除主控模块外,其余模块的功能都可以在前面找到相应的算法描述。主控模块的功能非常简单,包括管理中间代码表文件、符号表、目标代码文件的打开和关闭以及对其他模块的调用等。

在实现时,整个程序的中间代码表和目标代码文件可以说明为全局数据。调用划分基本块的模块之后,直接返回一张基本块的信息表即可。该表的形式如表 7.1 所示,其中包括基本块块号、基本块的入口和基本块的出口语句编号等信息。各模块之间凡是以基本块为传送参数的,都可以修改为仅传递基本块的入口和出口两个语句号。各模块凡涉及对基本块的处理,只需根据基本块的入口与出口语句确定的范围直接在中间代码表中进行操作。

为计算每个基本块的引用信息,可以参照表 8.4 的形式再建立一张与中间代码平行的引用信息和活跃信息表,其中包括"结果""左变量"和"右变量"3 个栏目,其长度等于最大基本块的长度,这个表也说明为全局的,避免在模块之间传递。图 8.10 中带有 ∗ 的基本块参数表示带有引用信息的基本块。如果把中间代码表和引用信息表说明成全局性的,这些参数就不用传递了。

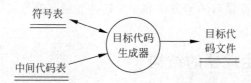

(a) Sample语言目标代码生成器的顶层数据流图

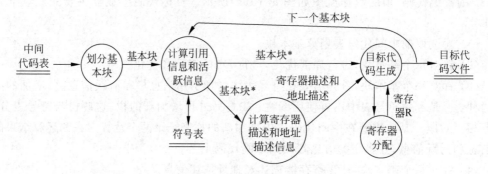

(b) 不进行优化的代码生成器的数据流图

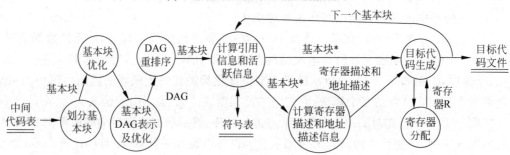

(c) 进行优化的代码生成器的数据流图

图 8.10　目标代码生成的数据流图

8.6.2　汇编指令的选择

在前面介绍过，目标代码生成的任务是把中间代码映射为可以在目标机上运行的目标代码，然后就可以通过汇编器和链接器将目标代码打包为可以在特定机器特定操作系统上运行的可执行文件，如 Windows 下的.exe 或.com 文件或 Linux 下的.out文件。

从中间代码到目标机的目标代码的映射过程，称为指令的选择。这一过程的复杂程度由中间代码的表达方式、目标机体系结构的复杂程度、目标机的指令系统以及希望得到的目标代码质量水平等因素决定。

无论怎样选择，在设计目标代码的过程中，必须根据每条四元式的含义，选择合适的汇编指令序列来实现其功能。

下面将 Sample 语言编译器中涉及的大多数四元式及其对应的 Intel 80x86 汇编指令序列的对应关系列于表 8.10 中，在翻译的时候，根据四元式的形式去查表就可以了。

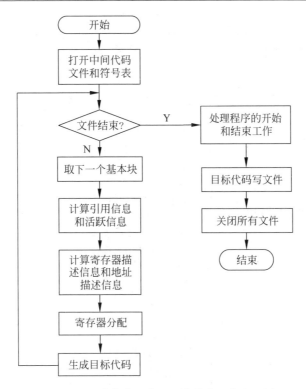

图 8.11　不带优化的代码生成器的程序流程图

表 8.10　Sample 语言四元式与汇编代码的对应关系

序　号	四元式代码	汇编代码	含　义

1	$(+,A,B,T)$	MOV AX,A
		ADD AX,B
		MOV T,AX
			加法

2	$(-,A,B,T)$	MOV AX,A
		SUB AX,B
		MOV T,AX
			减法

3	$(*,A,B,T)$	MOV AX,A
		MOV BX,B
		MUL BX
		MOV T,AX
			乘法

4	$(/,A,B,T)$	MOV AX,A
		MOV DX,0
		MOV BX,B
		DIV BX
		MOV T,AX
			求除法的商

5	$(\%,A,B,T)$	MOV AX,A
		MOV DX,0
		MOV BX,B
		DIV BX
		MOV T,DX
			求余数

序　号	四元式代码	汇编代码	含　义

6	(<,A,B,T)	MOV DX,1
		MOV AX,A
		CMP AX,B
		JB _LT
		MOV DX,0
		_LT: MOV T ,DX
			小于置 T 为 1,否则 T 为 0

7	(>=,A,B,T)	MOV DX,1
		MOV AX,A
		CMP AX,B
		JNB _GE
		MOV DX,0
		_GE: MOV T ,DX
			不小于置 T 为 1,否则 T 为 0

8	(>,A,B,T)	MOV DX,1
		MOV AX,A
		CMP AX,B
		JA _GT
		MOV DX,0
		_GT: MOV T ,DX
			大于置 T 为 1,否则 T 为 0

9	(<=,A,B,T)	MOV DX,1
		MOV AX,A
		CMP AX,B
		JNA _LE
		MOV DX,0
		_LE: MOV T ,DX
			不大于置 T 为 1,否则 T 为 0

10	(==,A,B,T)	MOV DX,1
		MOV AX,A
		CMP AX,B
		JE _EQ
		MOV DX,0
		_EQ: MOV T ,DX
			等于置 T 为 1,否则 T 为 0

11	(!=,A,B,T)	MOV DX,1
		MOV AX,A
		CMP AX,B
		JNE _NE
		MOV DX,0
		_NE: MOV T ,DX
			不等于置 T 为 1,否则 T 为 0

12	(&&,A,B,T)	MOV DX,0
		MOV AX,A
		CMP AX,0
		JE _AND
		MOV AX,B
		CMP AX,0
		JE _AND
		MOV DX,1
		_AND: MOV T ,DX
			A、B 都不为 0 时结果为 1,否则为 0

续表

序 号	四元式代码	汇编代码	含 义

13	(‖,A,B,T)	MOV DX,1
		MOV AX,A
		CMP AX,0
		JNE _OR
		MOV AX,B
		CMP AX,0
		JNE _OR
		MOV DX,0
		_OR：MOV T,DX
			A、B有1个为1时结果为1,否则为0

14	(!,A,,T)	MOV DX,1
		MOV AX,A
		CMP AX,0
		JE _NOT
		MOV DX,0
		_NOT：MOV T,DX
			A为0时结果为1,否则为0

15	(j,,,P)	JMP far ptr P1	无条件跳转到P1,P1是中间代码P对应的第一条指令的地址

16	(jz,A,,P)	MOV AX,A
		CMP AX,0
		JNE _NE
		JMP far ptr P1
		_NE：NOP
			若A为0,跳转到P1,P1是中间代码P对应的第一条指令的地址

17	(jnz,A,,P)	MOV AX,A
		CMP AX,0
		JE _EZ
		JMP far ptr P1
		_EZ：NOP
			若A不为0,跳转到P1,P1是中间代码P对应的第一条指令的地址

18	(para,A,,)	MOV AX,A PUSH AX	表示函数的参数,需要先压入堆栈
19	(call,fun,,)	CALL A	表示调用函数fun

20	(ret,,,A)	MOV DX,A
		MOV SP,BP
		POP BP
		RET
			返回结果放在AX寄存器中,恢复寄存器原有的值

21	(ret,,,)	MOV SP,BP POP BP RET	直接返回,不返回结果,恢复寄存器原有的值
22	(fun,,,)	PUSH BP MOV BP,SP SUB SP	单独一个标识符表示函数定义,建立函数栈帧

8.6.3　构成完整的汇编语言程序

仅仅按照表 8.10 翻译还不够，这个表仅仅是将中间代码的可执行部分翻译为汇编的指令，并没有形成一个完整的汇编语言程序。就像 C 语言程序不仅仅是由一些可执行语句构成一样，汇编语言程序同样也有一个整体的程序框架。

图 8.12 所示是一个完整的 Intel 80x86 汇编程序的组成。在程序开始，还需要做一些初始化工作，主要是向内存申请程序运行需要的空间，各个段地址的设置，内存数据初始化，以及设置主程序入口等，保存相应的寄存器；在程序的结束时也需要添加相关代码表明代码段的结束和程序的结束，恢复保存的寄存器，以便程序执行完可以返回操作系统。汇编程序的可执行的代码部分和各个函数应该放在图中：指明的位置处。

```
assume cs:code,ds:data,ss:stack,es:extended    ;程序开始,初始化4个段地址
extended segment                               ;初始化扩展段中的信息
    db 1024 dup (0)
extended ends
stack segment                                  ;初始化堆栈段中的信息
    db 1024 dup (0)
stack ends
data segment                                   ;初始化数据段中的信息
    t_buff_p db 256 dup (24h)
    t_buff_s db 256 dup (0)
data ends
code segment                                   ;代码段开始
start: mov ax,extended:                        ;定义程序入口
    mov es,ax                                  ;接下来的 mov 指令为各个段寄存器赋值
    mov ax,stack
    mov ss,ax
    mov sp,1024
    mov bp,sp
    mov ax,data
    mov ds,ax
    ⋮
quit: mov ah,4ch
    INT 21H                                    ;程序返回操作系统控制,恢复寄存器等
code ends                                      ;代码段结束
end start                                      ;程序执行结束,对应于程序入口 start
```

图 8.12　一个完整的汇编程序的构成

因此在将中间代码翻译为汇编代码时，也必须按照汇编语言主程序的要求添加程序的开始和结束处理，才能使翻译得到的汇编代码真正构成一个汇编语言程序，然后就可以由已有的汇编器进行汇编，生成可执行代码。

在中间代码中，已经添加了两条特殊的四元式(main,,,)和(sys,,,)，用来表示中间代码中主程序的开始和结束，在翻译为汇编代码时，这两条四元式必须完成主程序的开始和结束的相关代码的添加工作。因此在读入第一条四元式(main,,,)时，应该生成类似于图 8.12中：前面的代码部分，以便进行一些汇编主程序的开始工作；在读入最后一条四元

式(sys，，，)时，应该生成类似于图 8.12 中：后面的代码部分，进行程序的结束处理。

图 8.12 只是一个示例性的代码，如 start 是标号，可以修改，end 处也必须同时修改。另外，各个段的名字、初始化数据的内容和字节数都是可变的。

按照这样处理，生成的汇编代码就能用已有的汇编器(如 masm)进行汇编、链接，生成可执行程序。

8.7　小　　结

目标代码生成器的输入是中间代码，输出是目标机的指令序列，可以是绝对机器指令、可重定位机器指令，也可以是汇编指令。本章将目标代码定位为 Intel 80x86 的汇编指令，主要是希望把注意力集中在理解代码生成的原理和方法上，因为 Intel 80x86 机器是一种很常见的机器，大家对它很熟悉，不必花过多篇幅来介绍目标指令；而且已经有很多成熟的汇编器，可以直接将汇编语言写的程序转换为机器指令，形成可执行文件。

然而，在生成目标代码的过程中，不仅仅是将每条四元式翻译为对应的汇编指令序列得到正确的结果那么简单，我们的目标是产生更优的目标代码，因此本章主要讨论了如何充分合理地使用机器的寄存器，以减少对内存单元的访问；如何调整中间代码的顺序使生成的目标代码更短，使运行效率更高。同时在代码生成中也涉及如何充分利用计算机的指令系统的特点，如选择更高效的指令。

8.8　习　　题

1. 一个编译程序的目标代码生成阶段主要需要考虑哪些问题？
2. 引用信息和活跃信息的作用是什么？如何实现？
3. 寄存器描述和地址描述的作用是什么？如何实现？
4. 生成下列 Sample 语句的目标代码，假定所有变量均为静态分配，并有三个寄存器可用。

(1) x＝1

(2) x＝y

(3) x＝x＋1

(4) x＝a＋b＊c

(5) x＝a/(b＋c)－d＊(e＋f)

5. 利用简单代码生成算法，对下列三地址代码生成目标代码。

(－,A,B,T)
(＋,C,D,S)
(－,E,F,W)
(/,W,T,U)
(＊,U,S,V)

其中，V 是基本块出口的活跃变量，设可用寄存器为 AX 和 BX。

6. 假定所有变量都存放在内存中,为下列赋值语句生成目标代码。

(1) x = a + b * c

(2) x = (a/b − c)/d

(3) x = (a * − b) + (c − (d + e))

(4) if x<y goto L1

    x = 0

    Goto L2

    L1: z = 1

    L2:

7. 将表达式 $A * (B+C) − D * (B+C)$ 采用四元式进行表达,并生成相应的 80x86 汇编代码。假设变量 A、B、C、D 分别对应栈帧中的内存单元(SP)+14H、(SP)+16H、(SP)+18H、(SP)+1AH,每个变量占两字节。可用寄存器为 AX、CX、DX,寄存器的初始状态为空。

8. 算法程序题。

(1) 编程实现简单代码生成算法。

(2) 用算法描述寄存器的分配算法,计算活跃信息和引用信息。

(3) 试给出一个算法,直接对 DAG 计算引用信息和活跃信息。

参 考 文 献

[1]　新设计团队.编译系统透视：图解编译原理[M].北京：机械工业出版社,2016.

[2]　王博俊,张宇.自己动手写编译器、链接器[M].北京：清华大学出版社,2015.

[3]　范志东,张琼声.自己动手构造编译系统：编译、汇编与链接[M].北京：机械工业出版社,2016.

[4]　AHO A V, LAM M S,SETHI R,et,al. Compilers：Principles，Techniques，and Tools[M].2nd Ed.
北京：机械工业出版社,2011.

[5]　陈火旺,刘春林,谭庆平,等.程序设计语言编译原理[M].3版.北京：国防工业出版社,2014.

[6]　王生原,董渊,张素琴,等.编译原理[M].3版.北京：清华大学出版社,2015.

[7]　APPEL A W, GINSBURG M.现代编译原理：C语言描述(修订版)[M].赵克佳,黄春,沈志宇,译.
北京：人民邮电出版社,2018.

[8]　蒋宗礼,姜守旭.形式语言与自动机理论[M].2版.北京：清华大学出版社,2013.

[9]　青木峰郎.自制编译器[M].严圣逸,绝云,译.北京：人民邮电出版社,2016.

[10]　DOS REIS A J.编译器构造(Java语言版)[M].杨萍,等译.北京：清华大学出版社,2014.

[11]　克里斯多夫·W.弗雷泽,戴维·R.汉森.可变目标C编译器：设计与实现[M].王挺,黄春,等译.
北京：机械工业出版社,2016.

[12]　邹昌伟.C编译器剖析[M].北京：清华大学出版社,2016.

[13]　何炎祥.编译原理[M].3版.武汉：华中科技大学出版社,2011.

[14]　许畅,陈嘉,朱晓瑞.编译原理实践与指导教程[M].北京：机械工业出版社,2015.

[15]　张莉,史晓华,杨海燕,等.编译技术[M].北京：高等教育出版社,2016.

[16]　STEVANOVIC M. C/C++技术丛书：高级C/C++编译技术[M].卢誉声,译.北京：机械工业出版
社,2015.

[17]　庞建民.编译与反编译技术实战[M].北京：机械工业出版社,2015.

[18]　温敬和.编译原理实用教程[M].北京：清华大学出版社,2013.

图书资源支持

感谢您一直以来对清华版图书的支持和爱护。为了配合本书的使用，本书提供配套的资源，有需求的读者请扫描下方的"书圈"微信公众号二维码，在图书专区下载，也可以拨打电话或发送电子邮件咨询。

如果您在使用本书的过程中遇到了什么问题，或者有相关图书出版计划，也请您发邮件告诉我们，以便我们更好地为您服务。

我们的联系方式：

地　　址：北京海淀区双清路学研大厦 A 座 707

邮　　编：100084

电　　话：010－62770175－4604

资源下载：http://www.tup.com.cn

电子邮件：weijj@tup.tsinghua.edu.cn

QQ：883604(请写明您的单位和姓名)

用微信扫一扫右边的二维码，即可关注清华大学出版社公众号"书圈"。

资源下载、样书申请

书 圈